자연의
예술가들

설치예술가 정자새부터 나비 날개의 패턴까지,

자연에서 예술과 과학을 배우다

자연의
예술가들

데이비드 로텐버그 지음 | 정해원 · 이혜원 옮김

Survival of the Beautiful

궁리
KungRee

탐구 정신이 있는, 이해하기 쉬운, 종종 도취하게까지 만드는 책. -《월스트리트 저널》

로텐버그의 글은 마치 자유로운 형식의 즉흥곡처럼 경쾌하며 흥겹다. 그는 해저에서 야단스럽게 반짝이는 갑오징어부터 편두통에 시달리는 사람에게 보이는 지그재그 모양에 이르는 광범위한 주제를 오가면서, 그것들에게서 나타나는 개별적인 패턴들을 자연에 존재하는 새로운 종류의 질서로 이해한다. 우아한 산문과 결합한 그의 열정적 낙관론은 『자연의 예술가들』을 읽는 경험을 아주 신나며 생각할 거리가 많은 여행으로 바꾼다. -필립 호어,《선데이 텔레그래프》

로텐버그는 아름다움이 과학의 뿌리이자 예술의 목표라고 이야기한다. 완전히 설득력 있는 생각은 아니라 할지라도 이것은 꽤나 아름다운 생각이다. -팀 플래너리,《파이낸셜 타임스》

파란색은 오스트레일리아의 수컷 정자새들을 지배하는 색깔이다. 조류 세계의 인테리어 장식 전문가라고 할 수 있을 이 새들은 파란 색조를 띤 플라스틱, 조개껍질, 깃털을 모아 정교하게 만든 구조물을 장식해 잠재적 짝짓기 상대를 유혹한다. 철학자이자 음악가인 데이비드 로텐버그는 이러한 현상은 아름다움이 무작위적인 것이 아니라 생명에 내재하는 것이며, 진화가 단지 실용성에 의해서만이 아니라 화려함이라는 가치에 의해서도 진행된다는 것을 보여주는 한 예라고 주장한다. 이와 같은 그의 주제를 펼치기 위해 로텐버그는 위장, 추상, 예술이 과학에 미친 막대한 영향 등의 다양한 소재를 다루고 있다. -《네이처》

나는 『자연의 예술가들』 같은 책이 나오기를 오래전부터 기다려왔다. 과학이 지배하는 시대에 예술이 조금도 열등하지 않다는 것을 말해줄 책을 말이다. … 이 책은 미적 경험이 선사하는 그 형언불가능하며 모든 것을 포용하는 찬란한 아름다움을 통해 예술의 가치를 끝내주게 표현하

고 있다. −앨리슨 호손 데밍, 시인 · 애리조나 대학교 교수

난해한 예술 이론을 아름다운 "동적인 문신"을 가진 갑오징어나 그림을 그리는 코끼리, 구석기 시대 암굴화와 엮어낼 수 있는 작가는 많지 않다. 로텐버그는 그것을 해냈다. 그의 책은 예술의 세계와 그 세계가 과학과 교차하는 지점을 흥미롭게 탐험한다. −《퍼블리셔스 위클리》

진화에서 미학이 하는 역할에 대한 재미있으면서도 자유분방한 논의와 함께 생명의 엄청난 다양성 속에서 발견되는 아름다움에 대한 찬양을 담은 작품. −《커커스 리뷰》

『자연의 예술가들』은 아름다움에 관한 책이지만 그 자체로 아름다운 책이다. 또한 예술의 본질과 기원을 탐색하기 위해 미학의 생물학에 관한 논의를 포근한 동화같이 들리는 진화심리학을 넘어서는 수준으로 이끈다는 점에서 중요한 책이기도 하다. 도발적인 한편 포용력도 있는 로텐버그의 책에는 세상에 대한 경이와 감탄이 배어 있다. −필립 볼, 『흐름』, 『음악 본능』의 저자

데이비드 로텐버그는 정자새로 시작해서 세미르 제키의 신경미학에까지 이르는 여행을 이끌어주는 빼어나고도 유쾌한 길잡이다. 『자연의 예술가들』은 이성이 거기에 이르기까지의 과정에 대한 최고의 기행문이라 할 수 있다. 부드러운 시선과 날카로운 시선을 번갈아 재치 있게 제시하면서 로텐버그는 예술이 동물들에 의해 그리고 우리 인간에 의해 어떻게 빚어지는지를 보여준다. −로알드 호프만, 노벨화학상 수상자

데이비드 로텐버그 같은 사람은 매우 드물다. 그는 실로 박식한 사람인데, 그의 음악 연주처럼 그의 글 역시 호기심과 지성, 거기에 장난기가 어우러진 이례적인 배합을 보여준다. 다윈 이론의 틀 안에서 의식과 인간의 정신, 창의성을 연결하는 복합적인 아이디어를 추구하다니, 고래, 매미와 함께 음악을 만드는 사람에게나 기대할 법한 종류의 책이다. 예술과 음악을 창조하는 자극제는 어디에 있는가? 그것이 진화라는 틀 안에 어떻게 들어맞는가? 이 책을 읽고 로텐버그의 세상에 들어가보라. 이런 질문들에 관한 흥미로우면서도 새로운 탐험이 보상으로 기다리고 있을 것이다. −데이비드 A. 로스, 전 휘트니 미국 미술관 명예 관장

훌륭한 예술가이자 스승인

나의 어머니께

차
례

일러두기

*본문의 각주는 모두 옮긴이 주이다.

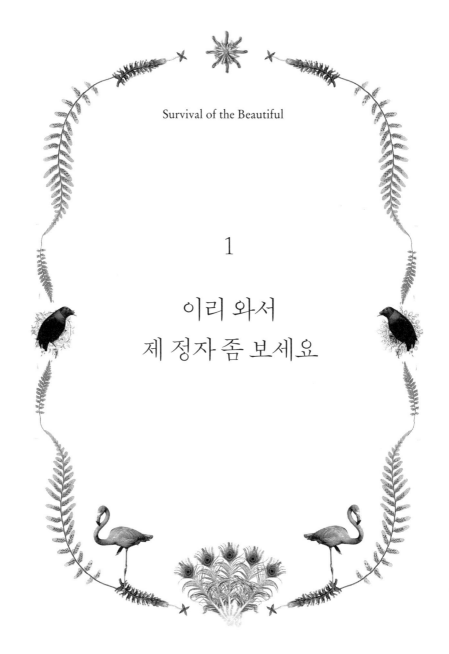

Survival of the Beautiful

1

이리 와서
제 정자 좀 보세요

"왜 정자새는 그렇게 오랜 시간을 쏟아부어 화려하게 장식한 정자를 짓는 것일까? … 정자새가 예술행위를 한다고 결론을 내린다면, 그런 결론이 우리를 불편하게 할까? 정자새의 존재와 정자새가 정자를 지을 필요를 느낀다는 사실을 받아들인다면, 우리 인간만이 예술행위를 하는 유일한 종일 때에 비해서 예술 그 자체가 진화에서 갖는 의미는 조금 더 커질 것이다."

이국적인 새의 노랫소리를 뒤따라 오스트레일리아 우림의 우거진 덤불을 헤치고 나올 때였다. 노랫소리에 정신이 팔려 있던 나는 웬 파란색 플라스틱 스푼 더미에 발을 헛디디고 말았다. "대체 누가 이런 원시림 한복판에 쓰레기를 놓고 가지요?" 나는 길잡이인 조류학자 시드 커티스^Syd Curtis에게 물었다.

"쓰레기라고요?" 그는 웃었다. "무슨 말씀을 하시는 겁니까? 지금 보고 계시는 건 아주 의미심장한 것이라고요. 세상에서 가장 오래된 예술작품이란 말입니다."

"무슨 뜻입니까?"

"스푼 바로 너머를 보십시오. 마른 풀로 만든 구조물 잔해가 보이시지요?"

나는 눈을 가늘게 뜨고 그가 가리키는 곳을 자세히 봤다. 그의 말 대로였다. 벽처럼 생긴 두 개의 구조물이 일종의 통로처럼 사이에 공간을 두고 서 있었다. 마치 키 작은 관목으로 나란히 길옆을 장식한 시골길 같았다. "누가 이런 걸 만들었지요?" 나는 놀라워하며 물었다.

"수컷 파란정자새랍니다." 시드가 미소 지으며 답했다. "그리고 이 작품은 그의 정자^亭子라고 불린답니다. 생활 터전인 둥지와는 달리, 암컷의 관심을 끌기를 바라며 만드는 예술작품이지요. 암컷은 정자를 보고 찾아와 정자 안팎에서 수컷의 공연을 지켜봅니다. 운이 좋은 수컷이라면…… 짝짓기를 할 수도 있겠지요!"

나는 여전히 잘 이해가 가지 않았다. "그런데 대체 저 스푼은 뭐랍니까?"

"아, 제가 깜빡했군요." 시드는 말을 계속했다. "우리 신사 분은 단지 정자를 짓는 것만으로는 만족하지 못한답니다. 정자새는 자기 정자를 꼭 파란색으로 장식하거든요. 보통 파란색 꽃, 파란색 조개껍데기, 롤러카나리아나 잉꼬의 파란색 깃털 같은 것을 쓰지요. 때로는 부리로 과일을 으깨서 과육에서 얻은 파란 색소로 이런 장식품들을 덧칠하기까지 한답니다. 요즘은 종종 16킬로미터는 족히 떨어진 곳까지 날아가 나들이객의 소풍 바구니를 급습해서는 이 스푼처럼 기성품 파란색 장식을 챙겨오기도 하지요. 이를테면 최신 유행이라고나 할까요! 당연한 일이지만, 이런 플라스틱 장식품을 줄곧 써오지는 않았을 테니 말입니다. 아시다시피 정자새가 정자를 짓기 시작한 지는 이미 5000만 년이나 되었거든요. 이들도 시대에 적응하는 게지요."

처음에는 쓰레기라고 착각했던 것이 예술의 기원에 대한 나의 첫 발견으로 다가오는 순간이었다. 그저 너저분한 쓰레기로 보였던 그 플라스틱 스푼이 사실은 고대 라스코 동굴 벽화보다도 수백만 년은 앞선 창의적인 예술작품의 재료였던 것이다. 인간이 이 지구라는 행성에 나타나 한 번 쓰고 버릴 용도의 각종 도구를 발명해내기 훨씬 전인 까마득한 옛날부터, 파란정자새는 이미 파란색이 가장 아름답고 우수하며 그들에게 어울리는 색이라는 것을 익히 알고 있었다.

생물학자들은 입을 모아 정자새는 독특하다고 말한다. 인간을 제외하면, 본래 기능이 필요로 하는 이상으로 그렇게 공을 들여 뭔가 아름다운 것을 창조한다고 알려져 있는 종은 아마 정자새뿐일 것이기 때문이다. 우리가 '정자'라고 부르는 문제의 구조물은 가히 '예술'이라고 부르지 않을 수 없는 것으로, 여러 물체가 솜씨 있게 배열되어 있어 보기에 즐겁다. 정자새는 암컷을 유혹하기 위해 정자를 짓는다고 알려져 있지만, 단지 그 목적뿐이라면 정자 짓기는 지나치게 복잡하고 어려운 수단이라 평하지 않을 수 없다. 그러나 수컷 정자새는 분명히 정자를 짓지 않고는 암컷을 얻지 못한다. 그리고 왠지 몰라도 정자새는 어떤 명확하고 세세한 양식에 따라서 정자를 짓게끔 진화해왔다.

사실 우리 인간이 스스로를 특별한 존재로 여긴다고 해도 놀랄 이유가 없다. 우리는 주어진 환경을 바꾸고 복잡한 언어를 구사하며 복잡한 사회를 이루어 살면서 우리의 위치를 우주적인 관점에서 고찰한다. 또한 우리가 가진 가능성의 순수한 표현인 예술을 통해 살아 있다는 것이 얼마나 놀라운 것인지를 표현하기도 한다. 우리는 이 모든 것을 단지 우리가 그렇게 할 수 있기 때문에 한다. 이처럼 우리가 그 어느 종과도 다른 특별한 존재이기에, 인간은 오직 다른 인간들에 대해서만 생각하며 인간에 의한 것, 인간을 위한 것에만 골몰하며 살기 쉽다.

그러나 그렇지 않은 것이 또 인간이다. 우리는 여러 동식물을 비롯한 온갖 종류의 생명체에 홀려 있다. 진화론이 나오기 훨씬 전부터 인간은 우리가 다른 생명체와 얼마나 다른지 못지않게 얼마나 같은지를 생각했으며, 서로 다르지만 또 전체를 이루는 한 부분이라는 점에서 다른 생명체들과 유대감을 느껴왔다. 그런 의미에서 과학과 예술은 이들 인간과 자연 사이의 곡절 많은 관계를 드러내 보인다. 인간 외의 다른 종의 생물들은 한 걸음 물러서서 자신의 위치를 만물의 틀 안에서 과학적으로 고찰해볼 수 없다. 마찬가지로 그들은 예술행위도 할 줄 몰라야 하는 것이다.

인간에게 예술은 시시한 오락거리로, 당연히 존재하는 기본적인 것으로, 또는 인류 문화가 만들어낼 수 있는 최상의 것으로, 그리고 (드물게는) 필수적인 것으로 여겨져왔다. 진화 개념은 삶을 생존을 위한 거친 전쟁터처럼 보이게 만든다. 예술은 삶이 그 거친 생존의 전쟁터에서 벗어났을 때에야 가능한 적당한 안락함과 여가 시간의 산물처럼 보이기도 한다. 그래서 예술이 그 자체로서 필수적이고 필연적인 것이 되기 위해서는 우리는 인간과는 별개로 자연 속에서 예술을 발견할 필요가 있다. 의심의 여지가 없는 자연이라는 세계는 그 세계의 거주민들이 뭔가를 궁금해하며 알고자 멈춰 서든 아니면 아는 것을 포기하든 상관하지 않고 항상 전진하기 때문이다.

생물학적으로 요구되는 기본 이상으로 화려하게 노래하고 춤추는 종의 생물은 많다. 긴팔원숭이는 멋들어진 이중창을 주고받고 두루미는 근사한 짝짓기 춤을 춘다. 극락조도 당당하게 자신의 멋진 깃털을 뽐낸다. 하지만 최소한 우리가 아는 한에서, 동물이 만든 구조물로서 그 복잡함이나 정교함이 순수예술이라 할 만한 수준으로까지 물질적으로 구축된 예술작품을 만드는 동물은 딱 한 종, 정자새뿐이다. 성선택^{性選擇/sexual selection}[1] 개념은 정자를 짓는 과정 자체의 의미는 설명해줄 수 있겠지만, 왜 그와 같은 미적인 능력이 이 특정 종에만 나타났는지에 대해서는 설명하지 못한다. 정자새의 정자 짓기 과정을 본 대부분의 인간은 그 복잡함과 과도함에 놀라움을 금치 못한다. 그러나 성선택이라는 이 합리적인 설명은 정자 짓기를 특징 짓는 이와 같은 복잡함과 과도함에 대해서는 아무것도 말해주지 않는다.

---

[1] 다윈이 자연선택 개념을 보완하기 위해 제시한 개념으로, 생존 경쟁에는 불리한 혹은 불필요한 형질이라고 하더라도 그것이 번식에 훨씬 유리하게 작용한다면 결과적으로 그 형질을 지닌 개체가 살아남아 진화에 성공할 확률이 높아진다는 것이 그 주된 내용이다.

다만 굴곡진 진화 계보상에서 인류와는 아주 멀리 떨어져 있는 생명체에게도 순수한 형태의 예술이 가능하다는 생각을 정당화시켜줄 뿐이다.

진화라는 메커니즘은 주위를 둘러보고 이 모든 것이 어디에서부터 왔는지 궁금해하고 그 비밀을 밝히고 싶은 욕구를 가진 종을 하나 창조해냈다. 친애하는 인간 벗들이여, 우리는 어떻게 여기까지 다다르게 되었는가? 찰스 다윈$^{Charles Darwin}$이 모은 산처럼 많은 증거는 모든 살아 있는 생명체가 서로 어떻게 연관되어 있으며, 어떻게 각각의 종이 저마다 남과 구별되는 독특한 형태로 나타나게 되었는지를 보여준다. 그리고 이 모든 놀라운 정밀함과 다양성이 그 누군가의 디자인에 의한 것이 아니라 선택이라는 과정에 의한 것임을 입증한다. 우연한 변이, 경쟁 그리고 그에 대한 평가 결과로서 가장 적합한 자가 살아남는다는 것. 이것이 바로 이 다채롭고 무한한 살아 있는 세계를 구성하는 질서이다. 진화라는 아이디어의 천재성은 이처럼 매우 단순한 과정으로 굉장히 많은 것을 설명할 수 있다는 데에 있다.

진화론을 처음 배우는 열두 살짜리 어린아이들처럼, 다윈도 이 진화라는 아이디어를 떠올린 순간부터 이 이론이 거의 모든 것을 설명할 수 있을 만큼 강력하다는 것을 깨달았다. 박테리아의 이동성, 고양이의 꼬리, 펠리컨의 공기역학, 상어의 내항성 등 주위의 모든 것에 이 이론을 적용하는 것이 가능해 보였다. 주위를 둘러보라. 곳곳에서 마치 기계처럼 훌륭하게 디자인되어 효율적으로 작동하는 수많은 동식물을 그 증거로 쉽게 발견할 수 있을 것이다. 진화라는 메커니즘은 수백만 년의 시간 동안 새로운 시도와 실패를 거듭하며 특정 서식지나 어떤 위험, 상황에 적응하는 문제에 대해 창의적인 해결책을 내놓았다. 다윈이 『종의 기원』$^{On the Origin of Species}$을 통해 소개한 아이디어의 핵심은 바로 이렇게 상황에 가장 잘 적응할 수 있는 성질이 우세하게 살아남는다는 자연선택自然選擇/natural selection에 의한 진화 개념이었다. 이것이 바로 지금까지 '적자생존適者生存/survival of the fittest'이라는 용어로 널리 이해되어온, 혹은 지나치게 단순하게 이해되어온 개념이다.

만약 정말 적자만이 살아남았다면, 살아남은 우리는 생명체에게 가능한 특질 중에서 최고만을 가진 존재, 그러니까 가장 완벽하게 진화된, 가장 창의적인 해결책이라고 할 수 있을 것이다. 물론, 진화는 꼭 그런 식으로 이루어지지는 않는다. 그보다는 우리는 '꽤 괜찮은' 놈들이라고 할 수 있다. 실제 세상에서 수백만 년간 계속된 사건과 실험의 결과로서, 우리는 우연이라는 시험을 통과한 생명체인 것이다. 만약 이 모두를 관장하는 디자이너가 있었다면, 세상은 지금보다 훨씬 더 잘 조직되고 보다 완벽에 가깝지만, 아마도 조금은 덜 다양한 모습으로 귀결되었을 것이다.

많은 사람들이 '적자생존'이라는 이름으로 과도하게 단순화한 진화론을 받아들이고 진화에 대해 더 이상 알려고 하지 않는 경향이 있다. 그리고 이런 경향은 우리 대부분에게 자부심과 함께 왠지 모를 불편한 기분을 선사한다. 우리가 점균류나 초파리와 마찬가지로 생명이라는 위대한 물결 속에서 태어난 한 구성원이라는 사실은 영광스러운 일이다. 그러나 우리가 그들과 마찬가지라는 이 영광스러운 깨달음은 동시에 우리가 변변치 않음을 깨닫게 하는 요인이기도 하다. 우리는 인간이 결코 완벽한 적이 없다는 것을, 그리고 지금도 완벽하지 않다는 것을 안다. 인간이 살아남은 것은 도저히 있을 법하지 않은 일종의 행운의 산물이라고 할 수 있다. 어떻게 환경에 적응할 것인가라는 문제에 맞서 어떻게 우리의 필요에 맞게 환경을 적응시킬 것인가라는 대단히 독특한 생존전략을 취했던 것이 운 좋게도 성공을 거뒀기 때문이다. 다른 생명체들을 보건대, 이런 괴상한 전략을 취한 인류가 이렇게 순조롭게 번성하리라고 그 누가 예상할 수 있었겠는가? 선택한 환경에서 살아남기 위해, 이를테면 인간은 옷을 지어 입을 필요가 있다. 필요에 맞게 환경을 전적으로 조정하는 것이다. 한편으로 우리는 결코 효율적이라 할 수 없는 온갖 복잡한 도구며 사회 조직, 언어, 문화, 관습을 필요로 한다. 진화가 정말 정확하게 짜인 메커니즘을 따라 이루어진다면 우리 인간이 지금 이런 모습으로 살고 있을까? 아닐 것이다.

자신의 자연선택설이 설명할 수 있는 현상의 광범위함에 전율하면서도, 다윈은 그것만으로 결코 만족할 수 없었다. 그를 답답하게 한 것 중 하나는 자연 속에서 흔히 발견할 수 있는 과한 아름다움이었다. 자연선택설로는 설명이 어려운 불필요한 장식을 지니고 있거나 과장된 동작을 하는 동식물이 너무도 많았다. 다윈은 이렇게 고백하지 않을 수 없었다. "공작 꼬리 깃털을 볼 때마다 머리가 지끈거린다!"

왜 그처럼 아름다운 자연의 일부가 이 위대한 과학자의 골치를 지끈거리게 한 것일까? 이 거대한 부채꼴 꼬리는 적자생존 개념에는 전혀 들어맞지 않는다. 부채꼴로 퍼지는 수컷 공작의 꼬리야말로 자연에 존재하는 과한 아름다움의 가장 잘 알려진 예라고 할 수 있다. 자연계는 기능주의자의 유토피아와는 거리가 멀다. 대신에 우리는 제멋대로이고 무엇에도 구속되지 않는 광기의 예와 거듭 마주하게 된다. 일각고래는 여러 개의 치아 중 단 하나만이 길게 자라서 유니콘처럼 뻗어 나온다. 딱새의 꽁지는 길이가 제 몸뚱이 길이의 다섯 배가 넘는다. 고대의 무스는 뿔이 너무 커서 몸을 겨우 움직일 수 있을 정도였다. 이런 극단적인 특징은 보통 각 종의 수컷에게만 나타나는데, 다윈은 이러한 특성이 틀림없이 자연선택과는 전혀 다른 원칙에 의해서 진화했을 것이라는 예감이 들었다.

다윈의 성선택설은 바로 이런 직감에서 출발했다. 다윈은 그의 다음 주요 저서인 『인간의 유래*The Descent of Man*』를 통해 성선택설을 세상에 소개했다.

성선택설은 각 종의 암컷이 별다른 이유 없이 수컷의 어떤 특징을 선호할 때 무슨 일이 일어나는지를 다룬다. 이 이론에 따르면 수컷 공작이 그렇게 현란한 꼬리를 가지게 된 데는 아무런 절대적인 논리적 이유가 없다. 단지 암컷이 그런 종류의 꼬리를 좋아하게끔 진화했을 뿐이다. 그 어떤 다른 조류의 꽁지와도 비교 불가능한 기이한 공작 꼬리에 대한 특정한 선호는 전적으로 자의적인 것으로, 암컷 공작이 어쩌다 보니 그런 종류의 꼬리를 좋아하게 되었다는 것을 제외하면 어떤 의미도 없다는 것이다. 현대 생물학은 성선택을 자연선택의 하위개념으로 취급하는 경향이 있다. 그러나 다윈의 애초 의도는 그것이 아니었다. 그는 성선택을 자연선택의 면전에 날리는 통한의 일격이자 도전으로 여겼으며, 적응과 효율성이 지배하는 자연선택이라는 진화의 한 동력에 맞서서 자신만의 영민한 방식으로 작동하는 진화의 또 다른 동력으로 생각했다.

성선택과 관련된 대부분의 예에서 모든 상황을 통제하는 것은 암컷이다. 이 이론대로라면, 생물학적인 의미에서 암컷은 매우 큰 힘과 이득을 취하는 위치에 있다. 이런 생각은 다윈이 살았던 빅토리아 시대에는 영 인기가 없었다. 실제로 성선택설의 내용이 만물의 진화라는 계획에서 여성에게 너무 큰 발언권을 부여한다는 이유로 거의 100년 넘게 무시되어왔다고 보는 해석도 있다. 많은 19세기 사람들에게 성선택설은 자연선택설보다 훨씬 더 논쟁적인 이론이었다. 그들에게는 이 이론이 지구상에 존재하는 생명의 가장 아름다운 측면들에 대한 너무 경솔한 발언으로 여겨졌다. 생물학계는 그럴 만한 충분한 근거가 나오기 전까지는 생명체가 지닌 가장 아름다운 대내외적 특징들을 학문적으로 진지하게 받아들이려고 하지 않았다.

어쩌면 당시 사회는 너무 점잖아서 자연계를 구성하는 모든 아름다움의 너머에 성性이 추진력으로 존재한다는 사실을 인정하기가 어려웠는지도 모른다. 다윈이 성선택이 아니라 '미적 선택aesthetic selection'이라는 용어를 선택했다면 사정이 좀 달랐을까? 그렇다면 우리는 그 이론을 '미자생존美子生存/survival of the beautiful'이라고 단순화했을까? 세상은 응당 그래야만 하는 것에 비해서 훨씬 더 흥미롭다. 세상을 이끄는 힘은 실용성이 전부가 아니기 때문이다.

진화라는 개념은 '적자생존'이라는 말 한마디로 딱 잘라 가둘 수 없다. 굳이 다윈의 진화론을 몇 마디로 단순하게 정리하고자 한다면, 두 가지 동력을 생각했던 다윈의 의도를 반영하여 다음과 같이 요약하자. 진화는 두 개의 중첩되는 흐름으로 진행된다. 한쪽 흐름에서는 가장 적합한 자들이 살아남고 다른 한쪽 흐름에서는 가장 흥미로운 자들이 살아남는다. 이 두 줄기의 흐름이 합쳐져서 우리가 '생명'이라고 부르는 무수히 다양한 형태의 생물이 뒤섞여 모인, 거대하고 풍요로운 생명의 보고가 만들어진다. 진화라는 이름의 장대한 시간 속에서 일어나는 위대한 탐험의 행진 너머에는 그 어떤 단일한 계획도 깔려 있지 않다. 우리가 찾아볼 수 있는 것은 단지 이미 자연이 기록한 모든 아름다운 개개의 생명체라는 세부 내용뿐이다. 그렇다면 우리 앞에 펼쳐져 있는 아름다움의 전부에 대해서, 이것은 진화의 결과로서 어디까지나 자의적인 우연의 산물이라고 말하는 것으로 이만 만족하기로 할까?

이 질문에 어떻게 답할지를 생각하며 이례적으로 예술가적인 성향을 보이는 정자새보다 더 좋은 실례를 떠올리기는 어렵다. 다윈 역시 이 깃털 달린 생명체의 놀라운 예술적 욕구에 대해서 잘 알고 있었으며, 각각의 종이 서로 철저히 다른 형태의 정자를 만들도록 진화했다는 것도 이미 알고 있었다.

정자새의 세부 종에 따라 나타나는 정자 구조의 차이는 인간 세계로 치면 어떤 예술 사조나 개별 예술가의 스타일에 비견할 만하다. 가장 흔해서 쉽게 관찰할 수 있는 파란정자새는 사이에 작은 통로 공간을 남기고 두 개의 벽이 나란히 마주 보고 있는 단순한 대로변 형태의 정자를 짓는데, 신기하게도 만든 정자를 꼭 파란색으로 꾸미는 독특한 습성이 있다. 보겔콥정자새는 장대 하나를 세운 뒤 그 주변에 원뿔형 천막 모양의 둔덕을 만들고 그 둘레를 꽃, 씨, 극락조의 깃털 등으로 둘러싼다. 지역에 따라서 정자의 바닥 주변에 넓은 오두막 형태의 구조물을 세우는 경우도 있다. 맥그레거정자새는 가장 정교한 구조의 정자를 만드는데, 폭발한 크리스마스트리나 터지다 그대로 얼어붙은 것 같은 폭죽 모양의 구조물을 만들고 거기에 선태류나 지의류를 장식처럼 매달아 꾸민다.

이런 정자 스타일의 차이가 진화의 진행과 어떤 관련이 있는가? 진화 계보상에서 봤을 때 유전적으로 더 밀접한 관련이 있는 종일수록 짓는 정자의 모습도 더 비슷하다. 초록개똥지빠귀는 정자를 짓는 새들의 종 중에서 가장 고대부터 존재했는데, 그 옛날부터 벌써 뒤집은 이파리를 둥글게 늘어놓아 바닥을 장식하는 특이한 행동을 보여왔다. 이파리가 마르면 수컷 개똥지빠귀는 이것을 다시 싱싱한 이파리로 교체한다. 개똥지빠귀는 왜 굳이 이런 수고를 하는 것일까? 그들의 진화한 미적 감각이 그렇게 시키기 때문이다. 진화 계보에서 가장 늦게 나타난 정자새 종들은 이런 미적 감각을 보다 극한으로 밀고 나갔다.

파란정자새는 이 조류 예술가 무리 중에서 지금까지 가장 많이 연구된 종이다. 뒷마당 가장자리나 오스트레일리아 삼림지대 사이 햇볕이 잘 드는 빈터 같은 인간의 거주지 부근에도 즐겨 살기 때문이다. 미니멀리스트적 감각이 돋보이는 파란정자새의 정자는 나뭇가지로 엮은 벽이 그 벽을

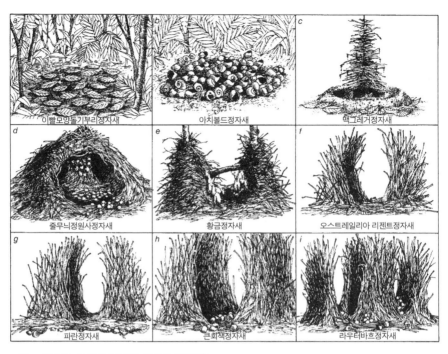

그림 1 정자새는 각 종마다 고유한 정자 디자인이 있다.

감상할 수 있는 통로를 보호하고 있는 형태의 디자인으로서, 단순하고 쉽게 알아볼 수 있다.

　이런 정자에는 엄격히 준수되는 건축 과정이 있다. 수컷 파란정자새는 먼저 자기가 고른 자리에 햇볕이 잘 들도록 주변 덤불의 이파리와 나무 아래쪽에 달린 가지를 모두 꺾어서 제거하는 것부터 시작한다. 그다음으로는 자기가 고른 자리를 중심으로 약 1제곱미터 정도 되는 땅 위의 모든 잡동사니를 치운다. 자리가 정리되면 이제 정자를 짓는 데 필요한 새로운 재료를 곳곳에서 날라온다. 이렇게 물어온 수백 개의 잔가지와 약간 굵은 나무토막을 흙 위에 놓고 발로 밟아 정리해서 정자의 기초를 다진다. 이 기초 위에 정자의 벽을 세워서 전체적으로 나무가 우거진 것처럼 보이는 대로변 형태의 정자를 만드는 것이다. 일단 이렇게 기초 공사가 마무리되면, 정자는 둥지의 경우와 마찬가지로 연구자들이 통째로 한번에 들어서 나를 수 있을 정도로 견고해진다.

그다음 과정은 정자의 진정한 건축 과정이라 할 만한 것으로 많은 생물학자들이 대체 새의 어떤 기존 행동이 이런 독특한 행동으로 진화하게 되었는지 그 기원을 밝히고자 엄청난 노력을 쏟고 있는 부분이다. 수컷 파란정자새는 이제 30센티미터가량 되는 긴 잔가지를 또 수백 개 모아온다. 그러고는 자신이 가운데에 들어갈 수 있을 정도의 공간만 통로로 남겨놓고 모아온 잔가지를 수직으로 정렬하여 두 개의 벽을 쌓는다. 보통 한쪽 입구를 더 크게 만드는데 큰 입구를 북쪽을 향하게 만들어서 정자가 햇볕을 잘 받을 수 있게끔 한다. 잔가지를 모두 쌓아 완성한 벽 하나는 새의 몸통만큼 두꺼워져서 통통한 까마귀 한 마리만 한 크기가 된다.

일단 이렇게 해서 기본 구조가 완성되면 그다음부터 취향에 맞춰 개별화가 진행된다. 어떤 새는 바닥에 고운 풀을 깔아 장식한다. 어떤 새는 정자 내벽에 으깬 베리류의 과일을 바르기도 하는데, 일부는 심지어 부드러운 나무껍질을 붓 삼아 으깬 베리에서 나온 즙을 더욱 섬세하게 내벽에 칠하기까지 한다.

그 어떤 다른 동물도 이 같은 의지와 개성을 발휘하여 가히 예술행위라 할 만한 이런 행동을 하지는 않는다. 『왜 고양이가 색칠을 하게?』$^{Why Cats Paint}$ 같은 동물에 관한 유머집은 잊어라. 정자새는 정말로 자기가 지은 정자에 색칠을 한다. 그것도 벌써 수백만 년 전부터.

다음으로, 수컷 파란정자새는 햇볕이 잘 드는 정자의 북쪽으로 노출된 부분을 자신이 구해온 파란 장식으로 꾸민다. 파란색 꽃봉오리와 앵무새 깃털이 전통적인 장식 재료이지만, 유칼립투스 군락지인 오스트레일리아

그림 2 파란정자새가 지은 정자

의 환경에서 파란색 장식은 언제나 구하기 힘들었고 오늘날에는 더더욱 힘들기 때문에 파란정자새는 최근에는 상대적으로 구하기 쉬운 파란색 플라스틱 제품을 애용한다.

정자의 목적은 오직 하나, 암컷을 유혹하는 것이다. 수컷은 암컷이 이 정자를 지은 예술가와 짝짓기를 하겠다고 마음먹을 만큼 충분히 인상적인 정자를 짓고자 한다. 수컷 정자새는 암컷의 관심을 얻기 위해 치열한 경쟁을 뚫어야 한다. 어쩌면 튼튼하고 대칭적인 모양의 훌륭한 정자를 짓고 그것을 소풍객의 플라스틱 스푼으로 장식하는 것만으로는 충분하지 않을지도 모른다. 경쟁에서 상대를 완파해야만 목적한 바를 이룰 수 있는 상황에서, 이웃한 정자를 급습해 그 정자를 꾸몄던 귀한 파란색 장식품을 약탈하여 자기 진지로 돌아오는 것은 그야말로 최고의 전략이 아니겠는가? 그리고 이왕 공격에 나선 김에 정자 벽의 잔가지 몇 개를 부리로 잡아당겨 라이벌 수컷의 정자를 조금 망가뜨리는 것은 어떻겠는가? 결국 가장 거칠게 공격을 감행하여 자신의 정자를 최고로 장식한 수컷이 암컷에게 가장 깊은 인상을 남기게 된다.

이런 불꽃 튀는 전투가 끝나고 나면 수컷은 정자에서 암컷이 접근해오기를 인내심을 갖고 기다린다. 암컷이 접근해오면, 수컷은 정자 앞이나 안쪽에서 암컷에게 매력을 뽐내기 위해 노래를 부르며 춤을 추기 시작한다. 그러나 대부분의 경우 암컷은 아무 관심도 보이지 않고 그냥 날아가버리는 것이 보통이다. 분명히 암컷은 가장 멋지게 장식하고 완성도가 뛰어난 정자에 가장 깊은 인상을 받는 것처럼 보인다. 그리고 보통 그런 정자는 어느 정도 나이를 먹고 숙련된 수컷의 작품인 경우가 많다. (최소한, 어느 정도 나이를 먹고 숙련된 과학자들은 그렇다고들 한다.) 한 지역에서 관찰한 바에 따르면, 그 지역에 서식하는 33마리의 수컷 정자새 중에서 암컷에게 강한 인상을 남기는 데 성공한 다섯 마리의 수컷이 전체 짝짓기 중 56퍼센트에 해당하는 짝짓기 기회를 차지했다.

암컷 파란정자새는 실제로 정자를 살펴보고 수컷의 노래와 춤을 지켜본 뒤에 짝짓기 상대를 고른다. 그러나 암컷이 정말로 수컷의 정자나 노래, 춤을 보고 짝짓기 상대로서의 가치를 평가했을까? 현대 성선택설은 암컷이 이런 것을 통해서 진실로 살피고 있는 것은 좋은 유전자라고 말한다. 반면 다윈이 주장한 본래의 성선택설은 단지 암컷이 좋아하는 것이 무엇인가에 초점을 맞춘다. 수컷 정자새가 창조한 것을 한번 보라. 스타일이 살아 있고 말하고자 하는 핵심이 있는 예술작품이지 않은가. 인간을 제외하고는 이와 같은 예술행위를 한다고 알려져 있는 동물은 정자새뿐이다. 그런데 수컷의 이 모든 노력을 그저 따분한 그 무엇, 뭔가 비밀스런 신호 내지 암호로 치부하고 말 것인가? 만약 수컷 정자새가 암컷을 유혹하고 짝짓기를 하고 새끼를 낳는 것이, 대를 잇기 위해서가 아니라 정자라는 예술품 자체의 선전·보급에 목적이 있다면? '미적' 선택이라는 관점에서 이 과정을 되새겨보면 인류가 출현하기 벌써 몇백만 년 전부터 예술사는 이 놀라운 새들과 함께 이미 뿌리를 내리기 시작했음을 발견할 수 있다.

공통 조상에서 갈라져 나온 다른 계통의 정자새는 덤불을 닮은 벽이 마주 보고 있는 대로변 형태의 정자가 아닌 5월제[2] 때면 볼 수 있는 장식 기둥을 닮은 정자를 만들기도 한다. 그 주인공인 맥그레거정자새는 먼저 높이가 120센티미터 정도 되는 적당한 키의 작은 어린나무를 찾는 것으로 시작한다. 적당한 나무를 찾고 나면 맥그레거정자새는 나무에 나 있는 모든 나뭇잎과 가지를 뜯어낸다. 그리고 나무 주변의 바닥도 잡동사니를 깨끗하게 정리해서 둥근 터를 만든 뒤 선태류로 두껍게 덮는다. 다음으로 수컷은 이파리와 가지를 제거한 나무의 둘레에 아주 짧은 것에서부터 30센티미터 정도에 이르는 다양한 길이의 잔가지를 세심하게 빙 둘러 배열한다. 잔가지 사이의 마찰과 서로 겹쳐지게 짜인 부분들이 맞물리면서, 이렇게 배열된 잔가지들로 안정적으로 버티고 설 수 있는 구조물이 만들어진다. 정자의 높이가 점점 높아짐에 따라 맥그레거정자새는 긴 막대를 짧은 막대 사이에 계속 끼워 넣는데, 그리하여 완성된 정자는 전체적으로 정신 사납게 뒤집어진 크리스마스트리 같은 모양이 된다. 여기에 작은 버섯, 거미줄 가닥, 딱정벌레 껍질, 나비 날개, 섬유질처럼 퍼진 지의류가 장식으

---

2 예로부터 서양에서 5월 1일에 베풀어오는 봄맞이 축제.

로 더해진다. 맥그레거정자새가 이 장식 기둥 모양의 정자를 다 만들기까지는 거의 한 달 정도의 시간이 걸리는데, 그 뒤로도 짝짓기 기간이 끝나기까지의 다음 몇 달 동안 계속 정자 정면의 장식을 바꾸는 데 공을 들인다. 장식은 생겼다가 없어지고 또다시 생겨나기를 반복한다. 라이벌 수컷에게 도둑맞아 없어진 것일까? 파란색 장식품을 훔치는 파란정자새처럼 맥그레거정자새도 경우에 따라서는 도둑질도 서슴지 않을지 모른다. 물론, 우리야 정확한 사정은 알 수 없는 노릇이지만 말이다.

오스트레일리아의 황금정자새는 자신이 속한 과에서 몸집이 가장 작지만 정자는 가장 큰 규모로 짓는다. 황금정자새는 독특하게도 두 개의 탑 형태의 정자를 짓는데, 때로는 탑의 높이가 3미터에 달하기도 한다. 이런 쌍둥이 탑 형태의 정자는 보통 두 그루의 작은 나무를 기본으로 해서 지어지는데, 황금정자새는 정자를 구성하는 두 탑을 부러진 나뭇가지 하나로 연결하거나 중간 높이에 해당하는 부분을 서로 이어서 마치 세계에서 가장 높은 건물 중의 하나인 쿠알라룸푸르의 페트로나스 타워처럼 만든다. 이렇게 연결부위를 만드는 경우에 황금정자새는 공중에서 작업을 시작해서 바닥을 향해 내려가는 방식으로 일을 진행한다. 페트로나스 타워 디자인의 바탕에 수백만 년 전부터 정자새들이 사용해온 태곳적 디자인이 있다니 참 놀랍지 않은가? 황금정자새는 쌍둥이 탑을 연결하는 나무다리에 지의류를 걸치고 꽃으로 장식한다. 꽃은 올리브빛의 싱싱한 녹색 꽃과 크림색의 마른 꽃봉오리 두 종류를 사용하는데, 특히 크림색 꽃봉오리의 경우에는 반짝이는 까만 씨앗이 달려 있는 것만을 고집한다.

만약 수컷 정자새를 다른 정자새들로부터 격리한 채 기른다면 이런 상당한 수준의 정자를 짓지 못할 것이다. 수컷 정자새는 다른 수컷이 정자를 짓는 것을 봐야 한다. 정자를 짓는 것이 정자새 고유의 예술적 능력으로서 유전적인 행위라고 해도, 역시 배우는 과정이 필요하기 때문이다. 정자새 무리마다 뚜렷하게 구별되는 정자의 다양한 미적 기준이 있다. 수컷은 어떤 정자가 좋은 정자인지를 연장자가 작업하는 것을 지켜봄으로써 배워 익혀야만 하는 것이다.

장식이 가장 많이 달린 정자를 가진 수컷이 가장 많은 짝짓기 기회를 얻게 될까? 본질상, 양은 질보다 측정이 훨씬 쉽다. 그러나 우리는 진화가 동물들이 지닌 아름다움에 대한 미묘한 취향의 차이를 낳는 방식에 대해 항상 양적으로 헤아릴 수는 없다. 정자새 종마다 그들 기준에서 잘 지어진 정자가 있고 그렇지 않은 정자가 있다. 만약 우리가 정말로 깊게 주의를 기울인다면 우리도 각 정자새 종에게 무엇이 가장 이상적인 정자로 보이는지 알아낼 수 있을지도 모른다. 성선택은 양이 아니라 본질적으로 훨씬 더 측정하기 어려운 질을 평가한다. 진화에 대한 우리의 이해를 보다 증진시키기 위해서는 지금까지보다 아름다움이라는 개념을 훨씬 더 진지하게 받아들여야만 할 것이다.

다윈의 동시대인들은 아름다움을 감상하는 능력이 인간에게만 배타적으로 존재한다고 생각했다. 그러나 다윈은 그들이 틀렸다는 것을 잘 알고 있었다.

이 감각은 인간 특유의 것이라고 단언되어왔다. … 수컷 새가 자신의 우아한 깃털이나 그 놀라운 색깔을 암컷 앞에서 공들여 과시하는 광경을 목격할 때 … 암컷이 그 수컷 짝의 아름다움에 경탄하고 있음을 의심하기란 어려운 일이다. 어딜 가나 인간 여성이 이런 수컷 새들의 깃털로 자신을 꾸미는 것을 보면, 그만큼 수컷 새의 장식이 아름답다는 데에 논쟁의 여지가 없어 보인다.

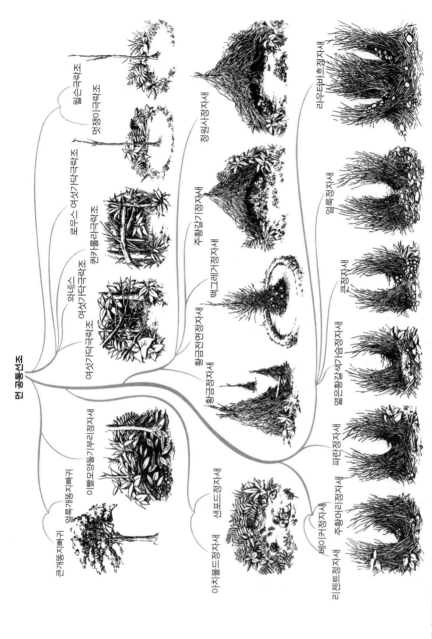

먼 공룡선조

윌슨극락조
맥쟁이극락조
로우스 여섯가닥극락조
캔가룰라극락조
여섯가닥극락조
와네스
여섯가닥극락조
큰개똥지빠귀
얼룩개똥지빠귀
이빨모양둥글가부리정자새
정원사정자새
주황걸기정자새
맥그레거정자새
황금전면정자새
황금정자새
라우터베흐정자새
얼룩정자새
큰정자새
엷은크황갈새가슴정자새
아치볼드정자새
센포드정자새
베이커정자새
파란정자새
주황머리정자새
리켄트정자새

그림 3 정자별 계보도

유전되는 섬세한 깃털이 동물이 지닌 아름다움에 대한 취향의 한 증거라면, 예술적인 창조성은 더 좋은 근거가 된다. 다윈은 조류학자 존 굴드[John Gould]를 인용하며 말을 이어간다.

> "그러나 동물에게도 아름다움에 대한 취향이 있음을 증명하는 가장 좋은 증거"는 오스트레일리아에 사는 세 가지 속屬의 정자새들을 보면 알 수 있다. … "이처럼 고도로 장식하고 교묘하게 조립된 정자야말로 지금까지 발견된 새가 만든 건축물 중에서 가장 놀라운 예임에 틀림없다."

정자는 살기 위한 장소가 아니라 어디까지나 암컷을 경탄시킬 목적으로 만드는 것이다. 그런 의미에서 정자의 목표는 단 하나다. 아름다울 것.

어째서 정자새는 포식자에게 노출될 위험을 각오하면서까지 똑같은 장소를 몇 주, 심지어 몇 달을 들락거리면서 딱히 뚜렷한 기능도 없는 복잡한 예술작품을 완성시키고자 그렇게 공을 들이게끔 진화한 것일까? 정자새 입장에서 보면 사실 완벽한 시간 낭비가 아닌가? 정자 짓기가 당사자인 정자새에게 그토록 위험한 일이 아니었다면, 어쩌면 별것 아닌 시시한 일로 치부되었을 수도 있을 것이다. 그러나 정자 짓기의 복잡성은 그렇게 넘길 수 있는 수준이 아니었고, 결국 다윈은 이 문제로 깊은 고민에 빠졌다. 물론, 다윈은 환경에 가장 잘 적응하는 것을 목표로 진화해온 무수히 많은 동물들을 알고 있었다. 하지만 환경에의 적응이라는 그 과정은 가장 효율적이고 계획적인 방식에 따라 이루어지지는 않는다. 생명체들은 어마어마하게 다양한 방식으로 환경에 적응한다. 그 다양성의 수준은 가히 놀라울 정도라 지구상의 생명체라는 이 방대한 세계를 어떻게든 이해하려고 애쓰는 우리로서는 감탄하지 않을 수 없다.

진화는 가장 단순하고 가장 효율적인 해법을 따르지는 않는다. 암컷의 변덕이 세대를 거듭하다보면 그 어떤 기막힌 일도 얼마든지 벌어지게 된다. 거추장스러운 공작의 꼬리나 몇 시간씩 계속되는 새의 노래, 그리고 (몇 종의 정자새나 인간의 경우에서 볼 수 있는 것처럼) 뭔가 아름다운 조형물을 만들어야 할 필요 같은 것이 그렇다. 이들 모두는 암컷의 마음에 호소하기 위해서라는 이유로 설명되어왔다. 진화 과정 중에 나타난 하나의 자의적인 방향성이 세대를 거치며 전해지면 정말로 과도한 것들을 진화시키기도 하는 것이다. 이를테면 자신의 아름다운 조형물을 한번 보게끔 암컷을 유혹하는 이 단순한 기능을 수행하기 위해 수컷 정자새는 예술가로 진화한 셈이다.

성선택이라 불리는 이 진화의 메커니즘은 당연히 옳은 설명이겠지만, 한편으로는 핵심을 놓치고 있기도 하다. 왜 이런 '특정한' 패턴이 공작의 꼬리 깃털에 나타나는 것일까? 왜 하필 '이런' 색깔, '이런' 모양의 볏이 도마뱀의 등에 존재하는 것일까? 그중에서도 아마 가장 난해한 질문은 이것일 것이다. 도대체 왜 정자새는 예술행위를 하는 능력을 진화시킨 것일까? 정자새 외의 그 어떤 동물도 이렇게 뚜렷한 기능도 없는 예술작품이라 할 만한 것을 대놓고 만들지 않는다. 혹시 정자새의 세계에서 인간 예술의 진화에 대한 어떤 실마리를 찾을 수 있지는 않을까?

F. 스트레인지^{Strange}라는 이름의 한 인물이 굴드에게 보낸 편지는 다윈의 주목도 끌었는데, 그 편지에는 새장에 사는 파란정자새의 행태가 묘사되어 있다. 아마도 갇혀 있는 파란정자새는 야생에서와는 그 행태가 조금 달랐던 것 같다.

　　지금 내 대형 새장에는 파란정자새 한 쌍이 살고 있습니다. 이 두 마리 새는 지난 두 달 내내 정자 짓기에 매달려 있답니다. 암컷도 정자 짓기에 관여는 하지만 아무래도 수컷이 주요 일꾼이지요. 때때로 수컷이 암컷을 쫓아서 새장 전체를 휘젓고 다니기도 합니다만, 그러다가도 다시 정자로 돌아옵니다. 수컷은 화사한 깃털이나 커다란 이파리를 모아서 정자로 가져옵니다. 또한 신기한 소리를 내지르는가 하면 제 몸의 깃털을 곧추 세우고 정자 주위를 뛰어다니다가 당장 눈알이 튀어나가기라도 할 것처럼 흥분해서는 양 날개를 번갈아가며 펼쳐 보이지요. 낮은 음의 휘파람 소리를 내면서 마치 집에서 기르는 수탉처럼 땅에 있는 뭔가를 쪼아 모으는 것 같은 행동을 보이기도 합니다. 그러다가 마침내 암컷이 조심스럽게 수컷 앞에 모습을 드러내면 암컷 주변을 두 바퀴 돌다가 갑자기 암컷에게 달려듭니다. 성공한 것이죠.

다윈은 "이 경우만으로도 어떤 동물은 아름다움을 느끼는 감정을 갖고 있다는 충분한 근거가 될 것"이라고 지적한다.

다윈의 거대한 구상에 따르면 정자새의 예술행위는 성선택의 결과여야 한다. 그러나 야생 상태의 동물이 예술행위를 할 수 있게끔 진화시킬 수 있는 능력이 정말 자연에 있다면 왜 그런 예가 이렇게 드문 것일까? 흔히 극단은 나쁜 예를 낳기 마련이라고 한다. 그러나 실제로 자연에는 극단이라고 할 만한 것이 분명히 존재한다. 기이한 것도 생겨날 수 있으며 때로는 불가능할 것만 같은 일도 진짜 일어나는 것이다. 이렇게 나쁜 예도 살아남을 수 있다는 사실은 '호모 사피엔스'처럼 별난 종도 이 진화하는 행성에 잠시나마 발자취를 남길 수 있음을 암시할 뿐 아니라, 예술적 기질은 즐겁고자 하는 열망, 표현하고자 하는 욕구로 진화의 욕망 안에 본디부터 뿌리내리고 있음을 의미한다.

20세기 생물학은 기호嗜好보다는 기능에, 성선택보다는 자연선택에 무게를 두었다. 아무래도 그편이 덜 경박해 보이고 더 진지하고 객관적인 설명으로 보였기 때문이리라. 명실상부한 미국 최고의 정자새 전문가인 메릴랜드 대학교의 제럴드 보르자$^{Gerald\ Borgia}$는 정자새가 왜 그와 같은 행동을 하는지, 그 이유를 연구하는 데 온 열정을 쏟고 있는 과학자 중 한 명이다. 그는 일찍이 1970년대 후반부터 이런 독특한 미적 능력이 이 단 한 과의 조류에게서만 발견된다고 주장하는 기존 가설들을 비판해왔다.

20세기 초에 등장한 기존 가설 중 하나는 정자가 수컷이 짝짓기 준비가 되었다고 알리며 암컷을 유혹하기 위해 짓는 일종의 둥지 원형^{原形}이라는 것이었다. 이 가설의 문제점은 정자새가 짓는 정자가 그들의 실제 둥지와는 전혀 모양이 달랐다는 점이었다. 정자는 보통 그 형태에 따라 세 가지 기본 종류, 즉 대로변 형태, 장식 기둥 형태, 바닥을 장식해서 덮은 동굴 형태로 나눌 수 있는데 이 중 어느 것도 정자새의 실제 둥지와 조금도 닮지 않았다. 보르자는 이 가설을 "암컷이 짝짓기 시기 선택의 통제와 관련된 생리적 문제에만 원칙적으로 구속되는 것처럼 그린다."는 이유로 좋아하지 않았다. 성선택과 관련된 동물 세계 암컷들의 습성에 대해 알면 알수록 그들이 짝짓기 상대를 선택하는 데 대단히 정교한 습성을 가지고 있음을 알게 된다. 이런 '가짜 둥지' 속임수가 먹힐 리가 없다.

정자새는 다른 대부분의 새와 마찬가지로 나무에 둥지를 튼다. 포식자를 피해 알을 품는 동안 취약한 상태에 놓이게 되는 부모 새와 알 모두가 눈에 띄지 않도록 하기 위함이다. 그러나 정자는 이와 반대로 탁 트이고 모두가 쉽게 볼 수 있는 빈터에 만든다. 대로변 형태와 동굴 형태 정자의 경우에는 공연을 펼치는 수컷과 이를 감상하는 암컷에게 행여 포식자가 나타나더라도 정자새들이 무엇에 정신이 팔려 있는지 알아차릴 수 없도록 약간의 대피할 공간을 제공하기는 한다.

그림 4 얼룩정자새와 그의 예술작품

보르자는 수컷 정자새가 서로 상대 정자의 장식물을 훔친다는 사실에 특히 깊은 인상을 받았다. 그는 가장 강한 수컷이 자신의 왕궁을 멋지게 장식한 채 외부의 방해를 받지 않고 노래와 춤을 뽐낼 수 있을 것이라는 가설을 세웠다. 그림 4는 대로변 형태의 정자를 짓는 또 다른 정자새로 오스트레일리아에 서식하는 얼룩정자새가 장식용 방울로 정자 안쪽을 인상적으로 꾸민 모습을 보여준다. 파란정자새와 유사한 모양의 정자를 짓기는 하지만 얼룩정자새는 훨씬 더 다채로운 장식을 사용한다.

조아 매든Joah Madden의 얼룩정자새의 정자 장식에 대한 2002년도 보고서를 읽어보면, 그림에서 보이는 이 인상적인 아기자기한 장식의 배열도 빙산의 일각에 불과함을 알게 된다. 다음은 매든의 지칠 줄 모르는 연구가 밝혀낸 얼룩정자새가 정자를 꾸미는 데 사용한 소재 목록의 일부이다. 아보카도베리, 프릭클리베리, 월가베리, 솔라눔베리, 캡트-스파이니베리, 라임베리, 유칼립투스너트, 아카시아콩, 마더오브밀리언스 이파리, 카리사 잔가지, 명아주 줄기, 빈뽕나무 이파리, 에뮤의 알껍질, 이치그럽 껍질, 곤충의 외골격, 버섯, 초록색 점액, 파충류의 허물, 달팽이 껍질, 거미의 알껍질, 결정화된 석영 조각, 분홍색 석영 조각, 검은색 돌, 갈색 돌, 회색 돌, 녹색 풀, 알루미늄포일, 재, 빨간색 플라스틱, 하얀색 플라스틱, 전선, 뼈, 똥.

얼룩정자새에게는 달팽이 껍질이 다른 무엇보다도 최소한 10배 이상 인기 있는 장식품이라는 사실을 주목할 필요가 있을 것이다. 어째서일까? 이거야말로 내 흥미를 잡아끄는 종류의 질문이다. 나는 그 이유가 실용적인 것보다는 미적인 것이라고 믿는다. 정자새의 선호에 대해 연구하는 연구자마다 서로 매우 다른 결과를 내놓는다는 사실은 전혀 놀라운 일이 아니다. 매든은 짝짓기 성공률이 정자에 윤이 나는 초록색 솔라눔베리가 장식되어 있는지 여부와 밀접한 연관이 있을 것이라고 생각했다. 반면에 보르자는 매든이 연구한 곳으로부터 수백 킬로미터 떨어진 다른 서식지에서는 정자에 불그스름한 분홍색 유리 조각 더미를 갖추고 장식된 "과일의 총량"이 많을수록 가장 높은 짝짓기 성공률을 보였다면서, 성공한 짝짓기의 96퍼센트가 이것으로 설명이 가능하다고 주장했다. 그러나 매든이 관찰한 곳에서는 붉은 빛이 도는 유리는 가장 인기 없는 장식 중 하나였다. 어떤 연구자도 이 문제에 대해 확신할 수 있을 만큼 충분한 자료를 갖고 있지 않다. 충분히 넓은 지역에서 충분히 많은 수의 정자를 관찰하는 것이 꽤나 어렵기 때문이다. 어쩌면 정자새의 정자 장식에 대한 선호는 친척 관계에 있는 거문고새의 노래에 대한 취향과 마찬가지로 문화적인 것일 수도 있다. 같은 종 안에서도 서식지에 따라서 서로 다른 장식을 선호하는 것이다.

어째서 얼룩정자새는 이다지도 많은 장식품을 자신의 예술작품에 다는 것일까? 보르자는 얼룩정자새가 특별히 정교한 구애 행위를 펼친다는 점을 주목한다. 얼룩정자새는 길고 날카로운 소리를 내지르며 소위 '몸 떨기body shudder'라고 하는 거친 춤을 선보이는데 여기에는 달팽이 껍질을 하늘 위로 높이 던지는 동작이 포함되어 있다. 얼룩정자새의 구애 행위가 너무 떠들썩하다보니, 종종 암컷은 가까이 다가가기를 두려워하기도 한다. 다행히도 얼룩정자새의 정자는 벽이 상당히 얇아서, 암컷은 (그리고 연구하는 과학자들도) 정자 바깥에서 상당한 안전거리를 확보한 채로 수컷의 노래와 춤을 관찰할 수 있다. 그래도 때때로 수컷이 던져 올린 딱딱한 달팽이 껍질이 관찰자들의 머리로 떨어지는 일이 생기곤 하지만 말이다. 어쩌면 암컷은 이런 모든 소란스러움에 더욱 끌린 나머지 멀찍이 떨어져서 본 것이 정말로 믿을 만한 것인지 확인하려고 조금 더 가까이 다가가려 할 수도 있다. 수컷으로서도 미래의 짝짓기 상대일 수도 있는 암컷을 위협하고 싶지는 않지만, 한편으로는 암컷이 미지근하고 건성으로 하는 것 같은 구애 행위보다는 공격적인 구애 행위에 더 흥분한다는 것을 알고 있다. 그런 의미에서 수컷이 속이 들여다보이는 성긴 정자 벽 뒤에서 구애 행위를 펼치는 것은 관객들을 보호하기 위해서인지도 모른다.

왜 얼룩정자새는 달팽이 껍질을 그렇게도 열심히 공중으로 던져 올리는 것일까? 만일 수컷이 입에 달팽이 껍질을 꽉 물고 있다면 놀이라기보다는 위협처럼 보일 가능성이 매우 높다. 보르자는 항상 정자새의 행동을 합리적이며 환경에 적응하기 위한 것으로 설명하려 애쓴다. 그에게 중요한 것은 정자의 아름다움이 아니라 전체적인 조형물로서의 정자와 거기에서 함께 펼쳐지는 공연이 어떻게 수컷 예술가의 적극성과 경쟁력을 드러내는 데 기여하느냐 하는 것이다. 결국 정자새의 예술을 수컷이 자신의 수완과

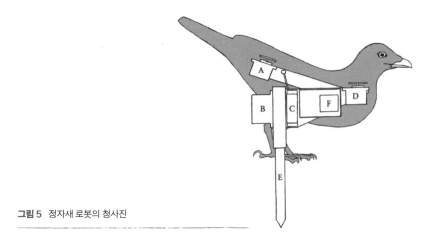

그림 5 정자새 로봇의 청사진

힘을 과시하는 또 하나의 방법으로 보는 것이다.

이것이 최소한 1980년대까지 보르자가 견지했던 관점이다. 21세기가 되면서 정자새에 대한 연구는 조금 더 기술적으로 발전했다. 보르자의 제자인 게일 파트리첼리$^{Gail\ Patricelli}$가 진행한 최근 연구는 암컷이 "가장 강렬한" 구애 행위를 한 수컷과의 짝짓기를 선호한다는 주장에 더욱 힘을 실어주었다. 그러나 이 수컷 예술가들은 강렬한 구애 행위를 계속 펼쳐 보이지는 않는 경향이 있었다. 그들은 그저 이따금씩 최선을 다한 구애 행위를 보일 뿐이었다.

어째서 이렇게 쿨하게 행동하는 것일까? 오늘날 과학자들은 수컷의 이런 행동을 최신 기술을 사용하여 조사할 수 있게 되었다. 그 도구는 바로 암컷 정자새 로봇이다(그림 5).

이 단순한 기계 장치는 암컷 정자새가 암컷의 선호도 이상으로 너무 갑작스럽게 열정적인 수컷의 공연을 봤을 때 보이는 "깜짝 놀라는" 동작을 흉내 내게끔 설정되어 있다. 그림 6은 이 인조 암컷 정자새가 미래의 짝짓기 상대가 만든 예술작품 안에 안락하게 자리 잡고 있는 모습을 보여준다.

그림 6 작동 중인 암컷 정자새 로봇

이 인조 암컷 정자새가 놀랐다는 표시로 펄쩍 뛰면, 수컷은 즉시 뒤로 물러나서 잠시 동안 훨씬 더 얌전한 구애 행위를 선보인다. 수컷은 암컷들이 톡톡 튀는 공연을 선호하지만 항상 그런 것은 아니라는 걸 아는 것처럼 보인다. (최소한 이 가짜 새가 무엇을 좋아하는지는 확실히 아는 것처럼 보인다!)

언제 분위기를 화끈하게 달아오르게 만들고 언제 한 발짝 물러나야 하는지를 알라. 강렬하게 하되 관객들로 하여금 자신이 안전하다는 마음이 들게 하라. 이는 좋은 공연의 실례라고 할 수 있다. 모든 예술가들을 위한 꽤나 일리 있는 조언이 아닌가?

정자새는 모범적이지만 또한 당혹스러운 예이다. 이 새들이 들려주는 과격한 이야기를 가지고 대체 무엇을 할 수 있겠는가? 환경에 놀라우리만큼 잘 적응한 것처럼 보이는, 보다 단순한 생명체들의 훨씬 더 평범한 사레 연구도 그리 녹록지 않은 것이 현실이다. 먹이의 종류에 따라서 특화된 부리를 갖게 된 갈라파고스 군도의 핀치라는 새는 다윈 이론의 실용적 측면을 보여주는 가장 완벽한 예라고 할 수 있다. 그러나 일부 매우 흥미로운 동물 중에는 도저히 설명하기 힘든, 진화 이론의 상궤를 벗어나는 짓들을 함에도 살아남은 경우를 볼 수 있다. 왜 꿀벌은 우리가 아는 한 춤의 형태로 이루어진 기호 대화 체계를 갖고 있는 유일한 동물인 것일까? 왜 오징어는 서로 의사소통을 하면서 색깔과 모양을 바꾸는 것일까? 왜 정자새는 그렇게 오랜 시간을 쏟아부어 화려하게 장식한 정자를 짓는 것일까? 생물학계는 이런 사실들을 발견할 때마다 경이로워하지만, 금세 다른 곳으로 시선을 돌리며 이렇게 말한다. '대부분'의 생명체는 그런 기이한 일을 하지 않는다고. 대부분의 동물은 단순히 여러 도전과 돌발 상황을 맞아 생존의 가능성을 최대한 높이는 데에만 애쓸 뿐이라고.

그러나 한쪽에는 정자새의 예술을 둘러싼 신비를 파헤치기 위해 최선을 다하는 현대 생물학자들도 있다. 보르자도 이 문제에 대해 명확한 목소리를 내는 사람들 중 하나이다.

정자를 짓는 현대의 정자새 종을 낳은 혈통의 조상은 아마도 먼저 바닥을 장식한 테니스 코트 같은 공간에서 구애 행위를 선보였을 것이다. 암컷은 그 코트가 어린나무 같은 것으로 자연적인 장벽이 갖춰져 있어서 수컷이 구애를 하는 동안 자신과 수컷을 분리시켜줄 수 있는 것을 선호했다. 이런 형태가 수컷에게 접근해서 수컷이 하는 구애 행위나 수컷이 늘어놓은 장식을 더 가까이에서 관찰할 수 있게 해주는 한편, 수컷이 선보이는 것에 흥미를 느끼지 못하는 경우 마음대로 떠날 수 있게끔 보장해주기 때문이었다. 수컷은 어린나무 주변에 잔가지를 놓고 코트의 지름을 넓히는 등의 방법으로 장벽을 보강해서 암컷이 구애 행위를 관찰할 수 있는 더 안전한 거점을 제공했다. 수컷도 보다 보호받을 수 있는 환경에서 짝짓기하기를 원하는 암컷의 선호를 고려하여 이런 수고를 더 함으로써 얻는 바가 있었다. 암컷의 방문 횟수는 늘리고 구애를 펼치는 동안의 위협은 줄임으로써, 강제로 짝짓기를 시도했을 경우보다 전체적으로 짝짓기 성공률을 높일 수 있었던 것이다. 암컷의 입장에서도 강제로 짝짓기 하는 것을 피함으로써 얻는 득이 있었는데, 유전적으로 열등한 수컷을 피하는 것과 직접적인 신체적 손실을 줄이는 것(짝짓기를 통한 기생충 감염이나 짝짓기를 다시 하기 위한 시간 낭비 등을 피하는 것)이 그런 득에 포함되었다. 이런 코트를 가진 새들로서는 강제로 짝짓기를 한 암컷이 결국 다른 수컷과 다시 짝짓기를 하게 하느니, 강제로 짝짓기를 시도하기보다 암컷을 유혹하여 자신과 짝짓기를 하게끔 노력하는 쪽으로 변화하게 되었을 것이다.

보르자는 어떻게 해서든지 정자새의 이 특이하고 아름다운 창작품을 수컷의 우수성을 드러내 보이고자 하는 목적이 있다고 파악하는 성선택설의 틀에 끼워 맞춰보려고 애쓴다. 오늘날 대부분의 생물학자들과 마찬가지로, 보르자도 성선택을 자연선택의 하위 개념으로 여기고 있다. 그런데 혹시 이와 같은 시각이 다윈의 논지에서 벗어나는 것은 아닐까? 이 놀라운 창작품은 그 자체로 아름다운 예술작품은 아닐는지? 한 동물에 나타나는 모든 진화된 특징을 합리적으로 완벽하게 설명하려는 것은 단지 인간의 희망사항에 불과하지 않을까? 이를 설명해보려는 가설들에 대한 통계적 증거는 항상 엇갈린 답만 내놓을 뿐이다.

진화는 여전히 어딘가를 향하고 있는 생명의 발걸음을 이해하기 위한 가장 위대한 개념이지만, 한편으로는 종종 잘못 이해되고 있기도 하다. 우리는 진화라는 개념이 실제로 설명할 수 있는 것보다 훨씬 더 많은 것에 대해 설명하고 있다고 착각한다. 뉴욕 시립대학교의 신경과학 교수로서 조류의 복합적 학습능력을 연구하는 분야의 개척자이기도 한 오퍼 체르니콥스키[Ofer Tchernichovski]는 이 문제를 이렇게 묘사한다. "진화는 사실 그렇게 많은 것을 설명하지 않습니다. 진화는 역사의 맥락을 기술하는 여러 방법 중 하나에 더 가깝습니다. 거기에는 자연의 작은 생명 기계들을 발생시킬 수 있는 무한한 잠재력이 있습니다. 그리고 이런 것들은 상호 영향을 주고받으면서 만들어집니다만, 그렇다고 반드시 앞뒤가 맞는 방식으로 진화하는 것은 아니지요." 그렇다면 우리는 어째서 지금 우리가 지니고 있는 것과 같은 아름다움과 형태를 가지게 된 것일까? 체르니콥스키는 이와 같은 질문은 우리의 논리적 성향이 답할 수 있는 영역 너머에 있는 것이라고 믿는다. "우리가 할 수 있는 것은 그저 경탄하는 것뿐입니다. 우리의 능력으로는 이 모든 것을 일관되게 이해할 수 없습니다. 이런 사실을 가만히 받아들여야만 하는 것이지요. 일단은 여기까지가 우리의 한계인 것입니다."

나는 미학과 아름다움의 진화에 대해 주의를 기울이는 것이 우리가 '그 한계를 넘어서서 더 나아가도록' 도와줄 것이라고 믿는다. 최상의 인간 예술을 진화론에 관한 단순한 몇 가지 법칙이나 원칙으로 설명할 수 있으리라고 주장하려는 것이 아니다. 내가 조사해보고자 하는 것은 어떻게 동물 세계에 존재하는 예술과 아름다움이 현대 우리 인간의 이론으로는 적절하게 설명할 수 없는 질문들을 이끌어내는가 하는 것이다. 우리가 알고 있는 대로의 진화가 예술을 설명할 수 있을 거라고 믿지는 않지만, 예술에 대한 더 깊은 성찰이 진화에 대한 우리의 이해를 더 깊게 해줄 것이라고는 믿기 때문이다.

인간 역시 복잡하게 얽힌 생명이라는 덤불 속에 존재하는 또 하나의 극단적인 종이다. 한편으로 우리는 우리 또한 여전히 동물이라는 사실을 인식하는 것에서 상당한 위안을 얻고 있기도 하다. 자연선택과 성선택을 통한 진화는 우리를 과거, 현재, 미래의 모든 생명체와 연결시켜준다. 우리가 여타 동물과 얼마나 비슷하고 또 얼마나 완전히 다른가를 알고자 애쓰는 것에서 볼 수 있듯이, 그들은 우리에게 끝없는 매혹의 대상이다.

어떤 사람들은 성^性이 인간의 모든 예술적 행위를 설명할 수 있다고 말한다. 이러한 시각 속에 분명히 얼마간의 진실이 담겨 있는 것은 사실이다. 그러나 이 시각은 예술이나 아름다움 그 자체에 대해서는 거의 아무것도 말해주지 않는다. 마치 당신이 아무리 성행위에 능숙하다 해도, 성행위 자체가 당신에게 성이 무엇인지 말해주지는 않는 것과 같다. 성선택을 적응이라는 면으로 파악하는 관점도 대단히 중요하기는 하지만 이 관점 너머에는 분명히 그 이상의 이야기가 있다. 동물도 그렇게 어느 한 가지 생각에만 골똘해 있지는 않는 법이다.

최소한 한 무리의 동물, 그러니까 정자새는 예술행위를 한다고 결론을 내린다면, 그런 결론이 인간으로 하여금 스스로의 예술적 행위를 더 편안하게 혹은 더 불편하게 받아들이게 할까? 정자새의 존재와 정자새가 정자를 지을 필요를 느낀다는 사실을 받아들인다면, 우리 인간만이 예술행위를 하는 유일한 종일 때에 비해서 예술 그 자체가 진화에서 갖는 의미는 조금 더 커질 것이다. 어쩌면 예술이란 것은 아름다움을 진화시켜온 자연의 변덕이 극단적으로 발현한 모습일지도 모른다. 그런 의미에서 나는 아름다움이 지닌 자의성을 인간을 비롯한 암컷의 감각에 직접적으로 호소하는 고유의 자극 이상의 의미로 강조한다고 해서 아름다움을 더 잘 이해하게 되리라고는 생각하지 않는다. 각각의 종은 저마다 고유한 미적 가치관이 있고, 이 미적 가치관이 해당 종의 구성원이 좋아하는 색, 소리, 모양을 결정하는 것이다.

내가 이런 일련의 생각을 현대 생물학자들에게 이야기했을 때, 많은 이들이 놀라움을 표했다. 어째서 세상이 지금과 같은 복잡하고 경이로운 판테온이 되었는가에 관한 풀리지 않은 거대한 신비와 여러 어려운 난제들은 제쳐둔 채, 지금껏 생물학계는 대체로 이런 각도의 질문은 무시하며 훨씬 믿기 쉬운 성질의 성선택설만을 고수해왔다.

성선택설은 동물이 '왜' 하필 그것을 원하는가에 대해서는 설명할 수 있을지도 모르지만, 그들이 '무엇을' 원하는지에 대해서는 거의 아무것도 말해주지 않는다. 이 침묵은 성선택설의 큰 구멍으로, 지금껏 아름다움의 진화가 마땅히 그래야 하는 것만큼 충분히 진지하게 받아들여지지 않은 까닭이다. 현재의 성선택과 자연선택 개념은 미적 특질의 중요성을 슬며시 회피한다. 예술이라는 것도 일반적인 강인함을 나타내는 일종의 지표라고 보거나 아니면 훨씬 더 심각하고 환경에 적응하고자 하는 힘의 부산물일 뿐이라고 생각해버리는 것이다. 이 두 가지 설명은 아름다움에 감춰진 비밀을 진지하게 받아들이기를 피하고 있다. 그러나 자연에 예술은 중요한 것이며, 이런 식으로 그저 설명해버리고 만다면 그 이유를 밝히는 작업에 조금도 가까워질 수 없다.

우리는 왜 혹등고래의 노랫소리를 가속시키면 나이팅게일의 노랫소리와 그렇게 비슷하게 들리는지에 대해서 궁금해해야 한다. 진화 경로상 너무도 다른 길을 걸어온 두 종의 동물이 이처럼 비슷한 미적 선호를 보이고 있다. 단지 우연일까? 정확한 미적 규칙에 따라 정자를 짓기 위해 그렇게 많은 시간을 소비하는 정자새의 선택이 그냥 자의적인 것일 뿐이라고 말하지는 말자. 한 가지 스타일에 빠진 예술가에게는 그 스타일을 지키는 것이 이 세상 그 무엇보다도 중요한 것이다. 이들 정자새는 예술 없이는 살 수도, 대를 이을 수도 없다. 그리고 상당수의 인간들 역시 아마도 이와 비슷한 감정을 느끼고 있을 것이다.

정자새의 독특한 구조물이 서구 세계에 알려진 지도 200년이 넘었다. 그러나 오늘날에는 이들을 보다 진지하게 받아들여야 할 한 가지 이유가 있다. 20세기를 거치며 엄청나게 발전한 인간의 예술 미학은 수세기에 걸쳐 진화해온 규범과 스타일을 밀어내려 애쓰면서 회화, 음악, 문학에 추상의 개념을 받아들였다. 거의 논의된 바는 없지만, 예술 미학계에 추상을 사랑하는 경향이 짙어지면서 사람들은 자연에 존재하는 아름다움을 전보다 훨씬 더 예술의 눈으로 보게 되었다. 눈밭에 드리워진 나무 그늘이 빚어내는 흑백의 뚜렷한 대조, 변성암에서 발견되는 그 어지러운 무늿결, 굴뚝새가 부르는 노래의 그 현기증 날 정도의 복잡함 등을 생각해보라. 인간의 관습적인 사고를 더 파헤치면 파헤칠수록 우리는 자연계에서 더 많은 예술을 발견하게 된다.

19세기만 해도 정자새의 기이한 조형물은 지금 우리에게 보이는 것보다는 덜 문제시되었을 것이다. 그러나 앤디 골즈워디[Andy Goldsworthy]의 작품을 찬양하는 현대에는 사정이 조금 달라진다. 대지예술가[3] 골즈워디는 숲 바닥에 색색의 나뭇잎을 원형으로 섬세하게 정렬한다든지, 잔가지와 돌을 재료로 하여 아름다운 배열을 만드는 등의 작업을 하는 것으로 유명하다. 그의 작품은 대체로 전 세계 사람들에게 호소력을 지니는 단순한 패턴으로 이루어져 있다. 그는 이런 아이디어를 정자새에게서 얻었을까? BBC의 데이비드 애튼버러[David Attenborough]가 골즈워디에게 같은 질문을 던졌을 때, 그는

---

3 대지예술land art은 주로 예술의 일시적 성격, 재료 또는 재질로서의 자연의 재인식, 자연환경의 창조적 응용 등을 강조하는 예술로서, 대표 작품으로는 스미스슨Smithson의 〈나선형의 방파제Spiral Jetty〉, 크리스토Christo와 잔-클로드Jeann9 laude의 〈둘러싸인 섬들Surrounded Islands〉 등이 있다.

이렇게 답했다.

저는 새가 아니거니와 새나 다른 동물이 만든 것을 보고 흉내를 내는 것도 아닙니다. 그러나 우리 사이에 유사점이 있는 것은 사실이지요.

제 작품들은 장소, 빛, 주변 분위기, 그리고 일조 시간에 대한 반응을 통해서 만들어집니다. 그래도 시작은 재료이지요. 재료가 시작점이기 때문에 만약 재료에 구부러진 가지가 많으면 그것이 저를 특정 방향으로 이끌고 갑니다. 구부러진 가지라는 재료를 사용함으로써 반듯한 가지로는 할 수 없었던 특정한 방법으로 작업하게 되는 것이지요.

정자새도 틀림없이 비슷한 이유로 구부러진 줄기를 고를 것이다. 그리고 그들의 미학이 종에 따라 혹은 군락에 따라 결정되는 것처럼 보인다 하더라도, 특정 개체가 가한 미묘한 변주가 작품에 남달리 큰 성공을 가져올 수도 있을 것이다.

오늘날 자연환경을 소재로 만든 예술에 대한 평가가 높아짐에 따라, 전에는 단지 예술적인 경향이 있다거나 혹은 "원시적인" 예술작품이라고만 여겼을 야생 상태의 것을 예술로 볼 수 있게 되었다. 정자새가 정자를 칠하고 장식하는 일련의 의식과 암컷 앞에서 춤을 추고 자신을 뽐내듯 걷는 모습을 통해서 우리는 자연 고유의 한 행위예술가의 다면적인 예를 보게 된다. 이 행위예술가는 다양한 범주의 재능이 꽤 괴이하게 혼합된 결합체라 할 수 있다. 단지 시각예술과 무용, 연극을 보여주는 데 그치지 않고, 이 세 가지 모두를 망라하는 완전히 새로운 표현 수단을 동원하는데 거기에는 자기 나름의 평가 기준도 있는 것이다.

정자새의 정자와 비슷한 작품을 만드는 것은 골즈워디 혼자만이 아니

그림 7 패트릭 도허티, 〈딸기 구아바로 세운 야생 주거지〉(2003)

다. 미국 출신의 패트릭 도허티[Patrick Dougherty]도 정자를 닮은 조형물을 만든다. 그의 작품은 슈퍼맨, 아니 슈퍼새가 존재한다면 만들었을 법한 괴상하고 극단적인 형태의 정자처럼 보인다(그림 7).

도허티는 자연으로부터 잔가지와 굵은 가지를 이용해서 복잡한 구조물을 만들 수 있다는 것을 배웠다. "저는 이런 나뭇가지들이 풍부하고 재생 가능한 재료라는 점에 끌렸습니다. 동물들의 작품을 관찰하면서 어린나무들이 여러 재료를 연결할 수 있는 타고난 도구임을 깨닫게 되었습니다. 다시 말해 어린나무에 이런 나뭇가지들을 쉽게 얽어맬 수 있다는 걸 알게 된 것이지요. 이렇게 서로 겹치게 걸 수 있는 성질이 이것을 재료 삼아 다양하고 거대한 형태를 만들어낼 수 있는 열쇠인 겁니다." 어린 시절 처음 정자새에 대해 알게 된 이후로 그는 줄곧 자신과 정자새가 비슷한 방식으로 작

그림 8 패트릭 도허티, 〈신성한 밧줄〉 (1992)

업하게 될지 궁금했다고 한다.

"저는 재료마다 나름의 규칙이 있다고 느낍니다. 재료 자체가 본디부터 일련의 가능한 조합을 규칙으로 가지고 있다는 느낌이지요. 어떤 나뭇가지들은 구부려서 그물망처럼 서로 겹치게 꽂을 수 있습니다. 일단 구부려서 다 꽂은 뒤에는 가지끼리 맞서 누르며 모양을 지탱할 수 있지요. 나뭇가지는 튀어나온 부분끼리 서로 잘 걸리고 얽힙니다. … 그래서 자체적으로 서로 잘 연결되는 성질이 있습니다. 만약 한 나뭇가지를 너무 많이 구부리면 부러지고 말겠지요. 제게 나뭇가지는 제가 만드는 구조물의 재료이기도 하지만 또한 소묘에 사용하는 선이라고도 할 수 있습니다. 저는 연필을 사용하는 다른 사람들과 똑같이 전통적인 소묘법을 따르지만, 다만 재료로 나뭇가지를 사용하여 소묘를 합니다. 연필로 그려서 생긴 자국과 나뭇가지가 가지고 있는 선 사이의 한 가지 공통점은 그 둘 모두 한쪽이 가늘어지고 그것이 그 선에 어떤 움직임을 암시하는 잠재성을 부여한다는 것입니다. 말하자면, 많은 수의 나뭇가지를 모두 한 방향을 가리키게 모아놓으면 그 표면은 훨씬 더 살아 있는 것처럼 보이는 효과가 생기지요. 새들도 이런 사실을 알고 이에 맞춰 작업을 하는지는 모르겠습니다만, 기억을 더듬어보면 정자새가 크고 작은 나뭇가지의 끄트머리를 맞추어서 굵은 쪽이 아래로 가게끔 몇몇 나뭇가지를 일부러 정리하는 것을 본 적이 있습니다. … 위로 올라가는 듯한 환상을 더해주는 것이지요.”

도허티의 작업 방식에는 그를 인간 정자새라고 불러도 전혀 무리가 없는 요소들이 있다. 그는 자신의 작업을 가리켜 “공간에 하는 소묘”라 부른다. 그의 작품은 거의 언제나 일시적으로만 존재한다. 한 가지 작업이 끝나면 그는 새로운 과제에 착수하여 다시 작업할 준비를 한다. 그의 작품은 모두 작품을 이루는 재료가 조금씩 시들어 없어지기까지 고작 수년 동안만 존재할 뿐이다.

도허티는 자신이 만든 작품이 설치된 장소에서 그대로 진화하여 생겨난 것처럼 보이게 하려고 특별히 공을 들인다. 마치 자연이 그의 작품을, 이를테면 “아무 힘도 들이지 않고” 그 자리에 가져다둔 것 같은 인상이 들게끔 말이다. 모든 정자새 예술가들은 자신의 작품이 자연과 함께 발맞추어가는 과정임을 알고 있다. 도허티는 이 정자새 예술가들이라면 이미 알고 있을 그 올바르고 확실한 기준을 찾고 있는 것처럼 보인다. 그는 자신의 미학관의 세부를 이렇게 설명한다. “저는 종종 아름다움에 관해서 이렇게 말하곤 합니다. 우아한 곡선은 나뭇가지를 부러지기 바로 직전까지 구부렸을 때 얻어진다고요. 제 작품은 그 곡선을 은유적인 효과를 통해 얻습니다. 나뭇가지를 구부리는 게 아니라 제가 가지고 있는 재료들을 차례로 쭉 배열해서 바깥쪽은 더 굵은 선을 이용해 보다 견고하게 만들고 안쪽은 더 가는 가지들로 부드럽게 해서 곡선을 얻지요. 이렇게 하는 것이 보는 사람들에게 더 조화로워 보이는 효과를 내는 것 같습니다. 이런 반복적인 작업에서 자연적인 '아름다움' 혹은 '리듬'이 나옵니다. 한 가지 재료에 맞춰서 꾸준히 작업하다보면, 그 결과로서 나오는 작품은 항상 더 만족스럽습니다. 저는 이 점에서 제가 정자새와 통하는 부분이 있다고 생각합니다.”

우리가 이런 종류의 인간 예술을 점점 더 진지하게 받아들임에 따라, 우리는 자연 속에 존재하는 자연 고유의 예술 또한 더 진지하게 받아들여야 할 상황에 서게 되었다. 바야흐로 인간의 문화 수준은 정자새의 활동을 이성과 행태라는 기본적인 틀에 맞춰 설명하려는 생물학계의 일반적인 바람을 넘어서서, 이제 그 활동의 깊이를 헤아릴 수 있는 수준으로까지 진화했다. 자연은 이성과 행태로 설명할 수 있는 것보다 훨씬 더 놀라운 것이다. 우리 주변에 널리 퍼져 있는 아름다운 외양이나 행동들을 단순한 우연으로 치부할 수 없음을 깨닫게 됨에 따라, 정자새나 인간 같은 극단적인 예들은 생명체의 미학을 전례 없이 주목받는 위치로 추어올리고 있다.

정자새의 정자가 잠재적인 짝짓기 상대에게 호소하기 위해 반드시 필요하다고 말하는 것만으로는 정자의 그 정교한 아름다움을 제대로 설명할 수 없다. 정자새의 예술작품이 단지 그 조형물을 제대로 잘 유지·관리하는 문제일 뿐이라고 말하는 것도 마찬가지이다. 자신의 정자에 최고의 장식을 충분히 오랫동안 유지하는 녀석이 모든 암컷을 얻으리라고 말하는 것으로는 충분하지 않은 것이다. 인간의 관점에서 정자새의 정자가 인상적인 이유는 이 정자들이 놀라우리만큼 호화롭게 치장된다는 점이다. 자연은 종종 필요해 보이는 그 이상의 것을 보여준다. 그리고 정자는 그것을 경이롭고 예상하지 못한 방법으로 보여주는 가장 명확한 예이다.

인간 예술에 대한 아이리스 머독[Iris Murdoch]의 발언은 여기에도 똑같이 적용할 수 있다. "예술의 무의미함은 시합의 무의미함과는 다른 것이다. 예술의 무의미함은 인생 자체의 무의미함과 같은 것이다. 예술의 형식은 우주의 자족적인 무목적성의 모방인 것이다." 그녀는 최고의 예술은 "절대적으로 무작위하게 존재하는 세상의 세세한 부분들이 통합과 형식을 일구겠다는 의식 속에 함께 섞이는 것"이라고 믿는다.

머독의 말은 뭔가 시사하는 바가 있다. 진화란 목적이 없는 것일 수도 있다. 그러나 진화는 괴이하지만 생존에 필수적인 행동을 한다는 점에서 놀라우리만큼 일관된 생명체들을 탄생시켰다. 통합과 형식은 자연선택과 미적 선택이라는 쌍둥이 동력에 의해 수백 년의 시간을 거쳐서 나타난다. 실용을 추구하는 움직임은 아름다움을 추구하는 움직임과 반대로 작용할까? 이 두 가지는 항상 함께 작용해야 할까? 우리는 흔히들 서로 다른 인간문화와 스타일에 대한 미적 가치관은 임의적인 것이라고 말한다. 우리는 자연에서 이 임의적이라는 미적 가치관에 영향을 미치는 어떤 미적 원리를 찾을 수 있을까? 이런 모든 질문들에 앞서, 나는 무엇보다도 우리가 이 쓸모없어 보이는 아름다움에 대해 궁금해하는 데 보다 많은 시간을 할애할 때, 자연에 대한 우리의 이해가 더 깊어질 것이라고 믿는다.

다음 장에서 우리는 자연의 형식에서 나오는 아름다움의 개념과 함께, 그 형식이 어떻게 자연에서 성적[性的]으로 선택되는지, 다른 한편으로는 그것이 어떻게 자연을 구성하고 있는 기본적인 물리학 · 화학 법칙에서부터 만들어졌는지를 살펴볼 것이다. 모든 자연은 이런 법칙에서 나온 존재 가능한 형태들로부터 만들어졌고, 그 형태의 친숙성 때문이 아니라면 그 필수성 때문에라도 우리는 그것들을 아름답다고 느낀다. 암컷이 자연에 존재하는 색깔과 패턴을 선별하며 취향을 갖도록 진화해왔다고 한다면, 미학은 쉽게 인간의 영역을 벗어나고 만다. 설령 이런 패턴들이 자연의 근본에 깊이 뿌리내리고 있는 불가피한 수학적 법칙에 기초하여 나타난 것이라고 해도 마찬가지이다. 이 모두는 진화의 결과로 나타난 외양이며, 그 누구의 책임도 아닌 멈출 수 없는 자연적인 과정을 통해서 창조된 아름다움이다. 그리고 그것이야말로 그 무엇보다도 경이로운 사실이다.

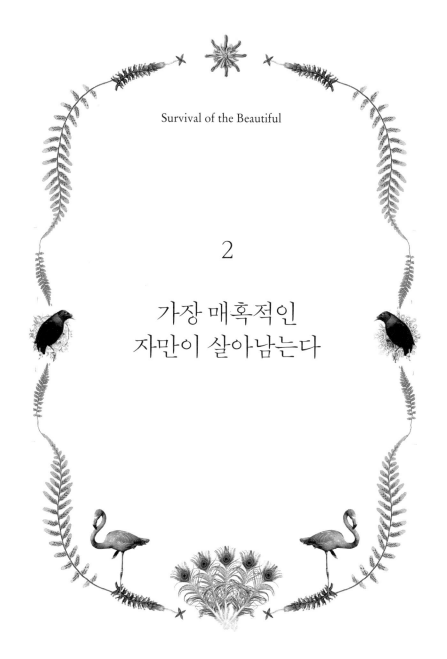

Survival of the Beautiful

2

가장 매혹적인
자만이 살아남는다

"조개껍질의 신비로운 무늬는 외계인이 쓴 글씨처럼 보인다. 문어나 오징어의 몸에 나타나는 생생
한 맥동 패턴은 부분적으로는 위장을 목적으로 한 것이기도 하지만, 동시에 암컷을 유혹하거나 먹
잇감을 홀릴 목적으로 하는 이상한 공연이기도 하다. 우리 인간의 눈에는 이런 것들이 놀라우리만
큼 아름답게 보인다. 자연을 이런 식으로 보면 잘못일까?"

나는 벌써 오래전부터 예술이 자연에서 더 큰 의미를 발견하기 위한 도구가 될 수 있다고 믿어왔다. 자연에 존재하는 형태의 특질들을 항상 적응이라는 관점에서 설명할 수 없기 때문이기도 하지만, 나는 모든 생명체가 무작위로 이루어진 돌연변이이며, 적응의 산물이면서, 또한 미적美的, 혹은 성적性的 선택의 결과라는 아이디어에 좀처럼 만족할 수 없다. 이 중에서 후자인 미적, 혹은 성적 선택이라는 개념은 자연에 실제로 존재하지만 즉각적인 효용은 없어 보이는 것을 설명해보려는 다윈의 좋은 시도였다고 할 수 있다. 그러나 성선택설이 우연, 유행, 변덕을 높이 산다고는 해도, 한편으로는 이것 역시 세상에 존재하는 모든 다양성을 여전히 질이 아닌 양적인 측면으로 설명해버리려고 한다. 홍관조는 왜 붉은가? 성선택 때문이다. 나이팅게일은 왜 한밤중에 푹 자지 않고 지치지도 않고 밤새 노래를 부르는가? 성선택 때문이다. 어째서 나비는 그렇게 현란한 색깔을 지니는가? 성선택 때문이다. 그렇다면 이 모든 특질을 하나로 모아 설명해줄 수 있는 어떤 특정한 미적 성질이 있는가? 성선택설은 이에 대해서는 아무런 언급도 하지 않고 있다.

자연의 시각적 아름다움을 다룬 기록들은 많지만, 내가 개인적으로 이 아름다움을 좋게 된 것은 생명체들이 성선택에 의해 내는 소리를 몇 년이나 주의 깊게 들은 후의 일이었다. 우리는 실상 이런 소리에 대해 거의 아는 바가 없다. 나도 나의 다른 책『새는 왜 노래하는가$^{Why\ Birds\ Sing}$』에서 과학, 시, 음악이 각각 새의 노래에 관해 했던 이야기들을 비교한 바 있지만, 결국 내가 그 과정 중에 스스로 가장 만족했던 순간은 내 클라리넷을 가지고 웃는개똥지빠귀, 거문고새와 함께 종간 합주^{種間合奏}를 했을 때였다. 이 종간 합주의 아름다움과 논리는 여느 음악의 경우와 마찬가지로 측량하기 힘들지만, 분명한 것은 어쨌든 거기에 어떤 의미가 있다는 점이다. 나는 또 다른 저서『1,000마일의 노래$^{Thousand\ Mile\ Song}$』에서 새보다 훨씬 덜 친숙한 동물인 고래의 노랫소리에 새들의 노랫소리에 했던 것과 같은 접근을 시도했다. 고래 중에서도 특히 혹등고래는 모든 생명체 중에서 가장 긴 독창을 할 수 있는데, 한 번에 23시간까지 계속 노래를 이어갈 수도 있다.

자세한 내용을 알고 싶다면 직접 이 두 책을 꼼꼼히 살펴봐도 되겠지만, 일단 새에 관해서라면 평소 노래를 부르는 것은 오직 수컷이며 성선택이 이런 감미로운 노래가 진화하는 데 메커니즘으로 작용했음을 보여주는 충분한 증거가 있다. 내 이전 책들을 본 일부 독자는 내가 성선택설을 지지하는 모든 과학적 증거를 무시했다며 항의하기도 하는데, 아마도 내가 반대하는 부분이 무엇인지 정확히 전달되지 못한 측면이 있는 것 같다. 나는 새가 노래하고 있는 것이 엄밀히 말해 무엇인지, 그 '특정한' 복잡성을 설명하기에는 성선택 개념이 충분하지 않다고 생각한다. 성선택설은 새가 '왜' 노래하는지에 대해서는 말해줄지도 모르지만, 그처럼 종종 놀랍고 사랑스러운 노랫소리가 무엇인지, 그러니까 새가 '무엇'을 노래하는지에 대해서는 말해주지 못한다. 가장 긴 노래, 가장 선율 진행이 복잡한 노래, 가장 음표가 많은 노래, 또는 가장 큰 소리로 노래를 부르는 새가 짝짓기 가능성이 가장 높다고 한다면, 이는 한마디로 사실이 아니다. 물론, 몇몇 종의 경우는 그런 식으로 설명할 수도 있다. 그러나 보다 그럴듯한 설명은 각 종의 암컷에게는 수컷이 부를 수 있는 노래 중에서 무엇이 '최고'인지를 판가름할 능력이 있다는 것이다. 일반적으로 인간은 해당 종에서 무엇이 최고의 노랫소리로 여겨지는지 정확히 파악하지 못한다. 특히 흉내지빠귀나 나이팅게일처럼 매우 복잡하고 다양하게 변주되는 진화한 노랫소리를 가진 경우에는 더더욱 그렇다. 진화는 무슨 이유에서인지 이 종들의 새들이 대단히 아름답고 풍성한 노래를 부르게끔 만들었고, 대부분의 인간은 이런 아름다운 노랫소리에 관한 어떤 설명에 만족하는 것 이상으로 그 아름다움 자체에 빠져든다. 마술의 비밀이 밝혀진다고 해도 그 매력이 사라지지는 않는 것처럼, 아름다움도 그런 것이다.

1960년대 말까지만 해도 인간은 혹등고래가 노래를 부른다는 사실조차 알지 못했다. 그러니 혹등고래의 노랫소리를 이해하려는 노력이 시작된 지도 고작 반세기 정도밖에 안 된 셈이다. 이 경우에도 노래를 부르는 것은 역시 수컷뿐이다. 혹등고래의 노래는 보통 반 시간 정도 계속되는데, 대부분 짝짓기 시기에 부르는 것으로 보아 성性과 관련이 있을 것이다. 그러나 새의 노래와는 달리, 혹등고래의 경우 암컷이 수컷의 노래에 신경을 쓴다는 어떤 증거도 없다. 지금껏 암컷이 수컷의 놀라운 노래에 조금이라도 흥미를 보이는 모습이 목격된 적이 없기 때문이다. 그렇다면 고래의 노랫소리에 대한 성선택의 영향은 우리 인간이 알아챌 수 있는 것보다 훨씬 미묘한 것이거나, 아니면 다른 무언가가 개입해 있을 것이라고 생각해볼 수도 있다.

기준을 어디에 두느냐에 따라서 우리는 자연에 대해 조금밖에 모른다고 할 수도 있고 매우 많이 안다고 할 수도 있다. 그러나 우리는 어떤 실체의 내용, 그 자체에 대한 분석보다는 그 실체의 존재 이유나 기능에 관한 설명에 훨씬 더 능숙하다. 그러니 여기서는 이 점에 주목하자. 혹등고래와 나이팅게일은 진화 계보상에서 서로 매우 멀리 떨어져 있지만 그들의 노래에는 상당한 유사점이 있다. 왜 그런 것일까?

혹등고래와 나이팅게일은 모두 일정 경계를 비정상적으로 벗어난 가외치$^{加外値/outliers}$라고 할 수 있다. 그들이 내는 소리가 유독 복잡하고, 오랫동안 계속되며, 또한 아름답기 때문이다. 나이팅게일은 황혼 무렵에 노래를 부르기 시작해 깊은 밤까지 계속한다. 아직 나이팅게일의 노랫소리를 들어보지 못했다면, 언젠가 이들의 노래를 듣고는 그 소리가 선율이 있는 노래라기보다는 어느 외계의 별로부터 전해오는 비밀 박동 신호처럼 특이하고 리드미컬하다는 사실에 놀랄지도 모른다. 한밤중 톱니바퀴같이 규칙적인 리듬에 실려 또렷한 휘파람 소리 같은 음색으로 호숫가 숲속에 울려 퍼지는 이들의 노랫소리에는 정말 초현실적인 데가 있다. 현대 인류의 청취 감각으로 들으면, 나이팅게일의 노랫소리는 마치 디제이^{DJ}가 레코드판을 긁는 소리나 유로 테크노 스타일의 음악처럼 들린다. 어쩌면 셰익스피어^{Shakespeare}나 존 클레어$^{John Clare}$**4**에게는 전혀 다르게 들렸을지도 모른다. 어쨌든 정력으로 가득 찬 그들의 노래는 포식자에게 노출되기 쉬운 높은 가지에서부터 미동도 없이 밤새도록 울려 퍼진다. 우리는 수컷이 이렇게 노래를 부르고 있을 때 암컷이 어디에 있는지 아는 바가 없다. 그러나 분명한 것은 수컷이 노래로 주목받기 위해 다른 수컷들과 정말로 경쟁을 한다는 것이다. 이러한 사실은 야생에서뿐만 아니라 디트마르 토트$^{Dietmar Todt}$와 그의 학생들이 연구를 진행한 베를린 소재의 실험실에서도 확인할 수 있었다. 그들은 수컷 새가 경쟁하는 상대방의 신호를 막기 위해 특별히 어떤 방법을 써서 서로 겨루는지와 함께, 어떻게 노래를 통해 짝짓기 세계에서 통하는

---

4 영국의 유명 극작가인 셰익스피어는 16세기 인물이고, 역시 영국의 유명 시인인 존 클레어는 19세기 인물이다.

음악적 우수성의 층위를 확립하는지를 밝히고 있다.

길고 명징한 휘파람 음색의 소리 사이에 나타나는 서로 다른 주파수의 리듬, 분명히 규칙이 있지만 인간 과학자나 음악가들에 의해 제대로 분석된 바 없는 구조로 이루어진 환호성 치듯 크게 내지르는 소리와 경고음같이 짧게 내뱉는 소리들. 이것은 분명히 음악이다. 그러나 인간에게는 항상 낯선 음악이었다. 이 음악은 아름다운가? 아마 암컷 나이팅게일에게는 그러할 것이다. 다른 수컷에게는? 도전의 대상일 것이다.

나이팅게일의 노래를 느리게 재생시켜서 음을 길게 늘어뜨리고 음의 높이도 두 옥타브 정도 낮춰보자. 이전에 테이프 녹음기로 작업할 때는 재생속도를 늦추면 소리가 느려지면서 음높이도 같이 낮아졌지만, 디지털 방식으로 작업하면 이 둘을 독립적으로 움직일 수 있다. 이렇게 노래를 느리게 재생함으로써 인간의 귀가 아닌 다른 동물의 귀에 맞게 조율되어 있는 노랫소리를 우리가 더 잘 이해할 수 있게끔 바꾸고, 그 노래의 패턴에 대해 생각하고, 노랫소리를 좇아 시간과 패턴 사이의 관계를 들어볼 수도 있다.

이렇게 느리게 변형한 나이팅게일의 노래를 다른 사람에게 들려주면 그는 이렇게 말할지도 모른다. "혹등고래 소리처럼 들리는데요!" 나이팅게일 노랫소리에 등장하는 큰 환호성, 떠들썩한 지껄임, 쩍쩍거리는 듯한 재잘거림, 낮게 그르렁거리는 리듬이 혹등고래의 노랫소리에서도 발견된다. 조그마한 나이팅게일과는 전혀 다른 신진대사 규모를 가진 거대한 혹등고래는 우리 인간의 능력으로는 채 꿰뚫기 힘든 열대 바다라는 완전히 다른 매개체를 통해서, 역시 우리 인간으로서는 그 전체의 흐름에 주의를 기울이기 힘들 정도로 느린 속도의 노래를 들려준다. 그러나 혹등고래의 노랫소리에도 나이팅게일의 노랫소리와 마찬가지로 명백한 패턴, 리듬, 음색, 일정한 구조가 나타난다. 재생속도와 음높이를 올리면, 음악의 다른 구성 요소라든가 음 사이 정적의 간격, 구조의 상대적인 복잡성 정도에서 혹등고래와 나이팅게일의 노랫소리가 이상할 정도로 서로 닮아 있음을 알 수 있다. 그림 9는 둘 사이의 유사성을 알아볼 수 있도록 시간과 음높이를 조정한 녹음 샘플링이다. 여기서는 10초 분량의 새의 노랫소리와 1분 분량의 고래 노랫소리를 비교했다.

이처럼 서로 다른 두 종 사이에서 나타난 접점이 내가 이 책을 쓰게 된 계기였다. 왜 이토록 매우 다른 두 동물의 노래가 이렇게 비슷한 속성을 지니고 있는 것일까? 그러한 속성이 오랜 시간에 걸쳐 특정 성질을 무작위로, 혹은 최소한 자의적으로 선호해온 성선택의 결과라고 한다면, 왜 이렇게 서로 매우 다른 동물들의 노래가 판이하지 않고 유사한 것일까?

동물의 왕국을 통틀어 나타나는 여러 소리나 노래의 비슷한 패턴은 지금까지 거의 연구의 대상이 된 적이 없다. 그러나 생명체에서 발견되는 시각적 패턴들은 청각적 패턴에 비해서는 어느 정도 계속 주목을 받아왔고, 자연의 아름다움을 더 진지하게 찬양했던 100여 년 전 특히 미학에 관심이 있던 과학자들로부터 더더욱 큰 주목을 받았다. 이들 과학자 중에는 에른스트 헤켈Ernst Haeckel과 다시 웬트워스 톰프슨D'Arcy Wentworth Thompson도 있었다. 헤켈과 톰프슨은 모두 생명의 핵심에 자리하고 있는 근본적인 패턴에 관심이 있었고, 내용은 상이하지만 자연에 존재하는 형태들이 결코 자의적으로 나타난 것이 아니라고 주장하는 점에서는 동일한 이론을 각각 내놓았다. 말하자면, 자연에 존재하는 형식들은 오히려 화학과 물리학을 이끄는 특정한 수학적 법칙들에 의해 통제된다는 것이 그들의 주장이었다.

사실, 유독 생물학만 무작위성을 선호하는 것처럼 보이는 것은 좀 이상하지 않은가? 다른 과학 분야들은 각종 형식을 통제하는 규칙이 존재한다는 데에 대체로 동의한다. 형식을 통제하는 이런 규칙들이 아름다움 또한

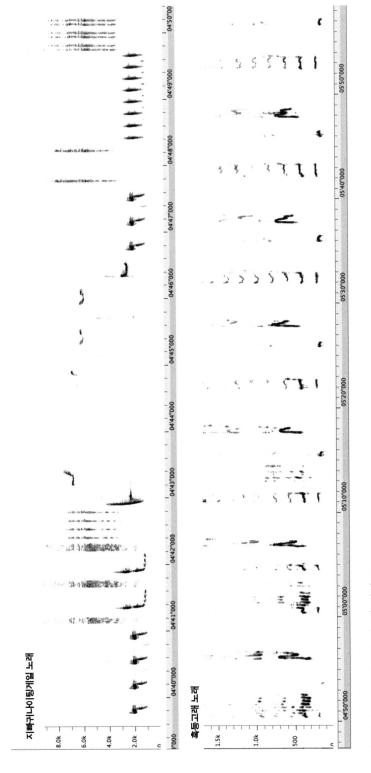

지빠귀나이팅게일 노래

혹등고래 노래

그림 9 나이팅게일과 혹등고래의 비교

규정하는 것일까? 자연에 존재하는 물리 법칙은 자연계가 어떤 형식을 취할 수 있는지를 결정한다. 우리 또한 이 세계의 일부이고, 또한 우리는 자연에 존재하는 무궁무진한 형태를 한 발짝 물러서서 음미할 수 있을 정도로 진화한 종인 까닭에, 우리가 아름답다고 느끼는 것도 바로 이런 형태를 이루는 형식에서 비롯한다. 이것이 우리가 가진 미학의 원천일까? 모든 종이 저마다 고유의 방식으로 향유하는 일종의 아름다움이라는 것이 존재할까?

성선택설은 새나 고래 같은 각 종의 생물들에게는 그들이 부르는 노래의 세부가 대단히 중요하기 때문에 노래의 맥락을 알고 듣는 암컷들에게는 그 노래가 우리 인간이 느끼는 것보다 훨씬 더 아름답게 들릴 것임을 암시한다. 그러나 새와 고래의 노래에서와 같이 진화 단계가 서로 다른 생명체 사이에서 나타나는 선호의 유사성은 자연이 어떤 특정한 패턴을 다른 패턴보다 선호할 수도 있음을 시사하고 있다. 이를테면 자연은 시각적으로는 대칭적인 것을, 색감에서는 화려하고 또렷하게 대비되는 것을, 구애 행위에선 늠름하면서도 극단적인 것을 선호하는 듯하다. 청각적으로는 낮은 음과 높은 음 혹은 빠른 리듬과 길고 명징하게 지속되는 음의 강한 대비를 선호하는 것처럼 보인다. 자세히 살펴보면, 자연에 존재하는 많은 특질들은 자연선택과 성선택 '모두'의 영향을 받은 결과로 보인다. 즉, 자연에 존재하는 특질들은 실용적이면서 동시에 과도할 수도 있다. 잘 알려진 대로 수컷 일각고래의 엄니는 유니콘의 뿔처럼 생겼는데, 괴이하게도 입 밖까지 비대칭적으로 튀어나와 있다. 그러나 최근에 이 돌출된 엄니가 물의 염도와 온도를 감지할 수 있는 매우 정교한 감각 기관임이 밝혀졌다. 물론, 우리는 어째서 수컷에게만 이런 능력이 필요한지에 대해서는 전혀 알지 못한다.

자연에 존재하는 상당수의 패턴들은 아름답다고 여겨질 법하지만 그렇다고 꼭 성선택의 결과로 그렇게 된 것은 아니다. 조개껍질의 신비로운 무늬는 거의 외계인의 글씨처럼 보인다. 문어나 오징어의 몸에 나타나는 생생한 맥동 패턴은 부분적으로는 위장을 목적으로 한 것이기도 하지만, 동시에 암컷을 유혹하거나 먹잇감을 홀릴 목적으로 하는 이상한 공연이기도 하다. 우리 인간의 눈에는 이런 것들이 놀라우리만큼 아름답게 보인다. 자연을 이런 식으로 보면 잘못일까? 자연은 우리 인간의 급변하는 문명이 만들어낼 수 있는 그 무엇보다도 훨씬 더 우리에게 필요한 것이며 또한 영원한 것이다. 한편 자연은 수백만 년에 걸친 시간 동안 변화를 원하지 않기도 한다. 바로 이런 점에서 자연은 우리를 지루하게도 만들고 또 우리에게 영감을 주기도 한다. 자연은 우리가 창조한 그 어떤 건축물이나 서사 작품보다 더 위대하지만, 자연은 스스로를 인식하지 아니하며 자의식을 갖고 있지도 않다. 자연과 비교하면 우리는 아무것도 아니지만, 우리는 뭔가에 경탄하고 또 뭔가를 창조하려는 끝없는 욕구에 사로잡혀 있다. 우리가 이 거대한 자연계를 더 잘 이해하고 그 속에 더 잘 녹아들 방법을 개척할 수 있을까? 나는 가능하다고 믿는다.

이 책 전체를 관통하는 한 가지 줄기는, 성선택을 실용적 특질이 아닌 미적 특질에 대한 동물의 취향이 낳은 진화의 발달상發達相으로서 보다 진지하게 받아들인다면, 과학이 아름다움을 지금보다 훨씬 더 잘 이해할 수 있게 되리라는 주장이 될 것이다. 또 하나의 줄기는, 자연의 아름다움을 더 크게 찬미하는 길의 모색이 될 것이다. 나는 예술에 대한 보다 열린 이해가 우리를 둘러싸고 있는 이 세상의 아름다움을 더 많이 알아볼 수 있게 해주리라고 믿는다. 이 점에서 이 책은 과학에 너무 큰 기대를 걸고 있는 최근의 예술, 과학 분야의 대다수 책들과 뚜렷한 차이를 갖는다. 이제는 고인이 된 데니스 더턴Denis Dutton은 그의 책 『예술 본능The Art Instinct』에서 허구fiction와 스토리텔링storytelling을 가장 강력한 예로 제시하며 예술은 인류 진화의 적응적 측면이라고 주장한다. 인류는 진화에 성공하기 위해서 우리 자신과 이 세계에 대해 체계적으로 구조화된 이야기를 할 수 있어야 했다는 것이다. 더턴은 또한 인류는 탁 트인 대초원에서 예측할 수 없는 풍경과 공간에 대한 감각과 함께 진화해왔고, 예술의 전통적 가치는 그런 인간의 생물학적 욕구를 반영해야 한다고 주장하기도 했다. 사실 이러한 주장에는 보수주의가 숨어 있다. 더턴의 주장에 따르면, 충격적이고 기이한 방향으로 나아가고 있는 현대 예술은 인류가 본래의 반듯한 진화의 길에서 얼마나 벗어나고 있는지를 보여주는 예라고 할 수 있다.

20세기의 가장 중요한 예술작품이 마르셀 뒤샹Marcel Duchamps의 변기나 앤디 워홀Andy Warhol의 브릴로 비누상자 복제품 같은 것이라는 주장을 따른다면, 현대 예술을 이런 공격의 표적으로 삼기란 쉬운 일이다. 이들 작품은 순수하게 자연을 이해하려고 애쓰는 작품들과는 달리 무엇이 예술이며 무엇이 예술이 아닌지에 대해 질문을 던진다. 순수하게 자연을 이해하는 데 초점을 맞춘 작품들의 경우 색, 모양, 형식, 선의 자유로운 작용 속에 조금 덜 충격적이기는 하지만 한편으로는 더 노골적으로 아름다움을 추구한다. 클레Klee, 칸딘스키Kandinsky, 폴록Pollock, 로스코Rothko는 모두 순수한 형태와 선, 색채만으로 작업을 했다. 추상예술의 성립에 기여한 패턴, 색깔, 사물의 대칭성 같은 속성들을 받아들인 문화권의 우리가 자연에서 똑같은 속성을 마주하게 되었을 때, 나는 어떻게 이런 작품들을 통해서 사람들이 자연을 훨씬 더 아름다운 것으로 받아들일 수 있게 될지가 매우 흥미롭게 느껴진다. 추상예술은 대초원의 풍광이나 기성품으로 생산된 변기, 보기 좋게 디자인된 비누상자처럼 우리가 이미 이 세상에 대해 알고 있는 것들을 묘사한 것에 지나지 않는 것이 아니다. 우리 주변을 둘러보고 그 속에서 우리를 미소 짓고 황홀하게 만드는 색채와 형태를 발견할 때, 우리가 사는 이 세상은 훨씬 더 깊이 있는 아름다움으로 다가올 것이다.

그런데 여기서 잠깐, 미적 선택은 장식, 과잉, 허식, 과장의 호소에 기초하고 있는 성에 의해서 수백만 년에 걸쳐 나타난다고 하지 않았는가? 야생 상태의 뒤죽박죽인 자연 어디에 순수성과 명징성을 강조하는 바우하우스[5] 식의 미학이 있단 말인가? 이에 대한 답은 자연의 겉으로 드러난 모습 아래에 존재하는 형태, 자연에 내재하는 규칙과 질서에 깔려 있을지도 모른다. 그리고 이것들이 모든 아름다움의 다채로운 측면들을 가능하게 해준다. 여러 세대를 거치면 무작위적인 돌연변이에 의해 그 어떠한 특질도 선호되어 부조리한 수준으로까지 나아갈 수 있다고 믿을 것인가? 아니면 자연의 작용에는 우리를 이끄는 어떤 기본 형태가 속성으로 내재되어 있다고 볼 것인가?

인간은 진실로 아름다움을 갈망한다. 그러나 그 방식은 다른 종의 생물들이 아름다움을 갈망하도록 진화해온 방식과는 다르다. 다른 모든 종들은 그들 고유의 미적 특질들을 매우 잘 알고 있는 반면, 우리 인간은 무엇이 갈망할 만한 것인지를 놓고 끊임없이 갑론을박한다. 우리는 종종 우리가 이해하고픈 절대적인 무언가가 있다고 믿기도 하지만, 이와 같은 소망은 항상 닿을 듯 말 듯한 지경에 머무르며 세월에 따른 선호의 변화를 경험한다. 진보와 발전을 향해 나아가는 인간은 생물학 하나만으로는 설명하기 힘든 존재일지도 모른다. 어쩌면 그 사실이 항상 있는 그대로 만족할 줄

---

5 바우하우스Bauhaus는 20세기 초, 건축을 기초로 하여 예술과 기술을 종합하려는 목적을 갖고 설립된 독일의 학교 그리고 그 학교의 영향으로 생겨난 유파를 가리킨다. 지나친 장식을 배제하고 기능과 디자인의 조화를 강조한다.

모르는 우리 인간 특유의 생존 전략일지도 모르지만 말이다.

미학 분야에 어떤 실질적인 진보나 예술의 향상이라 할 만한 뭔가가 일어나는 것이 가능한가? 초기 근대주의자들은 그렇다고 생각했다. 그들은 가장 완벽한 음악은 조성 음악 역사 전체를 폭파시킬 것이며, 가장 완벽한 미술은 모든 재현에 대한 필요를 날려버릴 것이고, 가장 훌륭한 문학은 어떤 줄거리가 있는 이야기를 필요로 하지 않게 될 것이라고 꿈꾸었다. 그러나 21세기를 살아가는 우리는 더 이상 그와 같은 혁명이 일어나리라 믿지 않는다. 오늘날 우리는 새로운 것이 항상 더 나은 것을 의미하는 연대기 속에 있는 것이 아니라, 우리가 마음껏 탐색하고 사랑하는 것들을 즉각적으로 접하는 것이 상당 부분 가능한 역사 속에 살고 있다.

나는 가장 아름다운 예술은 세상을 더 풍부하고 깊이 있고 의미 있는 것으로 만들며, 자연을 더 복잡하고 흥미로우며 우리의 사랑과 주의를 끌만한 것으로 만든다고 생각한다. 자연에는 실용과는 동떨어진 의미가 존재한다. 기능과는 무관한 형식과 아름다움이 존재한다. 생명체를 진화시키는 메커니즘은 우리에게 이것을 가르쳐주고 있고 다윈은 이것을 이해했던 사람이다. 그리하여 오늘날 우리는 아름다움의 진화에서 얼마나 많은 부분이 무작위적 가능성에 근거를 두고 있는지, 또 얼마나 자연 본래의 내재된 모양과 형식에 근거를 두고 있는지 알고자 하는 것이다.

무작위성이라는 메커니즘은 어떻게 우주의 질서와 어우러지는가? 너무 거대한 질문이지만, 과학 저술가 필립 볼$^{Philip Ball}$은 그의 명저 『흐름^{Flow}』에서 이에 대해 이런 분명한 답을 내놓는다. "신新다윈주의자들에게 무작위성은 생존 투쟁이라는 가지치기를 거쳐 살아남은 현재의 질서이다. 이외의 것은 슬며시 일부 창조론을 옹호하는 생물학자들의 냄새를 풍긴다. 이른바 저 혐오스러운 가짜 과학인 '지적 디자인'을 연상시키는 것이다." 그러나 물리학이나 화학은 갈릴레오^{Galileo}에 동의하며 자연이라는 책은 최소한 일정 부분은 수학이라는 언어로 쓰인 것이라 말하기 위해서 그 어떤 종류의 설계자의 존재를 인정할 필요는 없다. 물리적 실재의 운동은 다수 규칙의 지배를 받는다. 이 중 어떤 규칙은 많은 종의 생물이 기꺼이 따르게끔 진화한 특정 패턴을 이끌어내기도 한다. 그렇다면 이러한 규칙은 아름다움에 대한 보편적인 개념들과 어떤 연관이 있을 수도 있다. 자연의 진화 방향은 무수히 다양할 수 있으나 한편으로는 여전히 대칭성, 중력 그리고 형식이라는 특정 원칙의 영향 아래 있기도 하다. 그런 의미에서 모든 "자의적인" 선호도 계속 이런 원칙들의 구속하에 있을 수 있으나, 현대 생물학은 이 같은 가능성을 경시하는 것처럼 보인다.

자연의 형체와 발생 분야 전문가인 영국인 톰프슨은 한 유기체의 성장, 번성과 관련된 모든 양상이 그 동식물이 완전히 자랐을 때의 궁극적인 유용성에 따라 결정된다는 여타 생물학자들의 주장에 별로 동의할 수 없었다. 나비 날개에 나타나는 제각각의 패턴과 방사충의 저마다 다른 모양이 정말 서로 다른 기능을 반영한다는 말인가? 다양한 동물들의 아름다운 패턴을 설명하려는 시도는 있는 그대로의 경험적 관찰이라기보다는 러디어드 키플링$^{Rudyard\ Kipling}$의 '그런 거란다'라는 식의 이야기[6]에 더 가깝다. "기린의 반점, 얼룩말의 줄무늬, 일런드와 얼룩영양의 짙은 색은 그들이 반쯤은 그늘에 또 다른 반쯤은 양지에 있기 때문이거나 몸 위에서 시시각각 바뀌

---

6 『정글 북The Jungle Book』의 작가로 유명한 키플링이 1902년에 낸 단편 모음집 『그런 거란다 이야기집 Just-so stories』은 주로 동물의 특성에 대한 작가 나름의 환상적인 설명을 담고 있다. 가령 「코뿔소는 왜 가죽에 주름이 생겼을까?」, 「왜 큰 고래가 작은 먹이를 먹을까?」 등이 그 예이다. 각각은 과학적 근거를 제시하는 것이 아니라 작가의 문학적인 상상력에 기대어 이야기를 풀어나간다.

는 나무 그늘의 모양 때문이라고 할 수 있지.” 같은 식이랄까.

모든 동물의 천연색이 일종의 위장술이라는 생각은 색깔이 단지 성적 변덕이 세대를 거치며 낳은 결과일 수도 있다는 다윈의 생각에 맞서 상당한 호응을 얻었다. 1907년, 화가인 애벗 세이어^{Abbott Thayer}와 그의 아들 제럴드 세이어^{Gerald Thayer}는 이 같은 생각을 주제로 한 매우 아름다운 책을 냈다. 이 책은 그가 그린 놀라운 자연의 위장술에 대한 삽화로 채워져 있는데, 그중에서도 가장 유명한 것은 무성한 녹색 수풀에 교묘하게 몸을 숨긴 공작 그림이다. 이 그림에서 공작의 깃털로 뒤덮인 각 몸체 부분은 덤불 속에 자신의 몸을 숨기기에 안성맞춤인 것으로 묘사되어 있다. 사실 야생 상태의 공작 서식지는 그런 우거진 수풀 지대가 아닌데도 말이다! 실로 희망사항을 그려본 것이라 할 수 있다. 세이어는 홍학의 경우도 마찬가지로 설명하고자 한다. 피처럼 붉은 태양이 뜨고 지는 열대 해안에서는 홍학의 분홍색 깃털이 가장 취약한 시간대인 새벽과 황혼녘에 홍학이 완벽하게 숨을 수 있도록 돕는다는 것이다. 말하자면 동물에게서 발견되는 가장 기이한 색깔조차도 위장의 법칙에 따르면 모두 이해할 수 있다는 것이 그의 주장이었다.

다른 장에서 더 자세하게 다루겠지만, 위장에 관한 이러한 규칙들은 다윈의 성선택설에 담겨 있는 불확정성을 다른 측면에서 공격하고 있다. 톰프슨과 헤켈은 자연의 복잡한 형식은 세계 그 자체의 기본적인 속성에서부터 유래한 것이라고 설명한다. 그 형식에 담겨 있는 이치는 제멋대로 일어나는 돌연변이가 취할 수 있는 가능한 모든 방향성을 내재하고 있다. 세이어 부자^{父子}는 제아무리 극단적이고 기이한 것이라 해도 모든 특질은 합당한 이유 없이 진화하지 않으며, 과학이 그 이유를 찾지 않으려 한다면 이는 무책임한 일이라고 말한다. 다 맞는 말이기는 하지만, 그 이유의 탐색이 아름다움이 그 자체로서도 중요할 수 있음을 받아들이는 중요한 과정을 건너뛰게 하지는 않을까? 진화가 펼쳐낸 역사라는 것이 암컷의 선호가 자연이 제공하는 원칙 및 한계와 관련을 맺으면서 아름다움을 정의하는 과정이라고 말한다면 그것은 진화의 신비를 밝히려는 과학에 대한 모욕일까?

다윈의 성선택설은 양쪽 모두에서 도전을 받았다. 나는 앞서 빅토리아 시대의 과학계에서 암컷의 직감이나 취향이 수백만 년의 시간을 거치며 생명체의 형태와 종류를 결정하는 데 큰 힘을 발휘했다는 생각을 많은 이들이 받아들이기 어려워했다고 이야기했다. 한마디로 말해 그 모든 아름다움이 고작 변덕에 의해 자의적으로 나타난 선호의 결과라니 말도 안 된다는 것이었다. 그러나 자의적인 것이 곧 무작위인 것은 아니다. 성선택은 종의 발생상 특질들을 결정하는 역할을 한다. 어떤 종이 그들의 조상과 번식이 불가능할 만큼 달라지면, 그 종은 고유의 미학을 가진 특유의 생명체가 된 것이다. 공작은 오직 공작만을 낳을 것이다. 이를 새삼스레 설명하려 들다니 웬 야단법석이란 말인가? 진화는 세상을 관찰하기 위한 일종의 렌즈 같은 것이다. 흔히 초심자가 어떤 관점을 처음으로 접하고 나면, 세상 모든 것을 다 그 관점으로 설명해보려고 한다. 특히, 그 관점이 단순할수록 그 관점의 영향력은 더 강력하게 마련이다. 왜 굳이 미학을 적응과 섞어서 망치려드는가? 세상 전체를 포괄하는 전체적인 설계가 없다 하더라도 어쨌거나 생명체의 모든 특징이 어떤 목적을 가지고 있을 것이라는 생각은 모든 것을 설명해주는 듯하지만 또한 아무것도 설명하지 못한다.

위장과 유용성의 지지자이자, 비록 덜 알려졌지만 자연선택설의 공동 주창자인 앨프리드 러셀 월리스Alfred Russel Wallace의 추종자들에게는 다윈이 주장한 것과 같은 아름다움, 변덕, 암컷의 취향에 대한 사랑이 들어설 자리가 없었다. 다윈이 아름다움을 생명의 진로를 바꿀 수 있을 정도로 중요한 것으로 여겼다는 데에서, 그나마 예술애호가들은 위안을 얻을 수 있었을까? 그러나 사실 다윈은 이 다른 쪽 상대인 예술애호가들로부터 더욱 맹렬한 공격을 받았다.

　19세기 미학계의 주요 관심사는 자연이 어떻게, 왜 아름다운지에 대해 정확히 정의하는 것이었다. 당대 가장 유명한 평론가이자 이론가였던 존 러스킨^John Ruskin^은 목가적 풍경의 장엄함을 정확히 묘사하는 데 주력한 방대한 양의 저작을 남겼다. 그는 예술 비평 외에도 길가에 핀 풀꽃의 아름다움에 관한 400여 쪽 분량의 글을 『페르세포네^Proserpina^』라는 책으로 남기기도 했다. 자연이 우리의 평가를 받을 만한 것이 되기 위해서는 가장 훌륭한 인간의 예술작품만큼 아름다워야 한다는 것이 러스킨의 생각이었다. 문화적 의미에서 봤을 때, 러스킨은 1세대 생태학자로 볼 수도 있을 것이다. 러스킨은 그의 책에서 이렇게 말했다. "꽃은 그 자신을 위해서 존재한다. … 꽃이 지금껏 계속 살아 전해지는 것은 하늘이 있는 한 그 꽃의 아름다움이 지속되기 때문이다." 그 아름다움을 진실로 즐기기 위해서는, 마치 네덜란드 장인이 그린 초상화를 감상할 때와 마찬가지로 그 아름다움이 지닌 대칭성과 질서, 형식에 스스로 푹 빠져들어야 한다. 형식, 모양, 대칭, 구조. 나로서는 꽃의 아름다움을 언급하기 위해 이 단어들을 계속 반복 사용할 수밖에 없는데 러스킨은 어떻게 400여 쪽에 달하는 지면을 꽃봉오리와 이파리의 아름다움에 대한 사색만으로 채울 수 있었는지 놀라웠다. 답은 세심한 관찰과 사랑이었다.

　러스킨 역시 꽃과 같은 자연을 감정^鑑定/connoisseurship^의 주요 대상으로 삼으려 하지는 않았다. 다만, 다윈과 마찬가지로 러스킨도 자연이 어디에서부터 왔고 어디로 가고 있는지에 대해 이야기하고 싶어 했다. 그러나 그는 다윈의 설명에 의문을 품었다. 당신이 아름다움에 대해 보이는 반응이 단지 어떤 물질적인 것이라고 한다면, 어떤 기분이 드는가? "나는 현대 과학의 연구조사를 살펴보던 중, 독창적이면서 매우 성실하게 꽃의 색깔과 곤충 사이의 선택적 발생 등등의 관계를 다루고 있는 근래의 몇몇 연구조사를 접했다. 물론, 그러한 관계가 존재하는 것은 사실이다. 그러니까 이를테면 사랑하는 사람이 떨리는 발걸음으로 가까이 다가옴을 처음 인지하고 소녀의 얼굴이 빨개지는 것은 기본적으로 그녀의 위장胃腸 상태라든가 살아온 지난날의 영향으로 나타난 신체 상태와 관련이 있다는 식이다. 그렇다고 해도 사랑, 순결, 붉어진 얼굴 그 어느 것도 단순히 소화 상태의 지표라고만 볼 수는 없다."

아름다움 앞에서 어떤 감정을 느끼거나 경탄하는 마음 상태를 과학이 설명해주기를 진지하게 원하는 사람은 없다. 현대의 과학적 이성을 특징 짓는 실험과 통계적 분석은 아름다움을 이를 구성하고 있는 아주 작은 부분들로 쪼개놓으려 하기 쉽다. 러스킨은 예술과 자연에 존재하는 아름다움을 배우고자 하는 탐미주의자였지만, 흐리멍덩한 감상주의자는 아니었다. 그는 대상에 대한 주의 깊은 관찰을 통해서 얻을 수 있는 철저한 분석을 믿었고, 가능한 한 그 분석의 틀 안에 직접적으로 머물러 있으려고 했다. 그는 다윈이 "색깔을 잘 볼 줄도 몰랐고 그 가치를 고찰하는 데는 훨씬 미숙했다."면서 맹렬히 비판했다. 러스킨이 보기에 청란의 화려한 장식 깃털을 분석하면서 한편으로는 청란을 "공이나 소켓의 모사품"처럼 다룬 과학자는 맹비판의 대상이 되어 마땅했다. 만약 다윈이 "[공작의] 깃털에 드리운 음영의 변화를 잇따른 세대의 유전을 설명하기 위해 상상했다면, 그는 수탉이 세 번 울기 전까지는 새벽녘 구름에 드리워진 훨씬 더 섬세한 음영의 변화는 전혀 머릿속에 떠오르지 않았으리라. 그리고 그 구름에 그와 같은 영광스러운 진홍빛을 가져다주었을 성적 선호니 선택적 발생이니 하는 유형들을 설명해보려 하지도 않았으리라."[7]

만약 자연에 존재하는 아름다움의 대부분이 어떠한 종류의 성선택과도 무관하게 나타나는 것이라면, 우리는 왜 생명체의 아름다움을 쉽게 설명하려고 이렇게 안간힘을 쓰는가? 이에 대한 러스킨 자신의 답변도 좀처럼 설득력이 없기는 마찬가지이다. "인간이 고귀한 곳에서는 밝은 색이 사랑을 받는다. 인간이 건전하게 살아갈 수 있는 곳에서는 인간은 밝은 색에 빠진다." 우리가 바르게 살면서 아름다움을 최대한 진지하게 받아들인다면 자연이 우리가 받아들일 수 있는 가장 위대한 아름다움을 제공해줄 것이라니, 다소 인간 중심적인 발상이지만 좋은 생각이긴 하다. 러스킨이 보기에 진화라는 슬픈 이론은 이런 심각한 문제를 소홀히 대한다.

다윈은 오늘날 인터넷 덕분에 가능해진 검색 방법의 19세기 버전이라 할 수 있는 스타일로 연구했다. 그는 동물들이 어떤 모양으로 생기고 또 행동하는가에 대해 스스로 주의 깊게 관찰하는 한편, 다른 사람들의 관찰 내용도 세심히 검토하여 서로 연결되지 않은 자료들을 산더미처럼 긁어모아 자신의 생각을 증명하기 위한 방대한 양의 실제 증거로 삼았다. 그러나 러스킨은 다윈이 검토한 생명체의 이야기를 제대로 연결시키지 못했다고 생각했다. 그에 따르면 그 원인은 다윈이 자신이 본 것을 그려보지 않았다는 것이었다. 러스킨은 한 강연에서 이렇게 말했다. "다윈과 이곳 옥스퍼드에서 일주일 동안 함께 보낼 일이 생긴다면, 나는 그에게 강제로 목판화가 뷰

---

7 신약 성경에 나오는 고사에 따르면, 예수의 수제자 베드로는 절대 예수를 부정하지 않겠다며 스스로 한 맹세에도 불구하고, 아침을 알리는 수탉이 미처 세 번 울기도 전인 하룻밤 사이에 예수를 부정하는 발언을 했다. 여기에서 러스킨은 다윈을 베드로에 비유하면서 다윈이 생명체의 아름다움을 관찰하고 해석한 방식을 비꼬고 있다.

익의 '깃털 작품을 베껴 그리게' 하거나 손때 묻은 소년의 조각상을 '스스로 그려보게' 할 것이다. 그렇다면 깃털과 불알에 대한 그의 관념은 남은 평생을 두고 바뀔 것이다."

다윈과 형상화된 이미지의 관계는 복잡하다. 비록 그가 『인간의 유래』를 비롯한 자신의 다른 작품들에 아름다운 판화 삽화를 넣도록 지시하기는 했지만, 그의 진화에 대한 이야기는 기본적으로 시각적인 것이 아니라 서사적인 것이었다. 한 장 한 장 빼곡히 들어찬 빼어난 세부 사항의 기술을 통해 그는 서로 다른 생명체들이 성에 따라서 보이는 특징과 행동의 차이가 어떻게 아름다움과 다양성으로 이어지는가에 대한 방대한 양의 예를 제시했다. 다윈이 가장 깊은 인상을 받은 것도 바로 자연이라는 지도상에 가득 퍼져 있는 이 풍성함이었다. 보편적인 미적 감각이나 자연을 통틀어 발견되는 어떤 기본 형식이나 질서의 특징이 그에게 깊은 인상을 남긴 것은 아니었다.

그러면 다윈의 독자들은 그가 써 내려간 방대한 양의 세부적인 예시 속에서 길을 잃었던 걸까? 다윈은 같은 종의 암컷과 수컷은 서로 반대이기는 하지만 밀접하게 관련되어 있는 방식으로 아름다움을 분명히 드러내며, 이들은 아름다움과 특별한 관계를 발달시켜왔을 수도 있다고 과학계를 설득하고자 했다. 현란한 깃털을 가진 청란을 언급하며 다윈은 이렇게 이야기한다.

> 수컷 청란의 멋진 깃털은 날개가 비행하는 용도로 쓰이는 것을 방해한다. 수컷 청란이 지금 존재하는 모습대로 창조되었다고 생각하는 사람이라면, 오직 이 종만의 독특한 방식으로 구애 행위를 할 때에만 내보이는 그 멋진 깃털이 수컷에게 장식으로 주어진 것임을 인정해야 할 것이다. 그리고 만약 그렇다고

한다면, 암컷 청란 또한 그러한 장식을 감상할 수 있는 능력을 갖게끔 창조되었다고 인정해야 할 것이다. 나는 수컷 청란의 아름다움이 많은 세대를 거치면서 훨씬 뛰어나게 장식된 수컷을 좋아하는 암컷의 선호에 따라 얻어졌다고 확신한다. 이 지점이 내가 남들과 생각을 달리하는 부분이다. 내가 보건대 우리의 취향이 점진적으로 진보하는 것과 마찬가지로 암컷의 미적 능력 역시 연습이나 습관을 통해서 발달해온 것이다.

암컷의 외양은 상당히 단조로운 편인데 그런 암컷에게 아름다움의 진화에서 그처럼 중요한 역할을 맡기는 것이 어려웠던 것일까? 많은 빅토리아 시대 사람들이 그런 경향을 보였지만, 다윈은 그렇지 않았다.

진화의 대원칙을 인정하는 사람이라 하더라도, 이들 중에는 포유류, 조류, 파충류, 어류의 암컷이 수컷의 아름다움으로 인해 아름다움을 감상하는 고급 취향을 얻었을 수도 있다는 입장만큼은 몹시 인정하기 어려워하는 사람들이 많다. 암컷이 그런 취향을 가지고 있다는 설명은 우리 인간의 경우와도 일반적으로 합치하는데 말이다. 그런 사람들은 척추동물의 가장 열등한 종이나 가장 고등한 종이나 뇌에 있는 신경세포가 모두 이 자연이라는 위대한 왕국의 같은 조상으로부터 나왔음을 상기해야 할 것이다. 그리하여 우리는 특정한 정신적 능력이 이토록 다양하고 뚜렷하게 구별되는 동물 집단 속에 거의 똑같은 방식과 거의 똑같은 정도로 발달하였으며 또 전해지게 되었음을 이해할 수 있다.

『인간의 유래』는 동물 세계에 존재하는 미학의 예를 여러 쪽에 걸쳐 서술한다. 다윈에게 축적된 선례와 경험적 자료들은 자신의 일반 이론을 뒷받침하는 일종의 법적 증거와 유사한 것이었다. 그 증거들은 동물의 역사라는 형식을 빌려 어떤 식으로 무작위적인 특징이 선호될 수 있으며 또한 아무 특별한 용도가 없는 것처럼 보이는 경우가 선택되기도 하는지 설명한다. 그러나 일반 대중이 성선택설과 관련하여 가장 흥미를 느낀 부분은 이 부분이 아니었다. 생명의 풍성함은 그것에 대해 생각할 때가 아니라 그것을 눈으로 직접 봤을 때 훨씬 더 인상적으로 느껴지는 법이다.

다윈이 취한 방법이 시각적으로 깊이가 없었다는 러스킨의 지적은 옳았다. 다윈의 주요 공략 대상은 과학계의 기득권층이었으며, 일반 대중이 어떻게 생각할지에 대해서는 아무래도 신경을 덜 썼다. 실제로 가장 먼저 진화론이라는 아이디어를 널리 대중화한 것은 다윈의 이론을 인간 사회에 적용해 둘 사이의 연관성을 과장했던 주장들이었다.[8] 그 중심에는 "적자생존"이라는 용어를 만들어낸 허버트 스펜서^{Herbert Spencer}가 있었다. 진화론의 대중화를 이끈 그다음 움직임은 다윈 이론의 신봉자인 박식한 독일인 에른스트 헤켈이 취한 예술적 접근이었다.

헤켈은 게르만족과 로마인의 전통을 이은 낭만주의 시대의 훌륭한 과학자인 괴테^{Goethe}, 알렉산더 폰 훔볼트^{Alexander von Humboldt} 등의 후예로서, 신을 자연과 동일시하는 전통을 옹호했다. 이런 전통에서 과학적 이성은 우리를 둘러싸고 있는 이 성스러운 세계의 의미와 형식을 밝히는 숭고한 정신적 탐험으로 여겨졌다. 어쩌면 이런 생각을 고리타분하다고 느낄지도 모르겠지만 이것은 모든 연구자들의 심장을 여전히 뛰게 만드는 생각이기도 하다. 분야를 막론하고 처음 과학을 업으로 택하겠노라 결심하게 이끌었던

---

8 이른바 사회진화론Social Darwinism은 사회도 자연과 마찬가지의 방식으로 진화를 겪는다는 주장을 바탕으로 본디 사회 변동 내지 사회 발전을 설명하려는 이론이나, 인종 간 혹은 문화 간의 우열을 설정하고 차별을 조장하는 등의 악영향을 낳기도 했다.

것도, 그 크나큰 경외감으로 연구자들로 하여금 아름답고 신비로운 발견 성과를 거두게 한 것도 많은 경우 이 같은 생각에서 비롯되었다. 무작위적인 돌연변이로 인해서 만들어지는 세계의 놀라운 가능성은 별개로 치자. 우리가 과학을 통해 발견하고 밝히려는 세계가 신성함의 징후가 아닌 신성함 그 자체라고 한다면, 세계에 모습을 드러낸 생명체들의 형식적인 특성은 반드시 의미가 있을 것이다. 그런 의미에서 자연에 존재하는 예술은 자연에 관한 과학적 사실과 마찬가지로 똑같이 중요하다.

과학자들은 연구 대상이 될 수 있는 수백만에 이르는 종 가운데 그들이 흥미를 갖고 있는 연구 분야를 잘 나타낼 수 있는 것을 고른다. 헤켈이 수많은 종 가운데 천착해온 연구 주제를 위해 고른 것은 방사충이었다. 방사충은 현미경으로 봐야 관찰이 가능할 정도의 작은 크기 때문에 줄곧 경시되었던 바다 생물이다. 그는 일찍이 누구도 진지하게 관심을 기울인 적 없었던 이 조그만 바다 유기체를 수백 쪽에 걸쳐 그리고 색칠해서 책으로 남겼다. 왜 그랬을까? 너무도 멋진 대칭적인 패턴을 이루는 방사충들이 마치 바다에 존재하는 무수한 눈꽃송이 같기 때문이다. 헤켈의 천부적인 재능은 아름다움이 자연사^{自然史} 분야의 주제로 적합하다는 사실을 깨닫게 했다. 이 변변찮은 방사충만큼 놀랍도록 진화된 자연의 질서를 잘 보여주는 생명체는 없다. 헤켈은 이 방사충을 자연에서 일어나는 진화 과정의 빼어난 정확성을 대변하는 상징적인 존재로 승격시켰다.

1864년에 헤켈은 자신이 그린 이 화려한 2절판 그림책 두 권의 사본을 다윈에게 보냈다. 다윈은 "이것들은 제가 지금껏 본 가장 훌륭한 작품입니다. … 당신은 자연선택을 제대로 이해하고 있는 소수의 사람 중 한 명이시군요."라는 답장을 보냈다. 하지만 책장을 가득 채운 이 아름답고 괴상한 생명체를 묘사한 그림들을 뚫어지게 쳐다보고 있노라면, 무작위적인 과정

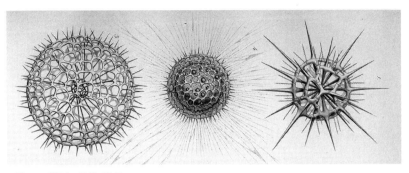

그림 10 헤켈이 그린 방사충들

을 통해서 이렇게 복잡한 기쁨을 줄 수 있는 생명체가 탄생할 수 있다는 것을 좀처럼 믿기 힘들지도 모른다. 그러나 헤켈을 유럽 대륙에서 다윈의 가장 큰 옹호 세력으로 만든 것은 바로 그 믿기 힘든 놀라운 사실이었다. 펜화를 그리는 예술가로서의 뛰어난 능력 덕분에 그는 과학적일 뿐 아니라 보기에도 아름다운 작품들을 만들어냈고 과학과 예술 사이의 험난한 간극에 가교를 놓은 첫 번째 인물이 되었다.

방사충에 집중함으로써 헤켈은 진화 미학의 금광에 다다랐다. 방사충과 같이 다양하고 대칭적인 외양을 가진 생명체들은 자연에서 일어나는 변화가 강렬하고 여러 발생 가능한 형태의 과잉을 낳는다는 생각을 뒷받침한다. 이 생명체들은 엄청나게 다양하기 때문에 아름답기도 하지만 또한 그렇게 다양함에도 불구하고 대칭과 발생의 기본 법칙에 기대고 있기도 하다. 1866년 세상에 나온 헤켈의 가장 훌륭한 업적이라 할 수 있을 『일반 형태학$^{General\ Morphology}$』에는 다윈이 주창한 자연선택설의 기본 원리들과 단세포 유기체에서부터 인간에 이르는 무수한 동식물의 모양과 그 아름다움을 형성하는 형식 법칙을 결합하기 위한 그의 노력이 담겨 있다.

그로부터 수십 년 후에 나온 그의 인기 저서 『생명의 놀라움$^{The\ Wonders\ of}$

Life』에는 어째서 헤켈이 경력 초기에 그토록 방사충에 매혹되었는지에 대한 이유가 밝혀져 있다.

　　자연이나 예술의 형식에서 우리가 흥미를 느끼는 것은 ⋯ 대부분 그 아름다움에 대한 것이다. 다시 말해, 그것을 바라보면서 우리가 얻는 쾌락이라는 느낌에 있다. ⋯ 팔이나 촉수가 뻗어 있는 모양에서 나오는 아름다움(방사형이라는 형태가 지닌 미학이라는 관점에서 볼 때)을 보라. 여기에서 오는 쾌락은 셋 혹은 그 이상의 동일한 단순 형태가 공통의 중심으로부터 뻗어 나와 질서 있게 배열되어 있는 데서 나온다. 일례로, ⋯ 해파리 몸체의 네 개의 구엽^{口葉}이라든가 방사상으로 다섯 방향으로 갈라져 나온 불가사리의 몸체가 그렇다. 누구나 만화경을 갖고 놀며 익히 경험해보았듯이, 셋 혹은 그 이상의 단순한 형체가 단순히 방사상으로 무리 지어 있는 것만으로도 우리는 미적으로 큰 만족감을 느낀다.

　뛰어난 기술을 가진 예술가이자 대칭성의 애호가로서, 헤켈은 그 형태가 추상적이면서도 규칙적인 방식을 취하면서 가장 대칭적이고 가장 아름다운 진화의 판테온을 이루는 생명체들을 찾고자 했다. 그는 실제로 자연 곳곳에서 이러한 아름다움을 찾아냈고 그것을 그림으로써 찬양했다. 비록 그가 제시한 과학적 원리는 후대에 이르러서는 충분히 정교하거나 엄밀하지 못한 것으로 판명되었지만, 그의 그림에 담겨 있는 아름다움은 여전히 학생들을 생물학의 경이로움 속으로 끌어들이고 있으며, 예술과 과학의 미적인 결합이라는 문제에서 심오한 의미를 갖고 있다.

　헤켈은 베스트셀러가 된 그의 대중 과학서들로 인해 원래부터 대중적인 책을 쓰는 작가였던 것으로 종종 오인되곤 한다. 그의 인기 서적으로는

1868년에 나온 『창조의 자연사*The Natural History of Creation*』를 시작으로 1899년의 『우주의 수수께끼*The Riddle of The Universe*』와 그 후속작인 1904년 작품 『생명의 놀라움』, 그리고 같은 해에 출판된 것으로 가장 널리 알려졌으며 집집마다 거실 한쪽에 꽂아둔 최초의 자연사 책이라 할 수 있는 『자연의 예술적 형태*Art Forms in Nature*』를 들 수 있다. 『자연의 예술적 형태』는 전 세계 수백만의 독자들에게 진화론을 깔끔하고 아름다우며 이해하기 쉽고 의미 있게 전달해주었다. 앞서 발간된 『우주의 수수께끼』는 영국에서 출판된 첫 해에만 『종의 기원』이 40년 동안 팔린 것보다 더 많은 부수가 판매되었다! 『우주의 수수께끼』는 24개 언어로 번역되었으며, 젊은 시절의 간디*Gandhi*는 저자인 헤켈에게 이 책을 구자라트어로 번역 출간해줄 것을 청하는 편지를 쓰기도 했다.

그러나 과학자 사회가 헤켈을 의심하게 된 것은 바로 이러한 종류의 책 때문이었다. 헤켈은 통속적이고 부주의한 인물로 내몰렸다. 『창조의 자연사』에는 인간, 돼지, 양, 닭의 초기 배아를 비교하는 판화가 들어 있다. 최초 단계에서는 모두가 똑같아 보이고 시간이 지나면서야 비로소 고유의 특징이 나타나게 된다. 바로 이것이 하나의 개체가 배아로부터 완전히 성체의 모습을 갖춘 개체로 발생하는 동안 진화의 전체 과정을 반복하게 된다는 의미의 "개체발생이 계통발생을 반복한다."라는 발생학 법칙의 증거가 된다. 이것이 정말 사실이라면 참으로 불가사의하고 경이로운 일이 아닐 수 없다.

그러나 안타깝게도 이는 사실이 아니다. 만약 정말 그렇다면 우리는 한 개체가 발생하는 바로 그 순간에 해당 유기체가 선조들로부터 진화하는 과정을 볼 수 있을 것이다. 개체발생이 계통발생을 닮기는 했지만, 헤켈이 의미했던 것처럼 그렇게 정교하게 과정을 반복하고 있지는 않다. 헤켈의 비판자들은 헤켈이 자신의 주장을 뒷받침하기 위해 그림을 일부러 조작했다고 꼬집었다. 그들은 이것은 과학적 사기라고 부르짖으며 그의 명성을 깎아내리려고 했다. 차후 판본에서 문제가 된 삽화는 교체되었지만, 이미 그의 명성에는 금이 가고 만 후였다.

후대 독자들은 헤켈이 호모 사피엔스라는 종을 12개의 하위 "종"으로 나누면서 그의 상상 속 범주에 따라 베르베르족, 유대인, 북유럽인을 포함한 모든 백인 종족은 인류 진화의 최상층으로 분류하는 한편 다른 종족들은 그보다 열등한 존재로 보았다는 사실에 충격을 받았다. (물론 헤켈이 이런 주장을 한 유일한 사람은 아니었다. 19세기 말에는 이런 종류의 말도 안 되는 생각이 꽤나 만연해 있었다.) 그러나 인종에 따라 계층이 존재한다는 그의 믿음은 헤켈을 나치의 사랑을 받는 인물로 만들었고 동시에 그의 명성에 먹칠을 하는 또 하나의 크나큰 오점이 되고 말았다.

그러나 과학적인 의미에서 훨씬 의미심장했던 비판거리는 진화를 일종의 목적론적인 관점에서 봤던 그의 시각이었다. 즉, 헤켈은 모든 생물학적 변화는 궁극적 통일이라는 일원적인 목표를 향해서 가고 있으며, 그 목표 지점은 물질과 정신이 하나가 되는, 미처 말로는 표현할 수 없는 어떤 곳이라고 생각했다. 요즘에야 우리는 이런 생각이 착각에 지나지 않다는 것을 알고 있다. 진화의 놀라운 점은 이토록 경이로운 변화가 어떤 특별히 눈에 보이는 목적 없이 일어난다는 것이다. 그러나 19세기 말부터 20세기 초에 이르는 시기의 과학은 인류에게 막 새로 타오르기 시작한 희망의 등불이었다. 그 누가 과학이 고유의 세속적 종교로 자리매김하며 삶 그 자체에 뚜렷한 목표를 가져다주는 것을 원치 않았겠는가? 오늘날 우리는 그렇게 순진해지지는 않으려고 노력한다.

헤켈은 자연선택설을 확고하게 신봉했으며, 실로 단순한 지지자 이상으로 이 개념이 유럽 전체에 널리 알려지고 사랑받게 만든 사람이기도 했다. 헤켈의 시각적 작업의 결과물인 그의 책들은 즉시 인기를 얻었으며 교양 있는 가정의 필수품이 되었다. 이런 책들 중에서 가장 간결하고 잘 알려진 『자연의 예술적 형태』는 오늘날에도 특히 예술가와 건축가 사이에서 인기가 있다. 가장 큰 인기를 얻은 책이었던 『우주의 수수께끼』에서 그는 "생태학^{ecology}"이라는 단어를 만들어냈고, 이는 유기체와 환경의 상호관계에 관한 과학적 연구를 의미하는 단어로 발달했다. 이와 더불어 생태학은 인류로부터 지구를 구하려는 과학과 환경운동의 선전문구가 되면서 결국 21세기에는 주류가 된 도덕적 구호로 부상하기까지 했다.

역설적인 것은 헤켈이 대중에게 널리 알려질수록 과학계에서의 그의 영향력은 줄어들었다는 것이다. 진화론을 사랑했던 다른 많은 사상가들처럼 헤켈 역시 이 이론이 지향하는 바가 있다고, 그러니까 지속적인 발전과 이해를 꾀하는 어떤 위대한 목표를 가지고 있다고 생각했다. 그는 진화가 자연이 어떻게 이렇게 변할 수 있었는가뿐 아니라 자연이 변하여 어디로 가고 있는가도 설명할 수 있다고 생각했던 것이다. 무작위성에서 태동한 이 이론은 이제 모든 가능성을 다 풀어헤쳐 보임으로써 우주 깊숙이 자리한 내밀한 구조까지도 밝힐 수 있는 것이 된 것이다. 이처럼 웅대한 언설은 사람들을 귀 기울이게 만든다. 헤켈의 저 빛나는 그림책을 한 장 한 장 넘겨보면, 우리는 그 어떤 설계자도 없지만 대칭적이며 장엄하고 정교하게 디자인된 자연의 보고를 마주하게 된다. 그러니 자연은 필시 어디론가 가고 있음에 틀림없는 것이다. 그곳이 어디인지를 알게 된다면, 우주에 대한 엄청난 수수께끼도 풀리게 되리라.

그렇다. 이와 같은 생각을 진지하게 받아들일 수 있었고 『은하수를 여행하는 히치하이커를 위한 안내서$^{The\ Hitchhiker's\ Guide\ to\ the\ Galaxy}$』 속 이야기처럼 웃어넘기지 않았던 시대가 있었다. 아마도 오늘날은 시간이 우리를 어디로 끌고 가는지를 이해하기 위해 고찰해서 알아야 할 것이 너무 많은 시대인지도 모른다. 자연선택이든 성선택이든 간에 이런 과정을 거쳐서 나타나는 진화의 위대한 힘은 최종적으로 어떤 특정한 방향으로 나아갈 필요가 있는 과정 없이 엄청난 질서를 만들어낼 수 있다는 데에 있다. 이 때문에 진화가 그렇게 많은 것을 설명할 수 있으면서 동시에 그렇게 조금밖에 설명하지 못하는 것이다. 그리고 결국 이런 이유로 인해서 진화는 우리를 둘러싸고 있는 아름다움의 정확한 성질에 대해 거의 아무것도 말해주지 못하며 사실상 우리를 전혀 만족시키지 못하는 것이다. 어쩌면 가장 중요한 것은 가장 말로 하기 힘든 것일지도 모른다. 그리고 과학은 그런 경이로움을 밝히려는 것이 아니었던가?

헤켈은 그렇다고 생각했다. 그의 해파리 그림은 샹들리에를 만드는 데나 유겐트 양식으로 만국 박람회의 파빌리온을 짓는 데에 아이디어를 제공했고, 그가 선으로 표현한 유기체들은 현대의 새로운 건축가 세대에게 영감을 불러일으켰다. 그의 그림은 진화를 생생히 살아 숨 쉬게 만들었고 다윈 이론의 훌륭함을 세상이 받아들일 수 있게 했다.

헤켈이 유럽 대륙에 자연선택설을 가장 널리 퍼트린 사람이라고 한다면, 그의 추종자인 소설가 빌헬름 뵐셰Wilhelm Bölsche는 성선택설을 더욱 널리 퍼트린 사람이라고 할 수 있다. 이전에 생명체의 거친 다양성을 연구한 모든 연구자들이 그 다양성의 바닥에 있는 냉철한 과학적 기원을 강조하는 동안, 다수의 빅토리아 시대 사람들의 의식은 성이 이 모든 정신없는 상황의 탄생에 대단히 중요한 역할을 했을지도 모른다는 사실을 두려워하는 방향으로 흘러갔다. 이 근원적인 힘은 매우 기본적이면서 또한 매우 복잡해 보이기도 한다. 물론, 성은 그 무엇보다도 중요한 것이다. 성은 쾌락과 번식의 근간이며, 필요할 뿐 아니라 마땅히 추구해야 할 것이다. 그러나 성에 대해 좋은 글을 쓰기란 거의 불가능에 가까운 어려운 일이기도 하다. 나는 뷜셰가 얼마나 훌륭한 작가였는지에 대해서는 잘 모르지만, 그는 분명히 인기 있는 작가였으며 그의 『자연의 애정 생활*Love-Life in Nature*』은 출간된 해부터 1차 세계대전 발발 전까지 수백만 권이 팔렸다. 이 책은 독일어로 세 권, 영어로는 두 권짜리 책으로 나왔는데, 1,000여 쪽에 달하는 책에는 박테리아부터 열정적으로 서로 살을 섞는 인간에 이르기까지 번식과 이들의 목적의식에 관한 풍부한 이야기가 담겨 있다.

　　우리가 사랑에 관해 말하고자 한다면, 옛날과는 다른 오늘날 같은 시대에는 전과는 다른 방법으로 이야기해야 한다. 저기 저 아름다운 나비를 따라가보자. 얼마나 위풍당당하게 백리향을 향해 내려앉는가. 허공을 맴도는 이 나비보다 더 하찮은 동물들에서, 우리 인간, 현대적 지식을 가진 우리 인간이 생겨났다. 인간이라는 종은 보다 원시적 존재로부터 나왔으니, 저 타오르는 태양 아래 말 없이 가만히 누워 있는 백리향보다도 더 불완전한 존재로부터 나왔다. '우리 인간'은 지금의 모습은 흔적도 찾아볼 수 없는 기괴한 존재였다. 그들은 오늘은 파란 파도가 거품이 되어 부서지는 단단한 암벽의 모습을 하고 있지만 당시만 해도 아직 부드러운 진흙으로 덮여 있던 해변으로부터 기어 나왔다. 우리이지만 또 우리가 아니기도 한 다른 모든 생명체들과 우리를 지난 억겁의 세월 동안 연결시켜준 것은 사랑이라는, 번식이라는, 탄생과 생성의 영원한 과정이라는, 거대한 우주적 힘이다.

역사의 장엄한 깊이를 숙고하여 나온 이 뷜셰의 화려한 글에서는 위대한 영적 사랑이라는 이름의 정복과 모든 변형이 가리키는 종착점에 대한 꿈을 읽을 수 있다.

이처럼 영적인 언어는 항상 매혹적이지만, 그것이 성의 힘에 발 딛고 있을 때 이상으로 매혹적일 때는 없다.

우리의 성생활에서 섬세하게 영적으로 승화된 느낌이 차지하는 광대한 영역에 대해 생각해보라. 우리는 조금씩 부드럽게 서로 이끌리니 … 어떻게 연인들이 거듭 엎치락뒤치락하며 감정을 고조시키는지 생각해보라. 아주 느슨하게 서로 손만 맞잡은 채로, 아니면 더 심하게는 단지 눈만 마주친 채로 혹은 단지 뜻만 통한 채로도, 연인들은 엄청난 거리를 초월하여 개체의 육신을 한데 녹여버릴 것 같은 열기를 지닌 저 거칠고 붉은 화염을 뿜으며 천국같이 완전히 다른 또 하나의 지구로 솟구친다. … 가장 숭고한 종류의 영적 가치로서의 사랑은 성행위라는 저 어두운 화학적 신비를 뛰어넘어서 언제나 새롭게 똑같은 창공 위로 고고한 독수리 날개 끝을 펼치며 모든 것을 덮는 무한한 황금빛 파도를 [향해] 솟아오르니 … 사랑의 손길이 닿은 것은 모두 덮이리라.

사람과 동물의 성행위와 정신 나간 듯 보이는 구애 동작의 열정적인 묘사로 가득 찬 뷜셰의 책은 마치 미성년자 시청 불가 등급을 받은 데이비드 애튼버러의 BBC 프로그램 같다.[9]

이제 이 성욕에 사로잡힌 수컷 개구리의 경우를 보자. 당신은 틀림없이 이렇게 혼잣말을 할 것이다. 이렇게나 시각적으로 완연히 드러나 있는 흥분 상태

---

9 데이비드 애튼버러David Attenborough는 영국의 유명한 방송인이자 동식물 연구가로서 BBC의 〈생명Life〉 시리즈의 작가였으며, 여러 기념비적인 자연과학 분야 다큐멘터리 프로그램에 참여해왔다.

가 야기한 힘과 … 내부로 파고드는 관능적 쾌락의 강렬함은 이미 그냥 넘기기 힘든 극점에 도달했으리라고. 수컷 개구리는 마치 제정신이 아닌 것처럼 제 몸을 아무 암컷 개구리에게나 내던질 것이다. 실제로 깊게 그르렁거리는 소리를 내는 미치광이 같은 모습이다. … 수컷이 암컷을 어마어마한 힘으로 잡는 탓에 암컷이 그 결과로 죽는 일도 드물지 않게 생긴다. 만약 같은 종류의 진짜 암컷 개구리를 접할 수 없는 경우에는 수컷은 근처에서 잡을 수 있는 아무 다른 동물이나 잡고 그 동물을 상대로 목적을 달성하고자 자신을 흥분시킨다. 이런 수컷의 손에 잡히면 잉엇과 물고기라도 비늘이 빠질 때까지 괴롭힘을 당하고 눈에 상처까지 입는 일도 심심치 않게 벌어진다.

뷜셰는 심지어 수년 뒤 우리가 자연을 소재로 다룬 오스트레일리아의 자연 다큐멘터리 영화 〈정복자 독두꺼비Cane Toads〉를 통해 눈으로 직접 보게 될 것에 대해서도 알고 있었다.

암컷이 이미 죽은 후일지라도 살아 있는 암컷과 똑같이 거칠게 끌어안는다. 사실 죽은 암컷 개구리의 외피 하나만으로도 수컷의 감정을 격앙시키기에는 충분하다. 이미 사랑으로 결합한 한 쌍의 개구리 위로도 아직 짝짓기를 하지 못한 수컷들이 차례로 올라타 서로 엉겨 붙어 하나의 역겨운 개구리 덩어리가 생겨난다. 심지어 생명이 없는 나무토막도 움켜잡고 성행위를 하려고 한다. 한마디로 다들 제정신이 아니다. 이런 미친 듯한 남녀 관계의 관점에서 보면, 인간이 이 분야에 너무 늦게 발을 디디게 된 것도 별로 놀랍지 않다.

마찬가지로 사람들이 뷜셰의 글을 헤켈과 다윈을 합친 것 이상으로 훨씬 좋아했던 것도 전혀 놀랍지 않다. 뷜셰는 성선택설에서 차지해 마땅한 본래의 자리로 성을 돌려놓았다! 과학자들이 경이로움에 가득 차서 어떻게 하나의 거대한 체계가 그 누구의 책임도 아닌 무작위적 변이라는 과정을 통해 생겨났는가에 대해서 껄껄거리며 떠들고 있는 동안 말이다. 이 진화라는 변화의 움직임은 지난 억겁의 세월 동안 특별한 방향성 없이 그렇게 유유자적 진행되고 있다. 이야기를 마무리하고 싶어 하는 독자의 욕구를 충족시키는 여타 최고의 문헌들처럼, 『자연의 애정 생활』 역시 성을 생명이라는 위대한 종착점에 포함시켜 세상이 총체적 사랑이라는 훌륭한 목표를 향해 가고 있는 것으로 묘사했다. 완전무결과 창조주와의 일체를 꾀한 것이다.

다윈의 영향권에 속한 세대에게는 감히 정자새를 예로 들 생각을 한 사람이 뵐셰였다는 점이 전혀 놀랍지 않았을 것이다. 『자연의 애정 생활』에는 "극락조의 혼례용 정자 안에서"라는 제목이 붙은 상당한 분량의 챕터가 포함되어 있다. 해당 챕터에는 그가 드레스덴 박물관에서 유리관을 통해 간신히 본 정자새의 정자가 언급되어 있다. 그는 "일상의 실용성과는 절대적으로 아무 관계도 없는 미적인 작품"인 이 놀라운 자연의 경이로운 광경에 관한 이야기에 완전히 도취해 있다. 뵐셰는 특히 이 정자새들이 자신의 조형물을 같은 서식지를 공유하는 이른바 조류계의 미인인 극락조의 파란 깃털로 장식한다는 사실에 더더욱 감동을 받았다.

극락조와 정자새라는 두 종의 새는 몇 가지 점에서 관련이 있다. 일단 두 종의 새는 같은 과[1]에 속한다. 한 놈이 굉장하게 장식되어 있다고 한다면, 또 다른 놈은 굉장한 것을 만들어낸다. 상대적으로 칙칙한 모양새의 정자새 역시 밝고 다채로운 것을 사랑한다는 점에서 우리 인간은 정자새와 보다 동일시할 수 있지 않을까? "우리의 뇌는 파란 극락조가 아름답다고 느낀다. 그러나 여기 이미 그렇게 느끼는 다른 생명체가 존재한다. 생물학적으로 극락조와 밀접한 관계에 있는 이 새[정자새]도 극락조의 깃털을 보고 그 작은 뇌로 우리 인간과 마찬가지로 즉각적으로 그것이 아름답다는 느낌을 받는다." 다윈은 이 지점에 다다르기까지 필요한 메커니즘을 제공한다. 그러나 그는 뵐셰처럼 이 미치광이 같은 창조적인 새들이 사랑에 취해 있음을 깨달을 수 있을 정도로 선택에서 성적인 것이 차지하는 부분에 대해 깊이 있게 빠져들지는 못한다.

　　교미기 동안 동물은 마치 뭐에 홀린 듯하다. 온통 이런 홀린 듯한 기분에 빠져든 동물은 다른 차원의 세계에 산다고 할 수 있다. … 짧든 길든 지속되는 이 도취의 기간 동안 그 동물은 일상적인 삶의 관심사에서 멀리 떨어져 하늘 높이 있는 다른 세계의 주민이 되는 것이다. 그 동물의 내부에 있는 무엇인가가, 그러니까 세대를 거치며 수백만 년을 이어온 그 종으로서의 삶 자체라고 할 수 있는 그 무엇이, 개체 너머의 세계에 다다른다. … 이런 사랑의 느낌이 다가오는 때에 … 생명체 내부의 미적 감수성은 자유롭게 풀려나니 바야흐로 아름다움을 위한 때가 된다.

　　창조에 대한 황홀한 욕망은 정자새를 홀려 예술 욕구라는 의도하지 않은 진화의 산물을 낳았다. 원초적인 창조성과 감동을 주기 위해 뭔가를 아름답게 지을 욕구를 가진 정자새는 동물 세계의 예술 분야 개척자라고 할 수 있다. 이들에게는 정자가 아름다움의 구현 수단이고, 이렇게 만들어진 정자는 심지어 우리 인간들조차도 정자새 종마다 어떤 정자가 최고로 여겨질지 나름대로 판단할 수 있을 정도로 명확하고 특징적으로 구별되는 미적 가치관을 보여준다.

　　이와 같은 열정적 예술가로서의 정자새상[*]은 과학자들 사이에서는 별 인기를 끌지 못했다. 수백만에 이르는 사람들이 뷜셰의 책을 사랑했다고 해도, 꼼꼼한 경험주의적 정신으로 무장한 소수의 지성인을 만족시키기에는 그 내용이 오히려 넘쳤던 것이다. 아니, 그보다는 뷜셰의 책이 과학계가 파고들기보다는 그냥 무시하고자 했던 성선택의 측면들에 그 경계선을 그어주었다고 하는 편이 맞겠다.

성선택에 대한 진지한 수용이 이런 식으로 이루어졌으니 과학계가 성선택을 100여 년 가까이 무시했던 것도 전혀 놀랄 일이 아니다. 모든 증거가 진화가 사실임을 가리키고 있는데 어째서 그것을 빤히 알면서도 우리 모두가 기꺼이 진화를 믿지는 않는 것일까? 어떤 종교적 제약과의 갈등 때문이 아니다. 자연선택설과 성선택설이 제공하는 설명이 생명의 가장 거대한 신비에 대해서 만족할 만한 답을 내놓지 못하기 때문이다. 우리는 여전히 가장 심각한 질문에 답을 하지 못하고 있다. "그래서 내가 어떻게 지금의 내가 된 건데?" 다른 경로를 밟았더라도 지금과 똑같은 인간의 모습이 될 수 있었을까?

뷜셰의 글에 과장이 섞여 있을지도 모르지만, 어쨌든 그의 글은 사람들을 흥분시켰다. 사람들은 뷜셰의 글을 통해 자연이 어떤 식으로 작동하는지에 흥미를 느끼게 되었다. 그 주제가 의미하는 진정한 본질을 깨닫는다면 흥분하지 않을 도리가 없다. 역사는 뷜셰를 별로 중요하지 않은 인물로 여기고 무시해버릴 수도 있겠지만, 뷜셰는 사람들이 성선택을 하나의 이론으로서 진지하게 받아들이는 법을 배운다면 성선택이 어떤 것을 설명할 수 있는지를 매우 열정적이고 상세하게 다루었다. 뷜셰가 보기에 성선택에는 충층이 뒤얽힌 신비에 접근하는 두근거리는 매력이 있었다.

예술적인 편곡을 거쳐 연주되는 음악 작품 속의 리듬 혹은 춤사위에 나타나는 조화로운 리듬에 대해 생각해보라. 아무리 리듬이 모든 장식의 기본이라고 해도 … 리듬은 색깔의 특정 조합이 빚어내는 마법을 결정짓는다. 신전의 기둥 비율도, 우리의 시구詩句도, 회화의 형식적인 측면은 물론 비극의 기술적인 구조도 모두 리듬이 규율한다. 리듬은 베토벤Beethoven의 교향곡에서부터 의자 등받이의 조각 장식에 이르는 광범위한 분야를 모두 포괄한다. … 리듬이라는 요소로 이루어진 가장 내밀한 자연 속에는 수학적인 속성이 절대적인 일관성을 갖고 존재한다. 이 수학적인 속성은 모든 자의적인 것들, 그러니까 부분을 이루는 모든 우연에 기댄 혼란스러움과는 완전히 반대된다.

리듬을 이런 식으로 언급함으로써 수학은 관능적으로 춤추는 듯한 움직임으로 변모한다. 수학이 움직임과 흐름이라는 진화하는 그루브가 되는 것이다. 나로서는 수학을 이런 식으로 생각하는 것만으로도 계속 춤이 추고 싶어진다. 그러나 이런 식의 표현은 과학자들이 성선택으로 나타난 특징들에 대해서 언급하고자 할 때 사용하는 엄밀한 방법과는 완전히 다르다. 성선택으로 나타난 특징들은 계획되지 않은 무작위적인 것, 그러니까 어떤 방식이든 상관없음을 의미하지 않는다. 그런 것이 아니라 그 특징들은 자의적인 것, 다시 말해 어떤 특징의 정확한 성상 자체는 중요하지 않다는 의미에서 자의적인 것이다. 암컷의 선택을 통해 세대를 거치며 진화한 것은 거의 무엇이든 될 수 있다는 의미인 것이다.

뷜셰 역시 살아 있는 것에겐 영혼이라 할 만한 것이 있다는 점에서 반대되는 관점을 갖고 있었다.

유전, 신진대사, 고등 생물의 세포에 나타나는 역할 분화 등, 한마디로 우리가 이야기해온 진화의 결과로 나타난 대부분의 것에서 당신도 분명히 생명체의 번식이라는 연속 과정 중에 당신과 다른 생명체들을 이어주는 리드미컬한 연결고리로서 발생한 일들을 겪는다. 그런 의미에서 지구에 존재하는 모든 생명체는 전부 일종의 거대한 리듬이라고 할 수 있다.

이 글은 앙리 베르그송[Henri Bergson]이 화려한 장식체 산문으로 모든 생명체의 혼일이라는 아리송하지만 웅장한 피날레를 향한 의식적 전진을 기술한 명상적 철학서로 노벨문학상을 타기 몇 년 전의 것이다. 최근에는 이러한 종류의 생각이 상당한 수의 추종자를 거느리고 있는데, 점점 더 엄밀하고 전문화되는 과학계의 탐구들과 분리되어 흔히 "뉴에이지[New Age]"라고 불리고 있다. 사람들은 여전히 이 세상을 더욱더 경이롭게 만들어줄 과학을 염원한다. 우리가 진화의 터전인 이 자연에 더욱 큰 경외감을 품게 만들어줄 정보를 열망하는 것이다.

다윈 이래로 어떻게 모든 생명체들이 우리와 마찬가지의 방식으로 진화해왔는지를 설명하는 생물학의 역량은 점점 더 성장해왔다. 그러나 다른 한편으로는, 생물학은 이와 같이 진화를 거쳐 생겨난 모든 생명체들의 가치를 표현하는 데에 항상 어려움을 겪고 있다. 환경보호론자 겸 생물학자인 E. O. 윌슨[Wilson] 같은 사람들은 우리가 생물의 다양성을 최대한 지켜내기 위해 노력해야 한다고 촉구한다. 이러한 주장은 자연이 본디 있어야 하는 모습대로 있는 것 자체가 궁극적인 선[善]이라는 공리에 기초하고 있다. 이런 생각은 신을 곧 지구로 이해하려 했던 저 낭만주의 시대의 독일 생물학자들의 생각을 떠오르게 한다. 그러나 그들의 임무가 왜 '이' 자연이 발생할 수 있었던 다른 '저' 자연보다 더 나은지에 대해서 설명하는 것이었던 적은 결단코 없었다. 말하자면 우리가 갖고 있는 자연은 이것뿐이란 이야기였다.

'이' 자연의 무엇이 그렇게 훌륭한지에 대해서 설명하고자 한다면, 이 자연이 왜 아름다운지에 대해서 정확히 그 핵심을 짚을 수 있어야 하고, 이 세상에 그리고 온갖 유사한 수준의 조직의 밑바탕에 깔려 있는 공통의 리듬, 공통의 가치를 찾아내야만 한다. 그러나 이런 공통성이라는 개념은 마찰을 일으킨다. 거칠고 자의적으로 횡행하는 개념, 즉 성적으로 선호된 아름다움이라는 개념과 맞지 않기 때문이다.

사실, 자연의 리듬에 대한 찬양이 모두 그렇게 거칠고 춤추듯 하는 것은 아니다. 100여 년 전 이래로 이에 대해 나온 진지한 설명 중에서 가장 유명한 것을 꼽자면 다시 웬트워스 톰프슨의 꼼꼼한 저서 『성장과 형식에 대하여$^{On\ Growth\ and\ Form}$』를 들 수 있다. 톰프슨의 아름다운 글은 생물의 진화에서 무기물의 단조로운 구조와는 완전히 다른 거친 패턴과 디자인을 낳는 것이 성선택이라는 생각에 도전하고 있다. 고전 물리학이 우리에게 가르치듯이 자연의 법칙이 단순하며 우아하고 기하학적이라면, 자연의 형식 또한 그와 같이 단순하고 우아하며 기하학적으로 나타나야 마땅하다는 것이다. 그러나 생물은 이와는 대조적으로 한없이 순응적이며 동시에 어수선하게 이루어지는 무작위적인 변이에 기초하여 난잡한 모습으로 나타난다. 생명체가 온갖 정신 사나운 모양과 형식을 취하는 것은 바로 그 때문이다.

그렇다고 해도 생명체는 왜 서로 뚜렷하게 구별되는 모습을 취하지 않고 생활 방식의 한계를 뛰어넘어 자연계 곳곳에서 똑같은 형태를 취하는 것일까? 살아 있는 세포에서는 나선형, 격자형, 모자이크형, 물결형, 파도형, 결정형과 같은 형태들이 고루 발견된다. 동식물뿐 아니라 구름, 사구, 폭풍, 바위, 심지어 행성과 항성의 배열에서도 발견할 수 있다. 이러한 특정 형식과 패턴은 꼭 자연선택이나 성선택의 영향으로 나타난 것은 아니다. 이들은 화학과 물리학 규칙에 따라 결정된 것이다. 그런 의미에서 수컷 큰뿔양은 어째서 그렇게 휜 뿔을 가지게 되었을까? 단지 암컷이 그렇게 생

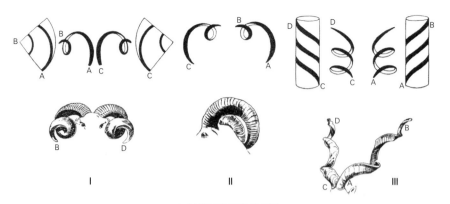

I. 숫산악양 (동형의 곡선들)
II. 무플론 (동형의 변형된 곡선들)
III. 히말라야산양 (이형의 뒤틀린 곡선들)

그림 11 동물의 뿔 형태의 세 가지 기본 유형

긴 종류의 뿔을 가장 좋아했기 때문에?

암컷의 선호도 이야기의 일부이긴 하다. 그러나 만약 뿔의 성장 과정이 그런 특정한 모양을 취하는 경향성을 지니고 있다고 한다면? 뿔이 골고루 같은 속도로 자란다면 똑바로 자랄 수밖에 없다. 성장에 약간의 불균형이 있을 때 곡선이 나타난다. 직선 아니면 곡선, 그 외에는 어떤 형태도 물리학적으로 불가능하다. 이런 식으로 자연이 지니고 있는 모양을 비롯한 기타 성질들은 자연에 내재한 물리적·화학적 힘에 의해 결정된다. 형식이 취할 수 있는 선택의 폭은 분자 형태의 성장에 적용되는 단순한 수학이 결정한 시발점에서부터 나온 것이다. 나선형으로 휘어진 뿔의 형태에도 바로 그런 수학이 결정한 선택의 폭의 미묘한 차이가 드러나 있다(그림 11).

우리가 여기에 관심을 갖는 한 가지 이유는 이런 모양들의 상당수가 우리 눈에 아름답게 보이기 때문이다. 또한 우리가 성선택설을 믿는다면, 자연에 존재하는 그런 모양들은 그것을 살펴보고 선호하는 동물들에게도 역시 아름답게 보임을 의미한다. 톰프슨은 미학이 세대에 걸쳐 가능한 것과 선호하는 것 사이에 이루어진 진화의 혼합물이라고 본다. 자연에 존재하는 리듬 법칙 그리고 그 리듬 법칙을 규정하는 수학은 근원에서부터 미적으로 적합한 뭔가를 지니고 있는 것이다. 그 뭔가는 신비에 싸인 아름다움이 아니라 수학으로 명확히 규명할 수 있는 대칭 체계이다.

이런 내용을 단지 암시하는 것만으로도 자연은 거칠고 통제하기 힘들며 성과 열정의 산물이라는 낭만주의적 믿음은 흔들리기 시작한다. 톰프슨은 "파스칼Pascal에게는 생명체를 하나의 기계 장치처럼 여기는 것은 대단히 혐오스러우며 거의 터무니없는 생각으로까지 보였다."고 썼다.

자연을 사랑한 괴테는 수학을 자연사의 위치에서 몰아냈다. 심지어 지금까지도 동물학자들은 가장 단순한 형태의 유기체에 나타나는 수학적 언어의 규명조차 겨우 꿈꾸기 시작하는 단계에 있다. 만약 괴테가 벌집같이 매우 단순한 기하학적 구성을 마주한다면, 그는 기꺼이 그것을 초자연적인 본능이나 기술, 창의성으로 돌렸을 것이다. 결단코 물리학적 힘이나 수학적 법칙의 작용 결과로 생각하지는 않을 것이다.

뷜셰의 산문처럼 멋지거나 흡인력이 있지는 않지만, 톰프슨의 글은 자연의 형식에 존재하는 진실을 진지하게 탐구하려는 또 다른 시도라고 할 수 있다. 톰프슨은 진화를 이끄는 동력이 자의적인 움직임이라는 설명에 만족하지 않는다. 다윈이 억겁의 세월 동안 가능한 최고의 형태를 연마하며 적응한 결과로 "노동력과 밀랍의 사용을 최적화한" 완벽한 벌집을 짓는 꿀벌에 감탄할 때, 톰프슨은 그 벌집 형식의 육각형을 낳은 것은 다름 아닌 표면장력이라는 물리학 법칙임을 지적한다. 한마디로 물리학으로 재료가 취할 수 있는 형식을 예측하는 것이다. 벌이 이런 해법을 찾아내도록 이끈 것이 선택이 아니라는 의미는 아니다. 다만, 그 해법은 물질의 과학적 법칙에 기초한 것으로서 필연적이라는 의미일 뿐이다. 그리고 벌집의 육각형 모양이 물질의 과학적 법칙에 의거한다는 사실은 그것을 더 높이 평가할 이유라면 이유지 낮게 평가할 이유는 아니다.

톰프슨은 헤켈이 좋아했던 방사충으로부터 배울 수 있는 것은 방사충의 모양이 드러내는 기본적인 대칭 원칙과 자연의 수학에 기초한 화학적 질서라고 강조한다. 방사충은 3차원으로 작용하는 표면장력의 법칙에 의해 육각형이 아니라 오각형, 사각형, 삼각형 같은 플라톤 입체의 기본 형태들만을 취하여 4면체, 6면체, 8면체, 12면체, 20면체의 형식을 이루게 되는 것이다.[10] 형식에 관한 기본 법칙들은 모든 방사충의 뼈대가 되는 구조를 설명하는데, 헤켈의 주장보다 방사충 종의 수가 훨씬 적을 가능성을 높게 시사한다. "방사충의 물리적·수학적 특징을 이해하면 할수록 생물학적 측면에서 이들 생물에 대해 우리가 모르는 것이 더 많은 것처럼 보인다. 나는 방사충이 4,000여 '종'에 달한다는 헤켈의 발언에 믿음을 잃었다."

톰프슨과 헤켈, 이 두 과학자가 자연의 형식을 조사하며 취한 방법상의 차이에 주목해보자. 헤켈의 연구가 자연의 아름다움, 다양성, 거대한 풍성함을 밝혀내어 찬양한다면, 톰프슨의 연구는 모든 자연의 형식을 이끌어

---

10 고대 그리스의 철학자 플라톤은 정다면체(각 면이 모두 합동인 정다각형이고 각 꼭짓점에 모이는 면의 개수가 같은 볼록한 다면체)에 깊은 인상을 받고 이를 연구했는데, 그런 이유로 정다면체를 플라톤 입체라고도 부른다. 정다면체(정삼각형 3개로 이루어진 4면체, 정사각형 4개로 이루어진 6면체, 정삼각형 8개로 이루어진 8면체, 정오각형 12개로 이루어진 12면체, 정삼각형 20개로 이루어진 20면체)는 세상에 오직 다섯 종류만이 존재하며, 정육각형으로는 정다면체를 만들 수 없다.(한 개의 꼭짓점에 셋 이상의 면이 모여야 입체가 형성되는데, 정육각형 3개가 한 꼭짓점에 모이면 합이 360도가 되어 평면이 되므로 입체를 만들 수 없다.)

낸 단순한 원칙들의 열거에 주력한다. 헤켈이 제공하는 것이 또렷한 형형색색의 풍성한 대칭의 예화라면, 톰프슨이 제공하는 것은 흑백으로 아로새긴 단순한 도해인 셈이다.

그러나 톰프슨의 연구가 모든 자연의 아름다움을 대충 설명하고 치우려 했다는 식으로 인식된다면 대단한 잘못이 될 것이다. 오히려 그는 수학으로 우주적인 경이로움을 예측할 수 있다는 점에서 우리가 수학을 더욱 귀히 여기기를 바랐다.

> 세상의 화합은 형식과 수를 통해서 뚜렷이 만들어진다. 그리고 그 화합의 핵심과 정신, 모든 자연철학의 시학詩學은 수학적 아름다움의 개념 안에 구현되어 있다. … 살아 있는 것이나 죽은 것이나, 생물인 것이나 생물이 아닌 것이나, 이 세상에 거주하는 우리나 우리가 거주하고 있는 이 세상은 … 모두 물리적 · 수학적 법칙 안에 똑같이 묶여 있다.

자연철학의 시학이라……. 나는 이 표현이 마음에 든다. 우리가 자연에 대해 갖고 있는 가장 풍성한 이해로서의 시학이라는 개념은 과학일 뿐 아니라 동시에 보다 더 큰 '왜'라는 질문을 파고드는 철학이기도 하다. 이에 대한 대답들은 자유시 종류의 글로 전해져왔으며, 그 편이 과학적으로 정확하게 기술된 글보다 훨씬 아름답고 만족스러울 것이다. 나로서도 이 책을 쓰게 된 것, 그리고 서로 동떨어진 진화의 경로를 밟고 있는 새와 고래가 복잡성에 차이가 존재함에도 불구하고 어째서 그처럼 유사한 노랫소리를 가지고 있는지에 호기심을 갖게 된 것 모두가 이 시학에 대한 열망에서 비롯되었다.

이러한 형식, 열정, 규칙에 관한 아이디어들은 아름다움에 대한 연구와 가장 명확히 관련된 인간 활동의 하나인 예술에 어떤 영향을 끼쳤을까? 나는 20세기에 등장한 특정 경향들의 영향으로 예술 그 자체가 더 나은 것으로 바뀌었다고 믿는다. 20세기에 들어서면서 예술은 자연의 뿌리에 자리하고 있는 힘들을 제대로 평가할 수 있는 준비를 갖추게 되었다. 마침내 예술이 세상을 있는 그대로 재현할 필요에서 해방된 까닭이다. 이제 예술은 직접적으로, 시각적으로 사물의 근본에 있는 패턴과 모양을, 그러니까 꼭 추상적이라는 의미보다는 오히려 순수한 형식이라는 의미로 자연 그 자체를 추구하게 된 것이다.

모든 종류의 예술은 20세기에 거대한 격변의 한가운데를 거쳤다. 음악에서는 조성이 반음계적 한계에까지 치달았고, 문학에서는 이야기가 비선형적·표현주의적 방법으로 확장되었으며, 시는 운율의 제한에서 벗어났고, 시각예술 분야에서는 회화와 조소가 주변 세상에서 즉각적으로 볼 수 있는 것을 정확히 묘사해야 할 필요에서 벗어나 개방되었다. 예술 세계 내부에서부터 지금이 믿을 수 없을 만큼 흥분되는 시기이며, 모든 것이 다 가능해 보이고 표현의 신세계가 열려 주위의 모든 것이 바뀌고 있는 때임을 인식하고 있는 것처럼 보였다. 이런 영향을 받은 대다수의 작품을 처음 대한 대중의 반응은 이상하고 이해하기 어렵다는 것이었으나, 100년 정도가 지나자 이제 사람들도 이런 것들에 꽤나 익숙해졌다. 색, 형식, 모양이 벌이는 유희는 이제 더 이상 물질계의 '그 어느 것처럼' 보일 필요 없이, 오늘날 우리 모두에게 그 자체로서 받아들여지고 있다. 요즘 우리는 유체 기술의 발전으로 심지어 늘 손에 지니고 다니는 소형 기기를 통해서도 소리, 영상, 이야기를 조작하는 즐거움을 누리고 있다.

금세기에 이르러 우리는 예술을 제약하는 온갖 종류의 형식이나 기능에 대한 관심으로부터 자유로워졌다고 보일 수도 있다. 그러나 나는 다른 이론의 가능성을 제기해보고자 한다. 예술에 나타난 추상화 경향이 우리가 자연에 더 많은 아름다움이 가능함을 발견할 수 있게끔 해주었다고 말이다. 우리가 미처 보지 못했던 그 아름다움은 물질의 형식적 속성에 의거한 물리적인 것이거나 똑같은 형식적 제약에 따라 성선택이라는 혼합에 기초한 유기적인 것이다. 예술이 추상화되며 순수한 형식과 모양의 가치가 높아지면서 수학, 과학 분야의 대칭과 카오스 법칙도 훨씬 더 직접적으로 예술에 영감을 불어넣고 있는 것처럼 보인다. 미학적인 관점에서 보면, 우리는 전보다 아름다움을 알아볼 수 있는 준비를 잘 갖추고 있는 셈이다. 전에는 겨우 아름다움의 실마리나 희미한 자취, 가능성만을 봤던 곳에서 이제는 실제로 아름다움을 발견할 수 있게 된 것이다. 아리스토텔레스는 인간의 예술은 자연이 시작하는 곳에서 끝난다고 말했지만, 오늘날 우리는 그 이상의 더 많은 것을 누릴 수 있게 되었다. 이제 우리는 자연에 존재하는 아름다움을 그 자체로서 완전무결한 것으로 본다. 우리의 사고가 추상적인 종류의 아름다움에 보다 주의를 기울이게 된 까닭이다. 우리는 이런 아름다움을 발견할 수 있지만, 그렇다고 반드시 그것을 지어내거나 만들어내야만 하는 것은 아니다.

이것이 인간 예술과 진화의 관계를 설명하려는 몇몇 사람들에게는 우리가 길을 잃었다는 신호가 된다. 철학자 데니스 더턴과 로저 스크러턴Roger Scruton도 그렇게 생각했다. 그들은 예술 분야의 보수적인 가치관을 인간의 진화라는 덕목에서 봤을 때 "필수적인" 것들과 더욱 긴밀히 연결되는 작품들이 내보내는 신호와 동일시하는 경향이 있다. 20세기에는 무엇이든지 하나의 사물에 주의를 요구하는 것은 예술이라 부를 수 있게 되었고, 그것을 전시하여 관람객들에게 "이것을 보시오"라고 말하는 것이 그 작품 자체가 지닌 어떤 내재적 특질 못지않게 중요해졌다. 그들은 이런 것이 핵심을 이루는 20세기의 추세에 우려를 표한다. 이런 추세의 존재가 20세기의 미술, 음악, 무용, 문학, 기타 예술 분야에서 일어난 여러 변화 중의 하나임은 분명한 사실이다. 그러나 결단코 그것이 이 시기에 관한 가장 흥미로운 이야깃거리는 아니다. 나에게 20세기 예술의 가장 흥미로운 측면은 그것이 어떻게 우리가 사물을 보고 경험하는 방식을 바꿨는가 하는 것이다. 분명히 가벼운 입씨름으로 답할 수 있는 성질의 문제는 아니다. 어떻게 예술적 표현이 오직 예술만이 가능한 방법으로 우리의 사고방식을 바꾸었는가에 관한 논쟁은 무엇이 예술이고 무엇이 예술이 아닌가에 관한 논쟁보다 훨씬 흥미로운 토론거리가 될 것이다.

진화에 관한 과학은 수많은 실례와 창조적인 질문을 요구하는 믿을 수 없을 만큼 도발적인 이론을 개진함으로써 예술을 변화시킨다. 순수한 선, 모양, 형식을 고찰하는 예술적 표현의 길이 열리면서 예술가들은 이들에 대해 훨씬 더 진지하게 체계적인 연구를 진행한다. 그리하여 바우하우스에서는 과도한 장식 너머에 있는 형식의 순수한 아름다움에 대해 가르쳤던 클레, 칸딘스키, 알베르스^{Albers}, 이텐^{Itten}과 같은 인물들이 나타나게 되었다. 말하자면 이들의 등장은 헤켈 대 톰프슨의 대결을 성사시켰다고 할 수 있다. 실로 장식과 순수 형식은 막상막하의 관계를 이루었다. 클레는 시각예술이 규칙과 엄정함에 조화롭게 입각하여, 이를테면 고전파 음악 같아지기를 원했지만, 시각예술은 거친 표현과 순수한 선택의 세계로 뿔뿔이 흩어져버렸다. 이러한 자유가 어떻게 우리가 아름다움을 발견하게끔 북돋워준단 말인가? 답은, 더 많은 모양과 외관이 아름답다고 여겨질수록 우리가 곳곳에서 더 위대한 아름다움을 찾아내게 될 것이라는 데에 있다. 그러니 한 발짝 물러서서 자연을 바라보라. 전에 없이 더욱 장엄한 자연을 보게 되리니. 예술에 의한 이런 자연의 철학화는 세상에 대한 우리의 관심을 증폭시키는 방향으로 나아가야 한다. 결코 더 큰 모순과 무관심, 유머 부족으로 이어지거나, 모든 것은 이미 다 이루어져 있고 우리는 그저 그것들을 바라보며 웃거나 소모해버리면 될 뿐이라는 식으로 밀고 나가서는 안 된다.

만약 현대 예술이 우리의 미적 감각의 만개에 기폭제가 되었다면, 이제 우리는 어디에서나 추함에 대한 욕구나 아름다움에 반하는 것에 대한 혐오감 없이 아름다움을 발견할 수 있을까? 우리는 모든 행성을, 더 나아가서는 우주의 모든 것을 다 아름답게 보게 될까? 아니면 현재라는 무의미한 한 순간으로 쏟아져 내리는 이 아름다움 속에 우리와 우리 조상들이 수백만 년의 시간을 거치며 발달시켜온 더 '바람직한' 뭔가가 있는 것일까? 이러한 질문들은 추상예술 특유의 광적인 과잉의 대명사라 할 수 있을 잭슨 폴록Jackson Pollock의 그림 속 흩뿌려진 물감 방울들처럼 머릿속을 휘저으며 우리를 혼란에 빠뜨리기에 충분하다. 그러나 사실 폴록은 사회주의 진영의 사실주의 화가인 토머스 하트 벤턴Thomas Hart Benton의 꼼꼼한 지도를 받은 화가이다. 벤턴의 미술학도들에게 지침이 된 것은 1930년대의 아이디어로 대서양 반대편에서 진행된 바우하우스의 엄격한 가르침과 느슨하게 연결되어 있다. 1차 세계대전 참전자인 벤턴은 전쟁을 통해서 위장술에 대해 알게 되었고 이 위장술의 미학적 측면을 접할 기회가 있었다. 군사적 용도의 위장술은 진화에 대한 과학 이론과 추상예술의 유용성이 다각도로 실험되는 분야이다. 아무런 형식도 없어 보이는 폴록의 그림은 사실 형식 자체에 대한 비밀 암호이다. 그리고 이 암호는 헤켈과 톰프슨이 생명체가 지닌 엄청나게 다양한 가능성에 대해 깊이 조사함으로써 유추해낸 바로 그 패턴과 모양에 기초하고 있다.

현재 우리가 알고 있고 즉각적으로 검토할 수 있는 모든 것들 덕분에 우리는 보다 뛰어난 심미안을 갖게 될 것이다. 그렇지 않다면 향후의 그 어떤 실험도 쓸모가 없을 것이다. 그러므로 만약 우리가 현대 예술에 신념을 갖는다면, 현대 예술은 우리가 보고 듣는 이 세계를 훨씬 더 명확하고 섬세하게 규명하면서 우리의 삶을 더 풍요롭고 더 값진 것으로 만들어줄 것임에 틀림없다. 우리 중 일부는 이미 그런 신념을 갖고 있다. 현대 시각예술의 추상적인 언어는 상당 부분 그래픽 디자인과 건축 디자인을 통해서 어느새 우리가 사는 세상에 스며들어와 있다. 미니멀리즘의 충격적인 단순함이나 기하학적인 형식주의는 우리 주변에 널려 있으며 그다지 큰 놀라움을 불러일으키지도 않는다. 이런 것들을 모두가 좋아하지는 않지만, 분명히 존재하기는 하는 것이다. 실제로 디자인과 예술적 사고 분야에서 기능주의와 구조주의가 두각을 나타낸 것이 100년 넘게 생물학이 성선택과 접촉하는 것을 막았다고 믿는 사람들까지 있다!

그러나 나는 과학이 예술에 영감을 줄 뿐만 아니라(실제로 이에 대한 셀수 없이 많은 예가 있다.) 예술 또한 과학에 영감을 준다고 믿고 싶다. 시각적 사고가 이렇게 급속히 변하는 시대를 살고 있는 오늘날의 우리는 전에는 카오스라고만 여겼던 것들에서 패턴과 질서를 발견하고 흥미를 느낀다. 시각적 자극과 새로운 가능성의 쇄도 속에서 우리의 주의력도 더욱 갈고 닦였다. 자연의 신비를 파헤치는 것이 전에는 오직 혼돈뿐이었던 곳에서 분석을 통해 패턴과 이유를 찾는 것이라고 한다면, 우리는 더 멀리 보고더 나은 가설을 세울 준비를 더 잘 갖추게 된 셈이다.

다윈의 시대에 새와 고래의 노랫소리는 음악이라기보다는 음악 비슷한것 정도로 여겨질 뿐이었다. 우리가 음악이라고 인지하는 것의 영역이 크게확장됨에 따라 이제 그들의 노랫소리는 내가 음반 〈새는 왜 노래하는가〉와〈고래의 음악Whale Music〉에 실은 녹음에서 실험해본 것처럼 충분히 인간의 음악미학적 경계 안에 들어올 수 있게 되었다. 그러나 이런 노랫소리를 연구하는 과학은 각 종의 생물이 그들이 생각하는 최고의 노래가 무엇인지 판별해낼 수 있는 정교하게 진화된 미학을 가질 수도 있다는 생각을 여전히 진지하게 받아들이지 않고 있다. 그러니까 단지 가장 길거나 가장 큰 소리의 노래가 아니라 그들 나름의 미학에 따라 정해진 최고의 노래가 있을 거라는 생각, 가장 크거나 가장 무거운 꼬리가 최고가 아니라 공작 나름의 미학에 따라 그들이 최고로 치는 공작 꼬리가 있을 거라는 생각을 받아들이지 않는 것이다. 자연에도 예술이 있을 수 있다고, 혹은 야생에도 미학이 있을 수 있다고 믿는다면 우리는 자연에 존재하는 특정한 아름다움들을 보다 진지하게 받아들이게 될 것이다. 성선택을 어째서 비적응적인 특징들이 발현되는지를 설명하는 유전적 메커니즘으로만 치부하지도 않게 될 것이다. 성선택은 그런 비적응적인 특징들이 진화하기 위한 방법이지, 그런 진화의 이유가 아니다. '자의성'이든 '무작위적 변이'이든 어떤 표현을 선호하든지 간에, 그것은 메커니즘이지 이유가 아니라는 말이기도 하다. 자의성 혹은 무작위적 변이는 아름다움의 속성에 대한 연구를 두려워하며 피한다. 자연의 광휘로움은 모든 생명체의 근간에 존재하는 기본적인 형식이나 패턴으로부터 나온 것이며, 또는 특정 미학에 기초한 오랜 진화의 결과라고 할 수 있다. 그리고 우리는 이러한 미학을 익힐 수 있다. 현대 예술의 성취와 함께 우리는 전에는 무시해도 좋을 잡스러운 것으로 취급했던 것들에서 훨씬 더 많은 패턴의 존재 가능성을 보게 될 것이다.

우리가 세상을 보는 방식을 변화시킨 예술은 나에게 늘 큰 감명을 준다. 자연은 항상 거대한 신비로 보이며, 우리 역시 그 신비 속에 포함되어 있다. 자연은 그에 대한 우리의 어떤 해석이나 과학적 결론, 예술적 반응보다 훨씬 위대하다. 모든 도구를 동원하여 이 거대한 세상을 최대한 이해해보려고 할 수는 있겠지만, 그 웅장함은 항상 우리를 압도할 것이다. 그렇기에 우리 인간은 계속해서 전진하는 것을 목표로 삼아야 한다. 계속해서 더욱 깊은 열망으로 이 세상의 아름다움과 경이로움을 이해하기 위해 노력해야 하는 것이다. 그리하여 자연을 보다 잘 이해하고 또 우리의 요구에 맞게 자연의 작동을 이용하게도 되는 것이다. 자연은 항상 우리의 요구 이상의 거대한 존재일 것이며 우리는 감히 우리가 자연의 많은 부분을 바꿀 수 있으리라고 상상해서는 안 된다. 그러나 우리가 주위를 둘러보는 방식 그리고 지식이라 여기는 것을 부르는 방식에는 대단히 많은 다른 방법들이 존재한다.

이런 서로 다른 방법들은 어떻게 함께 작동할까? 예술은 그 놀라운 사고의 전환으로 우리의 주의를 환기하며 이런저런 해설을 내놓는가 하면, 동시에 우리의 분석을 뛰어넘고, 이런저런 시도를 하면서 우리를 망연자실하게 만든다. 우리에게 예술이 어떻게 만들어지는지를 말해주는 규칙들은 우리가 그것에 통달할 것을 요구하면서 한편으로는 무지를 종용하기도 한다. 이런 규칙들은 다음 세대에게는 구시대의 낡은 배에서 뛰어내리는 도전의 대상이 된다. 새로운 세대의 목표는 경외감과 환희를 통해서 세상을 바라보는 방식을 바꾸는 것이다. 그러나 과학이 세상의 비밀을 밝히는 방법은 이와는 다르다. 과학은 과거의 지식에 새로운 지식을 조심스럽게 쌓아 올리는 방식으로 세상의 비밀을 밝히고자 한다. 각각의 주장은 과학이 진실이라고 인정한 결론들만을 모은 지식의 전당에 덧붙여질 만한 가치가 있는지를 엄정한 방법론에 의거하여 평가받는다. 평가를 통과한 것은 인용되면서 더 깊은 연구가 진행되지만, 그렇지 않은 것은 지지할 만한 충분한 근거가 없으므로 내쳐지게 된다. 반면, 예술은 그런 식으로 작동하지 않는다. 하나의 예술작품이 어떤 진실로 충격적인 차이를 가져오는 순간은 훨씬 불분명하다. 그러나 그것이 불분명하다는 게 중요한 문제는 아니다.

누군가는 자신의 삶을 의미 있게 하기 위해서 예술을 필요로 한다. 그런가 하면 또 누군가는 예술 외에는 달리 할 것이 없어 보여서 계속 예술을 하기도 한다.

보통 예술과 과학이라는 지식의 두 가지 형식은 마치 신앙과 이성처럼 분리되어 있다. 우리는 세상을 이해하기 위해 이 두 가지 모두를 활용한다. 둘은 목표가 다르고 취하는 방법도 다르다. 우리가 알고 있는 모든 것들로부터 곧잘 영감을 얻는 예술은 과학으로부터도 항상 엄청난 영향을 받아왔다. 그러나 나는 다른 접근 방향의 가치를 소리 높여 주장하고 싶다. 만약 예술의 이미지와 확실성이 그 가치를 제대로 인정받는다면 예술 또한 과학에 진실로 의미 있는 영향을 끼칠 수 있다고 말이다. 왜 세미르 제키 Semir Zeki 같은 신경과학자들은 인간 실험 참가자들이 다른 종류의 그림을 볼 때마다 무슨 색깔이 뇌를 밝히는지 관찰하기를 원하는가? 기실 뇌가 마주하고 있는 것은 어떤 기호나 패턴, 암호가 아니라 깊은 문화적 의미를 지닌 진짜 작품이지 않은가? 우리는 뇌가 이런 것들과 마주했을 때 밝아지는 부위를 알아낼 수 있을까? 왜 리처드 테일러 Richard Taylor 는 물감이 흩뿌려진 그림이 폴록이 그린 진품인지 여부를 검사하는 데에 프랙털 수학을 사용했을까? 왜 조지 버코프 George Birkhoff 는 하나의 미학 척도에 따른 완벽한 아름다움을 가리키는 단일 비율이 있으리라 생각했던 것일까? 예술의 신비는 그것을 해명하려는 어떤 시도도 가볍게 깔아뭉개버릴 것이라고 믿는 사람들에게는 이런 식의 산술적 시도들이 웃음거리에 지나지 않을 미개한 이야기로 들리겠지만, 이런 질문을 던지는 것이야말로 급진적인 도약을 위한 출발점이 된다.

인간과 다른 종을 구별시키는 것이 무엇인가 하는 것은 자연의 역사에서 항상 궁금증을 불러일으키는 문제였다. 의사소통 수단을 갖고 있으며 도구를 사용하고 복잡한 사회를 조직하는 동물이 우리 말고도 많다는 것은 이미 알려진 사실이다. 그래도 최소한 예술을 위한 예술행위를 하는 것은 우리 인간이 유일하지 않은가? 그러나 저 정자새들을 잊을 수는 없는 노릇이다. 그들이 만든 조형물은 둥지가 아니란 말이다. 정자는 암컷을 유혹하기 위해 만든 수컷의 예술작품으로서, 어마어마한 양의 노력과 애정을 쏟아부어 완성한 디자인의 결과물이다. 우리는 이런 행동을 낳은 것이 진화라고 믿지만, 대체 진화가 왜? 현대 예술에 대한 인간의 미학이 그 이유를 이해하는 데 도움이 될까?

데이브 히키Dave Hickey는 아름다움이 훨씬 더 진지하게 받아들여질 필요가 있다고 생각하는 소수의 현대 예술평론가 중의 한 명이다. 그는 이렇게 말한다.

나는 기회가 있을 때마다 예술을 대하며 스스로에게 이런 질문을 던진다. 내가 이것을 얼마나 오래, 얼마나 정확히 기억하게 될까? 보다 결정적으로, 다른 사람들은 얼마나 오래 이것을 기억할까? … 이 작품이 비슷한 가격의 다른 작품들보다 나은가? 이것이 이 작품이 걸려 있는 저 흰 벽보다 나은가? 이 작품이 다른 어떤 것보다 낫다고 한다면, 나는 얼마나 오래 이것을 사랑할까? 이것에 대해 얼마나 많이 생각할까? 얼마나 많이 그리워할까? 이 작품은 얼마나 자주 나를 놀라게 할까? 이것에 대해 나는 얼마나 많은 글을 쓰게 될까? 이것을 위해 어느 정도의 돈을 지출하고자 할까? 얼마면 이것을 팔까? 무엇과 바꾸려 할까? 얼마나 많은 사람들이 나에게 동의할까? 누가 나에게 동의할까? 이것이 담고 있는 욕구의 집합은 얼마나 복잡한가? 얼마나 깊은 역사적 울림을 갖고 있는가? 얼마나 큰 의미를 가지며 얼마만큼 중요한가? 이런 문제들에 대해 생각해볼 시간이 없을 정도로 바쁜 게 아니라면, 별로 답하기 어려운 질문들도 아니다.

이런 꼬리에 꼬리를 무는 질문을 던지며 예술에 대해 곰곰이 생각해보는 것은 오늘날에는 그다지 인기 있는 활동은 아니다. 우리는 예술이란 행해져야만 한다고, 그러니까 우리 내부에 묻혀 있는 것으로서 표현할 필요가 있는 것들을 밖으로 표출하기 위해서는 예술이 필요하다고 배운다. 우리는 누구나 아름다움은 감상자의 눈 속에, 귀 속에, 손끝 속에 있다는 것을 알고 있다. 내가 좋아하는 것은 내가 결정하는 것이다. 말하자면 아름다움이란 모두 개인적인 의견인 것이다.

자연에 존재하는 예술에 대한 숙고가 어떻게 인간 예술에 대한 이해를 도울 수 있을까? 정자새는 앞서 언급한 것과 같은 종류의 질문들을 던지지는 않을 것이다. 그는 조심스럽게 정자의 뼈대를 세우고, 다듬고, 다시 짓고, 또다시 장식할 따름이다. 그러나 나는 이 모든 작업을 하는 동안 정자새의 머릿속을 지배하는 것은 무엇일지 진심으로 궁금하다. 정자라는 수컷의 예술은 그 종의 생존을 위해서 절대적으로 필수적인 것이기 때문에 수컷 정자새는 정자를 짓고자 하는 것이다. 대로변 형태이든 5월제 때 볼 수 있는 장식 기둥 형태이든 동굴 형태이든 무슨 형태이든 간에, 정자새 종마다 정자 유형의 미학은 차이를 보인다. 그리고 그 미학적인 상세 특징들은 그 일족이 되기 위해서 수컷 정자새가 성장하며 반드시 배워야만 하는 것이다. 너무 쉽게 지쳐서 경쟁에 낄 수 없게 되기까지 수컷의 정자 짓기 기술은 연륜이 쌓임에 따라 점점 나아지게 된다.

인간의 관점에서 보면, 또는 정자새 외부의 세계에서 보면, 정자를 꾸미기 위해 선택된 색깔과 장식은 자의적이며 별 의미 없는, 동물 세계에 존재하는 또 다른 괴상하고 호기심을 자극하는 행태의 한 예로 보일 것이다. 사실 진화의 메커니즘에 대한 우리의 이해는 이 자의성이라는 개념으로 온통 물들어 있다고 할 수 있다. 선택하는 입장에 있는 암컷이 유전자에 일어난 어떤 놀라운 무작위적 변이나 행태의 변화를 우연히 선호한다. 여기서부터 생명의 엄청난 다양성이 발생하는 것이다. 파랗게 장식한 것이 있는가 하면 녹색인 것도 있고, 빨강이나 노랑 혹은 하양 꽃잎으로 꾸미기도 하며 이끼 가닥을 놓기도 한다. 수천 년의 시간의 흐름 속에 세상은 매우 놀라운 조류 종을 갖게 된 것이다.

포획되어 갇혀 자란 파란정자새 수컷은 정자를 꾸미기 위한 파란 물건을 찾지 못하면 극도로 초조해하며 허둥댄다. 수컷의 눈은 새장 곳곳을 홀끔거리며 애타고 그가 꿈에 그리는 그 색깔을 발견하기를 바라며 두리번거린다. 그런 수컷의 눈앞에 모모투스나 파란 깃털을 가진 멧새과의 작은 새가 나타나기라도 하면, 수컷은 파란색 장식을 구하기 위해 기꺼이 상대에게 달려들어 공격을 감행한다. 평소에는 평화로운 초식동물인 정자새가 눈에 띈 첫 번째 파란색 깃털의 새를 죽이는 일까지 생기기도 한다. 그래야만 하는 상황이라면, 파란정자새는 자신에게 선택된 색조에 대한 열망 때문에 살육까지도 저지르는 것이다. 파란정자새는 짝짓기 상대나 자신의 정자 장식을 좀도둑질하려는 경쟁자와 직접적인 몸싸움을 벌이다가 이런 범죄를 저지르는 것이 아니다. 파란색에 대한 열망이 수컷으로 하여금 이런 살육의 범죄까지 저지르게 하는 것이다.

이와 같은 수준의 욕망에 사로잡힌 새의 관점에서 봤을 때, 파란색에 대한 수컷의 욕구를 성선택에 따른 자의적인 결과라고 감히 말할 수 있을까? 대체 우리 인간이 예술을 이만큼 필요로 한 적이 있는가?

나는 지금껏 이런 질문에 관심이 있는 생물학자는 단 한 명 보았을 뿐이다…….

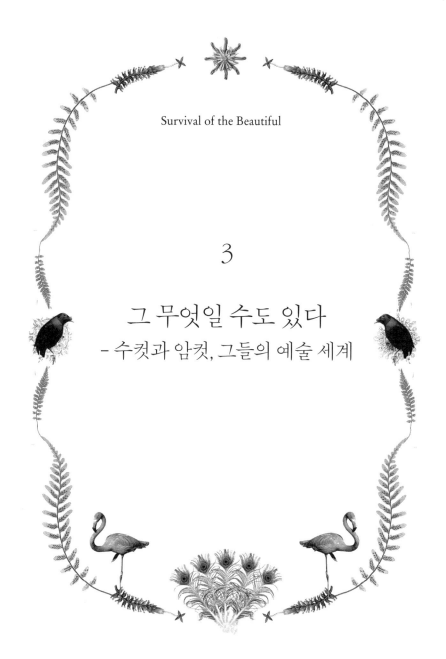

Survival of the Beautiful

3

그 무엇일 수도 있다
- 수컷과 암컷, 그들의 예술 세계

"정자는 암컷이 좋아하게끔 진화한 방식 그대로, 바로 그 암컷의 취향에 딱 맞게 만들어진 예술작품이다. 여기에는 절대적으로 취향이라고 부를 만한 감각이 존재한다. 자의적이라고? 암컷 정자새에게는 그렇지 않다. 인간의 예술 세계에는 결코 존재하지 않는 필수적이며, 필연적이고, 특정한 방식이 있는 것이다."

리처드 프럼^{Richard Prum}은 처음 정자새를 봤던 순간을 지금도 기억한다. "황금정자새를 처음으로 본 것은 케언스 근교의 퀸즐랜드에서였습니다. 몸통은 대부분 갈색이고 머리 뒤쪽에 밝은 노란색 깃털이 있더군요. 황금정자새는 5월제 장식 기둥 형태의 정자를 쌍으로 짓는다고 알려져 있는데, 그 정자를 보기 위해서 녀석들에게 한시도 눈을 떼지 않았습니다. 예전에 봤던 파란정자새의 대로변 형태 정자는 보통 30센티미터 혹은 그보다 약간 더 큰 정도더군요. 그래서 부지불식간에 정자를 밟아 망가뜨리지 않을까 하는 염려에 조심스럽게 접근했습니다. 그런데 모퉁이를 돌아 마침내 황금정자새의 정자와 맞닥뜨리고 보니, 족히 1미터는 넘는 높이에 너비도 거의 1.4미터나 되지 뭡니까! 이런 것을 실수로 밟게 되지는 않겠지요! 놀라운 건 이 정자의 한쪽 면이 바나나와 오렌지의 중간쯤 되는 아름다운 노란 개나리색 꽃들로 장식되어 있더라는 겁니다. 마치 자기 머리에 난 깃털처럼 말이지요. 다른 한쪽 면에는 형광빛이 도는 녹색 지의류 가닥들을 늘어뜨려놓았더군요. 어느 것 하나도 제자리에서 벗어난 게 없었어요. 모든 장식 하나하나가 노란색 대 라임빛 녹색으로 서로 정확히 대칭을 이루고 있었습니다."

그 순간 그가 경험한 것은 순수한 미적 경이로움이 주는 흥분 중의 하나였다. 그리고 그것이야말로 암컷 정자새가 그 정자를 보고 느끼도록 의도된 감정이기도 하다. 정자는 암컷이 좋아하게끔 진화한 방식 그대로, 바로 그 암컷의 취향에 딱 맞게 만들어진 예술작품이다. 여기에는 절대적으로 취향이라고 부를 만한 감각이 존재한다. 자의적이라고? 암컷 정자새에게는 그렇지 않다. 인간의 예술 세계에는 결코 존재하지 않는 필수적이며, 필연적이고, 특정한 방식이 있는 것이다.

프럼은 예일 대학교의 생태학 교수이면서 피보디 박물관의 조류 분야 큐레이터이기도 하다. 그는 진화 연구에서 아름다움이라는 요소가 마땅히 받아야 할 만큼의 관심을 받지 못하고 있다고 믿는 몇몇 일류 과학자들 중 한 명이다. (나는 여러분이 이 책을 다 읽고 난 뒤에는 그런 과학자가 조금 더 늘어나기를 바란다.) 그는 수컷 정자새의 예술작품이 그 무엇보다도 암컷 정자새가 보기에 아름다워야 한다는 것을 강조한다. "우리 인간이 보기에는 꼭 좋아 보이지 않을 수도 있습니다. 일부 정자새들의 작품은 우리 눈에 아름답다기보다는 괴상하게 보일 뿐이지요. 뉴기니의 아치볼드정자새는 가파른 산마루 끝에 정자를 짓습니다. 정자 전체가 양면으로 가파르게 뚝 떨어지는 모양이 되지요. 그들은 5월제 장식 기둥 형태의 정자를 짓는데 작은 나무 주위에 잔가지들을 수평이 되게 꽂고는 작은 빨간색과 파란색 열매들을 모아 옵니다. 결과적으로 온갖 이상한 장식을 매단 크리스마스트리같아 보이지요. 그리고 이 수평으로 배열된 잔가지에 갈색 애벌레 똥을 올려놓습니다! 애벌레 똥이 뭐가 아름답습니까? 수컷이 애벌레 똥을 좋아하는 것은 암컷이 그러기를 원한다는 것을 알기 때문이지요."

다른 과학자들은 정자새들이 만든 이 놀라운 창작품에 대해 뭐라고 말해왔는가? 제럴드 보르자는 정자새가 장식으로 조개껍질과 베리류 과일을 모아놓는 것은 식자원의 풍성함을, 그러니까 다양하고 건강한 식습관을 의미한다고 풀이한다. 또 다른 과학자들은 정자의 구조가 모두 강간을 예방하게끔 되어 있다면서, 정자가 암컷이 마땅한 동의를 통해 짝짓기를 할 수 있도록 보장하는 역할을 한다고 말한다. 프럼은 이 모든 설명에 전혀 납득할 수 없었다. 그는 생명이 이처럼 어마어마하게 다양한 양상을 보이는 것은 단지 그렇게 진화하는 것이 가능하기 때문일 뿐이라고 믿는다. 진화는 가장 흥미로운 가능성들을 시험해보았다. 그 결과로 무엇이 나타났는지를 보라! 설명할 수 없다는 이유로 인정하기를 두려워해서는 안 된다.

한때 리처드 프럼은 조류학계에서 가장 예민한 귀를 가진 사람 중 한 명이었다. 그는 세계 각지를 여행하며 오직 새의 노랫소리에 의거하여 새들을 분류할 수 있었다. "저는 종종 남미로 떠나 300여 종의 특정 조류가 살고 있는 지역을 헤치고 다녔습니다. 단지 소리만을 듣고 마침내 찾으려던 새를 찾아서 그 행태를 묘사할 수 있었지요. 듣는 데에 전문가였다고 할 수 있습니다."

그랬던 그가 세네갈에서 이름 모를 열대 바이러스에 감염되고 말았다. 먼저 오른쪽 귀의 청력이 사라지기 시작했다. "한쪽 귀로만 소리를 들을 수 있게 되더군요. 그래도 다른 모든 사람들이 듣는 새들의 노랫소리를 나도 들을 수는 있었습니다. 단지 그 소리를 찾아낼 수 없을 뿐이었죠. 그것이 내가 마주한 첫 번째 도전이었습니다. 한쪽 귀로만 듣는다는 것은 납작한 세상에서 사는 것과 같더군요. 어쨌거나 여전히 들을 수는 있었습니다. 오, 이것은 울새 소리로군. 그런데 대체 울새가 어디 있는 거야? 90년대 중반이 되자 반대쪽 귀에도 문제가 생기기 시작했습니다. 오른쪽 귀가 그나마 '쓸 만한' 귀가 될 줄은 몰랐지요.

1998년은 제가 벨벳아시티를 연구하기 위해서 마지막으로 마다가스카르를 방문한 해입니다. 저는 서너 명의 현장 조수와 함께 마다가스카르 벨벳아시티의 흔적을 좇아갔습니다. 그리고 마침내 이전에 방문했을 때와 똑같은 영역을 차지하고 살고 있는 벨벳아시티의 서식지에 다다랐지요. 벨벳아시티는 울새보다는 조금 크고 개똥지빠귀보다는 조금 작은데, 보는 각도에 따라 색깔이 오묘하게 바뀌는 검은색 깃털에 짧은 꽁지를 가진 새입니다. 그런데 우리가 발견한 녀석이 머리를 젖히고서 입을 열고 있는데도 나는 아무 소리도 들을 수가 없더군요. 너무나 고통스러운 일이었습니다. 제가 누구보다도 탁월하게 묘사할 수 있었던 그 높고 깩깩거리는 노랫소리가 지금 울려 퍼지고 있을 텐데 말입니다. 그곳에서 초음파 검사를 실행했고 노랫소리도 녹음했습니다만, 어쨌든 저는 이제 그 소리를 들을 수 없었습니다. 끔찍한 기분이었고, 엄청난 실의에 잠겼습니다. 이제 내 경력은 끝이구나 싶었지요."

현대의 청력 보조 기술은 프럼이 상당히 소란스러운 환경에서도 요령껏 대화를 이어갈 수 있을 정도로 한쪽 귀의 청력을 회복시켜주었지만, 그는 여전히 새의 노래를 연구하는 데 필수적인 높고 맑은 음역대의 소리는 들을 수 없다. "물론 제가 여전히 기능적인 의미에서 들을 수 있다는 사실은 기쁩니다. 그러나 제 연구에 미친 영향은 재앙 수준이었습니다. 정말 맥빠지는 일이었지요. 한창 일하던 중에 진로를 완전히 틀어야만 하는 상황이 되었으니까요. 그러다가 결국 새들의 색깔과 깃털이 실제로 어떤 역할을 하는지에 관심을 갖게 되었습니다. 개중에는 이렇게 말하는 사람도 있었어요. '오, 운이 좋으시네요. 그런 일이 벌어지지 않았다면 당신에게 예일 대학교에서 일할 기회를 가져다준 새의 깃털에 관심을 갖지 않았을 테니까요.' 말도 안 되는 소리지요. 그런 말은 기분 나쁩니다."

유전학의 발전과 함께 프럼은 새의 세포 속 DNA에 담겨 있는 정보를 이해하는 데 놀라운 성과를 거두어왔다. DNA 속에는 어떻게 새의 깃털이 제대로 성장해서 그처럼 경이로우며 상세한 수준으로 그들만의 독특한 색깔, 모양, 배열을 갖게 되는지에 대한 모든 정보가 다 담겨 있다. 최근 프럼과 그의 연구팀은 처음으로 공룡이 실제로 무슨 색인지를 정확히 밝혀냈는데, 기술이 그만큼 좋아진 것이다. 공룡의 실제 색을 밝혀낸 이 연구를 통해 프럼은 이 진실로 놀라운 발전을 거듭하고 있는 과학 분야에서 새로운 명성을 쌓게 되었다. 2009년에는 새의 깃털의 형성에 대한 유전학과 계통학 분야의 연구로 맥아더 재단으로부터 연구 지원금을 받기도 했다.

"이런 지원금은 축복일 수도 있고 저주일 수도 있습니다. 지원금을 받는다는 사실 자체가 일반적으로 주류에서 받아들이지 않는 괴짜라고 인정하는 것이기 때문입니다." 프럼은 이렇게 꼬집는다. 그는 실제로 스스로를 자기 분야에서 다른 사람들의 지지를 받지 못하는 독불장군으로 여긴다. 그가 거둔 유전학적 발견 성과의 내용 때문이 아니라 그가 대부분의 진화생물학자들이 진지하게 받아들이지 않는 것, 즉 아름다움을 진지하게 받아들이기 때문이다.

찰스 다윈은 진화가 어떤 식으로 저마다의 환경에 독특하게 적응한 종들을 가능하게 하는지를 설명한 『종의 기원』을 쓴 후로, 자신의 주장에 큰 구멍이 있음을 깨달았다. 여전히 공작의 꼬리를 설명할 수 없었던 것이다. 그토록 엄청나게 복잡한 깃털을 대담하게 드러내는 것이 어떻게 환경에 대한 도전이나 적응이라는 측면에서 유래하여 진화한 특성일 수 있단 말인가?

다윈은 이에 대한 답으로 그 후에 내놓은 다른 주요 저서인 『인간의 유래』에서 성선택이라는 아이디어를 강조했다. 각 종의 암컷이 성선택이라는 메커니즘을 통해 수컷의 어떤 아름다운 특징들을 선호하는 취향과 안목에 대한 감각을 진화시킨다는 것이다. 각각의 이 아름다운 특징들은 단순히 암컷이 그것을 좋아한다는 이유, 즉 수백만 년의 세월 동안 암컷의 미적 감각이 종마다 고유의 특징들을 규정하며 진화한 이유로 세대에 걸쳐 선별된 것이다. 다윈은 아름답고자 선택된 이러한 특징들이 실상 자의적일 수도 있다는 것, 그러니까 암컷이 그런 특징들을 좋아하게끔 진화했다는 사실을 제외하면 어떤 뚜렷한 기능도 없다는 점을 중요하게 여겼다. 일단 한 번 오랜 시간을 거쳐 선별된 특징들은 공작의 경이로운 꼬리처럼 그 종을 규정하는 데 있어서 더 이상 자의적인 요소가 아니다. 암컷이 그것을 높이 사도록 진화했다는 이유 하나로 공작 꼬리가 공작이라는 새를 규정 짓는 고유의 특징이 된 것이다.

프럼은 성선택이 자연에서 일어나는 미학의 진화에서 실로 중요한 문제라고 말한다. 모든 새들의 아름다운 노래와 깃털의 과시적인 패턴, 그들이 선보이는 굉장한 구애 동작은 모두 암컷을 기쁘게 하기 위함이다. 다윈의 성선택설에서는 미학이 중심이 된다. 반면, 현대 생물학자들은 성선택을 '수컷의 일반적 우수성'을 나타내는 지표로 이해하려는 경향이 있다. 이런 경향은 꼬리든 노래든 뭐든 간에 모든 아름다운 것을 수컷이 더 강하고 환경에 더 잘 적응했으며 짝짓기와 양육(만약 수컷의 양육 참여가 그 종에서 요구하는 부분일 경우에) 등에 능하고 유전적 생존력이 뛰어남을 보여주기 위한 것으로 여김으로써, 성선택을 훨씬 더 막연한 아이디어로 만들고 만다.

프럼은 이런 시각이 핵심을 놓치고 있다고 생각한다. 이런 시각이 제기된 문제의 분석에 즉각적으로 뛰어드는 대신, 미학적 고찰 자체를 거부함으로써 미학과 관련된 문제를 어물쩍 넘어가버리려고 애쓴다는 것이다. 다윈의 본래 관점에 더 가까운 의견을 고수함으로써, 프럼은 과학자들로 하여금 특정한 미학적 특징들이 자의적이라는 사실을 받아들일 것을 촉구하고 있다. 수백만 년의 시간 동안 선택의 과정이 진행되었다면 무슨 일이든 일어날 수 있는 것이다! 하나의 종은 여러 세대를 거치며 특정한 성질에 대한 선호가 뚜렷해지면서 독립된 종으로 정의되는 것이다. 그리고 이것은 수컷의 예술과 암컷의 미적 평가라는 공진화의 결과로서 나타난다. 작품은 이에 공감하는 대중과 함께 진화한다. 프럼은 성선택을 자연선택과 분리하여 생각하기를 거부하는 생물학자 동료들보다 철학자이자 예술평론가인 아서 단토$^{Arthur\ Danto}$와 그의 예술계 이론으로부터 더 많은 것을 배울 수 있음을 깨달았다. "생물학자들은 다윈의 두 번째 책의 중요성을 부정하면서 첫 번째 책에만 매달립니다. 저는 두 책 모두의 중요성을 인정하고 싶고, 두 번째 책에 묘사된 대로 자연에서 발견되는 자연의 취향과 그 발견의 기쁨을 찬양하고 싶습니다." 성선택을 이해하는 열쇠는 그 개념이 자연의 실제 아름다움을 이해하는 데 핵심이라는 사실을 인지하면서 성선택을 자연선택의 하위개념이 아니라 그와는 분리된 것으로 받아들이는 데에 있다. 우리가 자연에서 발견하는 특징들은 훨씬 알아보기 힘든 무엇, 그러나 분명히 실재하는 아름다움에 대한 미적 평가 감각과 함께 진화해온 것이기 때문이다.

"다윈이 성선택을 머릿속에 떠올렸을 때, 그가 생각한 것은 두 가지 경우였습니다. 수컷과 수컷 혹은 수컷과 암컷 사이에서 일어나는 성선택이었지요. 수컷과 수컷 사이의 경쟁에서 진화한 무장이라는 측면의 성선택은 즉각적으로 받아들여졌습니다. 몸집 큰 마초 수컷이 성적^{性的} 성공을 위해서 다른 수컷과 경쟁한다는 아이디어는 쉽게 받아들일 수 있었던 것이지요. 사람들은 이 아이디어를 좋아했습니다. 성적^{性的}으로 비틀려 있던 문화적 다윈주의와 맞아떨어졌으니까요. 그 이상 무엇을 더 바랐겠습니까?" 그러나 암컷이 자의적으로 아름답다고 여긴 특성을 기초로 수컷을 고른다는 아이디어는 1세기 넘는 세월 동안 훨씬 덜 진지하게 받아들여졌다. 그런 생각은 경솔한 데다가 자연과 생명을 아우르는 영역처럼 진지하고 주의 깊게 발전해온 분야에는 적합하지 않아 보였다. 수컷과 암컷 사이의 성선택은 진지한 학문이 아닌 대중문화 속으로 흘러들어갔고, 뷜셰와 그 유파의 글로 나타났다. 새로운 과학적 발전이 성선택을 생물학의 품으로 되돌려놓기까지 우리는 거의 100여 년의 시간을 기다려야만 했다. 그러나 프럼은 그 되돌려놓는 방법도 완전히 잘못된 방향으로 진행되고 있다고 생각한다.

"갑자기 암컷의 선호를 중요시하는 몇몇 이론이 나타났지요. 제가 보기에는 1983년 이래로 나온 문헌 중 절대 다수는 잘못된 방향으로 끔찍한 선회를 했습니다." 프럼은 이렇게 평했다. 이스라엘 출신의 생물학자 아모츠 자하비[Amotz Zahavi]는 전에는 기이하게만 여겨졌던 장식들이 수컷의 우열이나 생존력을 일반적으로 알려주는 암호화된 지표라고 주장하면서 성선택을 자연선택과 동일시하려는 내용의 이론을 전개했다. 프럼은 이렇게 말한다. "자하비는 공작의 꼬리에는 그래야만 하는 '이유'가 있다는 식의 퇴보적인 주장을 펼칩니다. 장식은 암컷의 선호에 대한 자연선택의 결과로서 진화한 것이라는 이야기지요. 그러니까 암컷이 실제로 자신에게 직접적인 이득이 있는 변종을 선호한다는 말입니다. 이를테면 수컷이 나는 좋은 아빠가 될 것이고 내 자식들을 먹일 수 있다, 내지는 나는 좋은 유전자를 갖고 있다는 식의 정보를 제공하는 특징을 가진 변종을 선호한다는 것입니다. 하지만 유전이라는 것은 교묘합니다. 유전적인 성질은 오직 꼬리의 비용이 꼬리의 이득보다 더 클 때만 작동합니다."

그러니까 자하비는 공작의 꼬리가 암묵적으로 이렇게 말하고 있다고 상상하는 것이다. 자, 내가 얼마나 강하고 든든한지 봐라. 나는 이렇게 거대하고 쓸모없는 꼬리를 달고 있지만 여전히 잘 돌아다니고 포식자에게 잡히는 것도 피할 수 있다. 내가 바로 너의 짝이다. 다윈은 공작 꼬리를 이런 식으로 보지 않았다. 그는 장식적 특질이 '암컷의 마음을 기쁘게 한다'고 말했다. 프럼의 표현을 빌리자면 "그것은 매력에 관한 것이다. 아름다움에 관한 것이라는 말이다". 이에 반해 자하비는 다윈의 첫 번째 주요 저서를 그의 두 번째 주요 저서를 반박하기 위해서 사용한다. 『종의 기원』이 『인간의 유래』를 짓밟는 것이다. 그는 성선택을 자연선택의 '아래에' 둠으로써 다윈의 진화 메커니즘을 훨씬 더 다윈주의적으로 만든다. 이제 암컷이 짝짓기할 수컷을 고르는 것은 환경에 적응하는 전략의 일부가 된다. 암컷의 선택 대상인 수컷들 사이에 실질적인 질적 차이가 존재함도 암시한다.

오늘날 대다수 생물학자들은 자하비의 관점에 동조하고 있다. 그리고 그것이 아마도 우리가 대학 생물학 시간에 배우게 되는 내용이기도 할 것이다. "그들은 암컷의 선택이 취향에 따른 변덕이 아니라 가장 적합한 것을 선택할 '필요'에 의해서 제한된다고 주장함으로써 모든 것을 일부러 혼란스럽게 만드는 편을 택합니다." 프럼은 이렇게 평한다. "문화적인 의미에서 이것은 정말로 소름 끼치는 일입니다. 다윈은 암컷이 책임을 질 때, 아름다움이 진화한다고 말했습니다." 빅토리아 시대에 이런 생각은 위협이 되었다. 그리고 생물학계는 지금도 여전히 그 어떤 규칙이나 이유 없이 단지 암컷의 선택이 축적된 결과가 자연에 존재하는 아름답고 멋진 특징들의 발달을 이끌어낸다는 생각에 위협을 느끼고 있는지도 모른다.

프럼은 다윈이 원래 의도했던 성선택이라는 개념으로 돌아가려는 시도를 하는 이가 생물학자 중에 자기 혼자뿐이라는 것을 걱정한다. "암컷의 선호가 자연선택에 속하는 것이 아니라면 무슨 일이 생길까요? 만약 모든 수컷이 기본적으로 동등하다면요? 제가 연구한 새들은 모두 수컷이 구애를 하는 종이었습니다. 말하자면 암컷이 수컷들의 장식이나 공연을 평가할 것으로 예정된 열린 공간에서 구애 행위가 펼쳐진다는 것이지요. 조류학자들은 그런 장식을 설명하기 위해서는 한 수컷이 다른 수컷보다 실제로 더 낫다고 말해야만 하나봅니다. 저로서는 도저히 받아들이기 힘든 이야기입니다." 생물학자들이 어떤 특정한 형질을 지닌 수컷이 유전적으로 더 뛰어난 몇몇 경우를 찾아낸 것은 사실이다. 그러나 대부분의 경우는 그렇지 않았다. 과학자들이 하는 일이란 게 뭔가? 그들은 그들의 이론과 맞지 않는 수많은 예를 무시하면서 오직 이론에 부합하는 소수의 예에만 주목하고 있는 것이다.

"사람들은 이런 적응론적 관점에 완전히 넘어가서는 자연을 샅샅이 훑어 그 이론에 들어맞는 딱 하나의 종을 찾아내고 나머지는 전부 무시해버리는 것입니다. 최악의 과학이지요." 프럼은 이렇게 말한다. 그들은 수컷 새가 실제로 창조해낸 것은 무시한다. 실제로 존재하는 정자, 실제로 존재하는 노래는 흥미롭지만 대부분 연구된 바 없으며, 프럼에 따르면 오랜 세대를 거치며 암컷의 선호에 따라 그 무엇도 될 수 있는 온갖 자의적 성질들은 모두 그렇게 무시당해왔다. 형식이나 아름다움에 대한 질문은 정자精子의 질에 대한 질문과는 달리 유용성과는 거리가 멀어 보이는 까닭에, 이런 적응론적 관점의 생물학자들은 새가 왜 노래하는지, 혹은 왜 정자새가 실용성이나 유용성과는 거리가 먼 예술작품을 만들도록 진화했는지와 같은 매우 흥미로운 질문들을 던지는 것 자체에 실패하고 있다. 프럼은 이렇게 말한다. "자연의 신비로운 자의성을 진짜 제대로 묘사하는 일을 피하기 위해서 우리는 거의 모든 흥미로운 것을 무시해야만 하는 것입니다."

나도 오래전부터 새의 노래를 둘러싼 과학에서 이런 문제를 눈치채고 있었지만, 이 문제에 대해 프럼처럼 나와 일목요연하게 의견이 일치하는 과학자는 만난 적이 없었다. 일례로 영국에서 개개비속屬의 명금이 주목을 받은 적이 있다. 명금의 경우, 수컷이 더 길고 복잡한 노래를 부를수록 더 높은 짝짓기 성공률을 보인다. 그렇다면 이것으로 노래가 수컷의 우월함을 보여주는 지표임이 증명되는가? 꼭 그렇게 볼 것은 아니다. 이것이 증명하는 것은 단지 암컷이 그 노래의 길이와 복잡성을 선호한다는 사실이다. 그것이 명금이 선호하는 미적 특질인 것이다. 그러나 명금과 밀접한 친척 관계에 있는 유럽산™ 늪명금을 보자. 유럽산 늪명금은 유럽 전체에서 가장 복잡한 노래를 부르는 새이다. 겨울을 나러 갔던 아프리카에서 그 지역 새들의 노래를 익혀 조합한 결과이다. 우리가 아는 한 이런 식으로 노래를 조합한 새는 늪명금 외에는 없다. 그러나 늪명금의 경우에는 노래하는 능력과 어떤 명확한 상관관계를 나타내 보이는 다른 무엇이 없다. 따라서 이 새에 대한 연구는 장려되지 않고 있다. 지나치게 단순화한 이론 모델에 들어맞지 않기 때문이다. 나는 『새는 왜 노래하는가』에서 과학은 이런 자연의 경이로움을 끝내 설명할 수 없으리라는 다소 낭만적인 주장을 펼친 바 있다. 프럼은 이와는 달리 나를 이렇게 설득시키고자 했다. 언젠가는 과학이 그 신비를 밝혀낼 날이 올 것이라고. 그러나 그러기 위해서는 더 나은 질문들을 던져야 할 것이라고. 혹은, 어쩌면 더 아름다운 질문들이 필요한 것일지도 모른다고.

생물학자들은 성선택을 두려워한다. 성선택이 항상 일정한 양의 자의성을 요구하기 때문이다. 만약 우리가 자의성으로도 충분히 자연이 작동한다고 주장한다면, 우리는 자연에 대해서 무엇을 입증하거나 예측할 수 있을까? 그저 자연은 신비롭고 아름다운 방식으로 작동한다고 말할 수 있을 뿐이다. 세상은 기계라기보다는 예술에 가깝다. 프럼은 이것을 두려워하지 않는다. 그리고 그는 진화된 형질들은 적응적인 것이라고 밝혀지기 전까지는 자의적인 것으로 봐야 한다고 믿는다. 다른 길로 빙 둘러 가기보다는 일단 여기에서부터 시작해야 하는 것이다.

프럼은 일찍이 1920년대에 성선택이 어떻게 실용적으로 작동할 수 있는지에 대해 짧막하게 제안한 바 있는 R. A. 피셔^{Fisher}의 연구의 앞머리 부분을 상기시키고자 한다. 피셔는 일방적인 성선택 과정이 세대를 거듭함에 따라 통제를 완전히 벗어나 어떤 특정 형질로 진화할 수 있다는 성선택설의 '도망자 모델$^{runaway\ model}$'의 창시자이다. "보다 제대로 된 설명을 하기 위해서는 유전학을 다소나마 접할 필요가 있습니다. 직접 고개를 들이밀고 어떤 식으로 유전이 이루어지는지를 봐야 하는 것이지요." 프럼은 말을 잇는다. "피셔가 2쪽 분량으로 풀어 쓴 도망자 모델의 내용은 1980년대 초, 랑드^{Lande}와 커크패트릭^{Kirkpatrick}에 의해 유용한 수학 형태로 정리되었습니다. 그리고 바로 그것이 자하비가 제시한 이론 모델의 모든 뼈대를 제공하게 됩니다." 유전적으로 도망자는 극단적인 하나의 결과물이지만, 그 원래 모델은 훨씬 더 깊이가 있다.

"우리가 지금 막 형질이나 선호에 대한 유전적 변형을 시작한다고 상상해봅시다. 각 개체는 형질과 선호 모두에 대한 유전자를 가지고 있지만, 오직 성과 연계된 것만이 발현된다고요. 모든 개체는 그 형질이나 선호와 관련된 유전자의 산물로서 나올 수 있는 것에 기초하여 만들어집니다. 귀무가설^{11}이 성립하는 지점을 하나 잡고 시작해봅시다.

짝짓기의 결과로 무슨 일이 생길까요? 긴 꼬리를 좋아하는 암컷은 긴 꼬리를 가진 수컷과 짝짓기를 할 것입니다. 짧은 꼬리를 좋아하는 암컷은 짧

---

11 귀무가설은 두 모수치 사이에 차이가 없을 것을 상정한다. 만약 귀무가설이 기각되지 않는다면 모수치들 사이에 확률적으로 차이가 없다고 결론 내리며, 기각된다면 모수치들 사이에 확률적으로 차이가 존재한다고 결론 내린다.

은 꼬리를 가진 수컷과 짝짓기를 할 테고요. 그러나 선호와 관련 형질이 서로 맞지 않다면 짝짓기가 거의 이루어지지 않을 것입니다. 당신은 형질과 선호 사이의 유전적 상관관계에 봉착하게 되지요. 이것이 의미하는 바는 특정한 진화 유형은 다른 경우보다 더 쉽게 나타난다는 것입니다. 피셔의 도망자 모델 과정의 핵심에 자리하고 있는 것은 선호에 대한 유전자와 형질에 대한 유전자의 상관관계입니다.

이제 평균적인 선호와 평균적인 형질이 존재하는 군락을 살펴봅시다. 피셔에 의해 인지되고, 후에 랑드에 의해 다시 인지되었듯이, 개체가 갖는 형질의 대부분은 암컷이 선호하는 것입니다. 수컷은 해당 군락의 선호에 맞춰야만 하지요. 성적性的 성공을 거두는 최선의 방법은 인기를 얻는 것입니다. 암컷들이 원하는 대로 되는 것이지요. 이것으로 끝! 복잡한 것이라고는 아무것도 없습니다. 보다 복잡한 것은 프로이트Freud식 질문이지요. '그래서 암컷이 원하는 게 대체 뭔데?' 실로 어려운 문제이지요. 형질을 관찰하는 것은 쉽지만, 열대 조류 암컷의 마음속에서 무슨 일이 벌어지고 있는지를 알아내는 것은 불가능합니다. 암컷의 선호가 어떻게 진화하는지야말로 정말 불분명하지요.

피셔의 가설에서 멋진 부분은 어떤 형질도 진화할 수 있다고 말하는 점입니다. 진화를 통해 수컷이 다다른 결과는 전적으로 자의적입니다. 즉, 그 어떤 형식도 취할 수 있습니다. 놀라운 것은 수컷이 암컷의 선호로 결정된 형식을 취한다는 점이지요. 수컷을 지켜봐 온 암컷들의 마음속에 선호로 자리 잡으며 하나의 역사를 이룬 것이 바로 수컷의 깃털과 구애 행위의 기능인 것입니다." 새의 깃털이나 노래는 외부 세계에서 기능하는 것이 아니라 그것을 감상하는 개개 암컷의 마음에서 기능한다. 그것들은 오직 미적 세계에서만 의미를 갖는 것이다.

그러나 절대 다수의 생물학자들은 암컷의 선호가 자연선택에 속하는 것이라고 말한다. 선명한 빨간색의 멕시코양지니 수컷을 예로 들어보자. 멕시코양지니를 빨갛게 보이게 하는 색소는 그 새의 먹이에 있는 카로테노이드 때문인 것으로 추정되고 있다. 그런데 사실 멕시코양지니의 식단 중에 카로테노이드가 함유된 먹이는 드물다. 그런 의미에서 빨간색이 선명하게 나타나는 새는 다른 대부분의 새들이 놓치고 만 어떤 부분을 놓치지 않았다고 할 수 있다. 깃털에 빨간색을 드러내 보임으로써 수컷은 아마도 암컷들에게 그가 얼마나 좋은 식습관을 갖고 있는지, 그리고 그가 잠재적 짝짓기 상대로서 얼마나 안성맞춤인지를 말해주고 있는지도 모른다. 그러나 멕시코양지니의 주식인 씨앗은 식물에서 카로테노이드가 가장 적게 포함되어 있는 부분이다. 그러니 비록 어떤 수컷이 유독 빨갛다고 하더라도 그 수컷이 먹은 것 때문은 아니다. "대부분의 진화생물학자들의 안전지대는 매우 편협한 것이 사실입니다. 그들은 자연선택으로 세상을 설명하는 것을 소명으로 여깁니다. 그러나 그것이 모든 것을 설명하지는 않거든요." 프럼은 말한다.

그렇다면 프럼의 대안은 무엇인가? 그는 성적으로 선택된 특정 형질을 자의적인 것으로 고려하는 것에서부터 시작하자고 말한다. "이 경우에 '자의적'이라는 말은 그 형질이 수컷에 대한 그 어떤 추가 정보도 제공해주지 않는다는 뜻입니다. 그것은 단지 암컷의 선호에 맞는다는 의미일 뿐이지요." 그것은 암컷이 좋아하게끔 진화한 것 그 이상의 의미는 없다. 피셔로 끝을 맺는 것이 아니라 피셔로 시작하는 것이다. 피셔의 도망자 모델은 귀무가설이며, 우리의 이해는 그곳에서부터 시작돼야 한다.

프럼은 남미 마나킨과[科] 새의 구애 행위에 대해서 언급한다. 마나킨과에 속하는 대부분 종의 수컷은 통나무 아래쪽으로 날아갔다가 이를 뛰어넘어 공중에서 돈 뒤 머리는 아래로 꽁지는 위로 한 채 착지한다. 그런데 유독 한 종의 새는 머리를 위로 꽁지를 아래로 하여 완전히 반대 방향으로 착지한다. "대부분의 동료 생물학자들은 여기에는 분명 무슨 이유가 있을 거라고 말할 것입니다. 그에 반해 저는 이것은 전적으로 자의적인 것이라고 주장할 테고요. 그들은 모든 종류의 적응론적 가설들로 검증해보기 전까지는 그것이 자의적이라고 말할 수 없다고 합니다. 자연선택 외에 달리 무엇이 선호를 규정지을 수 있겠소? 진화를 위한 선호 능력이 뇌에서 천성적으로 규정되기라도 한답디까? 저라면 '제길, 그렇다니까요!'라고 답하겠지요. 우리는 새의 노랫소리와 인간의 음악 사이에서 많은 연관성을 발견해낼 수 있습니다. 새와 인간의 지성이 하나로 수렴하며 똑같은 선호를 구축한 것이지요." 새의 구애 행위에는 인간의 춤과 나란히 놓고 비교할 수 있는 요소들이 있고, 정자새의 조형물에서는 인간 예술가들에게도 매우 익숙한 특정 원칙들이 발견된다.

어째서 암컷은 다른 그 무엇도 아닌 특정한 한 형질을 선호하는 것일까? 나는 프럼에게 과학이 이와 같은 미학적인 질문에 답할 수 있을지에 대해 물어봤다. 그는 긍정적이었다. "그럴 수 있는 과학이 있습니다. 단지 우리가 아직 올바른 질문을 던지지 못하고 있을 뿐입니다. 만약 당신이 성선택에 관한 책이 꽂혀 있는 서가로 간다면, 그런 서가에 있는 문헌 중에는 완전히 자의적인 형질을 하나라도 인정하고 예로 든 것이 없음을 발견하게 될 것입니다! 그들은 적응론적인 패러다임을 지지하는 것들만 출판하거든요! 당신이 이처럼 지배적인 관점과 굳게 결속되어 있지 않다면 이 세계에서 무슨 수로 일자리를 구하겠습니까? 규범이 된 이 관점에 대한 반란은 아직 일어나지 못하고 있습니다."

나는 그와 뜻을 같이하는 다른 생물학자들이 있는지 물어봤다. "이 문제에 관한 한 저는 거의 완벽히 혼자라고 할 수 있습니다." 프럼은 웃었다. "다들 자하비표 자양강장제를 마셔버려서요."

많은 생물학자들은 성선택을 일종의 궁여지책으로 여긴다. 나는 마틴 느위이아$^{Martin Nweeia}$와 그가 연구한 일각고래의 엄니에 대해 이야기를 나눈 때를 기억한다. 일각고래의 엄니는 동물 세계에 존재하는 가장 긴 이빨로서 오직 수컷에게만 있는 까닭에 오랫동안 순전히 성과 관련된 장식으로 인식되어왔다. 느위이아는 이에 대해 엄니가 사실 매우 섬세한 감각기관이며 고래가 유영하는 해수의 온도와 염도에 대해 정확한 정보를 확보하는 기능을 갖고 있다는 결론을 얻었다. "사람들은 어떤 동물의 이해할 수 없는 특징이 있을 때, 그것을 설명하기 위한 방법으로 성선택을 쓰곤 합니다." 그는 내게 이렇게 말했다. 성선택이 일종의 책임 회피용, 그러니까 자연의 신비에 대한 진지한 주목을 피하는 편법 수단으로 쓰이고 있다는 것은 이 이야기가 가진 또 다른 측면이다. 그러나 우리에게 아름다움에 대한 근거를 찾아내야 할 필요가 얼마나 많이 있는가? 제아무리 창의적인 적응론적 설명이라고 해도 자연이 진화시켜온 그 순전한 장엄함을 뭉개버릴 수는 없다. 과학의 진보는 그와 같은 통찰력을 인정하는 길을 찾아내야만 한다.

"나에게는 무$^{無/null}$[피셔 가설]에서부터 예견되는 포괄적이며 자의적인 다양성과 성을 과시하는 부수적 형질들에서 나타나는 압도적이고 다차원적인 다양성이 매우 비슷해 보인다. 이런 설명이 정확성에 조금이라도 근접해 있을까? 최근에는 성간선택$^{性間選擇/intersexual selecton}$연구가 이를 밝혀내려는 우리의 연구를 막으며 확고히 자리를 잡고 있다. 성간선택에서 [피셔 과정을] 귀무 모델로 받아들이면 우리는 처음으로 조금이라도 정확성에 근접한 설명을 할 수 있게 될 것이다." 프럼은 이 주제에 관한 그의 첫 번째 논문에서 피셔 과정을 성선택에서 귀무 모델로 삼을 것을 주장하며 이렇게 쓰고 있다. 이는 기본적으로 대부분의 경우에 암컷이 선호하는 것은 전적으로 자의적이며 우리는 이 자의성을 철저히 파고들어야만 함을 의미한다. 피셔가 옳다고 가정하자. 그리고 성선택에 대한 적응론적 설명은 우리가 그에 맞는 진짜 증거를 찾을 때에만 받아들이기로 하자. 무작위적인 아름다움에 반하는 편견이 우리가 그 아름다움을 경험하는 길에 끼어들지 못하게 하자! 기능에 대한 끝없는 추구가 진정 중요한 핵심을 놓치게 만들고 있다.

그렇다면 우리는 어떻게 해야 자연의 아름다움을 더 잘 이해할 수 있을까? 프럼은 만물을 예술의 형식으로 이해해야 한다고 말한다. 예술이야말로 우리가 수천 년의 시간 동안 아름다움의 존재를 감상하고 그것을 명료하게 표현하는 능력을 길러온 분야이다. 또한 예술은 우리 인간의 아름다움에 대한 지각 능력이 어떻게 변해왔고 문화적으로 진화해왔는지가 드러나는 분야이기도 하다.

철학자 아서 단토의 미학적 관점에 깊은 영향을 받은 생물학자는 아마 프럼이 유일할 것이다. 철학 교수이면서 오랜 기간 잡지 《네이션*Nation*》의 예술평론가로 활동하기도 했던 단토는 오늘날 예술가 및 예술애호가 사이에서 드물게 영향력을 행사하고 있는 이론가이다. 그가 오늘날에는 '무엇이든지' 예술이 될 수 있다는 사실을 찬양한 소수의 작가 중 하나인 까닭이다. 단토는 평범하든, 대단하든, 아름답든, 추하든, 혹은 순전히 역겨움만을 유발하든 간에 무엇이든지 예술이 될 수 있다고 주장했다. 대상이 무엇인지는 중요하지 않다. 중요한 것은 그 작품이 우리의 미적 고찰을 위해서 놓였다는 사실이다. 만약 화랑이나 박물관, 조각 공원에 뭔가가 놓여서 우리 눈

앞에 보인다면 그것은 예술로서 제공된 것이다. 만약 뭔가가 공연장이나 극장에서 공연되었다면 그것은 예술로서 공연된 것이다. 만약 뭔가가 종이 위에 특정한 방식으로 인쇄되어 나왔다면 그것은 산문이 아니라 시이다. 만약 뭔가가 미학적 납득을 요구하는 문맥에서 전시되고 있다면 그것은 예술이 될 수 있고 예술로서 받아들여져야 하며 예술인 것이다. 비록 우리가 그것에서 어떤 기량이나 기술, 전문 지식이라든가 그 사물 자체의 현상을 반사하거나 반영하는 그 어떤 주장도 찾아볼 수 없다 해도 말이다.

1917년, 뒤샹은 소변기 하나를 기울여 잡고 한쪽에 'R. Mutt, 1917'이라는 거짓 서명과 날짜를 적어 넣었다. 그리고 이것에 〈샘^{Fountain}〉이라는 제목을 붙여서 어떤 작품이든 다 받아줄 것이라고 선언했던 뉴욕 근대미술전에 출품했다. 그러나 그것은 실제 미술전 중에는 결코 전시되지 않았으며, 당시에는 그 누구도 뒤샹이 이와 같이 대범한 시도의 배후라는 것을 눈치 채지 못했다. 사건 직후, 진품은 사라졌다. 그러나 오늘날까지도 일부 예술가들은 이 사라진 소변기를 가장 의미심장한 20세기 예술작품으로 여기고 있다. 짐작컨대 이 작품에 담긴 엄청난 해방의 의미 때문일 것이다. 즉, 무엇이든지 간에 우리가 예술이라고 말하면 그것은 예술이 될 수 있다는 뜻이다.

나는 늘 이 사건의 중심은 뒤샹이 소변기를 끌어내려서 사람들이 그 사랑스러운 형상을 조금 더 보기 쉽게 만든 것에 있다고 생각한다. 뒤샹은 우리에게 오래도록 응시하며 미소 짓고 웃음을 터뜨릴 만한, 꽤나 근대적이며 명료하고 순수하며 아름다운 뭔가를 제공했다. 이것은 힘차게 뻗는 긴 소변 줄기만큼이나 만족스러운 완전한 미적 체험으로서, 온갖 참고문헌에 대한 암시로 가득하고 풍부한 의미가 겹겹이 층위를 이루고 있다. 그러나 한편으로 나는 그것에 깊이 빠져들고 싶지는 않고 선뜻 옹호할 마음도 내키지 않는다. 존 케이지John Cage와 오직 침묵으로만 구성된 그의 유명한 음악 작품[12]과 마찬가지로, 뒤샹 역시 다른 많은 흥미로운 작품들을 만든 예술가였다. 그러나 이들의 이런 극단적인 작품들과 그로 인해 조성된 시대적 분위기는 그럴듯한 선전이 되기는 했지만, 거기에 깊이 빠져드는 것은 예술에 대한 옹호보다는 비난에 더 유용하게 작용한다.

단토와 그의 많은 추종자들은 이와는 생각을 달리한다. 그들은 뒤샹의 〈샘〉을 20세기의 가장 위대한 예술작품의 하나로 여긴다. 예술작품 자체보다 의미를 토론할 수 있는 상황을 만드는 행위를 더 중시하는 풍조의 시초가 된 작품이기 때문이다. 미적 경험에 뒤따르는 대화는 이제 그 경험 자체보다 더 중요해질 것이다. 마침내 예술이 철학이 되는 것이다. 이것은 거의 모든 실용적인 문제를 철학으로 바꾸었던 고대 사상가들을 떠오르게 한다. 보다 깊이 고찰하고 사색하게 만드는 것은 무엇이든지 훌륭한 가치가 있는 것이다.

좋은 예술이란 무엇인가? 이런 질문은 단토에게는 중요하지 않다. 예술에 어떻게 반응하고 예술을 어떻게 애호할 것인가? 단토에게 중요한 것은 바로 이것이다. 1964년, 단토는 「예술계The Artworld」라는 논문을 통해 이런 관점을 처음으로 언명했다. 당시는 앤디 워홀이라는 신출내기 예술가의 작품 앞에서 많은 사람들이 큰 당혹감을 느끼고 있던 때였다. 이 워홀이라는

---

12 존 케이지의 작품 〈4분 33초〉는 연주자가 피아노 앞에 앉지만 아무 연주도 하지 않고 4분 33초 동안 침묵을 지키는 것으로 구성되어 있다. 이 작품은 연주장의 소음이나 아무런 음도 연주되지 않는 고요의 순간 등에 대한 재고를 통해 음악의 본질에 대한 의문을 제기한다. 당연히 존 케이지는 작곡가로서 이런 〈4분 33초〉 스타일의 곡만 작곡한 것은 아니었다. 그럼에도 불구하고 대부분의 사람들은 존 케이지를 오직 〈4분 33초〉로만 기억하고 있는데, 저자는 이를 뒤샹이 다른 많은 작품을 남겼음에도 대개 〈샘〉으로만 기억되고 있는 것과 비교하고 있다.

자는 어떻게 감히 브릴로 비누상자의 복제품 따위를 합판 위에 그려 화랑에 쌓아놓고는 우리가 감상하고 구입하기를 기대하는가?

위홀은 왜 굳이 이런 것들을 '만들' 필요가 있는 것일까? 그냥 아무 상자나 하나 잡고 자기 사인을 휘갈기고 말지? ··· 그가 무슨 미다스 왕이라도 된 것처럼 이 남자의 손이 닿는 것은 순수예술이라는 금으로 바뀌기라도 한단 말인가? 마치 현실 세계의 빵과 포도주가 살과 피인 성체聖體로 불가해하게 바뀌는 것처럼, 어떤 흑마술이라도 부려서 잠재적인 예술작품으로 구성된 이 세상도 몽땅 예술작품으로 탈바꿈이라도 시킬 참인가? 브릴로 비누상자가 별로 그럴 듯하지 않다는 것, 변변찮은 예술이라는 것은 괘념치 마라. 주목해야 할 것은 그것이 어쨌거나 예술이라는 사실이다.

그러나 단토는 어떤 것이 예술이기 위해서는 예술이 어찌하여 그것을 예술이라고 인정하는 지점에까지 다다랐는지를 충분히 이해하고 있어야만 한다고 주장한다.

하나의 작품을 예술계의 일원으로 보기 위해서는, 최근 뉴욕 회화사에 대한 상당한 양의 지식은 물론 예술사 전반에 대해서도 매우 해박해야만 한다. 50년 전만 해도 그것은 예술일 수 없었을 수도 있다. 그러나 모든 것이 마찬가지이다. 중세 시대에 비행 보험이 있을 수 없고 에트루리아 시대에 타자기용 지우개가 존재할 수 없다. 특정한 것이 나타나기 위해서는 세상도 그에 맞게 준비가 갖춰져야 한다. 예술계 또한 현실 세계와 다르지 않다.

단토는 철학 용어를 구사하여 위홀이 어떤 식으로 브릴로 비누상자를 그럴듯하게 모방하면서 그만의 예술작품을 만들었는지, 그리고 왜 워홀의 브릴로 비누상자가 실제 브릴로 비누상자보다 훨씬 더 높은 값이 매겨지는지 설명하려고 애쓴다. 결국 모든 것은 다 맥락이라는 것이다.

뒤샹 이래, 예술가는 무엇이든지 예술계의 테두리 속으로 밀어 넣을 수 있게 되었으며 그 누구도 이에 눈 하나 깜짝하지 않는다. 그 악명 높은 뉴욕 근대미술전에서 월터 아렌스버그^{Walter Arensberg}가 그 어떤 작품도 출품을 거부당하지 않을 것이라고 말한 이후로, 정말 무엇이든지 받아들일 수 있게끔 화랑이나 박물관이 진화한 까닭이다. 뒤샹은 아렌스버그의 말을 있는 그대로 받아들였고, 그로부터 50년 후의 워홀은 여기에 한술 더 떠 매디슨 가에 진열된 상품을 예술적으로 허용할 만한 큰 가치가 있는 것으로까지 밀고 나갔다. 새롭게 정립된 예술계는 이를 그저 받아들일 수밖에 없었다.

단토에게는 이것이 예술을 예술로 만드는 것은 그 내적인 성질이 아니라 감상자들에 의해 맥락이 설정되고 가치가 평가되는 방식임을 보여주는 증거가 된다. 그는 자화자찬 조로 이것이야말로 예술가들이 예술이론을 필요로 하는 정확한 이유라고 말한다. 예술이론가는 그저 호불호를 말하는 평론가로서가 아니라 어떤 것이 왜 중요한지를 설명하는 사상가로서, 예술가들에게 필요하다는 것이다.

예나 지금이나 예술계를, 더 나아가서는 예술 자체를 가능하게 하는 것은 예술이론의 역할이다. 생각건대 라스코의 동굴 벽화를 그린 화가들은 그들이 벽 위에 '예술'을 만들어내고 있다는 생각은 결코 떠올리지 못했을 것이다. 신석기 시대에도 미학자가 있었던 게 아니라면 말이다. … 브릴로 비누상자는 우리에게 우리 자신을 포함한 그 무엇도 드러내 보일 수 있을 것이다. 자연을 향해 걸려 있는 거울처럼, 그 상자들이 우리 왕들의 양심을 건드리는 역할을 할는지도 모른다.

그러므로 예술작품 자체는 반드시 복잡하거나 반대로 투박해야 할 필요가 없다. 중요한 것은 그 예술작품을 마주함으로써 무슨 복잡한 생각이 환기될 것이냐 하는 것이다.

프럼이 뒤샹과 워홀에 대한 단토의 설명으로부터 끌어낸 것도 그것이다. 자연이 만들어낸 작품 자체는 별로 중요하지 않다. 자연의 작품이 왜 인정을 받아야만 하는지에 대한 일관된 이야기가 만들어지는 한, 그리고 유행 선도자와 예술애호가 사회가 그 작품(내지는 그 스타일)을 높이 사고 적극적으로 홍보하여 그것이 사회에 의미 있는 차이를 빚어낼 만큼 오래 버티는 한, 그것은 실제로 '무엇이든지' 될 수 있으므로.

그리하여 진화하는 예술계는 성선택에 의해 진화된 생명체의 미적 특징들과 흥미로운 대칭점을 갖고 있다. 프럼은 단토의 아이디어를 응용하여 인간 문화와 생물학적 진화 모두에 적용될 수 있는 예술에 대한 정의를 내린다. 프럼은 예술을 이렇게 정의한다. "예술은 관찰의 대상과 관찰의 주체, 공연과 감상 사이에서 감각적 평가를 통해 공진화共進化/coevolution하며 발달시킨 하나의 대화라고 할 수 있습니다. 기본적으로 우리는 이미 엄청난 수의 생물 예술계를 바깥세상에서 관찰 중이지요. 이를테면 나이팅게일의 예술계, 정자새의 예술계, 흉내지빠귀의 예술계 같은 것이 그렇습니다. 인간이 입체파, 사회적 사실주의, 추상적 표현주의, 미니멀리즘 등을 발달시켜온 것처럼요." 공진화 이론이 제공하는 예술 이해의 틀은 예술을 감상하는 형질이 어떻게 예술작품을 만드는 행위와 함께 진화하는가라는 측면에서 접근하는 방식이다. 여기에서 미학적 가치관은 무엇일까? "우리는 우리 자신을 극복하게 될 것입니다. 우리 인간은 생명 혹은 이 우주의 중심이 아닙니다. 인간의 문화도 모든 문화의 중심이 아니고요. 공진화 이론과 미학 사이에는 완벽한 상호작용이 존재합니다."

프럼은 단토의 최근 저서 『아름다움의 남용The Abuse of Beauty』으로부터 철학적 의미에서 예술사의 종말은 예술가가 원하는 것은 무엇이든지 해도 좋다는 해방을 의미한다는 결론을 끌어낸다. 이 해방은 아름다움을 자신의 정당한 자리로 되돌리는 것이기도 하다. 이제 예술은 "우리가 좋아하는 것, 우리를 즐겁게 하는 것"이다.

또한 이것은 인간 예술계가 작동하는 방식이기도 하다. 예술은 평가와의 공진화 산물이다. 그렇다면 우리가 새의 깃털을 보거나 새의 노랫소리를 들을 때에는 무슨 일이 벌어지는가? 우리 인간의 감수성은 특정 상호작용을 거치며 진화해왔다. 우리는 모차르트Mozart의 음악을 들었고, 앤설 애덤스Ansel Adams의 사진을 봤다. 인간의 미학적 아이디어는 진화한다. 일본어를 모르는 사람이 노能/Noh13를 감상할 때와 마찬가지로, 우리는 새의 노랫소리를 즐길 때 서로 다른 예술계를 가로지르는 경험을 하게 된다. 그 상태로도 뭔가 이해할 수 있겠지만, 문화적인 것이 많이 개입될수록 '오해'가 생길 소지도 더 높아진다. "세계 각지의 사람들에게 물어보십시오." 프럼은 이렇게 제안한다. "나이팅게일이 노래를 부를 때 내는 소리와 배가 고프다고 내지르는 소리 중에서 무엇이 더 아름답냐고요. 또 폴록의 그림과 경극京劇을 비교해보라고도 하십시오. 인간의 예술에 관한 질문보다 새가 내는 소리에 관한 질문에서 사람들의 의견이 훨씬 더 쉽게 일치할 것입니다. 예술을 만족스럽게 정의하는 유일한 방법은 예술이 특정한 종류의 진화 과

---

13 일본의 고전 예술 양식의 하나. 노가쿠라고도 한다. 피리와 북소리에 맞춰 노래를 부르면서 춤을 추는 가면 악극이다.

정의 결과로서 하나의 대화라고 정의하는 것입니다. 꽃과 벌에 대해서 이야기해보지요. 화려한 색깔의 맹독성 산호뱀에 대해서도 이야기해보고요. 여기에는 어떤 미학적 가치가 존재합니다. 그리고 그 가치는 자의적일 수 있습니다. 우리에게 아름다운 것이 그들에게는 공포스러운 것일 수도 있는 것이지요. 반짝이는 맹독성 참개구리 같은 경우가 그렇습니다. 맹독성 참개구리의 반짝이는 겉모습은 새를 비롯한 기타 잠재적 포식자가 겁에 질려 도망치게끔 만드는 예술이라고 할 수 있습니다."

우리가 이런 것들을 예술이라고 부름으로써 얻는 것은 무엇인가? "얻는 게 있지요. 인간을 중심으로 하지 않는 예술에 대한 정의를 획득하게 되니까요." 만약 새들에게 목적이 있다고 한다면, 자연계에도 의미가 존재한다고 할 수 있다. 만약 새들에게도 문화가 있다고 한다면, 새들 역시 공예품을 만들고 우리 인간이 그들과 공유하는 이해의 수준도 더 높아질 것이다. 또한 우리는 그들을 보다 존중하게 될 것이다. 어쩌면 그들에 대해 더 잘 알고 싶어질지도 모른다.

프럼의 공진화라는 아이디어에서 자연의 미학에 존재하는 자의성이란 얼마나 중요한 의미를 갖는가? 단토는 어째서 20세기가 기울인 소변기조차 예술이 될 수 있는 시대가 되었는지, 그리고 예술가와 예술애호가 모두가 그것을 진지하게 받아들일 수 있는 시대가 되었는지에 대한 어떤 철학적 정당화를 꾀한다. 단토는 우리에게 대상은 이제 열외로 밀려났다고 말한다. 보다 중요한 것은 그것을 보여주는 행위이다. 우리는 모든 도그마에 의문을 품었던 시대를 살았다. 한마디로, 20세기는 억누를 수 없는 시대였다. 모든 것에 질문을 던져라! 단토는 여기에 박수를 보낸다. 질문을 통해 예술은 철학이 된다.

사실 나는 이 같은 결론을 결코 완전히 지지하지는 않는다. 철학자로서 내가 꾀하는 것은 오히려 철학이 예술이 되게 하는 것이기 때문이다. 철학을 조금 더 아름답게, 조금 더 풍부한 연상 작용을 일으키게, 아름다움 속에 거닐게 하라. 조금은 덜 논리적으로, 조금은 더 시적으로 만들어라. 논박은 줄이고 조금 더 춤추게 하라. 당신이 지금 읽고 있는 책이 제 역할을 한다면, 이 책은 그런 위험이나 고비 내지는 기쁨을 가져올 것이다. 그런 의미에서 나는 단토에 대해서도 편견을 갖고 있다. 단토는 유명하긴 하지만 다소 사이비라고 할 수 있을 예술에 대해서 너무 많은 글을 쓴다. 여기에서 뒤샹은 쉬운 표적이 되며, 이를 논박하려던 더턴은 너무 멀리 나가버렸다. 더턴의 최근 저서 『예술 본능』은 수십 년에 걸쳐 그가 파고든 문제, 즉 어떻게 예술의 진화가 인간이라는 종의 진화에 고유한 것이 되었는지에 대한 그의 생각을 담고 있다. 더턴은 자연계에서 우리가 차지하는 지위에는 예술이 필수적이며, 그중에서도 최선, 최고의 인간 예술은 우리가 환경에서 하나의 종으로서 차지하고 있는 지위에 꼭 어울린다고 주장한다.

또한 그는 예술은 아름답고 미적인 것이기를 원할 뿐 아니라, 적응적이며 유용하고 인간에게 이로운 것이기를 바란다. 예술을 본래부터 인간이 타고난 기질이라고 보기 때문이다. 그러나 더턴에게 이는 오직 '우리 인간'의 기질일 뿐이다. 동물에게는 없으며, 식물에게도 없고, 광물질이나 천상의 장대한 심연에서도 발견할 수 없다. 뒤샹의 〈샘〉 같은 것들은 더턴을 곤란하게 만든다. 우리가 이 작품에서 경험하는 것에는 그가 마땅히 예술에 있어야 한다고 생각하는 것들이 빠져 있는 까닭이다. 먼저, 이 작품은 만드는 데 기술이나 기교가 거의 필요 없다. 뒤샹이 한 것이라고는 기성제품 하나를 앞으로 들고 나와 받침대 위에 올려놓고 관람객들이 감상할 수 있게끔 젖혀둔 것뿐이다. 단지 그뿐이라면 그 물체를 보는 것만으로 느껴지는 직접적인 쾌락은 거의 없다. 그 작품이 주는 쾌락은 훨씬 반어적인 성격의 것이다. 이를테면 농담이나 우스꽝스러운 만담 같다고 할까. 그 작품은 농밀한 감정이 배어 있어 우리로 하여금 더 깊게 연구하거나 그 앞에서 시간을 보내게끔 만드는 성질의 것이 아니다. 깊은 상상에 빠져들게끔 자극하지도 않는다. 달리 말해, 그 작품엔 별것 없다. 〈샘〉을 뒤샹의 작품 세계에서 지나치게 강조하는 것은 뒤샹을 시시한 존재로 만든다. 마치 존 케이지를 온전히 침묵으로만 구성된 작품을 쓴 작곡가로만 생각하는 것이 존 케이지를 시시하게 만드는 것처럼 말이다. 내가 아는 많은 예술가들의 경우처럼 이 작품 하나를 너무 심각하게 여기는 것은 20세기 예술을 시시하게 만든다. 실제로 훗날 이 유명한 작품에 대해 질문을 받은 뒤샹은 이렇게 답했다. "부디 내가 그것으로 어떤 예술작품을 끌어내려 했던 게 아님에 주목해주시오." 더턴은 묻는다. "이제 뒤샹의 말을 있는 그대로 믿어줘야 할 때가 아닐까?"

프럼은 납득하지 않는다. 프럼이 보기에는 더턴 역시 두말할 것 없이 자하비표 자양강장제를 들이킨 사람이다. "이 보십시오. 더턴은 새들에게서 아무런 문화도 발견하지 못합니다. 심지어 사람들에게서도요! 우리가 새의 노래에 대해 알고 있는 것들을 진지하게 생각해본다면, 예술을 오로지 인간만의 배타적인 업적으로 보는 예술에 관한 모든 정의는 폐기하게 될 것입니다." 예술을 어떻게든 진화와 연관시키고 싶어 하는 사람들에게 왜 우리 인간이 때때로 생물학적으로 전혀 쓸모없는 것을 창조하고 감상하기 위해 그처럼 소중한 시간을 낭비하고 있는 것처럼 보이는지를 진화론적으로 정당화하는 것은 유혹적인 시도이다. 어떻게 그 정당화가 가능할까? 인간 문화의 정수精髓는 우리가 이 생물권에서 우리가 있을 자리를 찾기 위해 인간의 생물학적 기질과 인간만의 독특한 문화, 기술 전략을 사용하여 환경에 적응하는 데에 있다. 인간은 예술을 너무도 높게 평가한 나머지, 예술이 그 문제의 인간 존재의 정수에 중요한 역할을 함에 틀림없다고 생각하는 것이다.

더턴은 인간의 삶에 왜 그렇게 많은 아름다움이 존재하는지를 설명한다는 점에서는 성선택설의 적절함에 박수를 보낸다. 그러나 그는 정자새의 경우와 같은 동물들의 미적 창작품에 대해서는 아무런 관심도 표하지 않는다. 더턴은 이런 동물들의 미적 창작품이 그에 대한 자아성찰 의식이나 지적 문화 없이 나타난 것이라는 이유로 예술이라고 부르기를 거부했다. 그런 작품들이 우리 눈에 인상적으로 보일 수는 있다. 동물 세계에서는 매우 드문 것이기 때문이다. 그러나 새들이 자기가 무엇을 하고 있는지에 대해 생각하지 않는데, 왜 우리가 그들을 성가시게 예술가라 칭한단 말인가? 더턴처럼 예술계의 진화 근원에 대해서 관심을 갖고 있는 사람이 우리를 나머지 자연계로부터 분리시키고자 인간의 상황 해석 능력을 빌미로 이처럼 교묘한 철학적 책략을 쓴다는 것은 퍽 흥미로운 일이 아닐 수 없다.

그러나 프럼은 우리는 새가 노래를 부르거나 구애 행위를 하는 데에는 실제로 목적이 있음을 증명해왔다고 말한다. "에릭 자르비스^{Erich Jarvis}의 연구는 새들에게 목적이 있다는 것을 보여줍니다. 새는 자기가 누구에게 노래를 불러주고 있는지 압니다. 새들이 의도하는 바가 있는 것입니다. 우리에게는 새의 노래가 의도한 것이라는 절대적이며 기계론적인 근거가 있습니다. 새는 녹음된 음악이 흘러나오는 기계가 아니란 말입니다. 의미는 어떨까요? 저는 공작 꼬리에 굉장히 중요한 의미가 있을 거라는 생각에 반대해왔습니다. 어쩌면 멕시코양지니의 빨간 깃털은 '내가 더 낫다, 내가 더 좋은 알에서 나왔다'고 의미하는 것일 수도 있겠습니다. 그러나 멕시코양지니가 그렇다고 해서 홍관조도 그런 것은 아니지요."

그것이 '내가 아름답다'를 의미하는 것일 수도 있을까?

생물학을 행태에 적용하는 문제로 넘어가면서 더턴은 그 행태가 동물의 것이든 인간의 것이든 간에 인간 고유의 독특한 것으로 여겨지는 자아성찰과 창조성 같은 개념이 들어설 자리는 대강 설명하고 넘어간다. 그는 자하비를 추종하여 예술작품의 창작은 그 창작자를 좋은 잠재적 짝짓기 상대로 만들어주는 특정 종류의 중요 판단 근거를 확보해 보여주는 것이라고 주장한다.

"몽땅 쓰레기 같은 소리입니다." 프럼은 말한다. "더턴의 주장을 생각하는 것만으로도 하루를 망치기에 충분하지요." 과학자들이 제대로 검증된 바 없는 자하비의 제한적인 이론들을 기꺼이 받아들이는 것만으로도 충분히 나쁜 상황인데, 이제 그런 이론들에 빠져든 예술이론가까지 생긴 것이다. 그렇다면 프럼은 이에 대한 대안으로 무엇을 제시할까? 그가 내놓은 답은 '자의성'이다. 성선택을 통해 진화한 예술은 창작자와 감상자 사이의 공진화의 산물이다. 여기에서는 그 어떤 것도 선택될 수 있다.

프럼은 이렇게 말한다. 무엇이 좋은 예술이고 또 나쁜 예술인지 이해하려면 동물들을 보라. 각 종마다 동물은 수컷의 독특한 공연 내지 외양과 암컷의 감상 내지 취향이라는 독특한 상황을 발달시켜왔다. 그들은 무엇이 좋으며, 무엇이 옳고, 무엇이 필요한지 안다. 그들로서는 그 문제를 심사숙고할 필요도, 상황을 자각할 필요도 없다. 그런 미적 상황에 놓이도록 타고나는 까닭이다. 선택의 결정은 자의성에서 시작되지만, 일단 결정된 내용이 진화 과정 속으로 들어오면, 후손들은 거기에 매이기라도 한 것처럼 그 내용이 특정된다. 그리고 실제로 매여 있기도 하다.

일단 어떤 종에 극도로 아름다운 특징이 나타나 자리를 잡는다면, 어떻게든 그런 특징을 가다듬지 않겠는가? 공작의 꼬리는 수컷이 더 이상 움직일 수 없는 지경이 될 때까지 마냥 커지지만은 않는다. 종의 미학은 그 경로의 어딘가에서 숨을 고르는 것처럼 보인다. 수컷은 자신의 외양, 공연, 그리고 드문 경우이지만 자신이 만든 예술작품 중에서 암컷이 높이 사는 특질들을 발달시킨다. 그러나 많은 경우에 집단마다 이런 문제에 관한 서로 다른 학습된 행태가 존재한다. 그런 의미에서 동물에게도 문화가 있다고 말할 수 있다. (최소한 '문화'라는 용어에 대해 지나치게 보수적이지 않은 사람들에게는 그렇다.) 이런 변이를 인정하기 위해 우리는 얼마나 많은 근거를 찾아내야 하는가? 단지 그렇게 할 수 있기 때문에, 진화가 그것을 가능하게 하기 때문에, 혹은 어찌 됐든 간에 필요하기 때문에 그렇게 다양하게 변하는 것일까?

저 공작들은 어떤가? 모든 꼬리는 다 똑같은가? 다윈이 공작 꼬리에 혼란을 느끼며 창백해진다고 고백했다면, 프럼은 학계가 그 꼬리의 의미에 대해 이야기하는 내용 때문에 화가 치민다고 고백한다. "저는 공작 꼬리를 보면서 이것은 자의적인 것이라고 말합니다. 그러면 다른 모든 사람들은 그렇게 생각하지 않는다고 하지요. 다시 저는 이렇게 말합니다. 이 모든 생물학적 근거들을 보라고. 수컷은 꼬리를 지속적으로 돌보지 않습니다. 몇몇 질병을 피하는 것 외에는 직접적인 이득도 없지요. 그리고 그 꼬리는 논리적으로 설명하기에는 그 규모와 장식이 너무 과합니다. 자하비 모델은 하나하나의 모든 장애는 생존력과 교환한 개별적인 산물을 갖고 있다고 말합니다. 그리고 이것은 우월성에 관한 정보의 범위와 상응한다고요. 그러나 그런 경우는 그렇게 많지 않습니다."

인간 자신의 게놈을 해독한 후에도 우리가 인간의 생명 활동에 대해 얼마나 조금밖에 알지 못하는지를 보라. 게놈의 해독이 엄청난 업적임은 물론이지만, 그렇다고 그것이 모든 비밀을 해독하는 열쇠인 로제타스톤은 아니다. "100퍼센트의 게놈 정보를 가지고도 우리가 발생하는 전체 심장 마비의 8퍼센트만을 설명할 수 있는데, 어떻게 암컷 공작은 수컷의 꼬리를 바라보는 것만으로 더 나은 판단을 할 수 있겠습니까? 못 하지요. 제가 공작 꼬리는 '단지' 아름다울 뿐이라고 묘사하는 것의 의미는 바로 여기에 있습니다. 그러면 사람들은 제게 와서 이렇게 말합니다. '하지만 릭, 그건 허무주의적인걸. 자넨 지금 그 빌어먹을 것이 아무 의미도 없다고 말하고 있다고.' 그러면 저는 이렇게 생각하죠. '나는 공작 꼬리를 내재적 의미가 있는, 어떤 환상적인 과학적 통찰력을 지닌 것으로 보는데, 왜 저들은 아무 의미도 없다며 그들이 하는 연구의 막다른 곳으로 보는 걸까? 나는 그토록 큰 즐거움과 의미를 찾아내는 연구를 왜 저들은 아무 소득도 없는 접근법으로 보는 거지?' 저는 공작 꼬리에 대한 새로운 접근법이 필요했습니다. 제가 아름다움을 고려하게 된 것은 바로 그때였어요. 이것이 시사하는 바는 공작의 꼬리는 분명히 아름다우며, 아름다움은 모두에게 흥밋거리라는 점입니다. 우리 같은 빌어먹을 과학자들에게조차 말입니다.

그 후로 저는 아름다움을 다룬 문헌들에 빠져들기 시작했습니다. 그러면서 미학 문헌들이 제가 안고 있는 문제에 대한 안식처가 될 수 없다는 사실도 알았지요. 그러는 한편, 미학 문헌을 읽으며 어쩌면 제가 그들이 안고 있는 문제에 대한 어떤 해답을 갖고 있을지 모른다는 생각도 했습니다. 예술은 평가와 그에 대한 반응신호 사이의 공진화로 묘사될 수 있습니다. 자극 자체와 그 자극에 대한 선호 사이의 문화적 · 유전적 메커니즘에 관한 피드백 체계를 알게 되면, 공작의 꼬리를 하나의 예로 들 수 있는 그와 똑같은 기작機作을 만들게 됩니다. 그 기작에 따라 누군가는 과실로, 누군가는 꽃으로, 또 누군가는 성性으로 광고를 하지요. 이것은 대화라는 측면에서 미학과 생물학은 잠재적으로 같은 분야임을 의미합니다. 인간의 경우에는 문화적 구성 요소들은 부각되고, 유전적 구성 요소들은 밀려났지요. 그리고 우리만 그런 것이 아닙니다. 정자새도 그렇지요."

미학과 생물학이 같은 것이라고? 나는 생물학이 우리가 어디에서 왔는가를 다루는 것이라면, 미학은 관찰자의 눈에 보이는 모든 것을 다루는 것이라고 생각했다. 최소한 각 종의 수준에서 보면 그렇다고 생각했다. 이 각 종의 세계에 아름다움은 실재하는가 아니면 신기루에 불과한가? 공진화는 아름다움을 그 세계에 실재하는 것, 필수적인 것으로 만든다. 그래도 '여전히' 자의적이라고? 나는 프럼에게 자연계에 나쁜 예술이라는 것이 존재하는지 물었다.

그는 답했다. "대부분의 수컷 공작들은 짝짓기를 해보지도 못합니다."

"진짜 사실입니까? 그렇다면 수컷들의 꼬리가 기본적으로 모두 크기가 같다는 연구 결과는 뭐지요?"

"아," 그는 미소 지으며 말했다. "사육된 공작들은 그렇지요. 암컷도 누가 되었든 선택 가능한 수컷 중에서 고르고요. 그러나 야생에서는 그렇지 않습니다. 그래요, 문자 그대로 '거친' 야생 상태에서는 공작, 극락조, 마나킨의 암컷들은 최고로 잘난 수컷을 놓고 치열한 경쟁을 합니다." 그리하여 거의 대부분의 암컷과 수컷은 경쟁 밖으로 밀려난다. 암컷의 미학은 너무도 명백해서 누가 최고의 수컷인지 빤히 다 '안다'. 모두가 결국 나름대로 제 짝을 찾을 수 있기에는 기준이 너무도 뚜렷하다. 어쩌면 우리는 인간으로 태어나 정말 다행인지도 모른다.

"그러니까 소수를 제외하면 저 아름다운 극락조의 대부분이 자기들의 눈에는 그렇게 대단해 보이지 않는다는 말이군요?"

"충분히 대단하지 않다고 할 수 있겠지요. 그리고 그 충분치 않다는 것에서 바로 무엇이 좋고 무엇이 나쁜지에 대한 아이디어가 나오는 것이고요. 걸작은 매우 높은 성취 수준을 최종 결과물로 내놓을 수 있는 과정을 거쳐야 나올 수 있습니다. 특정 예술계에서 이것은 본질적인 것입니다. 고도로 발달한 인간의 예술적 성취들이 보여주는 형식이라든가 극단적인 형태로 진화한 새들이 그렇듯이요." 프럼은 이런 이른바 '슈퍼새'들은 그 자체로 귀하고 특별한 예술작품으로서 인간의 매우 세련된 예술 장르에 비견될 만하다고 생각한다. 그는 이런 세련된 예술 장르를 컨트리뮤직이나 웨스턴뮤직과 대치시키며 이렇게 말한다. "그 장르에서는 선호되는 미학의 수준에 맞추는 것이 그렇게 어렵지 않습니다. 폐기되는 기준이 이례적으로 낮지요."

"정말입니까?" 나는 놀랐다. "컨트리뮤직과 웨스턴뮤직이라면 미국에서 가장 인기 있는 음악 중 하나인데요. 성선택이라는 문제에 관한 제 개인적 입장에서 말씀드리자면 그쪽 음악이야말로 사람을 침대로 끌어들이는 데 딱 맞는 음악이거든요."

"전문성은 어려운 것이기 마련이지요." 프럼은 미소 지으며 말했다. "와인에 심취해 있지 않다면, 버드와이저를 마시면서도 행복할 수 있습니다." 동물에게는 와인과 버드와이저 같은 선택항이 없다. 각각의 종에게는 그들이 진화시킨 그들만의 전문성 수준이 있다. 당신은 다른 누구도 아닌 당신이 진화시킨 그대로의 당신인 것이다. 우리가 이와 같은 야생의 예술과 진화 사이의 유사점을 진지하게 받아들인다면, 인간이 실로 이례적인 선택의 수준을 누린다는 것 그리고 그것이 바로 우리가 항상 이처럼 다양한 분야의 예술을 가질 수 있는 이유라는 것도 알게 될 것이다.

"저는 미학적 과정의 발생 경위를 밝혀내고자 애쓰는 중입니다." 프럼이 말을 이었다. "저는 산출하고 평가하는 개체로 이루어진 집단이 이러한 미학적 과정이 일어나는 비평 집단이라고 생각합니다. 이런 집단에서는 유전적 흐름과 지질학의 영향에 따라 비평이 이루어지고요. 저는 기본적으로 이런 미학적 과정에는 본질적으로 수많은 무작위성이 존재한다고 봅니다. 그러나 이 무작위성의 너머에는 새들의 노랫소리가 우리 인간에게도 아름답게 들린다는 호기심을 자극하는 사실이 있습니다. 누구나 나무개똥지빠귀의 노랫소리의 아름다움은 느낄 수 있을 것입니다. 하지만 우리가 특정 예술계에서 어떤 작업의 결과가 세대에 걸쳐 어떻게 전이되는지를 알아도 그 예술계를 구성하는 종이 생존하고 그 예술계가 하나의 완결된 구조로 남아 있는 한, 외부에 있는 우리로서는 무엇이 아름답다고 말할 수 없습니다.

때때로 이런 예술계들이 수렴하는 일이 벌어지기도 하지요. 그러나 이는 마음속에서 일어나는 일입니다. 실로 거대한 신비라고 할 수 있는. 이때, 전체적인 틀이 하는 일은 논쟁거리가 될 만한 것들을 예측 가능하도록 일정 방식으로 구획하는 것입니다. 이런 일반화가 미학적 과정을 거치며 아름답든 혹은 불가사의하게 괴이하든 간에 어떻게 뭔가를 일으키는지를 보는 것이지요. 저는 과학이 아직은 미칠 수 없는 영역이 있다고 생각합니다. 이 문제의 경우, 우리가 던질 수 있는 과학적 질문은 이 틀의 바탕에 있는 마음의 속성, 그 구조를 이해하려는 노력과 관련되어 있습니다. 흥미로운 관점입니다만, 다소 오싹한 부분도 있지요. 예를 들어, 지적인 외계 생명체가 있다고 칩시다. 마치 벌과 인간 사이에 아름다움에 관한 어떤 측면에서 후각적으로 통하는 면이 있는 것처럼, 그들과 우리 사이에도 마찬가지의 방식으로 통하는 면이 있을까요?"

나는 그럴 것이라고 생각하며 고개를 끄덕였다. 나 역시 서로 다른 종들이 공통적으로 높이 사는 어떤 미적 특질이라는 신비에 똑같이 도취되어 있기 때문이다. 이 신비를 규정짓는 것은 그 모두를 가능하게 하는 역학 법칙과 자연의 경향성이다. 자연이 이 모두를 이끄는 길잡이요 열쇠라고, 자연은 유일하며 옳고 순수한 궁극의 것이라고 말하는 것은 너무도 쉬운 일이다. 누구나 이런 생각이 오래되고 불분명하기는 하지만 어느 정도의 진실을 담고 있다는 것을 안다. 그러나 동시에 우리가 좋아하지 않는, 우리를 지치게 하고 죽게 만들며 파괴하고 마는 다른 모든 것 역시 자연이기도 하다. 자연은 우리가 끝내 완벽히 알 수 없을 순수한 원칙들이다. 그러나 자연에 존재하는 그 평행성과 패턴들, 자연이 주는 그 흥분과 즐거움을 생각해보라! 왜 하필 다른 것이 아니라 바로 이 형태인 것일까? 물리학, 화학, 수학 법칙이 이 모든 것의 기저에 깔려 있기 때문인지도 모른다. 그리고 생명은 자의성이라는 이름의 유희 아래 그 법칙들을 시험해보고 있는지도.

자의적인, 우발적인, 우연에 지나지 않는……. 성선택은 무엇에든 작용할 수 있고, 단순한 예술계나 복잡하게 장식된 예술계나 둘 모두 그로부터 진화할 수 있다. 너무 간단하지 않은가? 이런 식이라면 결국 미학적 가치에 관해서는 아무런 증언도 할 수 없다고 결론 내리는 것인지? 그렇다면 윌슨극락조의 그 극적으로 휘는 소용돌이형 꽁지와 볏의 그 선명한 파란색 깃털을 아름답다고 하는 것은 잘못인가? 절제된 선과 색으로 이루어진 회색개똥지빠귀를 아름답다고 하는 것은? 자연에는 고상한 미니멀리스트와 야단스러운 장식주의자가 공존한다. 그러나 어떤 종에 속해 있든지 간에 무엇을 할 것인지, 혹은 무엇을 좋아할 것인지에 대해서 그렇게 큰 선택권을 얻지는 못한다. 깃털, 공연, 노래에 나타나는 사투리처럼 문화적 변형을 발견할 수 있는 일부 동물의 경우에는 어느 정도 선택권이 있다고 할 수 있다. 그러나 대개의 경우 개별적인 차이의 표출은 좋은 보상을 받지 못한다. 만약 당신이 그 예술계의 내부에 있다면, 이 모든 것은 결코 자의적이라고 느껴지지 않을 것이다. 어쩌면 자연의 아름다움이란 자신이 속한 종의 한계를 초월하기 위해서 개체가 달라지려고 그렇게 애쓰지 않아도 된다는 의미일지도 모른다.

때때로 달라져야만 하는 어딘가를 제외하면, 그 어떤 종도 다른 무엇이 되기 위해 달라지려고 하지 않는다. 그러나 100만 년의 세월을 기다리며 관찰하지 않는다면 이를 알기는 힘든 일이다.

나는 내 친구이자 동료인 오퍼 체르니촙스키를 초청해 예일대 피보디 박물관에서 리처드 프럼과 만나는 자리를 만들었다. 『새는 왜 노래하는가』에서 밝힌 바 있듯이, 새의 노래를 연구하는 신경과학자 중에서 체르니촙스키는 내가 가장 좋아하는 학자 중 한 명이다. 그는 노래를 마친 후 정확히 뇌의 어느 부위가 밝아지는지를 관찰하기 위해서 노래를 부른 얼룩핀치를 즉사시키는 대신, 다른 연구 방법을 택했기 때문이다. 체르니촙스키는 아기 얼룩핀치가 노래를 배우면서 만들어내는 모든 소리를 하나하나 녹음하는 방법을 택했다. 그는 가장 예민한 학습기인 첫 석 달 동안의 아기 새들의 노랫소리를 녹음함으로써 실로 놀라운 자료를 갖게 되었다. 그의 녹음은 새들이 어떻게 그들에게 의미가 있는 특정한 패턴들을 익히는지를 보여준다. 또한 그들이 어떻게 처음으로 한 소절의 노래를 배우고 또 배운 것을 조금 잊기도 하는지 볼 수 있다. 새로운 소리를 습득하고는 어떻게 바로 잠이 드는지도 보여준다. 어떻게 전체 노랫소리를 명확하게 습득하는지, 그리고 어떤 패턴이 가장 중요한지도. 게다가 체르니촙스키는 엄격한 적응론자도 아니다. 그는 진화의 모든 목적이 최대의 이상화에 있다고는 믿지 않는다. 역시 이스라엘에서 공부한 체르니촙스키는 자하비를 잘 기억하고 있었다.

"학부생의 입장에서 보면 자하비는 설득력이 있었어요. 가젤의 이른바 추근대는 행태에 대한 공부는 제가 특히 잘 기억하고 있는 것 중의 하나입니다. 가젤은 당신을 발견하면 당신을 향해 엉덩이를 돌린 채 꼬리를 씰룩 흔들어 보이고는 위아래로 몇 차례 펄쩍펄쩍 뛰고 나서야 달아납니다. 순수하게 논리로만 봅시다. 당신이 강한 근육과 좋은 몸매를 가진 훌륭한 신체 능력을 자랑하는 사슴이라고 가정해보지요. 그런 당신이 지금 포식자를 만났습니다. 문제는 지금 이 상황에서 포식자에게 이렇게 말한다는 것입니다. '나 여기 있다! 여기!' 기본적으로 가젤이 하는 행동이 바로 그것입니다. 그렇게 생각하면 충분히 말이 됩니다. 포식자는 펄쩍펄쩍 위아래로 뛰고 있는 당신의 둥글게 잘 발달한 근육을 알아볼 테지요. 몸체의 색깔 패턴은 근육을 더욱 도드라지게 보이게 할 것이고요. 포식자는 제꺼덕 알아차립니다. 아, 이놈은 잡을 수 없겠구나. 그러나 만약 당신이 제대로 못 뛴다면, 그야말로 당신이 사자에게 전하는 최악의 멍청한 메시지가 되겠지요. '저 여기 있어요! 여기요.' 이제는 아까의 모든 것이 당신의 취약함을 즉각적으로 노출시키기 위해 디자인된 것처럼 변합니다. 그리고 이것이 이런 식의 의사소통이 발달하기 시작한 이유라고 할 수 있겠지요! 첫 만남에서부터 포식자는 의미 있는 정보를 유추해낼 수 있습니다. 단지 약자라는 불리한 조건 때문에 그렇지요. 그런 의미에서 논리는 완벽합니다! 문제가 하나 있다면……. 자하비의 주장은 모두 이론뿐이라는 것입니다." 그의 이 모든 그럴듯한 이야기에는 그것을 뒷받침하는 자료가 전혀 없다.

충격적인 것들, 호기심을 자극하는 것들, 혹은 아름다운 것들. 이렇게 보이는 모든 생물학적 현상에는 반드시 실용적인 이유가 있다. 바로 이러한 주장이 과학이라기보다는 신앙에 훨씬 더 가까워 보이는 과학의 한 측면이다. 이에 대해 우리의 설명은 '아무 설명도 아닌 설명'이 되어서는 안 된다. 체르니촙스키는 내게 말했다. "저는 실상 당신 편이라고 할 수 있습니다. 우리가 실제로 보고 있는 것의 90퍼센트, 어쩌면 그 이상이 적응적·기능적인 것이 아니라고, 그러니까 한마디로 아무것도 아니라고 믿거든요."

"저는 임금님이 벌거숭이라고 말하려는 게 아닙니다." 프럼은 수수께끼 같은 말로 답했다. "단지 임금님이 치부만 살짝 가리고 있을 뿐이라고 말하려는 것입니다. 그리고 저는 그 치부를 가린 천 조각 아래에 있는 문제의 부분이 적응론의 신호가설이 다루고 있는 전체적인 성 사이의 신호 비율을 구성하리라고 예상하고 있습니다. 그 신호로 주고받는 세부 내용의 절대 다수는 실제로 기술되지 않고 있지요. 사람들이 갖고 있는 어떤 신념 때문입니다. 사람들은 각자가 자연의 의미에 대해 느끼는 바를 자연선택설에 기초한 단 하나의 설명으로 확실히 만들어주는 것이 그들의 임무라고 생각합니다. 제가 생각하기에 실제로 벌어진 일은 적응론자들의 주장을 보강해주는 차마 믿기 힘든 케케묵은 이야기에 전 세대가 빠져버린 것뿐입니다. 이를테면 '와, 자연선택의 힘이라니.' 하는 식인 것이죠." 적응론적 사고의 틀은 사회생물학으로까지 이어졌다. 일반적으로 자연선택의 설명 밖에 있던 것들을 자연선택의 틀 안으로 밀어 넣을 수 있는 힘을 지닌 매우 우아한 예인 장애가설^{障碍假說}/handicap hypothesis과 함께, 동물의 행태를 연구하는 동물행동학은 생물학의 변경으로 밀려났다. "수학적 설명이 개발되면서 사람들이 암컷의 선택을 진지하게 받아들이게 되기 전까지는 자하비는 재야에서 악쓰는 외부인이었습니다. 그러다가 갑자기 사람들이 이렇게도 설명이 된다는 것을 깨닫자, 자의성을 갖고 뭘 하겠습니까? 자하비는 우리를 의심에서 구해내지요. 그는 모든 다양성을 차곡차곡 접어서 의미로 환원합니다. 그리고 저는 다만 특정한 지적 타입의 경우에는 세상을 더 의미 있게 하는 보다 뿌리 깊은 욕구가 있는 것이라고 생각합니다."

체르니촙스키는 이 견해를 좋아하지 않았다. "어떤 의미에서 우리는 이미 죽은 말을 채찍질하고 있는 것 같군요. 자하비의 이론은 아무런 근거자료도 없이 작동합니다. 여기에서 우리가 무엇을 얻을 수 있겠습니까? 이 모든 자연적 특징이 다 자의적이라는데, 그래서 어쩌자고요?"

프럼은 웃었다. "자의적인 것이 왜 흥미로운가요? 제 생각에는 유전적 변이가 여러 믿을 수 없는 결과물들을 내놓는다는 사실 자체가 근본적으로 흥미로운 것 같습니다. 특히 그 결과물들이 유전적 변이가 유전적 평가와 결합되어 나온 것일 때 그렇다고 생각합니다. 그리고 그 결합은 본질적으로 자연스럽게 선호와 형질 사이에 이루어지는 피드백 과정에 내재되어 있습니다. 제가 자연의 예술과 아름다움이라고 부르는 것들을 태동시키는 동적 과정을 창조해내면서 말이지요. 그리고 생명에 예술이니 아름다움이니 하는 성질을 부여하는 것은 수컷과 암컷 사이에서 일어나는 이 피드백 과정으로서, 자연선택이 아니라 성선택을 통해서 진화한 것입니다."

자연에 존재하는 형태의 특징으로 나타나는 것 중 일부는 에른스트 헤켈과 다시 톰프슨의 시도처럼 어떤 절대성을 상기시키는 질서 있는 패턴으로 자의성에 도전장을 내민다. 이런 것들은 수학과 물리학을 통해 가능한 것이 아닌가?

체르니촙스키는 말했다. "전적으로 동의하는 바입니다. 제 개인사입니다만, 이 질문이 제게 상기시키는 것이 한 가지 있습니다. 제가 일란 골라니[Ilan Golani]의 실험실에 있을 때의 일인데요. 일란 골라니는 제가 텔아비브에 있을 때 스승이셨습니다. 그는 지금 우리가 이야기하고 있는 이 모든 아이디어들을 벌써 25년 내지 30년 전에 떠올리셨고 지금 이야기되고 있는 수준을 어느 정도 뛰어넘을 만큼 이미 발달시키셨어요. 그는 움직임을 연구하고 계셨습니다. 쥐를 이용해서 어떻게 그들이 미로 속을 돌아다니는지를 연구하셨지요. 우리는 모든 것이 약 90퍼센트는 자의적이라는 가정하에 연구를 진행했습니다. 그러나 핵심은 그것이 아니었어요. 연구의 핵심은 미로 속을 돌아다니는 행동의 아름다움에 있었습니다. 우리는 기본 원칙에서부터 연구를 시작했습니다. 우리는 물리학이 그것을 해명하는 데 도움이 되기를 바랐지요. 실제로 당신의 깃털에 대한 연구는 제게 어느 정도 자극이 되었습니다. 당신이 깃털이 어떻게 형태를 잡고 독특한 방식으로 색깔을 만들어내는지를 관찰할 때, 당신 역시 그런 아이디어들을 실험하고 있음을 알 수 있었거든요."

프럼은 말했다. "매혹적이면서 또한 일반적으로 성선택과 예술 어느 쪽에서 봐도 특이한 경우가 있습니다. 깃털, 생물체의 기관 체제, 발생의 경우가 그렇습니다. 기능을 결정하는 기질基質/substrate은 물질계의 것이지요. 깃털은 기능이 있기도 하고 없기도 합니다. 깃털은 그런 방식을 진화시키는 한편, 동시에 그런 방식에 구속되지 않습니다. 그러나 성선택에서 독특한 것은 의사소통이라는 기능 기질이 자신이 아닌 다른 개체의 뇌 안에 있다는 점입니다. 암컷의 선택이 결정하는 것이지요. 그러니까 암컷의 머릿속이라는 구속받지 않는 장소에서 새로운 역학이 태동하는데, 이때 기능적으로 표적이 되는 것은 그저 기거나 걷거나 달리는 것 같은 게 아닙니다. 다윈의 표현을 빌리자면 암컷이 하는 선택의 기능적 표적은 기쁨입니다. 기쁨 말입니다!"

세상은 아름답고, 아름답기에 사랑받는다.

체르니촙스키는 다소 회의적이다. "당신은 지금 우리의 뇌가, 그리고 우리가 사는 이 세상이 디자인된 것이어서 생명체가 거기에 구속을 받고 끌려간다고 말하고 있습니다. 그리고 그러한 구속의 일부는 보편적인 것일 수도 있다고요. 이런 발언은 당신이 말하는 그 구속들이 현실 세계와의 상호작용에서 우리 뇌에 실제로 구속으로 작용한다고 말할 수 있을 때에만 과학이 될 수 있습니다. 당신은 제게 왜 새들의 노랫소리가 우리 인간에게 아름답게 들리는지 설명해주실 수 있나요? 그러니까 과학적인 방법을 사용해서 말입니다."

"음악과 소리라는 측면에서 그 문제에 대한 답은 거의 시시할 정도로 쉽습니다. 화음이라는 물리학 법칙은 너무도 명시적이고 또 명백한 것이니까요." 프럼은 이렇게 답했다.

"즉, 그 말은 새도 한 옥타브는 한 옥타브로 들을 것이라는 뜻인가요?" 내가 물었다. 나도 이 문제에 관해 연구를 했지만 이 의문점에 대한 직접적인 답을 내내 구하지 못했기 때문이다.

"물론이지요." 최소한 프럼은 그렇게 확신하고 있었다. "새들도 옥타브나 3도 화음, 그 밖의 다른 음정 관계를 알아듣습니다. 또한 그런 음정들은 순수한 음으로 구성된 노래에 통계적으로 분포하는 것이고요. 이 두 가지 사실은 성선택에 관한 저의 미학적 가설에서 믿을 수 없을 정도로 놀라운 확언이라고 할 수 있습니다. 우리는 이미 우리 자신을 똑바로 응시하고 있는 미학적 가설을 뒷받침하는 경이로운 근거들을 갖고 있습니다. 그러나 우리는 이런 근거들을 시시한 것으로 취급하지요. 저는 일찍이 미학을 예술작품과 그에 대한 평가를 통해 예술계에서 일어나는 공진화 과정으로 정의한 바 있습니다. 지금 당신은 제게 그 공진화의 내용을 실질적으로 결정하는 잣대가 무엇이냐고 묻고 있는 것이고요. 상당수 새의 노랫소리는 흉합니다. 헨슬로제비는 노래 레퍼토리가 딱 하나뿐입니다. '슬릭, 슬릭, 슬릭' 하는 소리 하나지요. 여기서 이례적인 것은 헨슬로제비의 조상들은 훨씬 더 복잡한 레퍼토리와 훨씬 더 다양한 음향의 노래를 불렀다는 것입니다. 그런데 진화의 시간을 거치면서 소리가 단순해졌지요. 이 단순해진 소리도 엄연히 미학적 과정의 산물입니다. 이는 또한 성적으로 선택되는 방향성이 자의적이라는 증명도 됩니다. 이렇게 어떤 새의 노래는 더 단순해지는가 하면 또 어떤 것은 한층 복잡해기기도 합니다. 어느 방향으로든 갈 수 있는 것이지요……. 이것이 미학이 진화에 작용하는 방법입니다."

체르니촙스키는 조금씩 흥분했다. "그렇게는 안 되죠! 그렇게는 안 됩니다! 지금 말씀하시는 것은 완전히 종교적이군요. 지금 당신은 도킨스^{Dawkins}나 더턴처럼 적응주의적인 설명에 푹 빠져 그것으로 모든 것을 설명하려 드는 사람들과 다르지 않아요! 당신도 당신의 접근법에 대한 믿음밖에는 가진 게 없습니다."

"믿음이 아니라 철학입니다." 프럼이 자신을 방어하면서 말했다. "저는 예술이 자연에서 진화할 수 있다는 것을 어떻게 증명할 것인가를 고찰하고 있습니다."

체르니촙스키는 프럼의 논지가 아무것도 증명할 수 없는 지점을 맴돌고 있다고 생각했다. 점점 화가 난 그는 역정을 냈다. "노래가 복잡한 이유가 따분하게 만들지 않기 위해서라니, 그런 주장이야말로 저를 따분하게 만드는군요. 자의성이 아무것도 설명할 수 없다면, 대체 누가 그것에 대해 신경이나 쓴답니까?"

후에 체르니촙스키가 내게 털어놓은 바에 의하면, 프럼의 문제점은 그가 마치 철학자처럼 사고하면서 단지 이론만 제시하고 있는 데다가, 그의 이론은 자하비 이론에 대한 또 하나의 위험한 접근법으로서 "근거 자료도 전혀 없이 설명하는" 방향으로 치닫고 있다는 것이었다. 그것은 철학자들이 하는 것이 아닌가? 그런 주제에 관심이 있는 사람들은 모두 역설에 사로잡혀 있다. 나는 예술이 우리를 둘러싸고 있는 세상에 더 주의를 기울이게 만든다고 믿는다. 그리고 그것은 우리로 하여금 훨씬 더 많은 목적과 정확한 의미가 있는 세상을 상상할 수 있게끔 도와준다고 믿는다. 예감에 불과하지만, 나는 이와 같은 믿음에 관해 역사 속에서 전거를 들어 보일 수도 있다. 다른 사람들이 그래왔던 것처럼 나 역시 그런 식으로 한 가지 미학적 관점의 가치를 증명해 보일 수 있다. 그동안은 프럼의 관점에 동조하는 과학자를 찾는 것이 힘들었지만, 우리는 벌써 그런 과학자 두 명과 같은 방안에 있는 것이다.

그들은 서로 의견의 일치를 보지 못한 것인가? 프럼은 생물학자로서 자신의 공진화에 대한 아이디어가 미학계에, 철학계나 예술계 모두 상당 부분 기피하는 경향이 있는 바로 그 분야에, 혁명을 불러일으킬 수 있다고 믿는다. 창조적인 사람치고 바른 것을 나쁘거나 흉한 것으로부터 구분해내는 것을 좋아하는 사람은 없다. 우리는 법칙을 만들거나 선언을 하려는 게 아니다. 아름다움의 규칙을 찾고자 생물학을 검토한다는 것 자체가 본질적으로 보수적으로 보이게 마련이며, 이런 태도는 충분한 수의 사람들이 그것이 예술이라고 말할 수 있을 만큼 대범하다면 무엇이든 예술이 될 수 있음을 이미 입증한 뒤샹이나 단토와 대척점을 이룬다. 그러나 이것들은 극단적인 예에 불과하며 나쁜 예시가 될 수도 있다. 이에 반해, 나의 관심사는 그보다는 예술이 우리 주변의 자연에서 더 많은 것을 보게 이끄는 방법 그리고 예술이 우리가 진화해온 세상을 더욱 의미 깊고 중요해 보이게 만드는 인간 경험의 일부가 된 경위에 있다.

무엇이 좋은 예술이고 또 나쁜 예술인지 어떻게 알아낼 수 있을까? 좋은 예술이 가장 많은 수의 사람들이 좋아하는 예술이 아님은 분명하다. 비록 예술에 관한 성선택설의 몇몇 추종자들은 틀림없이 좋은 예술은 곧 다수가 좋아하는 예술이라고 답하겠지만 말이다. 나는 프럼의 모델이 정말로 통계적으로 엄정할 수 있을지 의문이 들어 프럼에게 물었다. "인간 예술을 설명하기 위해 끌어 쓸 수 있는 성선택에 의한 공진화 모델의 가능성은 어느 정도입니까? 인간 예술계에서 가장 고도로 발달한 장르는 가장 넓은 범주의 관객층을 갖고 있지는 않습니다. 공진화 모델에 따르면 가장 성공적인 대중 스타가 최고의 음악가여야 하지 않을까요? 구성원의 다수가 감명을 받았다는 의미이니까요."

그는 웃었다. "그렇게 말하는 것은 마치 제가 '옛날에 낸터킷 출신 창녀가 있었다There once was a whore from Nantucket.'라는 문장을 외울 수 있다는 이유만으로 리머릭[14]이 소네트나 자유시보다 더 낮다고 말하는 것과 같은 일이지요. 리머릭이 조금 더 잘 외워지거든요. 가장 대중적인 예술계는 요구되는 미적참여 수준이 매우 낮은 분야인 것이 보통입니다. 성선택이 작은 역할을 하는 새들, 그러니까 모든 수컷이 짝짓기를 하고 새끼를 돌보게 되는 새들의 경우에는 거대한 일부다처제를 형성하고 있는 거문고새와 비교했을 때 노래가 그렇게 복잡하지 않습니다. 개똥지빠귀에 비해서 성선택이 더 강하게 작용하는 정자새의 경우, 깃털이 훨씬 복잡하게 생겼지요. 고도로 발달한 예술계에서 대부분의 예술은 결국 '실패'하고 맙니다. 대부분의 수컷 공작이 짝짓기를 하지 못하는 것은 결코 우연이 아닙니다. 암컷들이 보기에는 그들 중 하나를 특별히 선호할 만큼 차이가 있다는 말이거든요. 달리 말해, 대부분의 오페라가 별로인 것은 좋은 오페라가 작곡되기가 얼마나 힘든지에 대한 암시라고 할 수 있습니다. 그러나 일단 그 분야에서 성공을 위한 미적 기준을 만족시키고 나면, 수백 년의 세월도 견뎌내는 진정한 걸작이 될 수 있는 잠재력을 가지게 되는 것이지요. 반면에 컨트리음악이나 웨스턴음악, 랩 같은 장르의 경우에는 성공을 위한 미적 기대 수준이 훨씬 낮

---

14 리머릭limerick은 5행으로 이루어진 일종의 패러디인 회시戲詩이며, 14행으로 이루어진 소네트sonnet는 서양 정형시의 대표 형식으로 단테Dante와 페트라르카Petrarca에 의해서 완성되었다고 알려져 있다.

습니다."

"그런데 잠깐만요. 그런 장르의 노래도 일부는 몇백 년의 세월을 견뎌냅니다. 사실 많은 수가 그런데요."

"글쎄요, 그 정도로 충분한 시간이 지났다고는……"

"우리가 비틀즈the Beatles를 잊는다고요? 사람들은 여전히 〈나 같은 죄인 살리신Amazing Grace〉이나 〈양키 두들Yankee Doodle〉을 부릅니다. 이투리 숲의 피그미들에게 그들이 아는 가장 옛날 노래를 들려달라고 청하면 〈클레멘타인Clementine〉을 불러줍니다. 이런 노래들은 사라지지 않습니다. 입에서 입으로 전해지고 귓가에 계속 맴돕니다. 우리는 이런 노래들에 사로잡혀 있어요."

프럼은 말을 계속했다. "제 말은 예술계 사이에도 성공의 유사성, 선호의 강도, 선택의 결정 등에 확연한 차이가 존재한다는 것입니다. 그리고 이런 차이들은 미학적 성공을 예측 가능하게 해주는 중요한 내용들을 담고 있습니다. 대부분의 시는 별로지요. 시란 어려운 것이니까요! 대부분의 시가 별로라는 사실은 시라는 예술계에 존재하는 어떤 강력한 무엇이 비평적 엄정함 속에서 공진화하며 살아남아 있다는 의미입니다. 그러니까 무작위로 단어를 그냥 한데 이어 붙이거나 각운만 맞춰 입에 붙게 예쁘장한 말을 늘어놓는 것만으로는 시라고 할 수 없다는 것이지요. 반대로 컨트리음악과 웨스턴음악에선 성공에 대한 미적 기준이 훨씬 낮습니다. 바로 이것이 저급 예술과 고급 예술을 구분 지어주는 것입니다. 저는 지금 의도적으로 '저급low'과 '고급high'이라는 단어를 사용했습니다. 스스로를 규정하는 힘이 있는 단어로써요. 그런 의미에서 설령 거리의 그래피티라고 해도 미적 성공에 대해 대단히 높은 수준의 특정 기준이 있다면, 고급 예술이라고 할 수 있는 것이지요."

그렇다면 일부 동물은 본디부터 더 '고급' 예술가로 타고난다는 말인가?

"일부 새들은 객관적으로 봤을 때 다른 새들보다 더 고급 예술가입니다. 헨슬로제비의 '칩'거리는 소리보다는 흉내지빠귀의 노랫소리를 미학적으로 다룬 논문이 훨씬 더 많이 나올 수 있겠지요." 물론, 두 노랫소리 모두 논문에서 다뤄진 적은 거의 없다. 생물학계가 미학에 충분히 높은 가치를 부여하지 않기 때문이다. 논문이 나와 있는 것은 이른바 모델 종으로서 염기서열이 밝혀진 얼룩핀치와 카나리아에 대한 것들뿐이다. 새의 가장 미적인 부분들은 논문에서 거의 다뤄지지 않는다. 심지어 그토록 놀라운 예술가적 재능을 보여주는 정자새에 대해서도, 몸 자체가 색과 빛으로 이루어진 깃털로 된 조형물이라 할 수 있을 극락조에 대해서도, 논문은 거의 관심을 보이지 않는다. 과학자들은 이러한 아름다움에 직면하여 무슨 말을 해야 할지, 혹은 심지어 무슨 질문을 던져야 할지조차 모르는 것처럼 보인다. 과학이 방향을 틀기 전까지는 우리는 이렇게 계속 자연이 걸어온 중요한 길들의 많은 부분을 놓치게 될 것이다.

일부 사람들은 오직 인간의 예술만이 뭔가를 의미할 의도를 갖고 있다고 말하려 한다. 그러나 바흐Bach의 푸가가 의미하는 것이 무엇인가? 바흐의 푸가도 새의 노랫소리와 마찬가지의 방식으로 의미를 갖는다. 그런 의미에서 새가 부르는 노래, 깃털이 모여 이루는 무늿결, 심지어 몸에 붙은 하나하나의 깃털도 저마다 성공에 대한 고유의 자체적 기준이 있는 예술이라고 할 수 있다. 그 같은 기준을 쉽게 다른 무엇으로 해석해서 병치시킬 수는 없다. 그것은 오로지 그 특질에 대한 암컷의 감상이라는 맥락 안에서만 더 좋고 또 더 나쁠 수 있을 따름이다. 그리고 암컷의 감상은 오로지 그 종의 특성에 맞춘 하나의 닫힌 예술계 안에서만 통하는 논리에 따라 해당 특질과 함께 진화해온 것이다.

그러나 프럼은 관객이야 받아들이든 말든 간에 예술작품의 아름다움을 받아들이고 그 표현에 집중하는 데에 무리를 느끼지 않는 것일까? 데이미언 허스트Damien Hirst는 커다란 수조에 포름알데히드를 붓고 안에 상어를 집어넣었는데, 누군가 그 값으로 1200만 달러를 지불했다. 그 후로 낚시꾼들은 이렇게 말하곤 한다. "이봐, 내가 여기 상어를 잡았어! 내 상어 좀 보존시켜주겠나? 훨씬 싸게 해주지." 그래도 누구도 관심을 보이지 않는다. 포름알데히드에 절인 상어에서 중요한 것은 아름다움, 혹은 어쩌면 가능할 법도 한 장엄함이 아니다. 여기서 중요한 것은 누가 그것을 만들었는가, 그리고 이 충격적인 행위에 무슨 가치가 있는가이다. 데이미언 허스트의 작품을 소장할 여력이 되는 사람은 소수에 불과하다. 중요한 것은 바로 그 사실, 비용의 문제인 것이다. 포름알데히드에 절인 상어를 구입한 수집가는 말한다. "쳇! 1200만 달러라고! 별것도 아니구먼, 열두 개라도 더 살 수 있다고." 불특정한 가치의 장기적 자산으로서 아마도 현재 그 가격이 크게 부풀려진 예술. 돈이 넘쳐나는 사람들은 이런 예술작품을 구매함으로써 그 작품의 충격성이 그 작품 구입이 갖는 투자가치보다 더 중요하다고 말하는 셈이다. 이런 사람들은 예술 현장의 극락조 같은 존재일까?

"저는 그런 사람들을 옹호하고자 합니다. 상어 박제에 1200만 달러를 지불하거나 전시회장에 내놓은 소변기를 사는 사람들 말입니다. 이런 작품들은 다양한 면에서 강렬한 지적·창조적 쟁점들을 만들어냈으니까요." 프럼은 말했다. "다만, 이 두 가지 사이에는 차이가 있습니다. 뒤샹의 경우, 그는 '모든' 출품을 허용하겠다고 언명했던 전시회를 쟁점의 대상으로 만들었습니다. 전시회 측은 뒤샹이 출품한 소변기를 거절할 수 없었어요. 그리하여 예술의 역사가 바뀌었지요. 박제한 상어의 경우는 뒤샹의 작품과는 다른 시대에 만들어졌습니다. 이 시대에는 일부 스타급 예술가들의 작품이 엄청나게 비싸졌지요. 장기적으로 봤을 때 그 작품이 가질 가치를 훨씬 상회하는 추세로요. 이런 작품의 구매자에게는 그 구매가 좋은 투자인지 아닌지는 중요하지 않을 만큼 자신이 그렇게 많은 돈을 가졌다는 것을 증명하는 것이 중요합니다. 자하비나 더턴 식의 논리입니다. 이를테면 이런 거지요. 우리 집 거실의 저 흉물스러운 상어 박제는 별 문젯거리가 아니다. 내게는 그런 충격적인 최신 유행 예술로 채워지기를 기다리고 있는 집이 전 세계에 열 채나 있다. 당신이 우스꽝스럽다고 생각하든 말든 상관없다. 어차피 '당신'은 감당할 능력이 없으니까."

남미 조류를 훑기 위해 현장을 누비는 프럼의 모습을 지켜보면서, 나는 왜 그가 그렇게 미학에 끌리는지를 비로소 이해하게 되었다.

"이 큰부리새들을 보세요!" 그는 흥분한 목소리로 한 무리의 새를 가리켰다. "큰부리새 중에는 깩깩거리며 악을 쓰는 듯한 울음소리를 내는 계통이 하나 있고, 꺽꺽거리는 울음소리를 내는 또 다른 계통도 있습니다. 이들은 적응방산適應放散/radiation¹⁵의 결과로 밝혀졌지요. 이쪽의 깩깩거리는 녀석들이 울음소리의 모델 제공자이고, 저쪽의 꺽꺽거리는 녀석들이 흉내쟁이이지요. 저는 몸집이 더 작은 쪽이 몸집이 더 큰 쪽에 수렴하는 방향으로 진화했다고 가설을 세웠습니다. 몸집이 큰 종의 사회적 행동을 이용하기 위해서 말이지요. 몸집이 큰 쪽이 더 작은 쪽을 몰아낼 이유가 있는 서로 다른 종 사이에 생태학적으로 충분한 유사성이 있는 경우를 상상해봅시다. 몸집이 큰 종으로서는 더 작은 몸집의 종의 존재에 대한 생태학적 대가가 존재하겠지요. 몸집이 작은 쪽을 퇴출시키지 않으면 그보다 더 작은

---

15 적응방산이란 하나의 생물이 여러 가지 환경 조건에 적응하여 비교적 단기간에 다수의 다른 계통으로 분기하여 진화하는 현상을 가리킨다.

종들을 두고 서로 경쟁관계에 놓이게 되니까요.

만약 우리가 복도에서 약 60센티미터 거리를 두고 마주쳤다면, 당신이 저보다 상대적으로 얼마나 더 큰지 정확히 알 수 있겠지요. 지저분한 술집에서 화장실로 가던 중 누군가와 맞닥뜨린 경우에도 상대가 당신보다 얼마나 큰지 정확히 알 수 있을 것이고요. 그렇지만 상대를 20미터 내지 50미터 멀리 떨어진 거리에서 마주한다면, 누가 더 크고 작은지 확실히 가늠하기가 훨씬 어려울 것입니다. 귀갓길의 1학년짜리 중학생이 센 척함으로써 한 블록쯤 떨어진 거리에서 보면 고등학생으로 착각하게 만들려는 것을 상상해보세요. 그렇게 해서 엉덩이를 걷어차일 일을 피하는 것이지요.

똑같은 것을 북미 지역 현장 조사에서도 볼 수 있습니다. 아시다시피 다우니딱따구리와 털딱따구리는 생김은 매우 유사한데 몸집의 크기에 차이가 있습니다. 여기에서 흥미로운 사실은 이들이 생물학적으로 그다지 가까운 종이 아니라는 것이지요. 상대적으로 몸집이 작은 다우니딱따구리가 몸집이 더 큰 우세한 종으로 수렴하는 방향으로 진화해왔고, 그리하여 특정 거리 이상이 되면 몸집이 더 큰 종이 자신과 같은 종으로 착각하여 공격했을 때의 비용을 과대평가하게 만든 것입니다." 게임이론[16]은 진화의 시험대에도 적용되지만, 삶에서 맞닥뜨리는 특정 순간에 다른 무엇으로 변장하게끔 진화한 종의 경우에서 보듯이 미학에도 영향을 미치는 것이다.

내게는 이런 식의 게임이론에 기댄 설명이 적응론자들의 생각과 비슷하게 들린다. 자의성은 어떻게 된 것인가? 자의적이라는 것은 이런 괴이한 특정 해법들이 반드시 '꼭' 그래야만 했던 것은 아니라는 의미이다. 이런

---

16 게임이론은 한 주체가 자신의 이익을 효과적으로 달성하기 위해 다른 주체의 반응을 고려하여 행동을 결정하는 메커니즘을 수학적으로 분석한 이론 체계이다.

그림 12 새들에 대해 설명 중인 리처드 프럼

괴이한 해법들은 다른 많은 가능한 진화 전략 가운데 하나였을 뿐이다. 그리고 필요와 무작위적인 발명의 혼재 끝에 그런 해법이 실현되기도 한다. 미학은 실용성에 봉사하지 않는다. 미학은 오히려 다양성을 진화시키는 측면이라고 할 수 있다. 다양성은 때로는 유익한 결과로 귀결될 수도 있지만 황당무계한 결과로 이어질 수도 있다. 제아무리 경박하고 무계획적으로 보이는 이상한 특질이라고 해도 모든 불리한 조건에 맞서 여전히 살아남을 수도 있는 것이다.

프럼은 조류 도감을 뒤적이며 몇 장 넘기더니 일반 독자들이라면 쉽게 놓칠 온갖 관계도를 그린 책장을 찾아냈다. "이 장식뿔매를 보세요. 몸집이 큰 것이 두목감이지요. 장식뿔매는 몸통이 주황색입니다. 이쪽에 있는 녀석은 이보다 몸집이 더 작은 맹금류로 남미참매입니다. 이 녀석은 이를테면 두목을 흠모하는 애송이지요. 남미참매는 단연코 장식뿔매에 수렴 진화하고 있습니다. 여기에는 명백하게 일종의 미학적 이유가 존재합니다. 서로 짝짓기를 하려면 성적으로 어울리게, 멋있게 보여야 하니까요. 이 남미참매 녀석은 지금 시스템을 상대로 게임을 하고 있습니다. 정말로 안정적인 위조란 드물지요. 이 모든 정통성이니 희귀성이니 위조니 하는 것들은 예술이라는 시스템 안에서 영원히 지속될 것입니다."

"깃털이 정렬되는 방식 너머에도 특정한 원칙이 있다고 말하시진 않겠지요? 무엇이든 가능하다는 말은 사실이 아니잖습니까."

"뜨개질로 스웨터 한 벌을 뜰 때, 한 번 바깥뜨기 하고 두 번 안뜨기 하기는 쉽습니다. 노끈 꼬는 거야 정말 쉬울 것이고요. 그러나 페이즐리 무늬를 뜬다면? 말도 마십시오. 진짜 어렵습니다. 마찬가지로 깃털의 변이에도 보다 쉽게 가능한 수준이 따로 있습니다. 접근이 용이한 수준의 변이가 있는가 하면 매우 어려운 변이도 있는 것이지요."

"가장 어려운 형태의 깃털은 무엇입니까?" 나는 물었다.

"글쎄요. 일단 존재가 불가능한 깃털이 있습니다. 또한 여전히 우리의 설명을 벗어나는 깃털들도 있고요. 다윈이 매우 좋아했던 청란의 경우가 그렇습니다. 청란은 설명할 수가 없어요. 공작의 경우에는 다층적 수준의 설명이 준비되어 있습니다. 우리는 실험을 요하는 느슨한 가설을 세워두고 있는데요. 간단한 수학으로 시뮬레이션한 결과, 공작 깃털과 유사한 원형혹은 동심원 형태의 모양을 얻을 수 있었습니다."

정밀한 청력을 잃고 난 후 수년의 세월 동안, 프럼은 새의 아름다움에 대한 사랑과 이 아름다움의 신비를 밝혀낼 수 있으리라는 믿음을 저버리지 않았다. 새의 깃털은 세대를 거치며 미학적 우연과 선호 사이에서 공진화해온 자의적 선호의 결과인가? 사실, 새의 깃털은 결코 전적으로 자의적이지는 않다. 프럼은 자신이 '다시 톰프슨의 연구 프로그램에 활발하게 몸담

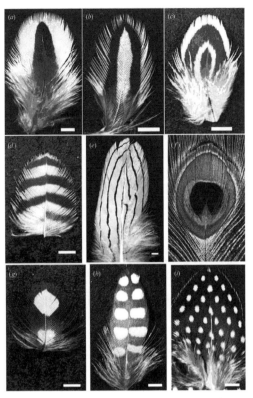

그림 13 리처드 프럼의 견해에 따른 깃털의 기본 유형들

고 있는' 소수의 과학자 중 하나라고 말한다. 이 말은 프럼이 엄격한 수학적 수단을 이용해 자연의 한 측면으로서의 형태학을 수량화하기 위해 노력하고 있다는 의미이다. 깃털의 패턴은 어떻게 나타나는가? 단 한 개의 깃털 수준에서만 논해도 그 깃털의 성장과 색깔은 극도로 복잡하다. 하물며 한 마리의 새 전체를 물들이며 뒤덮고 있는 깃털들의 복잡성은 말할 것도 없다. 단 한 개의 깃털 수준에서만도 그처럼 어마어마한 범위의 가능성이 존재하는데, 새들의 외양이 정말로 그 무엇이든 될 수 있을까? 그림 13은 자연에서 실제로 가능한 깃털의 기본 패턴들의 예를 보여준다.

이 패턴들을 보면서 실제로는 특정 종류의 패턴만이 발생하며, 상상은 가능하지만 실제로는 절대 발생하지 않는 다른 많은 패턴들이 있음을 깨닫기란 그리 어렵지 않다. 1950년대에 위대한 수학자 앨런 튜링$^{Alan\ Turing}$에 의해 처음으로 만들어진 반응-확산 방정식을 통해서 프럼과 그의 동료 스콧 윌리엄슨$^{Scott\ Williamson}$은 깃털의 성장에 관한 6가지 변수를 수학적으로 모델화할 수 있었다. 그리고 활성제와 억제제 역할을 하는 화학물질을 적용하여 이로부터 재현 가능한 9개의 기본 깃털 패턴을 만들어냈다.

이것은 튜링이 1952년에 사용한 수학적 접근법과 같은 것이다. 튜링은 어째서 동물 거죽의 패턴이 일반적으로 선이나 줄무늬인지를 설득력 있게 설명하기 위해 이 수학적 접근법을 사용했다. 그에 따르면, 이런 특정 패턴들은 각 동물의 발생 단계에서부터 발달한 것으로서 동물의 분자 구조를 구성하는 세포 내에서 색소를 활성화하거나 억제하는 화학적 시스템의 노드 수에 기초하고 있다. 튜링은 이것을 '반응-확산 시스템'이라고 불렀다. 이후 튜링의 아이디어는 보다 엄밀한 유전학적 성과를 이용하여 발전된 후속 연구를 낳았다. 1972년, 수학생물학자 한스 마인하르트$^{Hans\ Meinhardt}$는 동물 거죽에 선이나 원, 점박이 패턴이 나타나는 경향의 원인에 관한 설득력 있는 연구 결과를 내놓았다. 오늘날 이 메커니즘은 '활성제-억제제 조합'이라는 이름으로 밝혀져 있다.

"그 자신도 완전히 이해하지는 못한" 방정식을 이용해서 (프럼의 이 말은 나를 조금은 편안하게 만들어주었다.) 프럼과 윌리엄슨은 일련의 6개 변수에 약간의 조작을 가함으로써 실재하는 범위의 깃털을 효과적으로 예시하는 실존 가능한 깃털 조합을 만들어낼 수 있게 되었다. 이 와중에 그들은 자연에 실제로 존재하지는 않지만 유전적으로는 가능한 두 가지 유형의 깃털 형태도 만들어냈다. 프럼과 윌리엄슨의 모델로 설명할 수 없는 깃털 형

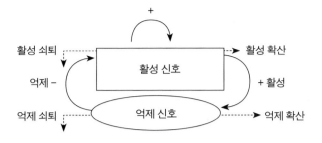

그림 14 리처드 프럼이 앨런 튜링의 이론에 기초하여 만든 활성/억제 모델

태도 있는가? "우리는 여전히 다윈이 사랑했던 청란의 깃털 형태의 비밀은 알아내지 못했습니다." 프럼은 인정한다.

유전학적 분석과 수학적 모델링이 거둔 이 혁혁한 성과는 미학적으로도 의미심장한 함의를 지니고 있다. 여기 있는 이것들이 존재 가능한 패턴들이다. 그렇다면 그것들은 아름다운 패턴인가? 이 패턴들을 존재 가능하게 만든 것이 자연이라면, 우리로서는 그 결과로서의 패턴이 자연이 불가능하게 만든 것들에 비해서 뭔가 더 아름다운 구석이 있으리라 여겨야 할까?

깃털에 나타나는 가장 단순한 색소 패턴은 색이 중앙에 몰리는 형태이다. 이런 형태는 활성 단백질 신호와 억제 단백질 신호 사이의 서로 다른 확산율을 통해 쉽게 시뮬레이션할 수 있다. 이렇게 확산율과 확산 규모를 다르게 조절하여 중앙에 동심원 모양의 일련의 무늬를 시뮬레이션할 수 있으며, 가로줄 무늬 패턴 역시 여기에 수학적 변수의 수를 조절함으로써 같은 방식으로 만들어낼 수 있다. 보다 복잡한 패턴들은 공간과 시간 모두에서 동시적 분화를 요구하는데, 공작 깃털에 나타나는 유명한 눈꼴무늬 같은 것이 그렇다. 패턴들 중에는 연구팀이 수학적으로 먼저 발견하고 나중에야 자연에 실재함이 확인된 것들도 있다. 예를 들어, 연구팀이 방정식을 통해 예측했던 두 개의 점박이 패턴의 경우, 인도네시아에 서식하는 매

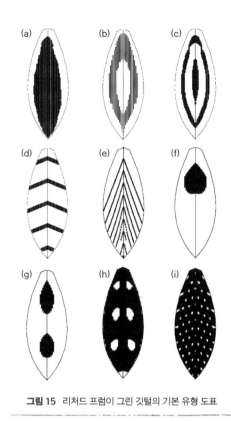

그림 15 리처드 프럼이 그린 깃털의 기본 유형 도표

우 인상적인 새인 큰후염딱따구리의 깃털을 통해 자연에 실재함을 차후에 확인할 수 있었다.

이처럼 모델까지 만들어낼 수 있는 상황에서 여전히 성선택에 의한 형질이 발현된 외양이 자의적인 것이라고 말할 수 있을까? 프럼은 단서를 단다. 자의적이긴 하되, 이런 수학적 가능성의 영역 안에서 자의적인 것이라고. 내게는 이것이 바로 수학 안에 자리하고 있는 절대적인 미적 감각의 존재를 의미하는 것으로 보인다. 한 세기 동안의 유전학 발전과 혼화한 헤켈과 다시 톰프슨의 유산인 것이다.

우리는 어떻게 단일 세포들에 존재하는 특정 유전정보가 새의 깃털 패턴을 비롯해 여러 다른 생명체들의 색채와 형태의 전체적인 발달을 가능하게 하는지를 알아가고 있다. 당연한 일이지만, 연구의 초점은 왜 특정 형태가 존재할 수 있는가보다는 어떻게 전반적으로 형태라는 것이 갖추어지는지에 맞춰져 있다. 우리의 예측력이 미학적인 선택보다는 발현의 메커니즘에 훨씬 더 강력한 힘을 발휘할 수 있기 때문이다. 그러나 특정 형태를 존재하게 하는 미학적 선택들도 이 시스템 어딘가에서 만들어진다. 이 모두가 그냥 자의적이라고 말한다면 책임 회피가 아닌가? 자의성이라는 개념을 너무 멀리까지 끌고 가면 전체적인 미학적 이야기에서 이 깃털 모델링이 갖는 중요성을 부정하는 꼴이 되고 만다.

기억하라. 이러한 모델링 역시 진화가 사용하는 수많은 과정 중의 하나일 뿐이다. 진화를 관찰하면 진화의 결과가 모든 가능한 방법들을 아무렇게나 조합한 임시변통의 미봉책임을 알 수 있다. 하나의 유기체가 자신이 처한 환경에서 겪는 문제를 가장 간단한 혹은 가장 우아한 해법으로 해결하는 경우는 드물다. 뉴욕 대학교의 심리학 교수인 개리 마커스$^{Gary\ Marcus}$가 내세우는 관점이 바로 이것이다. "일반인은 물론 과학자들조차도 진화는 미리 계획된 것이 아니기 때문에 그 최종 결과물이 반드시 우아하거나 최적의 것은 아니라는 사실을 종종 잊곤 합니다." 마커스는 그의 책 『설계 실패: 인간 심성의 무작위적 축조$^{Kluge:\ The\ Haphazard\ Construction\ of\ the\ Human\ Mind}$』에서 우리 뇌가 정보를 처리하는 방식의 상당 부분은 진화 과정에서 나타난 자의적이고 난잡한 발달의 결과로서 이 모두를 통괄하는 하나의 간단한 체계는 없다고 주장한다. 아마 프럼 역시 이에 동의할 것이다. 마커스는 자연이 빚어낸 상당수의 것들은 마찬가지로 임시변통적인 성질을 가지고 있다고 결론 내린다.

"실제 생물학을 보다 주의 깊게 살펴보면, 그러니까 어떤 유전자가 발현되는지, 언제 그리고 어떻게 유전자가 발현되는지를 살펴보면, 자연이 종종 호기를 놓치는 것을 알 수 있습니다. 이것의 좋은 예로는 초파리의 발생 초기에 볼 수 있는 한 다발가량의 교차 '줄무늬'를 들 수 있습니다. 수년간, 수학자들과 컴퓨터과학자들은 이 문제를 튜링의 우아한 활성-억제 시스템으로 해명할 수 있음을 보여주고자 했습니다. 그러나 컴퓨터로 만든 모델이 흠잡을 데가 없어 보임에도 불구하고, 실제로 자연에서 초파리의 줄무늬는 컴퓨터 모델의 방식대로 발생하지 않습니다. 초파리의 줄무늬는 그와는 다른 유전자의 조합으로 암호화되어 나타나는 것임이 밝혀져 있지요. 외부에서 보면 우아해 보이는 것이 실제로 내부에서는 매우 어설픈 방법으로 복잡하게 암호화되어 있었던 것입니다. 자연선택이 뭔가를 더 낫게 만드는 과정으로서의 '개량'은 맞지만, 가능한 한 가장 좋은 '최적화'를 행하는 것은 아니라는 이야기지요."

성선택은 물론이거니와 자연선택 역시 진화의 해법을 찾는 데 무작위적 변이와 자의적 방향성에 많은 부분을 빚지고 있다. 우아함과 우연성을 섞어야 하는 것이다.

나는 여전히 적응론적 설명으로부터 미학을 자유롭게 해주고픈 프럼의 욕망에 동조한다. 성선택이 어떤 방향으로든 나아갈 수 있다면, 달리 말해 각 종이 취한 길에 따라서 평범한 갈색부터 야단스러운 색까지 무엇이든 나타날 수 있다면, 여기에는 아무런 규칙도 없다고 말할 수도 있을 것이다. 그러나 깃털에 관해서만큼은 어떤 제약, 그러니까 우리가 사는 이 세상을 이끄는 수학에 의해서 자연이 그런 제약을 받게 만드는 어떤 특정한 길이 있음이 분명하다.

프럼은 깃털의 색이나 모양으로 나타나는 패턴이 어떻게 세포 단위의 유전정보를 발현시키는지에 대한 이해를 바탕으로 많은 사람들이 불가능

그림 16 학계가 그 본래의 색을 밝혀낸 최초의 공룡인 안키오르니스 헉슬리아이 상상도

하다고 여겼을 일을 똑같은 방식으로 해냈다. 화석 상태의 공룡으로부터 그것이 본디 어떤 색을 띠고 있었는지를 정확히 밝혀낸 것이다. 한 세기 넘게 아마 이랬을 것이라는 희망에 가까운 생각이나 인간의 인상주의적 미학에 기초하여 추측으로 복원되었던 공룡의 색깔에 대한 논란에 마침내 종지부를 찍었다. 2010년에는 자신이 개척한 유전학 기술을 이용해 프럼과 그의 연구팀이 세계 최초로 안키오르니스 헉슬리아이$^{Anchiornis\ huxleyi}$의 색깔을 정확하게 묘사해내기도 했다. 이 매우 흥미롭게 생긴 선사시대 짐승은 무려 1억 5000만 년 전에 살았던 생물이다.

그리하여 이제 우리는 최소한 그렇게 오랫동안 우리를 사로잡았던 한 가지 질문에 답할 수 있게 되었다. 깃털이 먼저였나, 아니면 새가 먼저였나?

인류가 보고 경탄할 수도 없을 만큼 오랜 옛날에 출현하여 수백만 년 전에 먼지로 사라져버리고 만 한 생명체의 깃털에 나타난 패턴과 깃털이 모여 그리는 무늿결을 복원할 수 있게 된 것은 실로 놀라운 발전이라 하지 않을 수 없다. 어쩌면 과학 분야에서 거둔 최근의 이 같은 인상적인 성공 덕에 성선택에 관한 그의 급진적인 시각도 조금은 보다 널리 받아들여지게 되었을 수도 있겠다.

"과학계가 당신의 미학으로의 외도를 높게 평가할 날이 올까요?" 내가 물었다.

프럼은 미소 지었다. "아니요, 그 외도 때문에 저는 미치광이처럼 보이게 되겠지요. 다만, 미학으로의 외도가 극단적인 적응론적 방향에 대한 구조론적 대안 구축에 널리 기여할 것이라고는 생각합니다. 진화-발생생물학, 유전학, 패턴의 형성에 대한 생물학적 구성 요소와 신호체계에 대한 사회적 행태를 아우르면서요. 제 목표 중 하나는 진화생물학과 그 밖의 세상을 연계하는 비적응론적인 특정 학적 체계를 창출하는 것입니다. 도킨스와 데닛^{Dennett}을 걸러내고 우리 고유의 목소리를 낼 창구를 만들자는 것이지요. 우리 분야가 더 이상 단 하나의 목소리만 내지 않게끔 말입니다.

다윈에게는 주변의 현대 다윈주의자들에게서는 전혀 볼 수 없는 폭넓음이 있습니다. 다윈은 자신의 설명이 갖는 한계점을 진지하게 받아들였고, 자연선택에 구속받지 않으면서 그 논리의 밖에서 벌어지는 것들을 설명하는 완전히 새로운 이론을 발명해냈습니다. 또한 진보적이었지요. 그래서 그는 미학과 성선택 사이의 접점으로 직행할 수 있었습니다. 그런 의미에서 오늘날 '다윈주의자'로 지칭되는 부류는 실상 '월리스주의자'입니다. 특히 성적 신호체계에 관한 맥락에서는 그렇습니다. '오, 그렇지요. 성선택이라는 것이 벌어지긴 합니다. 그러나 성선택은 전적으로 자연선택에 의해서 결정되기 때문에 자연선택에 구속되어 있으며 자연선택과 완전히 똑같은 동력으로 작용할 뿐입니다.'라고 말하고 있으니까요.

만약 인문학계가 진화생물학이 형태나 기능에 대한 것만 배타적으로 다루는 것이 아니라 역사성, 발생, 구조 같은 것도 다룬다고 받아들인다면,

진화생물학을 공부한 디킨스^{Dickens} 연구자들이 가질 법한 관심사란 정확히 이런 것이겠지요. 소년 시절의 디킨스는 어떠했으며 그것이 그의 작품에 어떤 영향을 끼쳤는가? 똑같이 생각하시면 됩니다. '오, 디킨스는 이런 책을 써서 더 많은 돈을 벌 수 있었을 것이고 그래서 끝내주는 젊은 여자들을 꾀서 더 건강하게 살았겠구먼.'이라고 말하면 안 되겠지요. 이런 말은 디킨스가 내놓은 결과물에 대한 설명이라고 할 수 없습니다. 문학사적 평가라는 측면에서도 말이 안 되지만, 삶 자체로 놓고 봐도 말이 안 되잖습니까!"

프럼은 진화의 세계가 얼마나 예술적으로 보일 수 있을지에 대해 열변을 토하며, 성 그 자체를 예술로 여길 수 있을지도 고려하는 수준까지 더 밀고 나갈 것인지 고민 중이라고 했다. "이런 고민까지 하는 것은 기본적으로 제가 원하는 것이 사람들로 하여금 이렇게 생각하게 만드는 것이기 때문이겠지요. '좋아. 성선택은 예술과 비슷하군. 같은 과정을 거치거든.'이라고 말입니다. 그렇다고 모든 예술이 성과 관련된 것이라는 의미는 아닙니다. 성선택과 예술 사이의 유사성이 곧 예술의 내용과 예술의 진화 사이의 실질적 관계로 이어지는 것은 아니니까요. 아름다운 사람들이 못생긴 사람들에 비해서 더 큰 성적 쾌락을 누릴까요? 제 생각에 답은 '아니요.'입니다. 사람은 누구에게나 성적 욕망을 느낄 수 있습니다. 하지만 다수의 사람들에게 같이 성행위를 한 사람이 실제로 사랑스럽거나 매력적으로 보인다는 사실이 그 사람들의 성경험의 질에 대해 말해주지는 않습니다. 파탄으로 끝나고 만 할리우드의 결혼담들은 많은 아름다운 사람들도 정말로 끔찍한 경험을 한다는 견해를 뒷받침해주지요. 이런 사실은 미학적인 질문과도 어떤 관계가 있다고 할 수 있습니다. 우리는 성이라는 이름으로 생물학의 구속을 받지만 또한 예술이라는 이름의 제약도 받습니다. 제대로 진화한 귀를 갖추고서야 우리는 소리를 감상하기 위해 잠재적 화성을 받아들일 수 있는 특정 기준을 갖게 됩니다. 바이러스에 감염되기 전까지만 해도 제 귀는 석기시대 사람의 귀와 똑같았어요."

만약 서로 다른 종의 새가 다양한 복잡성을 가진 서로 다른 예술계를 갖고 있다면, 그들의 성생활 또한 다를 것이다. 베이징오리의 예를 한번 보자. 베이징오리의 음경과 그 음경의 짝이 되는 질의 복잡한 생김새만큼 정교한 것도 없을 것이다. 주제에서 너무 멀리 벗어나는 것이 아닌가 싶을 수도 있겠지만, 프럼과 그의 동료 퍼트리샤 브레넌^{Patricia Brennan}, 크리스토퍼 클라크^{Christopher Clark}가 수행한 실험을 살펴보자. 그들의 실험은 암컷 베이징오리의 외부 생식기가 어떻게 짝짓기를 어렵게 만들도록 진화해왔는지를 보여준다. 코르크 마개를 빼내는 도구처럼 생긴 수컷 베이징오리의 음경은 암컷의 외부 생식기에서 길을 찾기가 결코 쉽지 않다. 나로서는 그들의 논문 초록에 실린 글 이상으로 이 부분을 잘 묘사할 수 없을 것 같다.

물새들의 세계에서 음경의 기능적 형태학과 짝짓기의 역학은 … 제대로 이해되지 못하고 있다. 우리는 조류 음경의 기능적 형태학을 밝히기 위해 조직학과 함께 발기한 음경의 외번을 세계 최초로 고속촬영 기법을 사용하여 관찰했다. 20센티미터 길이의 머스코비오리 음경의 외번은 폭발적으로 일어나는데, 평균적으로 0.36초의 시간이 걸리며 최고 속도는 초당 1.6미터에 달한다. … 암컷 생식기 모양의 참신성이 강제로 이루어지는 짝짓기 상황에서 음경의 삽입을 어렵게 만든다는 가설을 증명하기 위해, 우리는 음경의 외번을 유리관 속에서 조사하여 외번이 다른 역학적 도전을 맞게끔 상황을 만들었다. 외번은 물새 음경의 분자비대칭성과 맞아떨어지는 직선 형태의 관과 시계 반대 방향으로 꼬인 나선형 관에서는 성공적으로 일어났다. 그러나 암컷의 질의 기하학적 모양을 모방하여 만들어진 시계방향으로 꼬인 관이나 135도 각도로 구부러진

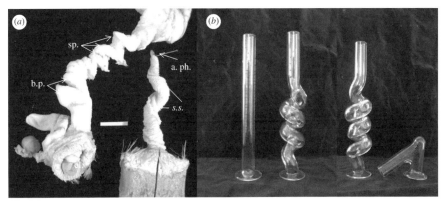

그림 17 오리의 외부 생식기와 그를 기계적으로 재현한 장애물

(a) 수컷과 암컷 베이징오리의 외부 생식기. 오른쪽에 있는 수컷의 남근은 반시계방향의 나선형인데 반해, 왼쪽에 있는 암컷의 난관은 시계방향의 나선형이다. 질에는 배설강 입구에 근접해 있는 맹낭(blind pouch, b.p.로 표시된 부분)이 있는데 나선 모양으로 쭉 이어진다. 그림에서 s.s.는 정자가 나오는 길인 sulcus spermaticus, a.ph는 남근의 끝부분, cl.은 배설강을 가리킨다. 기준 축적: 2cm

(b) 수컷의 성기가 뻗는 것을 실험하기 위해서 사용된 서로 다른 형태의 지름 10mm짜리 유리관. 왼쪽 유리관은 수컷의 생식기처럼 곧게 뻗고 반시계방향으로 꼬여 있고 오른쪽 유리관은 암컷의 생식기처럼 시계방향으로 꼬여 있으면서 135도 기울어져 있다.

관에서는 훨씬 낮은 성공률을 보였다. 우리의 실험 결과는 암컷 오리의 복잡한 질의 생김새가 강제로 이루어지는 짝짓기에서 음경을 차단하는 역할을 하며, 또한 적대적인 성적 갈등을 통해 물새 음경과 공진화해왔다는 가설을 뒷받침한다.

그러니까 수컷과 암컷 사이의 공진화는 취향과 감상 그 이상의 것이다. 우리는 그 사이의 우여곡절과 고군분투를 잊어서는 안 된다! 만약 뒤샹이 이 프럼의 실험 기구들을 본다면 어떤 미소를 지을까. 나는 그저 상상만 해볼 뿐이다.

현대의 예술전시회는 이 실험 프로젝트를 전시물로 받아들일 수 있을까. (꽤 많은 전시회가 그럴 수 있을 것이다!) 나는 이 실험의 초현실적이고 터

무늬없는 일면을 즐기면서 프럼이 예술계로부터 배운 부분이 무엇인지를 일말이나마 감지할 수 있었다. 여기 지금 충격적이고 놀라우며 아름다운 미지의 것을 밝히는 일에 헌신하는 한 사람이 있다. 그가 밝히려는 모든 것은 우리가 언젠가는 설명하게 될 수도 있을, 뭔가 합리적으로 말할 것이 있는 이야깃거리이다. 자연이 얼마나 장엄하게도 괴상할 수 있는지를 환희 속에 폭로하는 과학의 초현실주의라니! 그는 뒤샹의 방식으로 뒤샹을 넘어선다. 이 모두의 너머에는 자연을 지나치게 실용적이며 적응론적으로 디자인된 것으로 묘사하며, 방법론적으로 지루하기 짝이 없고, 무엇보다도 아름다움과 즐거움을 잊어버린 자신이 속한 분야에 대한 소명의식, 비판의식 그리고 분노가 있다. 그는 이 모든 것의 근본을 밝혀내기를 원한다. 그는 과학이 진실로 예술의 방식과 존재 이유를 해명하려는 노력을 진척시킬 수 있다고 믿는다. 진실로 생명의 과잉 현상을 밝혀낼 수 있으리라고 믿는다.

미학 내에서도 그와 같은 진보가 일어날 수 있을까?

"글쎄요, 저는 그러기를 바랍니다." 프럼은 말했다. "이런 식으로 표현해 볼까요. 당신은 클라리넷을 부시지요, 그렇죠? 1869년에 아돌프 색스^Adolph ^Sax는 클라리넷 몸체의 모양과 함께 E 플랫 음 단추의 위치를 조정해 악기를 개량했습니다. 그것은 진보였어요, 그렇지 않습니까? 화필도 마찬가지입니다. 우리가 특정한 방향으로 그리게끔 돕는 새로운 재료들이 생겨났지요. 사진 기술의 발명은 완전히 새로운 예술을 탄생시켰고요." 그렇다. 정말 그렇다. 분명히 기술의 진보가 있었고, 예술에 쓰이는 도구도 마찬가지로 발전했다. 그러나 무엇이 좋고 나쁘고, 더 낫고 못하고에 관한 우리의 감각도 발전했는가? 자연에서 가능한 패턴과 아름다움 그리고 자연에서 진화의 과정을 거쳐 선택된 것들에 대한 더 많은 정보의 축적과 함께, 우리의 능력 또한 개선되리라 기대할 수도 있다. 우리가 발견하는 모든 것들을 감상하고 체계화시켜 이해하여 우리 머릿속에 수용할 수 있게 되리라고 말이다.

20세기 인간 예술의 역사를 프럼의 분석처럼 '예술작품과 그에 대한 감상의 공진화'라는 이름으로 정리할 수 있을까? 프럼의 분석이 근래의 예술 발전을 해명하는 실마리일까? 추상적으로 보이는 예술조차도 사실은 자연과 매우 깊은 관련이 있으며 그런 예술이 성공까지 한다면, 이는 곧 우리가 자연을 보는 방식을 바꿀 것이며 더 나아가서는 진화에 대한 우리의 시각 역시 바꾸게 될 것이다.

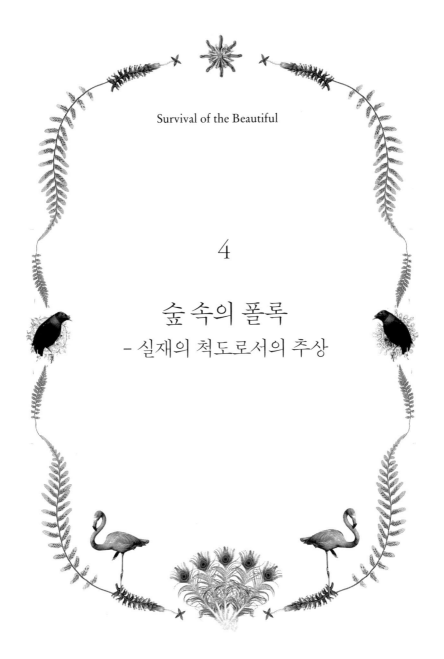

4

숲 속의 폴록
– 실재의 척도로서의 추상

"나는 추상예술이 예술의 진실성과 필수성으로부터 엇나간 것이라고 생각하지 않는다. 결국 내가 하고 싶은 말은 추상예술이 실제로 이 세상을 훨씬 더 아름다운 곳으로 볼 수 있게끔 도와준다는 것이다. 추상예술을 통해 우리는 새의 노랫소리와 새가 지은 정자를 더 잘 이해할 수 있게 된다."

지난 2000년, 런던 테이트 모던 박물관에 유안 차이^{Yuan Chai}와 지안 준 시^{Jian} ^{Jun Xi}라는 이름의 두 남자가 모습을 드러냈다. 그들은 뒤샹의 작품 〈샘〉 앞에서 바지를 내리고는 거기에 오줌을 누려고 했다. 그들로서는 안된 일이지만, 그 작품에는 플라스틱 상자라는 보호막이 씌워져 있었다. 그처럼 대담한 시도를 한 사람이 그들이 처음이 아니었던 까닭이다. 어쨌거나 구경꾼들은 박수갈채를 보냈다. 박물관의 허가를 받은 공연예술작품을 감상 중이라고 생각했기 때문이다. 그러나 몇 분 안에 나타난 안전요원이 이 중국인 2인조를 낚아채듯 데려감으로써 그 추측은 잘못된 것임이 밝혀졌다. 유안과 지안은 그들의 행위는 뒤샹이 처음 소변기를 가져와 예술로서 소개했을 때와 똑같은 개념에 기초하고 있다면서, 뒤샹과 같은 정신을 그 작품에 더하고자 했을 뿐이라고 스스로를 변호했다. "여기 소변기가 있습니다. 이것은 초대인 것입니다." 유안은 말했다. "뒤샹 자신의 말처럼 예술은 예술가가 선택하는 것입니다. 무엇이 예술인지를 선택하는 것은 예술가란 말입니다. 우리는 그저 조금 보탰을 뿐입니다."

예술가가 예술이라면 예술이다. 그렇지 않은가? 여기에 덧붙여, 충분한 수의 사람들이 그것을 좋아하게 되거나 그로부터 뭔가를 배우게 된다면 좋은 예술이라고 할 수 있을 것이다. 성선택을 통해 진화한 동물의 행태, 표현, 외양이라는 예술도 프럼의 말처럼 여러 세대에 걸쳐 지속적으로 암컷의 감상과 수컷의 표현이 함께 발달한 결과라고 한다면 좋은 예술이라고 할 수 있다. 진화의 변덕스러움과 경이로움을 주시하는 이런 관점이 인간 예술이 지난 20세기 동안 밟아온 길과 관련이 있는가? 분명히 뒤샹의 〈샘〉을 우리 시대에 예술 분야에서 일어난 모든 변화의 끝장이라고 할 수는 없다. 아름다움을 사랑하는 사람이라면 그저 관습을 전복시켰다는 이유로 그런 작품의 예에만 만족할 수는 없는 법이다. 기울인 소변기라도 소변기는 소변기인 것이다.

어떻게 하면 추상예술이 고유의 날것 그대로의 표현력을 발휘하여 우리가 자연을 보다 잘 이해할 수 있게끔 자연의 섬세한 부분을 나타낼 수 있을까? 추상을 보다 가까이서 들여다보면 미학적 선호가 시스템 내부의 자의적 결함을 둘러싸고 수세대에 걸쳐 진행된 공진화의 결과라는 프럼의 아이디어에 같이 만족하고 동의하기가 어려워진다. 자연의 법칙은 선택을 통해 나타난 수많은 결과물의 너머에 여전히 작용한다. 당연히 많은 가능성이 존재하지만, 불가능성은 좀 다른 문제이다. 실제로 자연에서는 오직 일부 가능성만이 현실화되는데, 세상은 순전히 자의적으로 진화하지만 한편 거기에는 규칙이 존재하는 까닭이다.

헤켈의 삽화는 수백만에 이르는 사람들에게 진화는 영적이며 숭배할 만한 것이라는 믿음을 퍼뜨리면서 자연의 형식적 아름다움을 널리 알렸다. 뵐셰는 이보다 더 많은 수의 사람들에게 관능적이면서 물질적이고 또한 영적인 이야기를 들려줌으로써 진화에 관심을 갖게 만들었다. 톰프슨은 자연의 근원에 자리하고 있는 모양과 패턴을 밝힘으로써 자연에 존재하는 수학 법칙을 한결 더 실감나고 생생한 것으로 만들었다. 그러나 진화생물학은 이러한 문화적 발전에 그다지 관심을 보이지 않았으니, 우리가 마침내 아름다움과 성선택 사이의 경향성과 관계된 필요한 유전적 도구들을 손에 넣게 된 불과 몇십 년 전까지도 이런 아름다움이니 성선택이니 하는 문제들을 저어해왔다. 이런 것들은 설명할 수 없는 자연의 경이로움으로 그냥 남겨두었던 것이다.

그러나 일반 사람들은 이들의 아이디어를 좋아했다. 아이디어들이 참으로 아름다웠기 때문이다. 또한 이런 아이디어들은 자연에서 바로 확인할 수 있었고 그리하여 우리를 둘러싸고 있는 이 세상을 더욱 소중하게 만들었다. 이런 아이디어들은 20세기 초의 예술가들에게, 또 오늘날의 예술가들에게 어떤 영감을 주었는가? 우리의 미학적 감각이 전보다 훨씬 많은 것을 보고 들을 수 있도록 개방, 확장됨에 따라 추상예술은 우리가 자연에서 더 많은 것을 볼 수 있게끔 해준다. 나도 현대 예술에 대해 지나치리만큼 낙관적인 이러한 관점의 생각이 예술가들이나 대중에게 항상 공감을 얻지는 못한다는 것을 안다. 나 또한 창조적 가능성에 대한 낙관주의적 전망이 널리 퍼져 있던 때(그리고 20세기의 거친 현실이 그런 전망에 제동을 건 후)에도 이미 일부 사람들은 현대 예술을 지난 시대의 유물 정도로 여겼다는 것 역시 깨닫고 있다. 실험성으로의 쇄도 역시 어떤 특정한 시기의 시대적 분위기에 그치는 것인지도 모른다. 우리는 기술 분야에서는 계속적인 진보가 이루어지고 있다고 믿지만, 예술 분야에서는 반드시 그런 것만은 아니라고 생각한다. 과거의 위대한 창조적 성취들의 가치는 거친 소리들이 제멋대로 섞여 만들어진 시시한 과잉으로서의 음악이나 캔버스 전체에서 마구잡이로 충돌하는 색과 모양의 겹으로서의 회화보다 훨씬 명백하지 않은가? 그 누구도 렘브란트^{Rembrandt}의 가치에 대해 왈가왈부하지 않지만, 캔버스를 순수하게 파란색으로만 채운 클라인스^{Kleins}의 그림이나 달리^{Dalí}의 눅눅해진 시계에 대해서는 어떠한가? 여전히 많은 사람들은 이들 작품의 가치를 확신하지 못하고 있다.

나는 추상예술이 예술의 진실성과 필수성으로부터 엇나간 것이라고 생각하지 않는다. 그러니까 결국 내가 하고 싶은 말은 추상예술이 실제로 이 세상을 훨씬 더 아름다운 곳으로 볼 수 있게끔 도와준다는 것이다. 추상예술을 통해 우리는 새의 노랫소리와 새가 지은 정자를 더 잘 이해할 수 있게 된다. 추상예술을 통해서 형식적인 것이든 혹은 무형식의 무질서한 것이든 간에 무생물에 존재하는 아름다움도 더욱 풍성하고 중요한 맥락에서 볼 수 있게 된다. 생물학의 설명을 앞지르는 자연의 규칙을 드러냄으로써 순수한 자의성을 외치는 프럼의 아이디어에 이의를 제기하는 것 또한 추상예술을 통해서일 것이다. 역사에서 추상예술이 주도권을 잡기 시작한 것은 19세기 말 무렵이었다. 공식적인 자연사 연구가 제공한 아름다운 이미지들로부터 많이 배운 덕분일까?

주류 예술사에서 헤켈이나 톰프슨은 많이 언급되지 않는다. 혹시라도 주류 예술사에서 이들을 다룬다면, 건축과 디자인 분야에 미친 영향력을 인정하여 그쪽에서 언급되는 것이 보통이다. 네오코린트 양식의 기둥, 콘크리트 소재의 대문이나 첨탑에 만들어진 꿈틀대는 듯한 뱀이나 해파리 모양의 덩굴손 장식 같은 유겐트슈틸[17]의 화려한 장식 스타일이 헤켈의 방사충 삽화와 그의 책『자연의 예술적 형태』에서 직접적인 영향을 받아 나온 것임은 잘 알려져 있다. 르네 비네[René Binet]는 1900년에 열린 파리 만국 박람회의 정문을 헤켈이 작성한 챌린저 호 탐사 보고서에 나오는 특정 방사충의 모양에 기초하여 특별히 디자인했다. 비네와 그의 조수들이 내놓은 카탈로그를 보면 꿈틀거리는 문어 형상에 기초하여 디자인한 인기 있는

---

17 유겐트슈틸Jugendstil 혹은 아르누보Art nouveau라고 불리는 이 양식은 자연의 형태를 모티프로 삼았으며 탐미적이고 장식적인 성격을 띠었다.

그림 18 르네 비네가 디자인한 1900년 파리 만국 박람회의 정문

샹들리에를 비롯한 기타 조명 기구들이 등장한다. 헤켈의 영향임이 명백하다.

20세기 초에는 어떤 미학 이론들이 유행했는가? 이미 모더니즘은 어마어마한 가능성과 함께 도래해 있었다. 음악 분야에서는 불협화음이 문을 열어젖히고 회화 분야에서는 입체파의 책략이 횡행하는 가운데, 알프레드 자리^{Alfred Jarry}의 '배설물'은 예술 분야에서는 무엇이나 통용될 수 있음을 보여주었다. 실험정신으로 넘치는 이 모든 시도들을 이해하기 위해 철학자들은 어떤 노력을 기울였는가? 이 위험하리만큼 호소력을 가진 거친 대안들이 나타난 시점에서 철학자들은 위대한 옛 예술들을 보호하고자 다소 보수적인 태도를 견지하지는 않았는가?

윌러드 헌팅턴 라이트^{Willard Huntington Wright}의 책 『창의적 의지^{The Creative Will}』에는 예술가들이 보통 사람들이 세상을 보는 일반적 방식으로부터 어떻게 자유로워질 수 있는지를 밝히려는 시도가 담겨 있다. 라이트는 이 책에서 모든 예술을 공통의 형식 원칙을 적용하여 평가해보려고 했다. 많은 예술 학도들이 진정으로 현대적인 예술을 일굴 방안에 대한 길잡이를 구하며 이 책을 파고들었다. 그는 이렇게 썼다. "예술가는 자신의 창의성을 위해서 소소한 과학적 진실을 희생시킨다. 예술가란 세부적인 내용의 정확성보다 더 심오한 진실을 추구하는 자이기 때문이다." 형식은 아름다움의 기본 토대이며, 모든 매체를 다루는 예술가들은 어떤 의미에서는 측정 기구보다도 더 정확하게 창조적인 방법으로 자연의 리듬에 발을 맞추어야 한다. "위대한 화가들의 작품 중 가장 추상적인 것의 경우에도 형식은 사실에 근거한 구체적인 것이다." 1916년에 발표된 이 책에서 라이트는 이렇게 말했다. 예술에서 아름다움이란 심장과도 같은 것이지만, 이는 생명체에 존재하는 아름다움과는 완전히 다른 것이다. 생명체에 존재하는 아름다움은 성적이고 쾌락을 불러일으키며 욕망을 자극한다. 반면, 예술의 아름다움은 감정적으로 고양된 미적 반응을 낳는 형태의 조합으로부터 나온다. 이런 미적 반응은 실제 세계에서 마주한다면 반감이나 공포심을 불러올 만한 이야기나 장면에 대해서도 이런 혐오나 공포를 초월하여 나타날 수 있다.

인간의 진화와 함께 예술도 진화한다. 현대의 삶이 그 강렬함을 더해갈수록 예술 또한 더욱 강렬해졌다. 더 많은 지식, 더 많은 기술이 동원되었고, 작곡가들이 더 많은 종류의 소리를 이용할 수 있게 되면서 가능한 화음과 리듬도 더 많이 생겨났으며, 화가들에게도 더 나은 색채들이 주어졌다. 라이트는 대단한 낙관론자였다. 심지어 거의 100여 년의 시간이 흐른 지금도 그의 글은 진리를 탐색하는, 혹은 그 와중에 길을 잃은 예술가들에게 위로가 된다. 예술가는 "자료의 단순한 축적만으로는 해결할 수 없는 문제를 제기하는" 탐험가 혹은 발명가이다. 위대한 예술은 그를 바라보는 존재에 속속들이 파고든다. 아름다움은 인간의 발전을 위해 필수적이지만, 아름다움은 유익한 것이라고 말함으로써 그것을 폄하하지는 말자. 유용성은 응용을 암시한다. 아름다움은 하나의 전망이자 관점으로서 과학과는 다른 방식으로 우리를 자연으로 이끈다. 아름다움은 우리를 "자연을 통해 지식으로" 이끄는 방식을 취한다.

그것은 어떤 종류의 지식인가? "대칭에 대한 원시적 요구"라는 식의 설명에서 멈추지는 말자. 나는 라이트가 이것을 진화에서 바로 나왔을 수도 있는 우리의 가장 기본적인 미적 감각의 하나라고 칭할 때, 톰프슨과 헤켈을 떠올렸던 것이라고 생각한다. 뭔가 고르지 않은 것을 보면, 우리 "내부의, 부지불식중에 존재하는 균형에 대한 요구"가 우리를 불편하게 한다. 오늘날 심리학자들이 사람과 동물을 대상으로 행하는 실험 역시 이와 똑같은 종류의 것이다. 라이트는 화음, 대위법, 선율에서처럼 모든 예술을 관통하는 형식의 유사점이 있음을 인정한다. 그러나 그는 이런 공통 개념을 더 모호하지만 웅대한 미적 리듬으로 환원시키고자 한다. 이 미적 리듬은 일상적 의미의 빠르기나 박자, 일렁이는 선율 따위와는 아무 관계도 없다. 이 것은 보다 의미심장한 패턴으로서 예술의 모든 성질들을 이상적으로 조합한 결과라고 할 수 있다. "그것은 동시적인 관점에서 준비된 움직임을 통해 구현되는 완전한 순환으로 … 3차원의 세계에서 이루어진다." 미적 감상에 깊게 빠져들수록, 우리는 아름다움에 관한 작품들 속에 묘사되어 있는 이미지와 소리를 통해 세상을 찬미하는 모든 예술적 반응의 중심에 있는 이런 공통된 박동과 침묵, 소소한 신비와 간극을 더 많이 보게 된다.

라이트의 말은 멋지게 들리지만, 모든 예술을 한데 넣고 생각함에 따라 너무도 모호해지고 만다. 라이트가 말하는 규칙이 사람들이 진정으로 훌륭한 예술행위를 하도록 이끌 수 있을까? 아니면 단지 무엇이 예술이 되어

왔는지 설명하는 역할에만 그치게 될까? 고귀하고 원대한 아이디어에도 불구하고 라이트는 탐정소설을 쓸 때는 본명 대신 S. S. 밴 다인Van Dine이라는 가명을 사용했다. 라이트가 파일로 밴스라 이름 붙인 탐정소설의 주인공은 1920년대에 책, 라디오에서 대유행하며 영화화되기까지 했다. 이 주인공을 통해서 라이트는 자신이 설교한 가장 고귀한 이상을 훨씬 더 직관적인 방법으로 표출할 방법을 찾은 또 한 명의 철학자가 될 수 있었다. 분명히 라이트는 웅장한 사상 체계를 갖고 있었지만, 그가 가장 호소력을 지닌 때는 단절된 문단 중에 등장하는 경구를 통할 때였다. 이후 살펴보겠지만, 라이트의 글에서 드러나는 것과 같은 율동적으로 약동하는 사고가 진실로 예술적인 것으로 바뀌기 위해서는 클레와 같이 보다 시각적인 분야의 천재가 필요했다.

현대 예술이 보다 추상적인 것을 추구하면서 보이는 그대로의 세상을 재현하는 것에 덜 신경 쓰게 된 이유는 일반적으로 사진의 등장으로 설명이 가능하다. 사진 기술의 발달 및 접근성의 향상과 함께 세상의 정확한 재현은 더 이상 회화의 주요 업무가 아니게 되었다. 여기에 더해, 사진을 통해 르네상스 시대 이래 회화예술이 추구해온 바가 온전히 성취되었다는 점도 생각해볼 수 있다. 우리는 빛과 그림자, 인물과 사건을 완벽하게 재현하는 방법을 터득하게 된 것이다. 이로써 예술은 새로운 것을 시도할 수 있게끔 자유로워졌다.

사실주의는 흐릿하고 멍한 분위기의 점묘화법과 함께 인상주의 내지 열화주의 세계관으로 옮겨 갔고, 다시 실제 물체의 구조적인 모양을 본래의 가공 전 형태로 나누면서 반쯤은 추상적으로 또 반쯤은 현실적으로 표현한 입체파로 나아갔다. 이어서 순수한 형식만을 지침으로 삼는 보다 급진적인 추상파들도 나타났다. 새로운 합리적 · 진보적 시대의 요구에 발맞춰 러시아에서는 구성주의가, 이탈리아에서는 미래파가 출현했다. 이들은 사각형과 원, 순수한 각도와 정확한 색채 형상을 내세우며 새로운 예술 사조를 형성했다.

이것은 자연이 제공하는 영감과 어떤 관련이 있었나? 우리는 지금 예술에 대해서 논하고 있으므로 설명의 정확성은 원초적이며 통찰력 있는 독특성을 위해 자리를 비켜줘야 한다. 그러나 다음 세대에게 추상예술을 가르칠 여전한 필요성 때문에 이를 설명하기 위한 학교들이 생겨나게 되었으며, 이들 학교에는 강의와 실습이 있었고 배우고 또 깨뜨려야 할 규칙들이 존재했다. 그중에서도 유명한 바우하우스의 예술디자인 학교보다 추상의 성질을 더 파헤친 곳은 없었다. 바우하우스 학교의 선생이기도 했던 예술가 클레의 연구서 이상으로 형식의 연구와 예술 작업의 차이를 더 명료하게 설명한 책 또한 없다. 수년 후, 클레의 연구서는 『조형적 사고^{Das} $^{bildnerische\ Denken(독)/The\ Thinking\ Eye(영)}$』, 『무한한 자연사$^{Unendliche\ Naturgeschichte(독)/The\ Nature\ of}$ $^{Nature(영)}$』의 두 권짜리 책으로 출판되었다. 나는 이 두 권의 책에서 몇 개 문단을 살펴보고자 한다. 어떻게 예술이 과학이 제공한 공식적 결론으로부터 배우는지, 또 한편으로는 어떻게 예술이 단순한 설명에 만족하지 않고 그 이상의 다른 목적을 추구하는지 독자들에게 보여주기 위함이다.

바우하우스는 예술과 디자인의 교리를 과학으로 만들고 싶어 했다. 형식은 반드시 기능을 좇아야 하는 것이니, 적응이 진화를 일으키는 방식대로 자연에서와 마찬가지로 인간의 건축도 응당 그래야 한다는 것이었다. 그렇다면 헤켈이 그린 방사충에서 볼 수 있는 과한 장식들은 무슨 의미인가? 나는 바우하우스의 지도자였던 그로피우스^{Gropius}, 알베르스, 이텐이 이런 방사충 그림을 봤다면 눈살을 찌푸렸을 것이라고 생각한다. 대신에 그들은 원이나 사각형 같은 기본적인 모양들에 관심을 기울였다. 그들은 아마도 헤켈보다는 톰프슨을, 장식보다는 적응을 선호했을 것이다. 이와 같은 기능주의적 아이디어는 실제로 현대 세계의 외양과 형식에 영향을 끼쳤다. 기하학적인 도시나 집들을 가리켜 영혼이 없다고 비난하든 혹은 순수하고 공허한 형태들을 가리키며 차가운 아름다움이라고 칭송하든, 그것은 당신 마음이다. 생물학자 제프리 밀러^{Geoffrey Miller}는 심지어 이렇게까지 말한다. 과학을 지난 100여 년의 세월 동안 차고 넘쳐나는 성선택의 예로부터 등 돌리게 만든 것은 바로 우리 사회의 이러한 기능주의의 영향이라고. 우리는 참으로 오랜 세월 동안 형식을 보면서 오로지 기능만을 생각하게끔 배워왔다.

형식이 기능을 좇는다고 한다면, 뭔가 새롭고 놀라운 무엇에 이르기까지 이를 따라가야만 한다. 예술과 디자인을 그것들을 구성하고 있는 가장 단순한 구성 요소로 환원시키다보면, 세상을 과도하게 단순화할 위험성이 크다. 세상을 갈색과 회색 콘크리트로 건설하라, 그러면 많은 사람들이 우울해지리라. 이것이 바로 내가 바우하우스의 가장 강력한 아이디어의 근원을 클레라고 생각하는 이유이다. 클레는 형식의 의미를 포착하고자 하는 갈망을 자연의 혼잡함에 대한 진정한 감상과 연계시켰다. 나는 클레가 헤켈과 톰프슨 모두에게서 영향을 받았으리라고 추측하지만, 뷜셰의 거친 기이성 역시 높이 샀을 것이라고 생각한다. 자연계의 정력적인 혼잡함을 시각적으로 이해하기를 원하는 사람이라면 클레의 연구서는 필독서이다.

클레는 음악을 가장 추상적인 예술이라고 생각했다. 소리의 진행과 혼합은 오직 그 자체에만 집중해 있으며, 주변 세상의 그 어느 것도 그대로 재현할 필요에 매이지 않는다. 뛰어난 바이올리니스트이기도 했던 클레는 바로크 음악의 정교한 아름다움을 가능하게 했던 화성과 대위법에 내재되

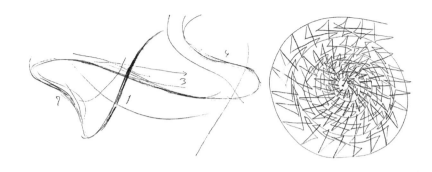

그림 19 파울 클레가 스케치로 표현한 두 개의 리듬

어 있는 규칙을 연구하기도 했다. 클레에 따르면 바흐의 작품이 그처럼 훌륭한 것은 바흐가 거의 완벽에 가까운 음악을 만들기 위해 필요한 모든 규칙을 정확하게 따르기 때문이다. 어째서 시각예술은 이런 식으로 작업할 수 없는가? 선과 점, 각과 모양, 리듬에 관한 정확한 문법에 기초해서 작업할 수 없을까? 클레는 그러한 어법을 가다듬고자 최선을 다했지만, 동시에 그것이 다소 순진한 생각이며 한정적이라는 사실도 깨달았다. 보는 이를 미소 짓게 만드는 클레의 연구서 속 드로잉들은 장난기가 넘치면서도 어떤 이론적 연구의 흔적이 느껴진다. 그는 아름다움의 핵심에 자리한 근원적 규칙들을 찾아내기를 꿈꾸는 한편, 불장난도 즐겼던 것이다.

구조적 형성물의 기본 가능성이란 균일성, 교체성 그리고 발전적 변화(안에서 밖으로 혹은 밖에서 안으로)를 의미한다. 즉, 모양 자체가 아니라 모양을 향한 운동성인 것이다. 클레가 그림으로 명료하게 그려낸 리듬의 두 가지 예를 보라(그림 19).

단순한 4박자를 시각화하면 부드럽게 구부러진 리듬의 모습이 나타난다. 이 4박자들을 다수 모으면 리드미컬한 결합을 이루며 소용돌이치는 모양을 형성한다. 일견 이 그림은 헤켈이 그린 야생 생명체의 모양과 유사해 보이지만, 사실은 톰프슨의 생각을 좇은 규칙적 유형에 기초하고 있다. 바로 이런 이질적 접근법들을 하나로 모으기 위해서 예술이 필요한 것이다.

무엇이 시각적인 형태의 문법이 될까? 음악에 대해 생각해보라. 음악에는 음계로 조직된 음이 있고, 박자와 마디로 조직된 리듬이 있다. 음과 리듬은 수세기 동안 외부 세상과 아무런 관련도 맺지 않으면서 서로 결합해왔다. 문화마다 저마다 다른 규칙과 음계를 갖고 있기는 하지만, 모든 서구 음악은 클래식, 포크, 재즈, 록 어떤 장르이든 간에 이를 공부한 음악인들이 익힌 기본적으로 똑같이 조직된 음악적 재료들과 똑같은 확고한 원칙 안에서 아쉬운 대로 설명할 수 있다. 똑같은 기본 규칙들로부터 나올 수 있는 해석의 수는 어마어마하다. 하나의 확고한 핵심 위에 완전히 다른 스타일들이 세워지는 것이다.

시각예술도 똑같은 방식으로 작동할 수 있을까? 꼭 그렇지는 않다. 우리가 보는 방식과 듣는 방식 사이에 존재하는 어떤 차이 때문이다. 음악도 시간과 함께 진화하지만, 가장 복잡하게 진화한 경우조차 음악은 여전히 앞서 언급한 이런 기본 구성 요소들에 명백히 기초하고 있다. 반면, 우리는 시각적으로는 훨씬 더 많은 것을 받아들인다. 게다가 이미지들은 역사를 갖고 있다. 오늘날과 같은 이미지의 과포화 상태에 이르기 전에도 인류는 이미 20세기 초엽부터 회화, 사진, 삽화, 판화의 홍수 속에 있었다. 의심의 여지 없이 클레 역시 오늘날 다수의 사람들처럼 보고 듣는 것이 너무 많아서 지금껏 가능하리라 생각한 이상으로 우리 정신이 이미지로 가득 차버렸다며 과잉의 심각성을 똑같이 인지하고 그로부터 자극을 받았을 것이다. 근래에는 기술의 도움과 함께 이미지들을 합치는 방법의 범주화, 형식화, 산출화에 관한 아이디어가 범람하고 있다. 클레가 원했던 것 또한 창조성을 기본이 되는 뼈대 수준으로까지 합리화해보는 것이었다.

　나는 최근 뉴욕 현대 미술관에서 열린 바우하우스 전시회에서 클레가 그린 어느 회화 앞에 홀린 듯 서 있었던 적이 있다. 그 그림을 응시하고 있노라니 주변의 다른 모든 것이 그림 속 중요한 움직임의 거대한 잔해가 되어 서서히 희미해졌다. 문제의 그림에는 자줏빛이 약간 도는 부드럽고 다채로운 기하학적 이미지들이 활기찬 모양새로 자리를 잡고 있었다. 클레의 작품은 항상 그 작품 너머에 있는 규칙을 넘어선다. 마치 규율에 따라 정확히 작곡된 바흐의 훌륭한 인벤션과 같다. 바흐를 흠모하여 모방하고자 애쓰는 대부분의 사람들에게 그 규율은 숨 막히게 느껴질 뿐이다. 클레는 시스템의 엄정함을 뛰어넘는 천재성을 지녔다. 물론, 개성의 도래를 알리는 현대 예술에서는 그런 천재성을 지녀야만 하기는 하다. 이런 생각이 과학 분야에서도 통할까? 헤켈, 톰프슨, 뵐셰 역시 그들 나름의 터무니없는 방식으로 이런 천재성을 갖고 있었다. 어쩌면 그들은 과학자라기보다는 예술가라고 할 수 있을 것이다.

　클레는 실제로 시각적 형식에 대해 실험으로 확인 가능한 문법 체계를 세우지는 않는다. 대신에 그는 왜 추상예술이 사실은 추상적이지 않은지를 설명하는 단서, 혹은 추상적이지 않다는 주장을 내놓는다. 그가 제시한 것은 서로 맞물리는 실제 세상이라는 그물망이다. 클레는 어떤 식물을 생물학적으로뿐만 아니라 시각적으로도 서로 중복되는 일련의 시스템을 가진 것으로 가정해볼 것을 주문한다. 여기 줄기와 몸통이 있다. 또 꽃이 있고 씨앗이 있다. 수분을 돕는 곤충 또한 이 시스템의 일부라고 할 수 있다. 이런 맥락에서는 클레를 거의 생태학자의 시초라고 봐도 무방할 것이다. "꽃의 기능과 더불어 번식을 위한 성적 에피소드는 시작된다." 시각적으로도 성장은 생식의 중심으로부터 뻗어나간다. "따라서 우리는 운동성에 관한 문제를 논할 때 두 개의 성을 구별한다. 하나는 지시된 운동성을 나타내는 절대적인 수단으로서 다수와 소수라는 관계의 도움을 받는다. 또 다른 하나는 상대적인 수단으로서 운동성을 생물적 의미에서의 성이나 사회적 의미에서의 성에 기초하여 나타낸다. 부분별로 나누어보지 않고 전체를 하나로서 가늠해보면, 운동성에 대한 질문도 하나의 확고한 운동성을 결정하는 경향성도 다른 각도에서 보일 것이다. 그러면 비로소 형식은 우리 눈앞에 나눌 수 없는 전체로서 우뚝 서게 된다." 동심원 모양의 여성적 움직임 대 선형의 공격적이고 날카로운 움직임. 원 대 선으로 이루어지는 성선택이라고 할 수 있을까? 그럴 수도 있겠지만, 솔직히 말해서 원과 선이라는 가장 단순한 수학적 형태에 광범위한 사회적 의미를 통합하려는 시도라니, 선이나 원 모두 지극히 명확하면서도 혼란스럽다고 인정하게 된다.

"1922년 3월 13일 월요일. 1. 풀을 뜯는 동물이 있는 목초지. 이 부분의 기능. 2. 맹수의 먹잇감이 있는 사냥터. 이 부분의 기능." 자연에서 보이는 움직임, 생명체라는 작품, 여기서부터 돌출된 상으로 나타나는 추상화, 역동적 사건들의 지도. 나선형 혹은 소용돌이꼴로 생긴 꽃은 가능한 형식의 모델을 벼려내는 예술가라고 할 수 있다. 클레의 드로잉은 비밀 명령, 감춰둔 군사 암호 같다. 또한 브라이언 이노Brian Eno의 〈우회 전략들Oblique Strategies〉의 카드들처럼 관찰자들이 수학과 형식적 삽화들이 제공하는 영감을 모두 제대로 활용할 수 있게끔 귀띔해주는 것이기도 하다. 클레의 시대에는 많은 전쟁이 일어났다. 유럽과 서구 문명 전체를 초토화한 현실 세계의 전쟁뿐 아니라 재현과 순수 아이디어 사이의 전투들로 이루어진 미학 분야의 전쟁도 있었다. 우리는 이제 더 이상 그런 전투들은 벌이지 않을지도 모른다. 우리 자신이 그리고 이 행성에 저지른 우리의 만행이 너무 죄스러운 까닭이다. 헤켈, 톰프슨, 뷜셰가 만들어낸 것들은 모두 역사가 정해진 운명이라는 개념을 요구하지 않는 시대에야 가능한 예술처럼 보인다. 그러나 예술은 자신의 운명을 스스로 정하는 모두의 것이지만, 우리는 여전히 우리가 해낸 발견 속에서 그 발견 자체를 좀 더 즐길 필요가 있다.

클레는 자신의 프로젝트에 "무한한 자연사"라는 제목을 붙였다. 그는 자신이 말하고자 하는 것에 관해 거의 아무런 자료도 갖고 있지 않았지만, 어디로든 전개 가능한 형태에 대한 완전한 문법의 존재를 인지하고 있었다. 선은 어떻게 나타나는가, 연못에 드리운 주름은 어떻게 형성되는가, 물줄기의 흐름이 어떻게 우리를 더 먼 하류까지 옮기는가. 과학 역시 보이는 것에서 모양과 질서를 찾아내고자 한다. 그러나 패턴을 찾아 헤매는 과학자라는 방정식 사냥꾼들이 클레처럼 상상력이 풍부한 경우는 드물다. 클레는 실제로 외부의 패턴들에 존재하는 모든 경향성을 전체적인 시각의 범위에서 본다. 그리고 이런 시각적 범위는 종종 우리가 찾기를 기대하는 단순한 규칙의 수준을 훨씬 넘어선다.

클레가 파악한 근본적 진실은 이러했다. 자연이란 혼잡한 것이며 예술 또한 그러하다. 자연과 예술 모두 오직 순수한 패턴과 형태에 '기초하고' 있을 뿐이다. 저 세상에는 당신이 볼 수 있는 경향성이라는 것이 존재한다. 플라톤 식의 정다면체가 가장 진실한 형태라는 말은 결단코 진실이 아니다. 원과 나선형이야말로 만물의 뿌리에 있는 순수한 아이디어일 수 있다. 그러나 그 또한 자연이 낳은 그대로는 아니다. 자연을 지배하는 것은 바로 부정확성이다. 생명은 단지 정확성을 향해 '나아가고' 있을 뿐이다. 그리고 이것이 우리가 정확성을 열망하는 이유인 것이다. 사물은 결코 우리의 바람처럼 완벽하지 않다.

추상화의 여타 선구자들은 냉철하고 기하학적인 선을 선호했다. 그러나 한편 여전히 규칙적인 격자무늬보다는 조금 더 자유로운 표현을 택했다. 기하학적 선과 단색으로 채운 직사각형 모양의 그림으로 유명한 피터르 몬드리안$^{Piet\ Mondrian}$의 예술세계는 차갑고 계산된 것처럼 보인다는 이유로 당대인들의 분노를 샀다. 그러나 자신의 작품에 대해서 쓴 『자연적 현실과 추상적 현실$^{Natural\ Reality\ and\ Abstract\ Reality}$』을 보면, 몬드리안이 구사하는 언어는 겸양과 위대한 탐구에의 동력이 한데 섞여 풍성하고 매혹적으로 느껴진다. "자연은 완벽하다. 그러나 인간은 예술로 그 완벽한 자연을 재현해야 할 필요는 없다. … 자연은 그 자체로 이미 너무도 완벽하니까 말이다. 인간이 정말로 재현해야 할 필요가 있는 것은 '내부'의 것이다. 우리가 해야 하는 것은 자연을 더욱 완벽하게 보기 위해서 자연의 겉모습을 변형시키는 것이다." (강조의 의미의 따옴표는 내가 단 것이다.) 예술은 자연으로부터 등을 돌려야 한다. 우리가 감히 자연을 실재보다 더 낮게 재현할 수 있으리라 상상한다면 오만이라는 죄를 짓는 것이기 때문이다. 선, 모양, 순수한 형식은 인간의 사고 내부에 자리하고 있다. 우리가 그 사고의 내부를 모두 밝혀낼 수 있게 되면, 자연을 훨씬 더 잘 볼 수 있게 될 것이다. 그러므로 네 눈에 보이는 것을 그리지 말고 가능한 한 세상을 더 정확하게 보기 위해 필요한 도구를 찾아서 무엇이 되었든 그것을 그려라.

예술에 대한 이런 식의 이해는 어째서 추상이 그토록 중요하게 여겨져야 했는지를 암시한다. 추상이 우리가 세상을 보는 방식을 바꾸게 될 것이기 때문이다. 그리고 이런 이해는 추상이 사회적으로 세상을 바꿀 수 있다는 아이디어 이상으로 어떻게 예술과 과학이 서로 도우며 함께 발전할 수 있는지에 관한 나 자신의 관점에도 부합한다. 기이하게도 갈릴레오 식의 3부 대화체 형식으로 기술된 몬드리안의 이런 아이디어들은 1919년에 네덜란드에서 처음으로 출판되었는데, 주로 순수하게 시각적인 문제들만을 다루는 것처럼 보이며 회화가 우리에게 무엇을 해줄 수 있을지에 대해서는 별로 이야기하지 않는다. 그럼에도 기하학적 격자무늬로 이루어진 몬드리안의 가장 유명한 작품 〈브로드웨이 부기우기$^{\text{Broadway Boogie-Woogie}}$〉는 어떻게 추상적인 격자무늬가 뉴욕 스타일의 신나는 재즈와 스윙의 세계, 신호등 불빛과 소음, 땀을 그려내는 이미지가 될 수 있는지에 대한 예로 항상 거론된다. 완전히 새로운 세상을 대표하는 인간이 만든 기계 도시의 근대성을 흥미로운 색깔의 분사로 표현한 것이다.

예술을 그 시대의 상징으로 이용하는 것은 매혹적인 일이다. 그러나 당신이 한 작품에 대해서 안다고 생각하는 모든 것을 다 벗겨내고 그저 그것을 그 자체로 바라보려고 애쓰면, 본다는 행위의 가치는 어쩌면 더 진실로 명확히 나타날 것이다. 기하학은 예술이 아니며, 수학은 아름다움의 형식화가 아니다. 몬드리안의 이미지는 모두 너무도 명백하고 반듯했기에, 나는 몬드리안이 글을 쓰는 방식을 접하고는 놀랐다.

자연에서 기하학적으로 나타나는 것들은 모두 기하학에 적합한 내적 성질을 유연하게 공유하고 있다. 그런데 기하학적인 것은 곧은 것이나 구부러진 것 어느 쪽으로도 현시될 수 있다. 곧은 것은 보다 '자연적인' 굽은 것이 최고조로 팽팽해진 경우에 해당한다. 별들로 뒤덮인 이 하늘 아래에는 식별 가능한 많은 곡선들이 존재한다. 이런 많은 곡선들은 여전히 '자연적인데', 이런 자연스러움을 격파하고 그 내부의 힘을 유연하게 밖으로 끌어내기 위해서 곧은 성질을 증강할 것이 요구된다. 예술에서든 단순히 의식적인 사고에서든 우리는 '굽은 것을 곧은 것으로' 돌려야만 한다.

우리는 이 모든 순수한 형태들을 머릿속에 지니기 위해서 도움이 필요하다. 그리고 이런 형태들은 오래전 플라톤이 바랐던 것처럼 항상 본디부터 존재해온 것은 아니다.

몬드리안은 세상을 조금 더 인간적이면서 조금은 덜 자연적인 것으로 만들기를 원한다. 그는 우리를 진화된 세상의 나머지 구성원들에게는 너무도 낯설게 보일 격자무늬로까지 멀리 밀어붙인다. 실로 그의 접근법은 세상에 영향을 끼쳤다. 그가 그렇게 능란하게 그려내고 제시한 형태들이 오늘날 건축, 그래픽, 전자디자인 분야에서 사용되고 있으니 말이다. 우리는 이것들에 너무도 익숙해진 나머지, 어떻게 한 인간이 형태를 이런 한계 수준으로까지 밀어붙였는지에 관한 문제는 쉽게 잊어버리곤 한다. 그는 곧은 것이 굽은 것보다 낫다는 단순한 관념을 밀어붙여 한계점에 다다랐으며, 시각디자인에서 고전적인 기술인 형식, 구상, 색채만을 이용하여 이런 아이디어를 실제 예술로 만들어내기에 이르렀다. 몬드리안이 추상예술을 존재 가능한 가장 '구체적인' 예술이라고 생각했다는 점은 언급할 만한 가치가 있을 것이다. 그가 이런 말장난으로 의도한 것은 무엇인가? "새로운 인간은 유연하게 세상을 보는 법을 배우게 될 것이고, 굽은 것을 틀어 곧게 만들 것이다. 외부가 내부의 이미지가 될 것이다." 정신의 작동에 관한 도해가 만들어질 거라고? 오늘날 가장 완결된 의식도 다른 재현 방법을 요구하지만, 우리는 분명히 몬드리안의 직선형 꿈과 그 꿈을 묘사하기 위한 그의 노력에 빚진 부분이 있다.

그리고 앙상한 선과 색만으로도 대단히 많은 것을 의미할 수 있다! 아메데 오장팡Amédée Ozenfant이라는 복잡하지만 시적인 이름의 인물은 르 코르뷔지에Le Corbusier와 함께 순수파라고 불리는 예술운동을 창시했다. 순수파는 입체파 내에 잠재한 모든 장식적인 성질들을 다 걷어내고 자연의 핵심에 있는 보다 근본적인 형태로 돌아가고자 했다. 한 사람의 예술가로서 오장팡은 톰프슨의 글에 등장하는 공감을 불러일으키는 과학적 가능성들에 깊이 감명받고 거의 숭배하다시피 톰프슨의 글에서 즐거움과 아름다움을 찾아냈다.

> 벌은 자기 집을 명확한 기하학적 구조로 짓는다. 그러니까 해법은 연속되는 형태 속에서 명료해진다. 예를 들어, 파동은 공식화해서 방정식으로 정리할 수 있는 곡선에 따라 퍼진다. 또 기둥머리는 이오니아의 소라껍질처럼 구부러든다. 이런 것들은 감각과 정신을 즐겁게 해준다. … 세상은 기하학적인가? 기하학이 인류가 손에 쥐고 있는 모든 것을 연결해주는 실마리인가? 아니면 뇌를 이끄는 법칙이 기하학적이어서 오로지 그 기하학적 기본 요소에 들어맞는 것만 감지할 수 있는 것일까?

오장팡이 현명하게 간파했듯이, 또한 수학적 형태는 모든 예술 분야에서 가장 기초적인 언어가 된다. 우리는 자연이라는 아수라장에서 모양, 각, 선, 만곡에 기초한 독립체들을 발견한다. 우리는 구조에 대해 알기 때문에 예술을 할 수 있다. 오장팡은 묻는다. 벌은 구조에 관해 아는가? 벌은 구조를 만든다. 그래야만 한다. 벌에게는 선택권이 없다. 그러나 우리 인간은 구조를 이해하고 범주화하며 감상할 줄 아는 종이다. 우리는 자연의 형태를 관찰과 과학이라는 학문을 통해서 찾아낸다. 이 과정에서 어마어마한 양의 자료가 축적되지만, 우리가 이 많은 자료를 명확하고 아름답게 종합할 방법을 항상 아는 것은 아니다.

광시곡 풍의 언어로 도배된 책의 낱장마다에 담긴 내용들은 우리에게 창조할 것을, 우리가 발견한 아름다움에 관한 모든 규칙들을 훌륭한 예술로 바꿀 것을 간청한다. 내가 하도 읽어서 닳아버린 오장팡의 성명서 『현대 예술의 성립Foundations of Modern Art』에 실려 있는 빛바랜 흑백 이미지들은 모더니즘을 경이로운 것으로 만들어준다. 모더니즘 하나만으로도 우주의 다층적인 질서를 이해할 수 있게 해주기 때문이다. 블로스펠트^{Blossfeldt}의 관능적인 사진들 역시 그렇다. 서서히 움츠린 몸을 펴는 양치식물, 헤켈 풍의 완벽한 형태를 뽐내는 규조류, 은하수, 얇은 막을 그리며 동심원으로 퍼지는 물결, 비행선의 내부를 장식하는 나무 널판, 달처럼 머나먼 곳에 있는 둥근 분화구. 구름을 갉아먹는 에펠탑에 이르기까지. 무한한 사진영상의 시대가 시작된 것이다. 순수한 형태가 가진 거대한 진실성을 받아들이는 예술만이 이 모든 맹습의 의미를 이해하는 유일한 방법이었으며, 이런 의미의 예술은 벌써 1920년대에도 과부하 상태였다. 만약 오장팡이 인터넷으로 검색을 하면서 이미지라는 것을 생각했다면 무슨 생각을 했을까? 아마도 정보의 과부하 현상은 언제나 존재해온 것인지도 모른다. 순수예술은 "수단의 최적화로부터 제기된 최대한의 효율성, 강렬성, 품질에 관한 것이다. … 그 무엇도 로켓보다 더 서정적이며 더 정확한 것은 없다. 그런 의미에서 예술에도 그와 같은 불가피성이 반드시 존재해야 한다. 창조라는 작업과 관련된 모든 것은 이런 문제들에 대한 순수한 해법으로서 반드시 존재해야만 하고 또한 반드시 그렇게 나타나야만 하는 것이다. 대단히 어려운 일이다! … 예술은 인간 노고의 정점을 이루는 것이다."

감정을 고양시키고 마음을 울리는 오장팡의 작품에 대한 결론은 그것이 예술에 바치는 찬가가 아니라 과학에 바치는 찬가라는 것이다. 그는 과학만이 '종합'을 위한 최대의 수용 능력을 갖고 있으며, 이것이야말로 우리가 경이로움 속에 입을 떡 벌리게 만드는 능력이라고 생각했다. 우리는 꿈을 크게 꾸어야 한다. 우리에게 우주와 인간을 이해할 수 있는 능력이 있다고, 감히 소망해야 한다. 우리는 오직 예술과 과학의 창출을 통해서만 근대적이 될 수 있다. 형태들이 이루는 조화 그리고 그 너머에 존재하는 수많은 가능성들의 거친 경주. 이 모두를 아우르는 형태의 가장 기본에 대한 질문은 인간이 던질 수 있는 가장 깊이 있는 질문이다. 인간은 예술과 과학을 통해 바로 이런 질문들을 이해하기 위한 탐험을 하며 스스로를 격상시킨다.

　이런 글을 읽노라면 나는 자꾸 뭔가를 계속 창조하고 싶은 욕구를 느낀다. 더 많은 일을 하고 더 큰 꿈을 꾸며 더 멀리 나아가고 싶어진다. 이런 꿈은 필연적으로 보이지만, 때로는 낡은 꿈으로 보이기도 한다. 20세기 중반 세상을 뒤덮은 공포는 도덕성과 자유를 한계까지 밀어붙인 폭력과 함께 순수한 표현만으로는 우리를 구원할 수 없음을 드러냈다. 예술이 인간의 가장 심각한 해악들을 치유할 수 있으리라는 믿음에는 너무 순진한 구석이 있다. 오늘날에도 우리 주변의 몽상가 중에는 다음과 같은 상상을 하는 이들이 있다. 미래에는 우리 인간이 이런 해악을 치유하기 위해서 어떤 가상 디지털 세계가 제공하는 생생한 정보로 사람들을 걸러내거나, 아니면 이런 모든 형식적 사고의 차가움으로부터 돌아서서 보다 단순하고 조화롭게 지구와 더불어 살 수 있는 길을 택할 것이라고 말이다. 요즘은 모든 것을 적당히 끼워 맞추려는 경향이 있어서 이미지 사이의 거친 유사성이 끼어들 여지가 많다. 그러나 나는 우리가 다시 한번 우리 눈에 보이는 모든 것들을 형식, 모양, 구성의 기본 법칙들에 의거하여 범주화하고 질서를 부여하며 이해하려 노력하는 중이라고 생각한다. 우리는 온라인상의 이미지들을 잘 조직된 방식으로 추려내서 확인하고 처리하기를 원한다. 또한 우리는 엄청난 속도로 끝없이 쏟아지는 이미지, 소리, 영상을 이해하기 위한 어떤 길을 제시해주리라 기대하며 미학을 갈망한다. 우리에게는 우리 자신에 대한, 우리가 사는 이 자연이라는 세상에 대한, 너무도 선명한 고화질이어서 오히려 가짜같이 생각되는 그림들이 있다. 흐릿한 무성영화를 처음 봤던 사람들도 똑같이 느꼈을 것이다. 우리는 우리에게 익숙한 것, 지나온 역사라는 것에 구속되게 마련이다.

미학이라는 분야에는 항상 일반화 논리가 넘쳐난다. 그리고 이런 일반화 논리는 종종 너무 쉽고, 너무 일반적이며, 그들의 확실성을 너무도 자신하면서 으스대는 것처럼 보인다. 또한 그 어떤 훌륭한 결과를 보장해주지 않음에도 연구하고 또 느껴야 할 규칙들이 있으며 그 단순한 규칙 위에서 모든 예술이 서로 맞아떨어진다고 확신하는 것처럼 보인다. 이런 규칙들은 살짝 회피하거나 최소한 조금 머릿속에서 누락시켜도 괜찮다.

예술적 표현은 얼마만큼 수학적이고 정확할 수 있을까? 한때 바우하우스 집단과 교류했던 스위스 출신 예술가 막스 빌$^{Max Bill}$은 몬드리안으로부터 크게 영감을 받아 독자 노선을 개척하면서 그가 '구체예술$^{concrete art}$'이라고 명명한 미학을 발달시켰다. 구체예술은 직사각형으로 이루어진 격자무늬만이 아니라 순수한 원, 각, 색채에 기초하고 있다. 빌은 진실로 그런 순수한 형태에는 뭔가 궁극적이고 영적인 것이 있다고 생각했다. 그리고 그런 순수성 속에는 궁극적으로는 자연적인 것이 아니라 오히려 인간적인 것이 담겨 있다고 생각했다. 그런 그의 생각에 따르면 구체예술은 "인간의 영혼에서부터 기대되어 마땅한 날카로움, 명료함, 완벽함을 지녀야 한다." 오장팡의 순수파에 대한 설명과 매우 유사하게 들리지만, 오장팡이 동작에 호소하면서 강렬하고 흥분되며 근대성이 낳을 수 있는 온갖 훌륭한 이미지로 충만하다고 한다면, 빌은 그와 유사한 엄청난 수준으로, 진정으로 단순하고 정교한 것을 추구한다고 할 수 있다. 실제로 빌의 가장 유명한 작품들은 원, 색, 선의 순수한 정렬로 이루어져 있다. 일례로 1930년대 중반에 제작된 〈하나의 주제에 의한 15개의 변주$^{Fifteen Variations on a Single Theme}$〉라는 제목의 한 연작은 하나의 등변삼각형이 팔각형으로 진화해가는 과정을 그리고 있다.

〈하나의 주제에 의한 15개의 변주〉는 알베르스가 색채 이론을 가르치기 위해 디자인한 겹쳐지는 사각형 그림만큼 미니멀하지는 않지만, 수십 년 후에 나타날 추상표현주의의 미니멀리즘보다 훨씬 더 도해에 가까울 뿐 아니라 더 순수한 형태를 지향하는 느낌이 든다. 빌의 작품세계는 이런 형태의 아름다움으로 보는 이를 유혹한다. 이를테면 그런 형태들이 당신을 끌어들인다고나 할까. 그러나 그것은 여전히 미술작품이라기보다는 수학적 도해처럼 보이는 것이 사실이다. 빌의 작품에 등장하는 형태는 자연에 존재하는 형태가 아니다. 그것은 형식으로서의 형태라고 할 수 있다. 말하자면 헤켈이 그린 가장 대칭적인 방사충 삽화 중 하나로부터 끌어낼 수 있을 법한 이미지이다. 여기에는 훨씬 더 많은 수학적 비율의 상호작용이 존재한다. 기하학 책의 삽화로 쓰여도 아무런 위화감을 느낄 수 없을 이런 이미지들에는 그 자체로 순수하게 아름다운 뭔가가 있다. 어쩌면 이런 이미지들은 정말 그런 것이 있음을 증명하는 근거일 수도 있고, 혹은 그런 것은 없음을 예시하는 것일 수도 있겠다.

이렇게 반음계적 리듬과 비율의 상호작용을 드러내 보이는 것은 수학의 순수한 아름다움 또한 예술의 한 형태라고 주장하는 것과 같다. 빌이 사용한 수학은 그렇게 복잡한 것은 아니지만 몬드리안이나 클레가 다루었던 것보다는 훨씬 정교한 것이었다. 1949년, 빌은 그의 생각 중 가장 대담한 내용의 주장을 펼치기에 이른다. 수학에 기초한 새로운 종류의 예술의 가능성을 점친 것이다.

이처럼 경계선상에 놓인 표본에 해당하는 작품들은 우리 시대의 기술적 감수성을 표현하는 새로운 형식 언어를 찾는 과정에서 입체파의 서부 아프리카 토속 조각상의 '발견'만큼이나 중요한 수준의 것이다. 비록 그것들 모두 유럽 현대 예술로 직접 병합하기에는 적절하지 않았지만 말이다. 그것들의 영향은 구성주의^{constructivism}라는 이름으로 알려진 용어로 그 첫 번째 결과물을 내놓았다. 구성주의는 수학의 안내에 따라 기계 설계용 청사진, 항공 사진, 기타 이와 유사한 것들처럼 새로운 재료의 사용과 함께 더 큰 발전을 위해 필요한 장려책을 제공했다. 수학 역시 구성주의의 등장과 거의 같은 시기에 진화상 새로운 단계에 막 다다른 참이었다. 논리적으로 명백해 보이는 많은 추론들의 증거를 더 이상 증명할 수 없게 되고, 상상력이 이해 불가능한 것임을 밝히는 정리들이 발표되었다. 비록 인류의 이성의 힘이 아직 그 사슬의 끝자락에까지 이르지는 못했다고 하더라도, 어떤 시각적 매개체의 도움이 명백히 요구되기 시작한 시점이었던 것이다. 그리고 종종 이런 경우는 예술의 개입이 도움이 될 수 있다.

수학 분야 역시 새로운 형상화의 필요를 느끼고 있었다. 지난 몇 세기 동안 기하학 책을 수놓았던 단순한 형태 이상의 뭔가가 필요했다. 예술은 이제 재현의 최전선에서 형식과 패턴의 범위 전체를 시각화하는 새로운 역할을 맡을 수 있게 되었다. 빌은 예술이 비유클리드 기하학이나 불확실성을 다루는 새롭고 어려운 수학 분야를 풀이하는 역할을 떠맡기를 바라지는 않았다. 아니, 그가 원한 새로운 종류의 예술은 오히려 "끝없이 변화하는 관계, 추상적인 형태의 리듬과 비례에서부터 나온 의미 있는 패턴들을 쌓아 올린 것으로서, 각각은 그 자신만의 인과관계를 가지면서 그 자체로 하나의 법칙에 버금가는 의미를 지니는 것"이었다. 헤켈과 톰프슨을 도취시켰던 형식과 대칭에 대한 단순한 감각만으로는 충분하지 않다. 빌은 예술을 오직 한쪽 면만 가진 뫼비우스의 띠로 만들고 싶어 한다. 내부가 곧 외부인 클랭의 병처럼 평행선이 존재하지 않는 세상으로 만들고 싶어 한다.

유클리드 기하학은 현대 과학에서와 마찬가지로 현대 예술에서도 이제는 제한적인 유효성밖에 가지지 못한다. … 인류의 일상적인 필요와 사물 사이에는 명백한 연관관계가 없다. 모든 수학적인 문제를 둘러싼 신비, 우주의 불가해함이 그러하듯이. … 그러나 비록 이러한 환영들이 예술가의 내적 시각을 주마등처럼 스쳐 지나간 허구의 산물에 불과해 보인다 해도, 이 환영들은 분명히 잠재적인 힘의 표출이기도 하다. 우리는 무의식적으로 일상생활에서 이런 힘들과 씨름하는데, 그것은 활동적일 수도 비활동적일 수도 있고, 뻔히 알려진 것이 있는가 하면 아직 발상 단계에 있거나 고려조차 되지 않은 것들도 있다. 실상, 인간이 만든 시스템과 모든 자연의 법칙에 깔려 있는 행성들의 음악은 바로 우리의 분별력 [안]에 있는 것이다.

그는 형식을 아름다움이라 명명할 것을 요구했지만, 새로운 형태들은 생명의 진화에 바탕이 되는 단순한 모양들 너머에 존재한다. 그는 평론가들이 그가 예술을 철학으로 만들려고 한다며 비판하지는 않을까 걱정했지만, 수십 년 뒤 평론가 단토가 꾀한 것이야말로 정확히 바로 그것, 예술을 철학으로 만드는 것이었다. 예술은 오직 정신만이 알아볼 수 있는 자연의 규칙과 힘들을 시각화해내야 한다. 그러나 빌이 추구한 예술이 우리가 자연에서 보는 것들을 있는 그대로 시각화한 것은 아니다. 빌이 추구한 예술상®은 인간 정신의 내면으로부터 마법처럼 끌어낸 그 무엇이다. 그는 아이디어 자체가 회화가 되는 세계로 진입하고 있었다.

말년에 이르러 빌은 다소 부드러워졌다. 그는 예술이 진실로 구체적이기 위해서는 논리적인 방법을 사용해야 한다고 말하고 있다. 그러니까 엄격한 수학적 방법을 사용해야 한다고 말하지는 않았다. 이런 말은 그저 교활한 말장난에 불과한 것일까? 빌은 여전히 색으로 채운 사각형이나 평면,

반짝이는 금속으로 만든 계획된 곡선들같이 다수 감상자들의 눈에는 추상 예술로 보일 법한 형태들을 다루고 있었다. 실제로 빌은 우리 시대처럼 이렇게 너무도 복잡한 시대에 예술을 하기 위해서는 스스로에게 제약을 가해야 한다고 주장했다. 스트라빈스키Stravinsky 역시 똑같은 주장을 음악 분야에서 했지만, 스트라빈스키가 제약을 설정한다고 했을 때 의미한 것은 감정적 표현을 염두에 둔 것이었지 미니멀한 순수 형태들을 의미한 것은 아니었다. 빌은 몬드리안 이래로 "모든 개별적인 양식 표현을 폐기하려는 급진적 시도"가 이루어져왔다고 믿었다. 그가 이런 표현을 쓴 것은 1960년의 일로, 사실 그것이 당시 예술계에 존재한 유일한 추세였던 것은 분명히 아니다. 그럼에도 불구하고 과거에 대한 거부가 어쩐지 뭔가를 청산하고 정화하는 명상적인 행위를 의미하는 것처럼 보였던 것도 사실이다. "그 어떤 환원도 지나치게 극단적이라 할 수 없다. … 미적 성질들은 궁극적으로는 새로움의 거부로 절정을 이루는 최극단의 환원 상태, 최극단의 객관성으로 침잠하기 시작하고 있다."

그는 화면을 온통 검정색으로만 채운 다른 사람들의 그림이나 순수한 충격이라는 가치를 위해 모든 미적 가치관을 배제하려는 시도 같은 것을 지지하지는 않았다. "예술은 개개의 표현과 독창성이 구조라는 질서의 원칙 아래에서 스스로를 포괄할 때에만, 그리고 스스로를 포괄하기 때문에 생겨날 수 있는 것이다." 빌은 생의 마지막까지 자신의 형식적 원칙을 아름다운 예술작품으로 구현하면서 구성주의자로 남았다. 반면, 클레나 스트라빈스키는 구조와 규칙에 대해 논하는 저작 속에서는 훨씬 더 극단주의자로 보이지만, 거칠고 자유분방한 작품세계로 우리를 한 방 먹이곤 한다. 그에 비해 빌의 작품세계는 그만의 냉철함을 지키며 시각적으로 말하고자 하는 바가 선명하고 뚜렷하다.

수학이 미학에 얼마나 도움이 되리라 기대할 수 있을까? 1920년대에 조지 버코프$^{George Birkhoff}$는 미학을 그가 "미의 척도$^{aesthetic measure}$"라고 이름 붙인 하나의 단순한 방정식으로 줄여보고자 했다. 그 방정식은 단순해서 거의 하나의 아이콘으로 기억될 만하다. M=O/C. 즉, 미의 척도^{Measure}는 질서^{Order}를 복잡성^{Complexity}으로 나눈 값이다. 이 방정식은 다양성에 대한 통합성, 혼란에 대한 균형, 대칭에 대한 비대칭, 또는 18세기 프랑스 헴스테르호이스^{Frans} ^{Hemsterhuis}의 아름다움에 대한 정의처럼 "최소 시공간의 최다 아이디어"에 대한 일상의 미학적 요구를 수량화하려고 시도한 시시한 예로 보일 수도 있을 것이다. 그러나 버코프는 정말로 이 방정식을 적용하여 아름다움을 측정해보기를 원했다.

미적 느낌은 주의를 끄는 것에서부터 시작한다. 버코프의 뇌 모델은 1930년대 과학계에 통용되던 뇌 모델과 같다.

청각적·시각적 중추에 영향을 미치는 신경 전류의 상호 보완적인 부분을 살펴보자. 이 부분은 물체로부터 유래한 감각을 불러일으키며, 거기서부터 퍼지면서 연관된 다양한 아이디어들과 수반하는 느낌들을 함께 끌어낸다. 이러한 감각은 그와 연관된 아이디어 및 수반하는 느낌과 더불어서 한 물체에 대한 전체적인 지각을 구성한다.

결정적인 미적 요소들은 바로 이러한 연관관계 속에서 발견될 것이다.

버코프는 직선으로 둘러싸인 다각형이 이런 방정식을 적용하기에 가장 용이함을 발견하고 이런 모양들의 평가에서부터 시작한다. 하나의 다각형은 좌우대칭, 회전대칭, 평형성과 함께 하나의 타일로 연쇄적으로 사용이 가능한지, 복잡성에도 불구하고 측정이 가능한지 여부와 같은 성질을 지닌다. 또한 아마도 '불만족스럽다'라고 말할 수 있을 형태도 있을 것이다. (가령, 한 꼭짓점에서 다른 꼭짓점까지의 거리가 너무 가깝거나 다각형의 내각이 0도 혹은 180도에 지나치게 근접한 경우, 또 너무 여러 방향으로 뻗어 있는 경우라든가 우묵하게 파인 부분이 너무 많거나 '이유 없이 오목한 변들'이 있는 경우가 그렇다.) 복잡성이라는 것 또한 사실은 단순하다. 이 경우에는 변이 몇 개냐 하는 문제일 뿐이다. 버코프에 따르면 정사각형이 가장 높은 점수를 받게 되고, 직사각형과 삼각형이 뒤를 잇게 된다. 별 모양은 낮은 점수를 받게 되고 불규칙한 부등변 사각형은 이보다 더 낮은 점수를 받게 된다. 버코프는 컬럼비아 대학교와 하버드 대학교의 학생들을 대상으로 그가 작성한 90개의 다각형 목록을 실험해봤는데, 어떤 다각형의 점수가 높고 낮은지에 대체로 서로의 의견이 일치하는 것처럼 보였다. 그러나 그들이 의견의 일치를 본 것은 수학적 아름다움인가 아니면 미학적 아름다움인가? 단순한 수적 접근법은 너무 간단해 보이지만, 또한 그런 접근법만의 매력이 존재하는 것도 사실이다. 더글러스 애덤스Douglas Adams의 표현처럼 삶의 의미가 정말로 42라는 숫자라면 멋지지 않겠는가? 단수형으로 전체whole를 표현하는 과학계에 대한 풍자처럼 말이다.

버코프는 음악에도 이 방정식을 적용해봤다. 이에 따르면 장조 화음은 단조 화음보다 목록에서 더 높은 위치를 점하게 되고, 음계 안에 올림표가 붙은 음이 4개 있는 리디안 선법의 화음보다도 역시 더 높은 위치를 차지한다. 심지어 문화에 따라 서로 다른 종류의 음계를 선호함을 암시하는 음악적·문화적 다양성의 존재에도 불구하고, 음악심리학자들과 기대 선율 이론가들은 버코프의 주장과 똑같이 보편성이 존재한다는 주장을 오늘날에도 펼치고 있다. 그들은 스스로를 방어하면서 말하기를, 이것들은 카오스에 맞선 질서의 특정한 균형 상태를 보편적이고 공통되게 호소하거나 무시하는 반응으로서, 이것들 사이에 존재하는 차이는 어디까지나 방법상의 차이일 뿐이라고 주장한다. 버코프는 그의 단순한 방정식으로 예술작품의 복잡성을 고찰하고자 가능한 모든 방법을 시도했다. 물론 하나의 숫자가 천재성이나 궁극의 예술적 아름다움을 설명해주지는 않을 것이다. 그러나 그것은 우리가 1933년 당시에 뇌가 작동한다고 생각했던 방식대로 뇌를 단순화시켜서 뇌에 작용한다고 생각된 소위 근본 비율에 대한 단서를 제공해준다. "대개 그림에 나타나는 '복잡성'은 너무나 커서 전체를 이루는 장식들을 하나씩 개별적으로 감상해야만 하는 장식 패턴과 유사하다." 그래, 어쩌면 그럴 수도 있겠다. 어쨌거나 형식에 대한 감각은 사람들의 주의가 왜 하필이면 특정 예술작품에 더 쏠리는지 설명하기를 원하는 자들로부터 대개 얻어진다는 점에서 버코프의 주장은 타당성을 갖는다. 버코프는 예술가가 그가 "퍼즐 맞추기 식 예술"이라고 부르는 것을 만들어내지 않도록 예술이론을 예술 작업에 직접적으로 적용하는 것을 경고한다. 일례로 M. C. 에셔Escher의 작품은 어떤 미적 기쁨보다 작품이 전하고자 하는 이론이 훨씬 도드라진다. 그러나 비율과 숫자 그리고 모양, 형식 더 나아가서는 자연의 진화로 나타난 디자인에 관한 많은 비밀스러운 설명에서 가장 놀라운 것은, 당신은 그것을 이해할 수도 이용할 수도 없다는 사실이다. 당신은 단지 최초의 미적 경험으로부터 그것을 끌어낼 수 있을 뿐이다.

어떤 규칙도 창작은 정확히 어떻게 해야 하는 것인지 일러주지 않는다. 그리고 이것이 왜 현대 예술에 지금까지 서술한 것과는 반대되는 경향이 존재하는지, 거친 표현성과 형식적 원칙을 일견 거부하는 것 같아 보이는 운동이 벌어졌는지에 대한 설명이 될 것이다. 대중적 시각에서 보면, 워홀이 단토의 '철학으로서의 예술'이라는 주장의 양자쯤 된다고 한다면, 폴록은 현대 예술의 '나도 그쯤은 할 수 있는데'라는 유파의 상징적 존재쯤 된다고 할 수 있다. 흩뿌린 물감이라……. 그림을 그리기 위해 딱히 뭔가를 익힐 필요도 없는 난장판이지 않은가? 수세대에 걸쳐 예술평론가들은 회의적인 대중에게 왜 폴록이 의미가 있는지를 설명하려 애써왔고, 폴록의 그림을 꼼꼼히 들여다보는 수고를 한 이들은 종종 그런 평론가들의 설명을 받아들였다. 그러나 폴록 역시 회화의 형식에 관한 20세기 초반의 여러 아이디어에 매우 큰 영향을 받았다는 사실은 극히 최근에 들어서야 알려지고 있다.

20세기 들어 예술은 시각적 제약을 그 한계까지 밀고 나갔다. 그리고 우리는 그 밀고 나간 방향들에 대한 우리의 개방성이 실재하는 세계를 전과는 다른 방식으로 인지하게끔 이끌었는지에 대해서 검토해볼 필요가 있다. 폴록의 작품은 그 극단적인 형식 속에 추상회화의 맥시멀리스트적인 감각을 구현한 전형적인 예이다. 난장판으로 흩뿌린 물감의 폭주는 많은 사람들을 당혹시키지만, 동시에 더 많은 사람들을 유혹하기도 한다. 폴록의 그림은 거친 에너지와 광적인 추상화, 바닥에 내려놓은 캔버스에 야단스럽게 쏟아놓은 물감더미로 상징된다. 이런 불협화음투성이의 폴록의 작품이 대체 자연의 형태에 대해 무슨 이야기를 할 수 있을까?

놀랍게도 폴록이야말로 우리가 하려는 이야기에 딱 들어맞는다. 그는 제한적 사실주의, 수수한 색채, 중요 인물들을 그린 기록화로 알려진 토머스 하트 벤턴에게 수학했는데, 벤턴은 파리에서 미학자인 윌러드 라이트와 어울리며 싱크로미즘이나 순수파 같은 예술운동들이 발표한 성명서를 읽고 그 원칙들에 대해 토론하곤 했다. 벤턴과 라이트는 모두 밝은 색채, 형식 그리고 리듬에 깊은 인상을 받았다. 자, 그렇다면 이 모두를 어떻게 이해할 것인가? 라이트는 어떻게 이 모두가 리듬, 패턴, 균형을 이루면서 서로 들어맞아야 하는지를 설명한 웅대하고 통합적인 내용의 예술 성명을 냈다. 그리고 벤턴은 라이트의 원칙을 보다 특정하여 그가 교편을 잡은 예술 학생 동맹Art Students League에서 활용했다. 폴록은 1930년대에 벤턴의 학생이었으며 그와 가까운 친구가 되었다.

실제 작품 활동을 하는 예술가로서, 벤턴은 이론은 단지 이론일 뿐임을 잘 알고 있었다. 그는 1926년부터 1927년까지 2년에 걸쳐 《예술Arts》지에 5부 연작으로 논설 「회화에서의 형식 조직에 관한 역학Mechanics of Form Organization in Painting」을 차례로 발표했다. 벤턴은 이 글에 담긴 내용의 대부분은 "사색을 통해서가 아니라면 직관적으로라도 모든 지적인 예술 분야의 현역 종사자들에게 알려져 있다."고 말한다. 거의 자명해 보이지만, 한편으로는 작가와 예술가들이 여전히 명료하게 언술할 필요를 느끼는 그것. 그것은 우리가 지금껏 이 장에서 살펴본 폭넓은 미학적 성명들과 종종 함께 모습을 드러내기도 한다. 좋은 것과 나쁜 것을 구별할 수 있도록 돕는 시스템에 대한 욕구는 늘 존재하는 까닭이다. 미학은 우리를 좌절시키며, 대중적이지도 않고, 때로는 흥을 깨기도 하지만, 우리는 아직도 그러한 미학적 원칙이라는 것이 존재한다고 믿고 싶은 것이다.

벤턴은 라이트의 미학적 리듬에 관한 원칙들을 취해서 그것을 명쾌하게 밖으로 끌어냈다. 한 그림의 여러 부분들은 일종의 평형 상태라고 할 수 있는 시각적 균형을 이루어야 한다. 만약 작품이 너무 정적이라면, 우리는 그 앞에 오래 머물려고 하지 않을 것이다. 성공적인 예술작품은 흥미로운 사색을 끌어내야 한다. 감상자의 눈을 움직이게 하고 작품을 탐구하게 만들어야 한다. 선은 정적인 요소로 보일 수도 있겠지만, 선이 하나의 이미지 속에서 제 역할을 하기 위해서는 올바른 몫만큼의 질서를 드러내면서 동시에 움직임을 불러일으켜야 한다. "동적 균형은 비대칭적이다. 평형 상태는 부분들이 완벽히 정반대로 정렬한 상태를 향해 나아가지만 결코 그에 이르지는 않게 만드는 일련의 변화와 그에 대한 역변화로 이루어진다." 아, 그러니까 보다 나은 예술작품은 정확히 대칭적이지는 '않다'는 것이다. 그렇다면 이것은 더 대칭적인 예술, 그러니까 특히 헤켈의 영향을 받아 디자인한 비네의 작품 같은 것들은 미술이라기보다는 장식으로 이해해야 한다는 생각에 대한 동의의 표현인가?

20세기 예술은 대칭과 모호한 관계를 유지해왔다. 가장 수학적으로 영감을 얻은 예술조차도 완벽하게 대칭적인 경우는 드물다. 만약 뭔가가 예술이라고 한다면, 그것은 디자인이어서는 안 된다. 벤턴의 논설 1부에 삽입되어 있는 도해는 이 점을 명백히 시사한다. 하나의 구조가 예술의 형식을 위한 좋은 기초가 되기 위해서는 불균일성이 중심이 되는 축이 최소한 하나는 필요하다는 것이다. 이것은 대칭을 사랑하는 자연은 보다 고차원적인 의미에서는 아름답지 않으며 단지 장식적일 뿐이라는 의미인가? 분명히 성선택의 결과는 종종 장식으로 거론된다. 그러나 자연을 바라보는 또 다른 시각은 자연에서 발견하는 모든 것들은 항상 조금은 불균일하다는 사실을 인정한다. 사실, 순수한 대칭은 실재하는 변화무쌍한 외부 세계보다는 그 세계를 훨씬 간단한 규칙들로 걸러내는 인간 정신의 추상화 과정에서 가장 분명하게 드러난다.

벤턴의 도해는 반드시 순수한 추상을 위한 길잡이로 제시된 것은 아니었다. 그것은 보다 사실주의적인 그림들의 뿌리에 있는 형태와 리듬을 보여줄 의도를 갖고 있었다. 벤턴의 도해는 마치 고대의 춤동작을 기호화한 것처럼 보이기도 하고, 실험적인 음악에 대한 단상을 표현한 그림이나 정확성과 자유분방함 사이에서 쾌락을 불러일으키는 균형을 찾고자 하는 낙서 정도로 보이기도 한다. 그가 늘어놓은 이런 시각적 자료들 사이의 상호작용에는 정형화를 피하고자 하는 노력이 보이지만, 한편 그 핵심에서는

그림 20 토머스 하트 벤턴이 추상화에 대해서 가르친 예

여전히 디자인적인 요소를 발견할 수 있다. 그리고 바로 이것 때문에 감상자가 그림에서 재빨리 눈을 돌리지 않고 그림이 무엇을 표현했는지 알아내겠다고 결심하고, 알아낸 후에야 비로소 넘어가게 되는 것이다. 감상자의 눈은 필히 즐거움과 놀라움을 경험해야 한다. 예술이라면 시각적으로 너무 뻔해서는 안 된다.

벤턴은 이어지는 논설에서 어떻게 색의 이용과 3차원 형태의 추상화가 그림을 눈에 띄게 만들고 더 나아가서는 보다 나은 삶을 낳을 수 있는지를 설명하고자 한다. "심우주적 회화$^{\text{deep space painting}}$"라니 벤턴 같은 사회적 사실주의자의 말이라기에는 다소 거창하게 들리는 것도 사실이지만, 그는 이런 자신의 목표가 당시 유행하던 윌리엄 제임스$^{William James}$의 의식의 흐름 같은 것인지를 궁금해한다. 윌리엄 제임스는 의식의 흐름은 "다른 분야에서는 금지된 관능적이고 신비로우며 감상적인 성향이 아무런 어려움에 부딪치지 않고 활개 치며 막연한 세계를 찾아 더듬어 헤매는 일"이라고 표현한다. 벤턴은 이런 원칙들을 익히며 이렇게 말을 잇는다. 당신이 아는 위대한 예술작품의 외관을 베끼려고 하지 마라. 형식을 파고들어라. 그 기저에 있는 리듬의 구조를 찾아내라. "우리는 전체적 관점의 아래에 있는 선, 중량감 및 양감의 기본 조합을 이루는 논리를 찾아낼 수 있어야 한다." 이런 특징들은 그냥 묘사할 수 있는 성질의 것이 아니다. 이런 특징들을 시각적으로 이해하기 위해서는 도해로 옮겨봐야 한다. 도해로 옮기는 과정은 각 특징이 구성에서 차지하는 역할을 이해하기 위해서 필수적이다. 바로 이 지점에서 벤턴은 스스로 깨닫고 있었든 아니든 간에 그의 학생들에게 추상이라는 세계를 준비해주고 있었다.

과연 폴록의 거칠게 흩뿌린 물감 자국들이 이러한 도해식 연구로부터 실제로 얻은 것이 있었을까? 최근에 나온 헨리 애덤스$^{Henry Adams}$의 책 『톰과 잭$^{Tom and Jack}$』은 바로 그것을 입증해 보이고자 한다. 『톰과 잭』은 폴록의 다수의 훌륭한 작품들이 어떻게 수평으로 놓인 넓은 캔버스 위에서 특별한 방식으로 구성되었으며 리듬 관련 요소들이 적용된 일련의 막대기들의 움직임에 기초하고 있는지를 보여준다. 벤턴은 폴록의 작품 〈파란 막대기들, 번호 11$^{Blue Poles: Number 11}$〉이 오스트레일리아 국립 미술관에 팔린다는 소식을 듣고 친구들에게 이렇게 말했다. "내가 잭에게 가르친 게 저거야!" 많은 사람들의 눈에 벤턴의 스타일과 폴록의 스타일은 대척점에 있는 것처럼 보이지만, 벤턴은 제자인 폴록의 사후에 이렇게 회상하곤 했다. "잭은 절대 아름답지 않은 그림을 그린 적이 없지."

기하학적 예술을 추구하는 경향의 많은 예술가들은 폴록의 예술이 대중의 주목을 받기 훨씬 전부터 그를 높이 평가했다. 실제로 페기 구겐하임 ^{Peggy Guggenheim}에게 폴록을 지원하라고 조언한 사람은 다름 아닌 몬드리안이었다. "저건 그림이라고 할 수도 없잖아요?" 그녀는 몬드리안에게 물었다. "도무지 절제라고는 찾아볼 수가 없군요. 이 젊은이에게는 심각한 문제가 있다고요."

"저는 그렇게 생각하지 않는데요." 이 위대한 예술계의 기하학자는 이렇게 답했다. "제게는 제가 지금까지 미국에서 본 가장 흥미로운 작품입니다. … 이 젊은이에게 주목하셔야 해요."

"농담이시죠." 미국 모더니즘의 초석을 쌓았다고 할 수 있을 이 예술 후원자는 이렇게 외쳤다. "설마 이걸 당신이 그림을 그리는 방식과 비교하시려는 건 아닐 테죠."

"제가 그림을 그리는 방식과 제가 생각을 하는 방식은 서로 별개의 것이니까요." 몬드리안은 이렇게 말했다. 그는 폴록도 자신과 마찬가지로 만물의 너머에 존재하는 어떤 보편성을 좇고 있음을 알아보았음에 틀림없다. 초보자들에게는 폴록의 작품이 카오스처럼 보인다는 사실은 다른 사람들은 아직 알아볼 수 없었던 뭔가를 몬드리안은 알아냈음을 보여준다고도 할 수 있을 것이다.

추상회화의 본질은 외부 세계와는 무관하며, 앞서 언급한 저 거들먹거리는 인간들 사이에서나 오르내리는 모양이니 패턴이니 형태니 하는 것들에 있는 것일까? 폴록은 언젠가 이렇게 말한 적이 있다. "나는 어떤 시대에서 보면 매우 구상미술에 가깝지만, 전 시대를 통틀어서 보면 구상미술에 조금 가까운 편이라고 할 수 있다."

1959년, 한스 나무스$^{Hans\ Namuth}$는 폴록의 가장 중요한 작품 중 일부의 제작 과정을 필름에 담았다. 영상을 확인해보면, 거의 모든 작품에서 폴록이 물감을 떨어뜨리기 시작하는 제일 첫 번째 층에는 인지 가능한 물체의 형상들이 포함되어 있음을 알 수 있다. 이를테면 사람의 머리라든가 어깨, 손가락, 다리, 또는 탁자 아래 누워 있는 개처럼 보이는 것들이 존재했다. 그가 나중에 위에 덧뿌리는 물감들은 벤턴의 도해 접근법에서 끌어낸 이런 대강의 윤곽이 이루는 구상적인 이미지들을 '가리는' 역할을 했던 것인가? 벤턴이 이미 존재하는 작품들을 분석하는 과정을 밟았다면, 폴록은 그런 벤턴의 과정을 역으로 적용했다고 할 수 있다. 어쩌면 그런 구조에 관한 원칙들이 어디까지 나아갈 수 있는지 그 가능성을 보여주고자 했을 수도 있다. 폴록의 〈파란 막대기들, 번호 11〉을 보면서 어떻게 그 작품이 당신을 그림 속 세계로 빠져들게 하는지 보라. 헨리 애덤스와 줄리언 슈나벨^{Julian} ^{Schnabel}은 그 작품을 바라보는 것은 마치 점점이 쏟아지는 햇살 아래 나뭇가지와 이파리가 드리우는 복잡한 패턴의 그림자를 바라보며 숲에 서 있는 것과 같다고 언급하기도 했다.

1950년대에 러시아 심리학자인 A. I. 야르부스^{Yarbus}는 실험 참가자들에게 어두운 색조와 신비스러운 분위기를 띤 I. I. 시스킨^{Shishkin}의 그림 〈숲 속에서 $^{In\ the\ Forest}$〉를 포함한 일련의 그림들을 보여주고 참가자들의 눈에 있는 콘택트렌즈의 움직임을 추적해보았다. 참가자의 눈이 작품 위에서 어떻게 움직이는지를 보여주는 이 실험의 결과 이미지는 폴록의 한 작품과 유사하다. 그 작품은 북부 삼림지대의 사실주의적 묘사 위에 물감을 흩뿌린 것으로, 벤턴 식 도해의 영향임이 명백한 시각적 형식의 흔적이 희미하게 남아 있다. 실제로 우리의 눈은 숲을 그린 그림을 어떻게 보는 것일까? 그림 21은 야르부스가 밝혀낸 그 답을 보여준다.

그림 21 A. I. 야르부스가 눈이 그림을 어떤 식으로 보는지를 분석한 예

눈이 계속 움직인다는 것은 참가자가 흥미를 느끼고 있다는 의미이다. 눈의 움직임을 좇는 이 보고서를 살펴보면 초점이 맞춰지는 몇몇 지점들이 있음을 알 수 있지만, 한편으로는 시각적으로 춤이라도 추는 것처럼 우리의 주의력이 기민하게 그림 전체를 훑으며 지나가기도 한다는 것을 알 수 있다. 이것들은 물론 과학적인 도구에 지나지 않지만, 벤턴의 규칙에 의거한 폴록의 예술적 성취는 이런 과학 실험 결과의 이미지도 예술로써의 잠재력이 있음을 일깨워준다.

이와 같은 눈의 움직임은 일렁이는 자연의 기氣 속으로 우리를 다시금 끌어들인다. 어쩌면 이런 궁극적 추상이야말로 실제로 존재하는 살아 있는 자연이라는 세상을 지적으로 '보기' 위해서 필요한, 그것이 정확히 어떻게 보이는지를 보여주는 지도인지도 모른다. 폴록 이후로 자연이라는 실재하고 생동하는 세상은 완전히 새로운 시각적 질서를 드러내고 있다. 슈나벨의 깨달음처럼 "한 그림의 구체성은 관련된 한 세상을 비춰 보일 수밖에 없다. 그런데 그 세상은 어쩌면 당신이 바라보고 있는 그 그림의 이미지와는 전혀 다른 면모를 가지고 있을 수도 있다. 형식주의 개념은 미학적 순수성이라는 허울 아래 회화에 거짓된 제한을 강요한다." 그래서 예술은 세상

4. 숲 속의 폴록

을 관찰하는 데에 여생을 바친 사람들에게 활용될 때면 항상 세상과 관련을 맺게 된다. 그런 의미에서 폴록이 우리가 세상을 보는 방식을 바꾸었음은 의심의 여지가 없는 일이다.

몬드리안이 폴록의 초기 작품에서 자기 자신의 정신세계를 담은 작품들의 흔적을 알아본 것도 그래서였다. 폴록은 창조적 분열의 섬광으로 사실주의적인 최초의 시작점을 위장하는 것의 가치를 알고 있었다. 물감을 흩뿌리며 그 분열을 그려내는 것은 무엇보다도 물감 그 자체에 관한 것으로 보인다. 우리는 그 물감더미를 바라봄으로써 분열이 시각화되는, 예술 없이는 볼 수 없었던 그런 세상으로 들어가게 된다.

이러한 그림들도 사실주의적으로 스케치한 알아볼 수 있는 몇 개의 사물에서부터 시작했을 수도 있을 것이다. 그러나 여기서 진짜 핵심이 그것인가? 폴록은 추상과 탐구를 통해서 무엇을 시각화할 것이며 또 무엇을 좋아할 것인지에 대한 우리의 감각을 탈바꿈시켰다. 그것이 달리 무엇을 의미할 필요가 있는가? 1961년에 발표된 오넷 콜먼Ornette Coleman의 앨범 〈프리 재즈Free Jazz〉의 표지는 한쪽을 직사각형 모양으로 우묵하게 파서 그 아래로 피 흘리는 것 같은 폴록의 그림이 보이게끔 만들었다. 이 앨범에 담긴 곡은 거의 대부분이 즉흥적으로 지어낸 것으로서, 두 재즈 4중주단의 동시 연주를 담고 있다. 결과적으로 다른 모든 것과 마찬가지로 드럼과 베이스도 두 대가 즉흥적으로 같이 연주하게 되었다. 지금으로부터 40년 전의 현대적 지성은 즉흥적으로 진행되는 이 불협화음들을 모두 이해할 수 있었던 것일까? 우리가 폴록의 작품을 아름답다고 느낄 수 있다는 사실은 시각적 측면에서 다음과 같은 주장이 나오는 데 쓰이게 되었다. 우리가 폴록의 작품을 시각적으로 아름답다고 느낄 수 있다면, 이런 불협화음에서도 청각적으로 질서와 패턴을 찾아내 들을 수 있을 거라는 것이다. 우리의 현대적 취향은 불협화음을, 그러니까 거칠고 과도하게 강렬하며 서로 한데 겹쳐진 소리, 리듬 음색을 즐길 수 있게끔 진화했다. 폴록의 그림은 최소한 콜먼의 경우에서만큼은 콜먼이 듣고 연주하는 것을 보는 것이 어떤 경험일지를 표현해주고 있다고 할 수 있다.

점점 더 혼돈 속으로 빠져들고 있는 현대 세상에 대한 이해를 엄밀하고 체계적으로 가다듬기 위해서 노력하고 있는 사람들에게 폴록의 작품은 뭔가 도움이 될 만한 것을 제공했는가? 미학자 라이트처럼 폴록도 자신의 이미지와 기법을 정당화하기 위해 근대성이라는 개념을 사용한 것으로 유명하다. "르네상스 시대의 낡은 형식이나 기타 어떤 과거의 문화로는 이 시대를 표현할 수 없다고 생각합니다. 그런 것들로는 현대의 화가들이 비행기니 원자폭탄이니 라디오니 하는 것들을 표현할 수 없습니다." 폴록은 한 인터뷰에서 이렇게 말했다. 간단하지만 귀 기울일 가치가 있는 주장이다. 그러나 예술가들은 잠시 논외로 해보자. 이런 이미지를 받아들이는 것이 당대를 헤치며 살아가고 있는 바로 우리들과는 무슨 관련이 있는가? 우리는 오늘을 어떻게 다르게 보는가? 불협화음을 시각적으로 이해하게 되면 복잡하고 세세한 정보가 쏟아지는 이 세상에 대한 우리의 이해력 수준도 어떻게 바뀔 수 있을까?

감상자는 폴록의 그림에 나타나는 물감의 소용돌이와 방울 자국들이 이루는 구성을 어떻게 파악하는가? 그 속에 정말로 자연과 관련된 어떤 비밀이 존재하는가? 그 물감 소용돌이나 방울 자국이 자연에 존재하는 어떤 새로운 종류의 질서를 드러내기라도 하는가? 1999년, 수학자 리처드 테일러는 폴록의 작품이 자연의 어떤 근본적인 모습을 드러낸다는 것을 증명해 보일 수 있는 방법이 있으리라고 확신했다. 20세기 말이 되면서 폴록의 그림은 빼어나고 중요한 작품으로 쉽게 받아들여졌는데, 그림을 본 수많은 사람들은 어쩐지 폴록의 그림이 사실적이라고 느꼈다. 테일러는 여기에 주목하여 폴록의 작품들이 자연의 미학적 측면에 대해 뭔가 특유한 접근법을 가지고 있을 것이라고 생각했다. 그렇다면 이것을 수학적으로 증명할 수 있는 방법이 있을까? 테일러와 그의 동료들은 수학적 분석을 통해서 캔버스 위에 선이 층층이 겹쳐 만들어진 형태가 숲 바닥에 깔린 눈이라든가 공중에서 본 숲의 나무들, 바위에서 자라는 지의류의 패턴들과 유사하다는 사실을 밝혀낼 수 있었다. 이런 패턴들은 계획된 것은 아니지만 그렇다고 무작위는 아니다. 그것들은 그 유명한 망델브로 집합Mandelbrot set의 프랙털 방정식에서 끌어온 카오스 수학에 따라 질서를 부여받고 디자인된 것이다. 처음에는 혼란스럽게만 보이는 것에서 질서의 수준이 존재함이 드러나고, 자연에는 헤켈이 그리려 애쓴 그 무엇보다도 훨씬 더 다채로운 계획이 존재함을 보여준다.

매우 단순한 방정식을 통해서 컴퓨터 게임에 그럴듯한 산맥이나 풍경을 구현할 수 있게 된 것은 바로 프랙털 수학 덕분이다. 이것은 일견 무작위인 것처럼 보이는 것 속에서 어떻게 질서를 발견할 수 있는지를 보여준다. 브로콜리의 머리를 더 작은 부분으로 나눠보자. 작은 부분이나 큰 부분이나 똑같은 기본 모양을 갖고 있다. 공중에서 아무 강이나 한번 내려다보라. 또 작은 진흙 비탈로 흘러내리는 작은 시내도 내려다보라. 작은 시내나 큰 강이나 모두 똑같은 종류의 가지를 치는 구조를 갖고 있지만, 결코 정확히 대칭을 이루지는 않는다. 그러나 엄청나게 다른 규모의 중첩 수위에서 보면 그 둘은 서로 유사하게 보인다.

물리학자들은 여러 가지 규모로 진동하는 추에서 물감을 떨어뜨리는 실험을 해보았는데, 그들은 곧 폴록이 자신의 팔을 바닥에 펼친 캔버스 위에서 앞뒤로 흔들어 물감을 떨어뜨린 것에 매우 근접한 형상을 만들어낼 수 있었다. 결과적으로 테일러는 자신의 실험을 통해 폴록이 내적으로나 외적으로나 자연이 작동하는 방식을 모방했음을 증명해냈다고 확신했다. 바로 이것이 당신이 폴록의 그림을 충분히 오랫동안 응시하면, 그러니까 당신이 그 작품 속에 들어간 것처럼 느낄 만큼 오래 바라보면, 마치 무성한 숲이나 우거진 수풀 속을 달리는 것 같은 느낌을 받게 되는 이유인 것이다.

폴록은 프랙털 기하학이 채 발견되기도 전에 이미 그 중요성을 깨닫고 있었던 것이다. 그는 자연을 재현하는 대신에 본능적으로 그때까지 발견되지 않았던 자연 고유의 언어를 차용했다. 이로써 그는 자신 이전의 그 누가 시도한 것보다도 무한히 사실적인 추상작품을 만들고자 했다. 콜먼이 폴록의 그림 일부를 자신의 앨범 표지로 선택했을 때 발견했던 것처럼, 액자라는 틀 안에 있는 그림의 한 부분은 작품 전체 못지않게 많은 이야기를 담고 있다. 그것은 복잡한 새의 노래와도 같다. 복잡한 새의 노랫소리는 느리게 재생해서 소리를 잡아당길수록 더욱 복잡해지기만 한다. 그 복잡성의 층위는 마치 무한히 펼쳐진 해안선과 같다.

프랙털 기하학은 난잡한 미로처럼 보이는 세상에서 질서를 찾기 위한 희망에 대한 은유로서 끝없이 관심을 끈다. 만약 우리가 수학 규칙을 통해 카오스에 대한 지도를 만들 수 있다면, 어쩌면 이 혼란스러운 세상의 급물살도 우리를 압도하지 못하게 될 것이다. 덴마크 출신의 수학자 헨릭 옌센Henric Jensen은 리처드 테일러보다도 한 발짝 더 나아간다. 그는 노골적으로 기하학적 형태에 기초하고 있는 칸딘스키, 클레와 함께 이들보다 더 추상적이고 단순한 수학적 형태에 집착했던 막스 빌까지 끌어들이면서 이런 앞선 시대의 예술가들보다 폴록의 작품이 더 '낫다'고 주장한다. 폴록 이전의 예술가들이 이용한 것과 같은 종류의 수학은 최근에야 겨우 발견된 카오스에 관한 프랙털 수학만이 드러내는 자연의 풍성하고 거칠고 살아 있는 역학에 닿지 못하기 때문이라는 것이다. 따라서 옌센은 폴록의 경우와 같은 거친 표현적 접근법이 성공을 거둔 데서 알 수 있듯이, 심지어 기하학을 알지 못하더라도 회화가 기하학을 보다 잘 활용할 수 있을 것이라고 생각한다. 언젠가 미래에는 수학이 설명할 수 있는 날이 오리라 기대할 뿐인 아름다움이라는 문제에 대해 회화는 본능적으로 접근하기 때문이다.

그렇다면 이 경우가 바로 예술이 수학과 과학에 영감을 준 경우라고 할 수 있을까? 꼭 그렇지는 않다. 이런 각각의 경우에서 수학자들은 그들 자신의 목표를 지루하거나 따분한 것이 아니라 보다 창조적이며, 보다 멋지고 흥분되는 것으로 만들려고 하는 것처럼 보인다. 수학이 예술이라고까지는 말하지 않았지만, 옌센은 사람들은 대개 수학을 예술로 받아들이지 않는다고 말한다. "수학의 양적이고 정확한 성질 때문에 사람들은 수학이 영혼을 살찌우는 훈련이라기보다는 유용한 기술적 수단이라고 생각하는 경향이 있다."면서 그는 애석해한다. 그러나 최상의 수학은 "현실을 반영하려는 예술가의 노력과 전혀 낯설지 않은" 어떤 개념적으로 만족감을 주는 목적을 추구하고 있다. 과학과 예술의 접점에서 많은 예술가들은 과학적 지식을 활용함으로써 그들이 얼마나 최신 과학 경향을 잘 알고 있는지를 보여주고자 하고, 또 많은 과학자들 역시 그들이 얼마나 대단히 창의적인지 보여주기를 원한다. 그러나 그들은 정말로 서로를 어떻게 돕고 있는 것일까?

폴록의 감춰진 기하학적 천재성을 드러내는 또 다른 시도는 알렉스 매터Alex Matter라는 인물이 아니었으면 예술과학 분야에서 그저 간단한 각주 정도로 처리되고 말았을 것이다. 이 매터라는 사람은 롱아일랜드에 있는 자신의 부모 집에서 물감이 흩뿌려진 모양새의 숨겨진 추상화 32점을 발견했다고 한다. 그 집은 폴록과 그의 아내 리 크래스너Lee Krasner가 한동안 살았던 집과 가까이에 있는데, 그의 부모 허버트 매터와 메르세데스 매터는 폴록 부부와 좋은 친구였다고 한다. 발견된 그림의 포장에 붙어 있는 쪽지에는 그 작품들이 폴록의 것으로 매터 부부가 1946년부터 1949년 사이에 사들인 것이라고 써 있었다. 그러나 혹시 매터 부부가 직접 그린 그림이라면? 만약 쪽지의 말이 사실이라면 그 작품들은 수백만 달러를 호가할 것이다. 그러나 그들 자신이 그린 것이라면 별 가치 없거나 아무 가치도 없을 것이다.

수학이 이 경우에 도움이 될 수 있을까? 리처드 테일러가 이 상황에 개입했다. 그의 분석에 따르면 이 신비에 쌓인 32점의 그림에는 폴록의 진품에서 나타나는 풍성한 프랙털 성질들이 전혀 나타나지 않았다. 즉, 위조품임에 틀림없었다. 그러나 물리학자 캐서린 존스-스미스$^{Katherine Jones-Smith}$는 이에 대한 반론을 내놓았다. 테일러가 오직 폴록의 진품에서만 발견된다고 주장하는 그 프랙털 성질이 그녀 자신이 대충 ㅠ적인 단순한 낙서에서도 똑같이 나타난다는 것이었다. 이에 관한 토론은 수년 뒤, 매터의 그림 중 일부에 폴록의 생전에는 존재하지 않았던 색소가 포함되어 있음이 밝혀지면서 흐지부지되었다. 이로써 카오스 수학은 추상예술을 인간이 이해할 수 있게끔 길들이는 수단이라 광고하고 다니던 행태는 종말을 맞이하게 되었을까?

전혀 그렇지 않다. 만약 우리가 폴록의 물감 방울 자국과 숲의 나무나 모래 위의 시내, 풀 위에서 녹는 눈 같은 소위 카오스적인 자연 현상에서 유사한 프랙털 패턴을 찾는다면, 이는 왜 벽에 걸린 그와 같은 추상화가 우리를 그토록 유혹하는지, 우리로 하여금 우리가 완전한 세상에 들어와 있는 것처럼 느끼게 만드는지를 설명하는 데 도움을 줄 수 있을 것이다. "나도 그쯤은 할 수 있는데."라는 믿음, 그러니까 당신도 어느 시대 어느 사람들을 속이기 위해서 물감을 흩뿌릴 수 있겠지만, 이는 이야기의 핵심에서 벗어난 것일 수 있다. 중요한 것은, 여기 예술 전문가도 웃어버리고 만 극단적인 기법을 발달시킨 예술가가 있으며, 그리고 그가 결국은 지금껏 그 누구도 재현해낼 수 있으리라 생각하지 않았던 자연의 측면을 끝내 재현할 수 있음을 보여줬다는 사실이다. 폴록의 이미지에는 프랙털 성질이 공식적으로 그런 이름이 붙여지기도 전에 이미 존재하고 있었다. 이런 성질은 자연에서 발견되며, 그래서인지 폴록의 그림도 왠지 자연을 닮아 보인다. 폴록의 작품이 우리가 자연을 보는 방식을 바꿨다는 사실이 그 그림들의 가장 위대한 점은 아닐 수도 있겠지만, 그 작품들이 인간의 인식의 의미를 바꾼 한 가지 길이었음은 분명하다. 언젠가 수십 년이 흘러 우리가 새로운 표현 기법과 사상을 예술로 받아들이게 되면, 우리는 자연계를 이해하는 새로운 길을 갖게 되는 것이다. 이처럼 예술은 우리를 가능하게 만든 이 세상을 이해하는 우리의 방식을 바꾼다.

정통적인 프랙털 이미지들은 예술인가? 그 이미지들이 아름다운지 우리는 어떻게 알 수 있을까? 한 창의적인 수학자 집단은 다수의 프랙털 방식으로 생성된 이미지들로 경험적 미학을 시도하고 있다. 랠프 에이브러햄[Ralph Abraham], 줄리언 스프럿[Julien Sprott], 그리고 이미 언급한 리처드 테일러가 그들이다. 이런 이미지들은 점점 더 복잡해지는 한편, 스크린 세이버, 컴퓨터 이미지, 작업장이나 엔터테인먼트계의 컴퓨터 그래픽을 통해서 점점 더 친숙해지고도 있다. 이 집단의 접근법은 미학을 단순화하기에 충분할 만큼 과학적이다. 샘플이 될 사람들을 모아라. 그들에게 한 무더기의 이미지들을 보여주고 그들이 그중에서 무엇을 가장 좋아하는지 판단하게 하라. 실험 결과에 따르면 사람들이 가장 선호하는 프랙털에 기초한 이미지들은 프랙털 비율이 1.5에서 2 사이에 해당하는 것들로서, 자연계의 나무,

가지, 구름, 풀 위에서 녹는 눈 등에서 발견되는 프랙털 비율들과 유사한 관계가 있음을 보여준다. 아마도 이것은 우리의 미학이 우리를 둘러싸고 있는 자연에 뿌리를 두고 있음을 의미하는 것일 게다. 폴록이 그 자신만의 본능에 따라 프랙털 방식을 사용해서 우리를 끌어들인 세상과 똑같은 곳, 똑같은 자연이다. 우리는 자연으로부터 왔고, 그런 까닭에 우리는 자연을 선호하는 것이다.

대담한 창조성은 예술과 과학 사이의 진정한 차이를 가름하는 표지일 수 있다. 쉽게 측정 가능한 선호를 다루는 미학은 이 모든 대담한 창조성의 수량화를 꾀하는 한 가지 방법이다. 과학은 아름다움같이 경계해야 할 대상도 하나의 숫자로 포착해서 고정할 수 있을 만큼, 황금비율이니 완벽한 원이니 대칭과 비대칭의 완벽한 균형이니 하는 것처럼 논쟁이 불가능한 객관적인 것으로 만들 수 있을 만큼 충분히 대범하다. "물론 우리는 연구를 합니다." 내 친구인 브라질 출신 바이오 소재 연구원 소냐 로보^{Sonja Lobo}는 이렇게 말했다. "그것도 매우 열심히 해야 하지요. 우리 모두는 이 문제의 아주 작은 부분만을 다루고 있을 뿐입니다. 과학이 뭔가를 설명하려는 힘 안에서 자라는 거대한 지식의 저장고로서 축적의 산물인 반면, 예술은 이런 식으로 생각할 필요가 없어요. 예술은 항상 완벽했으니까요. 예술가가 그 어떤 객관적인 지식과 맞부딪치더라도 예술은 그로부터 도약해서 감히 새로운 세상의 존재를 꿈꿉니다. 예술이 꿈꾸는 이 새로운 세상은 그것의 옳고 그름으로 판단되는 것이 아니라, 그 세상이 빚어낸 이미지가 우리를 어떻게 감동시키는지, 그것이 우리에게 어떤 의미로 머무는지, 그리고 어떻게 우리가 질서와 아름다움에 대해 새로운 방식으로 생각하게끔 영감을 주는지에 달려 있습니다."

우리가 선호하는 예술은 어떤 자연의 기본 원칙들을 비밀스럽게 감추고 있을까? 프럼이라면 헛소리라고 할 것이다. 우리가 좋아하는 것은 하나의 문화가 그것을 칭송하게끔 발달하기까지는 자의적인 것에서부터 시작한다는 것이 그의 주장이다. 그러나 우리는 예술이 또한 유용할 수도 있다는 점을 잊어서는 안 된다. 폴록은 그의 거칠어 보이는 추상화 속에 사실적인 대상들을 숨겨두었다. 이 기법은 바로 위장이라는 전통에서부터 나온 것으로, 한 동물이 포식자의 눈에 띄지 않도록 하는 데 도움이 되는 색채로부터 유래한 것이다.

그러나 성공적인 위장이란 카멜레온의 경우처럼 당신이 위장해 들어가기를 바라는 배경 속에 딱 들어맞게 만드는 것만은 아니다. 성공적인 위장은 시각적 혼란을 초래하는 것이기도 하다. 얼룩말의 줄무늬, 얼룩덜룩한 반점, 어떤 동물을 그 서식지로부터 명료하게 분간하기 힘들게 하거나 전장의 군인을 주변과 분간하기 힘들게 만드는 패턴들은 보는 이에게 혼란을 초래하는 위장이다. 눈을 핑핑 돌게 만드는 이런 이미지들은 전경과 후경을 섞이게 만들어서 끝내 우리가 지금 무엇을 보고 있는지 더 이상 말할 수 없게 될 때까지 우리를 당혹스럽게 만든다. 자연은 효율성과 예술성의 결합을 통해서 진화해왔다. 그리고 이 결합은 예술과 자연이 서로 뒤엉킬 수 있는 완전히 새로운 방식을 드러내 보인다.

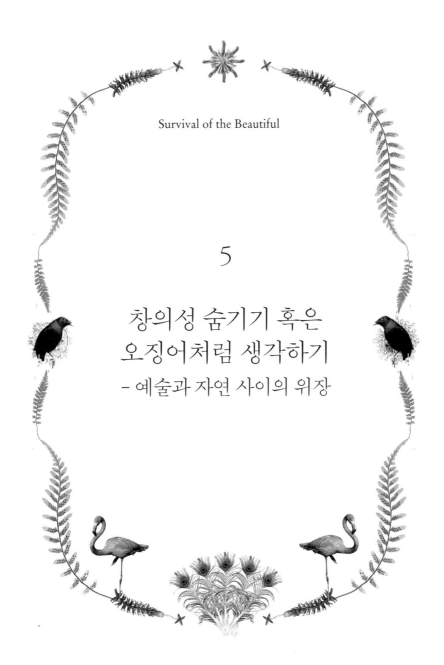

Survival of the Beautiful

5

창의성 숨기기 혹은
오징어처럼 생각하기
– 예술과 자연 사이의 위장

"이곳 지구에는 지구 나름의 생명체의 체계, 색깔, 모양, 디자인이 존재한다. 만물이 자라는 데에는
저마다의 방식이 있고, 자라며 취하게 되는 모양에도 그들만의 모양이 있다. … 두족류 생물들은
패턴 인식과 패턴 창조의 장인이라고 할 수 있다. 그들은 자유자재로 혹은 그때그때 상황에 맞춰
자신의 외양을 바꾼다."

워싱턴 스미스소니언 박물관 산하 미술관에서 모퉁이를 돌아 몇몇 깨끗하고 우아하게 장식된 방들을 거치면 한쪽 구석에 걸린 매우 인상적인 공작 그림 한 점과 마주치게 된다. 이 대형 유화의 독특한 점은 그림 속에서 공작을 발견하기가 매우 힘들다는 사실이다. 이 그림을 슬쩍 봤을 때는 햇살 아래 녹색과 노란색으로 반짝이는 나무 이파리들과 그 사이로 파란 하늘이 조각조각 비쳐 보이는 일반적인 삼림지대를 그린 것처럼 보인다. 그림을 조금 더 주의 깊게 꼼꼼히 살펴봐야만 비로소 아침 햇살 속에 거의 완벽하게 위장해 있는 숲 속의 공작을 알아볼 수 있다.

이 작품은 애벗 핸더슨 세이어^Abbott Handerson Thayer의 것으로 세월의 흐름 속에서 그의 가장 잘 알려진 작품이 된 그림이다. 〈숲 속의 공작^Peacock in the Woods〉은 그 작품에 은연중에 드러나는 추상적인 표현을 통해서 50년 후 폴록의 거친 표현으로 정점을 이루게 되는 거칠게 흩뿌린 색채의 향연을 예고하는 것처럼 보인다. 토머스 하트 벤턴의 밑에서 공부했던 폴록은 의심의 여지 없이 이 작품을 알고 있었다. 이에 더해, 세이어는 군사 위장술의 아버지로 알려져 있기도 하다. 1차 세계대전 중에 본격적으로 시작된 전쟁용품의 위장술에 대한 연구는 군복에서부터 전함에 이르기까지 다양하게 활용되었다. 그리고 바로 애벗 세이어야말로 아들인 작가 제럴드 세이어의 도움을 받아 적이 아군의 전쟁용품을 쉽게 알아보지 못하게 하는 시각

그림 22 애벗 핸더슨 세이어, 〈숲 속의 공작〉 (1907)

적인 위장술의 원칙을 공식화한 사람이었다. 예술은 자연을 관찰하고 최신 미적 스타일과 기법을 소개함으로써 사회의 군사적 필요를 충족시키는 데 기여했고, 이는 누군가는 흥분시킬 테지만 또 누군가는 곤란하게 만드는 사회적 유산이 되었다.

그러나 세이어에게는 그런 사회적 유산보다 훨씬 중요한 다른 관심사가 있었다. 다름 아닌 자연 그 자체의 미학과 관련된 것이었다. 그는 다윈에게 너무도 깊은 감명을 받은 나머지, 모든 동물이 자신의 주변 환경에 완벽하게 적응하여 살아가게끔 진화했다는 생각에 완전히 사로잡혔다. 그러나 이제 독자도 기억하고 있겠지만, 그것은 어디까지나 반쪽짜리 다윈 이론일 뿐이다. 다윈의 나머지 반쪽은 세이어를 격분시키기만 했다. 세이어는 진화를 취향과 아름다움으로 설명하려는 다윈의 성선택 개념 전반을 받아들이는 데 매우 애를 먹었다. 그는 이토록 경솔하기 짝이 없는 설명은 불필요하다고 느꼈다. 동물의 세계에서 발견되는 모든 패턴과 천연색은 동물을 도드라지게 보이게 하거나 그 자신에게 주의를 쏠리게 할 의도가 아니라 사실은 스스로를 감추기 위한 것이라고 생각했기 때문이다. 그는 오히려 동물은 가능한 한 언제나 스스로를 감추기에 적당한 상태를 유지할 필요가 있다는 점으로 '모든' 동물의 패턴을 설명할 수 있다고 봤다. 심지어 공작의 꼬리처럼 야단스럽게 보이는 것도 사실은 찰스 다윈처럼 위대한 과학자조차 속여 넘길 수 있을 만큼 정교한 위장 형태라는 것이었다.

그리하여 온대 지방의 숲 속에 보이지 않게 감쪽같이 몸을 숨긴 공작이 탄생하게 되었다. (그러나 우연찮게도 그림 속의 숲은 공작의 원산지이자 서식지인 인도의 수풀지대와는 너무도 다른 모습을 하고 있다는 점은 짚고 넘어가야 할 것이다.) 혹은 실제로 온대 삼림지대에 둥지를 틀고 사는 미국원앙을 소재로 그린 아름다운 추상화를 살펴보는 것도 좋겠다(그림 23).

세이어에 따르면, 이 화려한 색의 미국원앙의 몸에 나타나는 대단히 아름다운 특징적인 패턴 역시 이들을 특별히 알아보기 힘들게 만들어 적이 포착하지 못하도록 진화한 또 하나의 정교한 천연색이라고 한다. 세이어는 예전에 이런 색들을 자연에서 발견한 관찰자들은 예술가로 훈련받지 않은 까닭에 새의 깃털에 존재하는 감추고자 하는 성질을 놓쳐버리고 말았다고 말한다. 예술가가 아니기에 "보는 각도에 따라 변하는 소박한 색깔들이 일렁이듯 살아 있는데 … 자줏빛 광택이 드리워진 밤색 느낌의 짙은 빨간색에서부터 시작해서 온갖 정도의 파란색과 황금빛이 감도는 녹색에 이르는 다양한 색깔들이 … 뚜렷한 윤곽을 갖고 있고 서로 예리하게 구별되는 무늬들 가운데 부드럽게 섞여 있는" 이 새의 중요한 진실을 놓치고

그림 23 애벗 핸더슨 세이어, 〈숲 속 웅덩이의 수컷 미국원앙〉 (1909)

말았다는 것이다. 그는 또한 "수면의 움직임과 빛이 반사되는 부분을 묘사한 잔물결의 표현"인 흑백의 불규칙한 반점들과 줄무늬는 주목을 끌지 않음으로써 새를 감춰주는 것이 아니라 "혼란스럽게 주목을 끎"으로써 새를 감추게끔 기막힌 방식으로 진화한 천연색이라고 말한다. 이 천연색이 우리를 혼란에 빠지게 해서 심지어 새가 거기에 있다는 것조차 알아차리지 못하게 만든다는 것이다.

제럴드 세이어가 아버지의 그림에서 수컷 미국원앙의 날개를 가슴 부분과 구별해주는 세로로 난 한 줄의 흑백 장식 부분을 설명하기 위해 얼마나 많은 말을 해야만 했는지 들어보라. 새의 몸통을 가운데에서 수직으로 나눠주는 것처럼 보이는 이 장식 덕분에 미국원앙은 이 오리과의 새가 살고 있는 주변 환경에 나타나는 두 가지 세부 특징을 담게 된다. "어두운 색깔의 줄기나 나무의 몸통 사이로 나란히 좁게 비치는 하늘의 풍광, 그리고 날카로운 한 줄기의 잔물결을 따라 번득이며 물 위에 반사된 하늘빛"이 그 장식을 통해 미국원앙의 몸에 구현된 것이다. 이것은 제럴드 세이어가 장장 4쪽에 걸쳐 상세하게 묘사한 미국원앙의 독특한 천연색에 대한 관찰 내용의 극히 일부일 뿐이다. 그는 미국원앙의 천연색의 효과에 대해 다음과 같이 결론을 내린다. "그리하여 미국원앙이 지나간 자리에 남는 잔물결 흔적과 그의 뒤쪽으로 퍼지는 잔물결에는 연막을 치는 듯한 색깔을 지닌 그의 몸통이 거듭해서 나타나는 것처럼 보이게 된다." 그리고 이 잔상은 새가 점점이 빛나는 호수 표면을 미끄러져 가로지르며 "시야에서 '소멸'되는 과정의 화룡점정"이라고 할 수 있다. 한마디로, 이 너무나도 충격적이고 선명한 색채의 미국원앙은 전혀 눈에 띄지 않기 위해 이 모든 화려한 장식을 지니게끔 진화했다는 것이다. 정말 그럴까?

제럴드 세이어는 이렇게 썼다. "세상에는 빛과 그림자로 그들을 외부에 보이게 만드는 것을 조작하는 새나 동물에 대한 그림이 상당수 존재해왔다." 그는 실제 자신이 살고 있는 주변 환경 속의 동물들은 거의 눈에 띄지 않으며, 우리는 이것이야말로 자연에 존재하는 미학의 최고 난점임을 깨달아야만 한다고 주장한다. "자연은 동물의 몸 위에 실제 예술을 진화시켜왔다. … 동물의 외피에 표현된 숲의 풍광은 가장 순수하고 본질적인 전형성만이 남을 때까지 합성되고 간추려지며 명료해진 것이다. … 훌륭한 인간 예술도 비슷한 과정을 밟지만, 그보다 훨씬 더 본질적이며 확고한 방식으로 이루어진다." 따라서 자연의 예술은 은폐라는 목적의 달성을 위해 그토록 철저하게 진화해온 까닭에 완벽하고 유용하지만 동시에 아름답기도 한 것이다. 은폐는 그런 의미에서 동물 미학의 지도 원칙이라고 할 수 있다. 이 원칙은 각각의 종을 정의하기도 하지만, 뿐만 아니라 모든 종에 공통된 하나의 미적 원칙에 기초하고 있기도 하다는 것이다.

세이어 부자에게는 위장 하나만으로도 자연의 생명체들에게서 나타나는 극적인 외양을 전부 설명하기에 충분하다는 사실이 중요했다. 왜 그들은 단 하나의 원칙으로 충분하길 원했던 것일까? 선택에 관한 다윈의 두 부분으로 이루어진 이론이 너무 난잡하게 느껴졌기 때문이다. 모든 것을 전부 위장으로 설명하려 한 노고라는 측면에서는 세이어 부자의 공을 인정해줘야 할 것이다. 심지어 홍학의 분홍색까지도 위장으로 설명해보려 했으니 말이다. 그들에 따르면 홍학이 그런 색조를 띠게 된 것은 그들이 카로티노이드가 포함되어 있는 새우와 같은 먹이를 먹기 때문이 아니라 일출과 일몰 때에 눈에 띄지 않기 위해서라는 것이다. 저녁 하늘이 붉으면 홍학이 기뻐한다는 격언이라도 만들어야 할 참이다.[18]

제럴드 세이어는 아버지가 그린 그림과 도해의 시각적 지원을 받아 600쪽이 넘는 지면에 걸쳐 위장 원칙으로 설명하기 힘든 것들도 위장 원칙 안에서 설명해보려고 애쓴다. 그러나 그들의 이론이 과연 옳은가? 세이어 부자는 예술적 감각 덕분에 자연의 아름다움을 관찰할 수 있었고 또한 그들이 정립한 색채와 음영에 관한 미적 규칙들을 제안할 수도 있었다. 그리고 이런 규칙들은 우리가 뭔가를 보이지 않게 만들고 싶을 때 그것을 어떻게

---

18 원래 존재하는 격언은 "아침 하늘이 붉으면 선원들이 기뻐하고, 저녁 하늘이 붉으면 선원들이 경계한다Red sky at night, sailor's delight; red sky at morning, sailors, take warning"로 북반구 편서풍 지대에서는 저녁에 서쪽 하늘의 노을이 붉으면 다음 날 날씨가 맑을 가능성이 높은 데서 나온 말이다.

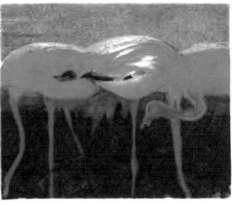

그림 24 애벗 핸더슨 세이어의 1909년 작품에서 홍학은 황혼에 기대 위장 중인가?

그리고 디자인할 것인지에 관한 우리의 이해 방식을 바꾸게 되었다.

만약 자연을 그 무대에 선 배우들이 비밀스러워져야 하고 숨어야 할 필요가 있는 갈등으로 가득 찬 공간이라고 한다면, 인간 세상에서 벌어지는 전쟁이야말로 바로 그렇다. 보든지 아니면 보이든지. 이 자연의 신조는 전쟁터에서는 가장 안 보이는 자가 살아남는다는 결과로 이어진다. 실제 응용이라는 측면에서 봤을 때, 모든 동물의 천연색이 눈에 띄지 않기 위해서 진화한 것인지의 여부는 별로 중요한 문제가 아니었다. 보다 중요한 것은 선명하게 버젓이 눈에 잘 띄는 패턴들이 사실은 한 대상을 숨기기 위해 쓰일 수도 있다는 아이디어였다. 숨어든다는 것이 그저 배경에 자연스럽게 섞여 들어가는 것만을 의미하지는 않는다. 그 대신에 눈에 혼란을 불러일으켜서 한 형상과 그 배경이 서로 어디에서부터 시작해 어디에서 끝나는지 분간하기 힘들게 하는 방식으로도 작동할 수 있다. 그리고 이것은 덤불 속의 새에게 그럴 수 있듯이 탁 트인 바다 위의 전함에도 똑같이 적용할 수 있다. 이 모두는 회화예술 자체를 가능하게 하는 시각적 환각에 대한 실용적 감각에 관한 것이다.

여기에는 예술가의 눈이 필요하다. ⋯ 자연이 그려내는 이 모든 그림들의 경이로운 참된 의미를 깨닫기 위해서는 말이다. ⋯ 예술가들은 동물들에게서 나타나는 위장 패턴을 보면서 깊은 즐거움을 느낀다는 것이 놀랄 일인가? 동물의 몸에 나타난 위장 패턴들을 최상으로 표현하자면 그것은 '예술'의 승리라고 할 수 있다. 그들의 예술은 인간 예술에서는 불가능한 '절대적'인 것이라는 점에서 그렇다. ⋯ 동물의 색깔과 패턴, 선과 음영, 이 모두는 인간의 힘으로 모방할 수 있는, 아니 제대로 구별할 수 있는 영역의 너머에 존재하는 '진실'이다.

세이어 부자는 진정으로 자연을 사랑했고 자연에서 발견되는 형식의 올바름을 감지해냈다. 위장에 관한 오컴의 면도날$^{Occam's Razor}$**19** 식의 단일한 설명을 제외하면, 세이어 부자는 아름다움을 굳이 설명하려들지 않고 의심스럽고 불안정한 상태로 남겨두려고 했다. 그들이 보기에 성선택설은 명백히 너무 경솔한 생각이었지만, 그들이 스스로의 주장을 뒷받침하기 위해 든 충격적인 시각적 예시들도 오직 그들이 하고 싶은 이야기만을 한다는 점에서 경솔하기는 마찬가지였다. 때때로 미국원앙, 공작, 홍학은 그들 본연의 장관을 이루는 천연색을 우리의 면전에 보란 듯이 내보이면서 우리를 빤히 보곤 한다. 위장이론은 이런 행태를 설명해주지 못한다. 반면 피셔와 프럼의 성선택에 관한 도망자 이론은 이를 설명할 수 있다. 프럼은 동물의 아름다운 천연색을 자의적으로 진화한 것으로 상정하면서 거기서부터 연구를 개시해야 한다고 제안한다. 세이어 부자는 프럼의 제안과는 정반대의 노선을 취한다. 그래도 분명한 것은 이들 부자가 그들의 눈에 보이

---

19 어떤 현상을 설명하기 위해 불필요한 전제를 면도날을 이용해서 잘라내듯 정리하고 최소한의 가정만 해야 한다는 주장을 가리킨다.

는 아름다움의 특정 성상을 기록하고자 깊은 주의력을 발휘하였으며, 이를 통해 극히 소수의 작가들만이 다다랐던 강도로 자연의 아름다움을 파고들었다는 사실이다.

애벗 세이어의 교묘한 삽화들을 터무니없는 것으로 웃어넘길 수 있었던 사람 중에는 시어도어 루스벨트[Theodore Roosevelt] 대통령도 있었다. 그는 얼룩말과 기린, 엉덩이에 푸른색이 도는 개코원숭이들의 모습이 빚어내는 장관을 한껏 즐기며 아프리카 사냥 여행에서 막 돌아온 참이었다. 루스벨트는 이렇게 썼다. "지중해에 접한 아프리카 지역에서라면 개코원숭이가 바다 옆에서 물구나무서기를 하고 있으면 그 동물과 바다를 분간할 수 없어 혼란스러워질 거라고 주장할 수도 있겠군. 그것이 시각에 관해서는 뭔가 학문적으로 말해줄 수 있을지도 모르겠지만, 정작 진짜 동물에 대해서는 아무런 설명도 못 될 걸세." 그렇다면 세이어 부자는 어째서 그렇게 스스로의 의견에 확신을 가졌던 것일까? 대통령은 말했다. "아, 그러니까 이것들은 어떤 예술적 기질의 과잉이라고 할 수 있겠지."

그러나 루스벨트는 세이어가 배를 가지고 한 실험에 대해 들었을 때는 웃지 않았다. 세이어 부자는 뉴햄프셔 주 위니페소키 호[湖]에 두 척의 범선을 띄웠다. 그들은 이 중 한 척은 전체를 회색으로 칠했고, 다른 한 척은 마치 아랫배 부분은 희고 윗면과 옆면은 어두운 색을 띤 야생 동물들처럼 배의 윗부분에 있는 모든 물체는 다 회색으로 칠하되 아랫부분의 온갖 상자, 평판, 삭구, 돛대 등은 밝은 흰색으로 칠했다. 바로 후자가 세이어 부자가 처음으로 알아낸 역[逆]그늘의 원칙, 즉 햇빛에 노출된 부분은 어둡게 되고 그늘진 부분은 밝게 되는 원칙을 적용한 예이다. 멀리서 두 척의 배를 관찰한 결과는 놀라웠다. 전체를 회색으로 칠한 배는 항상 눈에 띄는 데 반해서, 역그늘의 원칙을 적용하여 칠한 배는 알아보기가 힘들어지며 배경 속에 묻혔다. 이로써 그들은 자연에서 관찰할 수 있는 은폐색이 군사 분야에 실제로 응용될 수 있음을 알게 되었다. 남은 것은 이 원칙의 적용이 필요하게 될 전쟁의 발발뿐이었다.

1912년, 타이타닉 호가 침몰했을 때, 애벗 세이어는 탄식하며 빙산이 흰색이기 때문에 어둠 속에서 잘 보이리라고 상상하는 것이 얼마나 엄중한 잘못인지를 지적했다. 사실은 빙산이 순수한 흰색에 가까울수록 알아보는 것이 더욱 어렵기 때문이다. 1차 세계대전이 발발하고 몇 달 동안, 세이어는 연합군 측에 모든 전함을 수면과 수직을 이루는 면은 흰색으로 칠하고 수면과 수평을 이루는 면은 회색으로 칠해서 갈매기의 등처럼 만들 것을 촉구했다. 이것은 타이타닉 호로부터 얻은 교훈을 반영한 결과라고 할 수 있다. 예술계에서 기인한 보다 광범위한 영향력은 이보다 훨씬 더 괴상한 패턴으로 칠한 전함을 나타나게 만들었다. 이에 따라 1차 세계대전에 사용된 전함들은 눈에 정말로 혼란을 불러일으킬 흑백의 마구잡이로 생긴 사각형과 희한하게 각진 모양의 색색 조각들로 뒤덮이게 되었다.

위장에서 미학의 역할은 무엇인가? 진화는 억겁의 시간 동안 생명체를 개량해왔고, 이를 통해 인간의 변덕으로는 꿈속에서나 가능할 일종의 확실성과 전문 지식을 갖게 되었다. 우리가 항상 경외감과 경이로움 속에서 뜯어보는 자연은 언제나 우리가 알아낼 수 있는 것 이상의 것이었다. 자연이라는 개념은 너무도 거대하고 완전하며 장엄한 것이어서 어떤 의미에서는 조금 '지루하기도' 하다. 자연은 놀라운 것이지만, 모든 것을 끝없이 개혁하고자 하는 욕망을 가진 인류의 바람처럼 빠른 속도로 변하지는 않는다. 우리는 생물권이 우리 인간이라는 존재보다 훨씬 대단하다는 것을 알고 있으며, 생물권은 살아남고자 하는 그 어떤 개개의 종보다도 더 오래 살아남을 것이라는 것도 알고 있다. 이것이야말로 자연이 지닌 완전한 미적 힘이며 우리는 이 힘 앞에서 속수무책일 따름이다.

환경에 적응하는 성격이 명료하게 드러나는 위장은 세대를 걸친 성선택을 통해서 우리가 원하는 것은 무엇이든 될 수 있다고 말하는 경솔한 미학과는 정반대되는 것처럼 보인다. 모든 동물의 색을 은폐라는 하나의 이유로 설명할 수 있다고 한다면 너무 만만한 시도라고 하겠지만, 이것이 군사적 전략으로 가치가 있는 것은 사실이었다. 게다가 세이어 부자가 여기에 기대를 건 유일한 사람들이었던 것도 아니었다. 저마다의 영향력을 가지고 있던 당대의 다른 예술가들도 전쟁물품의 위장에 쓰일 수 있는 예술가로서의 자신의 재능을 이용하여 자국을 직접적으로 도울 수 있다는 것을 깨닫고 있었다. 1914년 후반, 포병대에서 전화교환수로 일하던 프랑스 출신 화가 뤼시앵 기랑 드 스케볼라Lucien Guirand de Scevola는 대포를 흑백의 추상적인 각진 무늬로 칠하면 적군의 눈에 더 띄지 않게 만들 수 있다는 것을 깨달았다. 이 기술은 후에 '얼룩무늬zébrage'라는 이름까지 붙여졌다. 현대의 위장술은 세이어가 그린 미국원앙과 함께 시작되었다고 할 수 있겠지만, 이런 식으로 당대에 유행하던 모든 예술운동이 혼합된 거친 입체파 계열의 추상으로 나아갔다.

실제로 1915년 파리 시가지 위를 굴러가는 이런 환상적인 모습의 대포를 보고 파블로 피카소Pable Picasso는 이렇게 말했다. "저걸 만든 건 바로 우리라고!" 사실 피카소나 브라크Braque 같은 유명한 입체파 예술가들은 전쟁 후반부에 배치된 프랑스나 미국의 이른바 '위장공작camoufleur' 연대 중 어디에도 직접적으로 개입한 적이 없었다. 그러나 이런 전설적인 예술가들의 영향을 받은 조금 덜 알려진 예술가들은 이런 예술가들의 작품으로부터 끌어낸 원칙들을 참호 속 실제 현장에 분명하게 적용하고 있었다. 반면, 독일인들은 위장 목적의 군복 생산에 보다 전통적인 방식의 인상주의적 색

그림 25 앙드레 마레가 구상한 입체파 스타일의 대포

조의 사용을 고수했다. 그러나 신기하게도 독일인들 역시 몬드리안 스타일의 추상적 패턴이 나타나는 투구를 생산했다. 우연의 일치일 뿐일까? 이 모두가 전쟁에 대한 예술의 직접적인 영향인 것일까? 위장에 대한 이와 같은 이미지나 아이디어들은 이론으로서의 미학과 실제 응용 사이를 오가면서 계속 뜬소문처럼 맴돌았다. 그림 25는 서부전선의 '위장공작' 팀을 위한 앙드레 마레^{André Mare}의 스케치를 보여준다.

위장술의 발달에 입체파가 얼마만큼 특정한 영향을 끼쳤는가에 대해서는 논쟁이 존재한다. 특히 프랑스에서 그러한데, 당시 입체파가 예술로서 별로 대중적이지 않았던 까닭이다. 100여 년의 세월이 지난 지금에 와서 돌이켜보면, 예술이 참전용사들에게 영향을 미쳤다는 것은 실로 명백해 보인다. 아니면, 단지 일종의 문화적 진화의 수렴 현상으로서 우연히 같은 시대에 일어나서 그렇게 보이는 것뿐일까? 아이디어들은 세상을 떠돌

그림 26 1차 세계대전 때 사용된 전함의 위장도색 디자인

아다니고, 어느 순간에나 같은 뿌리와 선조를 가진 개인들은 존재한다. 이로부터 예술계와 과학계는 똑같이 새로운 것의 도래에 대한 조짐을 느낀다. 오늘날 눈을 현혹시키는 이들 전함을 보고 있노라면, 이 전함들의 모습이 입체파 예술가의 작품 속에 구현된 각이나 미래파 예술가의 소란스러운 언설보다도 더 급진적이고 더 눈길을 끄는 것처럼 보인다. 사람들은 실제로 전함이 그렇게 보이도록 칠했고 이렇게 하면 오히려 눈에 띄지 않을 것이라고 생각했던 것이다. (그림 26을 보라.)

어떻게 이런 거친 추상이 영국 해군처럼 고루한 조직에서 실행되기에 이른 것일까? 여기에는 세이어보다는 조금 더 냉철한, 선견지명을 지닌 인물이 필요했다. 1914년, 글래스고 대학의 동물학 교수 존 그레이엄 커[John Graham Kerr]는 당시 해군 대신이었던 윈스턴 처칠[Winston Churchill]에게 다음과 같은 내용의 편지를 썼다. 그는 눈에 혼란을 불러일으키는 천연색에 관한 세이어의 원칙들을 되풀이해 언급하면서, 그러한 은폐 목적의 천연색은 동물 세계 전체를 통틀어 모든 종류의 동물들에게서 발견된다고 지적했다. 그는 세이어의 제안을 좇아서 역그늘의 원칙을 따라 배의 윗부분은 어둡게,

그리고 수면 아랫부분은 밝게 칠해야 한다고 주장했다. 커는 또한 얼룩말로부터 배우라고 조언했다. 그는 배의 색깔을 불규칙적으로 나눠 칠할 것을 고려해보길 청하며 배의 각진 부분을 흑백으로 수직으로 칠하면 "하얗게 피어오르는 물거품으로 인해 배의 윤곽이 연속적으로 이어져 보이는 것을 완벽하게 막아줄 것"이라고 말했다. 인류는 여기서 단지 자연을 베끼는 데 그치지 않고 자연이 진화시킨 동물과는 전혀 다른 커다란 전함을 숨기는 데에 자연의 색깔을 개량하는, 자연으로 확장하는 데까지 나아간다. 그러나 처칠은 관심을 보이지 않았다. 해군의 배를 그런 색으로 칠한다는 아이디어는 경솔하고 지나치며 낭비로 여겨졌고, 전통적으로 해군의 중대성을 드러내온 색깔인 심각한 느낌의 인상적인 순수한 회색을 능가할 것으로 생각되지 않았다. 해군 부^副대신이었던 토머스 크리스^{Thomas Crease} 대령은 이렇게 말했다. "그런 제안은 학구적 흥미의 대상일 뿐, 실제 현장에서의 이점은 없다." 이론에 미친 예술가인 세이어가 진지하게 받아들여지기에는 너무 자기만의 세계에 골똘해 있었다고 한다면, 어쩌면 커 역시 지나치게 이론에만 매달렸다고 할 수 있다. 해상에서 빛의 조건은 계속해서 변하기 때문에 결국 어떤 패턴이라 하더라도 고정된 것인 이상, 어떤 때는 눈에 띄고 또 어떤 때는 눈에 띄지 않을 수도 있다는 것을 깨닫기에는 커도 너무 이론에만 치중했던 것이다.

실제로는 거대한 전함을 탁 트인 해상에서 감출 수 있는 방법이란 존재하지 않는다. 그럼에도 불구하고 관찰자가 속도록 배를 칠할 수 있는 것은 사실이다. 만약 커다란 배를 그 배의 실제 크기라든가 보유한 총기의 수, 움직이는 방향 등의 특징과 반하게 낫을 휘두른 것 같은 패턴으로 흑백으로 칠하면, 멀리서 그 배를 보는 사람은 시각적으로 혼란을 느끼고 배가 실제로 얼마나 큰지 혹은 어떤 방향으로 움직이고 있는지 분간하기가 어려워질 것이다.

영국 출신 예술가 노먼 윌킨슨Norman Wilkinson은 자신이 위장도색dazzle painting과 '위장도색'이라는 용어를 만들어낸 사람이라고 주장한다. 그의 지시에 따라서 영국 해군은 50척의 배를 각각 서로 다른 패턴으로 칠했는데, 실험 결과는 성공적이어서 대부분의 관찰자들이 혼란을 느끼고 배들이 어떤 방향으로 진행 중인지를 쉽게 말하지 못했다. 그리하여 1918년 6월까지 2,000척이 넘는 영국 전함이 이런 위장도색 스타일에 맞춰 칠해졌다. 이에 미국 해군도 영국에 몇 달간 윌킨슨의 초빙을 청했는데, 한 고위 해군 장성은 이렇게 소리 질렀다고 한다. "대체 어떻게 내가 저딴 식으로 칠해진 빌어먹을 것들의 항로를 계산해내길 바란단 말이오!" 물론 그딴 식으로 칠해진 빌어먹을 것들은 선단을 화려하게 치장한다는 점에서는 분명한 이득이 있었다. 아무튼 그리하여 종전 무렵까지 1,200척의 미국 전함이 비슷하게 장식되었고, 관찰자에게 더 큰 혼란을 초래하고자 패턴을 몇 개의 사각형과 패턴 영역으로 나누는 추가 개량이 이어졌다. 이 새로운 위장도색 버전은 당시 히피 스타일의 음악을 상기시키는 '재즈 도색jazz painting' 혹은 '빙글 뱅글razzle-dazzle'이라는 별칭을 얻게 되었다.

그러나 정작 윌킨슨 자신은 이것을 좋아하지 않았다. 별칭으로 인해 이 위장술 제도가 그 별칭이 가리키는 음악처럼 마치 미국의 발명품인 양 보이게 되었기 때문이다. 이제 위장도색은 곳곳에 널려 있었으니, 사실 별로 문제 삼을 일이 아니었지만 말이다. 위장도색은 입체파 예술과 동물의 위장색이 섞이면서 뭔가 새롭고 첨단 유행을 달리는 흥미로운 것으로 태어나 하나의 거대한 예술적 혁신이 되었다. 1920년 무렵에는 수영하고 있는 여성의 몸매를 알아보는 것이 거의 불가능하게 만들어진 위장도색을 적용한 여성용 수영복까지 나오게 되었다.

맨 처음 위장도색이 된 전함을 마주했을 때, 나는 이것들이 1차 세계대전부터의 그 기나긴 세월을 지나왔다는 것을 좀처럼 상상하기 힘들었다. 전함들이 너무도 현대적으로 보였기 때문이다. 심지어 어떤 의미에서는 초현대적이기까지 했다. 그런데 어째서 2차 세계대전에 쓰인 전함들은 모두 하나같이 회색으로 칠해져 있는 것일까? 또 요즘에는 왜 이렇게 화려하게 칠해진 전함을 볼 수 없는 것일까? 실제로 1918년 말이 되자 이런 위장도색 시스템이 진정 유용한지에 대한 의심이 피어오르기 시작했다.

지중해에서 복무하던 대령들은 배에 흰색 페인트를 칠하는 것이 달밤이면 따뜻한 지중해에 떠 있는 배를 특히 더 잘 보이게 만들기 때문에 위험하다고 생각했다. 영국 해군은 연구를 진행했고 결국 위장도색이 그다지 효과적이지 않음을 밝혀냈다. 위장도색이 된 배에 가해진 공격 중 60퍼센트가 실제로 피해를 입히는 데 성공했는데, 이는 위장도색이 되지 않은 배의 피해율인 68퍼센트와 별 차이가 없었다. 심지어 위장도색이 되지 않은 배보다 위장도색이 된 배의 경우가 40퍼센트가량 더 최초 공격의 대상이 되었다. (위장도색이 된 배가 1.47퍼센트, 위장도색이 되지 않은 배가 1.12퍼센트였으므로, 사실 어느 경우나 그리 큰 퍼센트 값은 아니었다.) 이처럼 통계 자료가 결정적이지 않았기 때문에, 위장도색을 지지하고 반대하는 양측은 모두 이를 자기 좋을 대로 활용했다. 아마도 위장도색의 가장 큰 이점은 바다에 나가 있는 군인들의 사기 진작이었을 것이다. 위장도색된 수송대에 둘러싸인 채 항해하는 것은 마치 떠다니는 미술관을 타고 여행하는 것과 같았으리라. 이런 흥미진진한 모습의 거대한 전함이 모습을 드러낼 때마다 대중은 큰 환호를 보냈다. 해전은 냉정하고 무자비하며 음울한 것이 아니라 아름답고 장관을 이루는 것이었다. 예술가와 과학자들이 힘을 모아 자연의 원칙을 인지 능력과 환각에 대한 웅장한 실험으로 폭발시킨, 미적으로 고양된 체험이었던 것이다. 그 누가 이렇게 웅장하게 칠해진 배를 예술과 혁명에 대한 아이디어로부터 영감을 받은 인간 예술사의 일부라 여기지 않을 수 있겠는가?

대부분의 예술계는 이런 전함과 같은 놀라운 작품들을 줄곧 무시해왔다. 이런 작품들은 박물관이나 화랑, 그 밖의 순수하게 미적인 즐거움을 목적으로 한 회관 같은 범주의 장소에 품을 수 없었기 때문이다. 사실, 대부분의 사람들이 나처럼 그림 26에서 보이는 것과 같은 독특한 패턴으로 칠해진 수천 척에 이르는 1차 세계대전에 사용된 전함들을 보고 놀라워한다. 아마 이 배들이 동시대의 전위적 예술 원칙을 실용화한 예임을 인식하지는 못하겠지만, 사람들은 어쨌거나 이런 전함을 보고 환호성을 지르며 좋아한다. 여기에 구현된 미학은 세이어의 일면적 자연주의가 입체파 예술의 충일함과 혼합된 실용주의 철학의 결실이거나, 혹은 어쩌면 한 문화가 당대의 실험적 분위기 속에서 엄청난 전쟁의 비극에 맞서며 나타난 어떤 수렴 현상이라고 할 수 있을 것이다.

위장 기술이 1차 세계대전 중에 그처럼 인기를 얻었던 것은 위장도색된 전함의 충격적인 아름다움 때문이었을지도 모른다. 위장도색의 유용성에 대한 통계적 의심은 수년간 전쟁을 거치며 해당 기술을 점점 논외로 밀어냈지만, 2차 세계대전 중에 쓰인 미국 해군의 모든 테네시클래스 전함은 여전히 위장도색을 받았다.

실제로 효과가 있었든 없었든 간에 위장도색은 자연에서부터 끌어낸 흥미진진한 미적 특질의 예로 남아 있다. 위장도색은 생체모방生體模倣/biomimicry, 즉 인간이 뭔가 유용한 것을 만들기 위해서 살아 있는 생명체를 흉내 내는 형태로 이루어진다. 우리가 위장을 좋아하는 것은 위장이 실제로 어떤 효과가 있기 때문일까, 아니면 단지 근사해 보이기 때문일까? 달리 말하면, 위장이 자연이 효율적이라는 것을 증명하기 때문일까, 아니면 자연의 현란함을 드러내 보이기 때문일까? 과학계는 결코 세이어가 옳다고 믿은 적이 없다. 동물의 천연색을 비롯한 진화된 여러 미적 특질들은 때로는 동물이 두드러져 보이고 눈에 띄기를 원하는 경우도 있기 때문이다. 결코 숨기 위해서만은 아닌 것이다. 그러나 대담하고 야한 색깔이 숨는 것을 보강해 줄 수도 있다고 한다면, 눈에 잘 보이는 성질과 눈에 잘 보이지 않는 성질 사이의 구별은 훨씬 더 모호해진다. 아름다움은 자체 내에 서로 반대되는 목적을 지닐 수 있으며 불가해한 방식으로 작동할 수 있다. 성선택으로 나타나는 화려한 색깔과 적응색은 서로 완전히 동떨어진 것이 아닐 수도 있다. 우리는 실험과 실수를 통해서 위장술의 미묘한 차이를 익혀왔지만, 여전히 위장이 실제로 어떻게 기능하는지에 대한 종합적이고 합리적인 이론을 세우지 못하고 있는 것이 현실이다.

영국의 박물학자 휴 콧Hugh Cott은 인간의 직관이 아니라 자연이 실제로 작동하는 방식으로부터 위장의 원칙을 익히려고 시도한 다음 세대 혁신자였다. 1940년, 그는 런던의 2층 버스가 앞면과 뒷면, 옆면은 여전히 빨간색인 상태에서 윗면만 옅은 황갈색, 갈색, 녹색, 회색의 불규칙적인 타원형 무늬를 표준으로 삼아 급하게 칠하는 것이 오히려 상공에서 보면 버스를 더 눈에 띄게 만들 뿐이어서 독일군의 폭격을 받을 수 있다고 심히 걱정했다. 우리 인간은 자연에서 작동 중인 은폐의 형태로부터 아무것도 배운 게 없단 말인가? 벌써 지난 세계대전에서 벌어졌던 역그늘의 원칙에 관한 논쟁을 몽땅 잊어버렸단 말인가? 삽화를 곁들인 장장 500쪽에 달하는 자신의 장대한 책 『동물의 적응색Adaptive Coloration in Animals』에서 콧은 세이어처럼 하나의 극단적인 시각만을 밀어붙이지는 않는다. 대신에 그는 자연에서 사용되고 있는 뚜렷이 구별되는 다음과 같은 은폐 전략들을 소개한다. 병합(토끼, 뇌조, 북극곰), 시야 방해(물떼새, 얼룩말, 나방), 위장(대벌레, 나뭇잎실고기), 오인 유도(나비, 열대어), 혼란(메뚜기, 미국원앙, 공작), 유인(아귀, 거미), 연막(갑오징어, 오징어), 모조품 흉내(파리, 개미), 힘의 거짓 과시(두꺼비, 도마뱀, 새). 70년이 지난 지금도 이 책은 위장을 다룬 현존 최고의 책이다.

보병들은 이 무거운 책을 군용 가방에 넣고 다니면서 진화생물학과 자연의 감춰진 아름다움에 대한 교묘한 묘사를 독특하게 혼합한 콧의 연구를 전선에서 공부할 수 있었다. 콧의 서술 어조는 당대의 전시 분위기를 그대로 반영하고 있다.

> 문명화된 사회의 전쟁터에서는 보다 개량된 형태를 취하기는 하지만, 사실은 정글에서도 태곳적부터 생존을 위한 발버둥 속에서 진화를 둘러싼 일종의 엄청난 군비 경쟁이 여전히 진행 중이라는 사실을 알 수 있다. … 은폐 장치들은 지각 능력의 신장과 반응하며 더욱 완벽한 모습으로 발전해왔다. 많은 포식자 위치의 동물들, 특히 조류의 경우 그들의 지각 능력은 이러한 법칙을 따르는데, 열대지방의 곤충들에게 나타나는 가장 정교하면서도 수수께끼 같은 모양들조차 … 모두 어떠한 유용성을 갖도록 발전되어왔다.

이로써 콧은 군비 경쟁이라는 은유를 생물학에 도입한 최초의 저자가 되었다. 그는 이 은유를 거의 있는 그대로 받아들여서, 자연에서 진화하여 나타난 그 어떤 외양도 유용성의 범주를 벗어나는 것은 없다고 생각했다. 그러나 그의 글을 연구해보면 아름다움이 그에게 엄청난 동기 부여가 되었음을 알게 된다. 실제로 위장 연구 분야에 관한 콧의 기여는 우리 인간이 다른 동물들을 어떻게 바라보는가에 관한 것보다는 동물들이 서로를 어떻

그림 27 콧의 『동물의 적응색』 본문 삽화, 개구리와 물고기에 나타나는 혼란을 초래하는 위장색의 예

게 보는가에 관한 것과 더 깊은 관련이 있다.

솔직히 이 책이 전시에 군인들 사이에서 인기 있는 읽을거리였다는 말을 들었을 때는 믿기가 힘들었다. 그러나 정작 먼지로 뒤덮인 이 낡은 책을 내 손에 잡고 보니, 정말이지 좀처럼 책을 내려놓을 수 없었다. 1940년경, 콧은 이미 사람들이 자연을 보다 진지하게 연구했던 시대에 대한 향수를 느끼고 있었다. 그런 옛 시절에는 사람들이 아직은 이미지에만 푹 빠져 있지 않았다는 것이다. "시각적 경험의 결과로 우리는 오늘날 자연에 대해 너무도 둔감하고 무감각해져버렸다. 이제는 우리를 둘러싸고 있는 색채의 풍부함과 경이로움을 감상하기 위해서는 어떤 참신하거나 이례적인 방법으로 우리 주변을 보여주어야만 한다. 예를 들면 그림 같은 것으로 말이다." 예술가들은 세상을 면밀히 관찰하고 실제로 우리 앞에 존재하는 그 경이로움을 밝혀내고자 러스킨의 표현을 빌리자면 "순수한 눈$^{innocent\ eye}$"을 갖는 것, 즉 '본다'는 축복을 되살리기 위해 참을성 있게 분투해오고 있다. 자연의 색, 모양, 형식의 차이를 감지하면 시각적 형식을 이해할 수 있다. 콧은 동물이 소리, 시각, 냄새로 다른 동물에게 영향을 끼치는 방식들을 가리켜 "전미적 성격全美的 性質/allaesthetic character"이라고 부르면서 이것들을 은폐, 위장, 광고의 세 가지 범주로 체계화했다. 이 세 가지 범주는 각각 찾아내기 힘든 성질, 기만하는 성질, 매혹하는 성질을 특색으로 삼는다.

자연의 예술가들

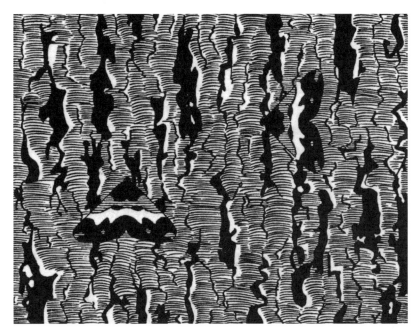

그림 28 콧의 『동물의 적응색』 본문 삽화, 나방이 보여주는 선택적 위장술

콧은 위장색이 전체 이야기의 일부에 지나지 않음을 재빨리 짚어준다. 그는 특히 동시적 혼란과 차등적 혼합 사이의 차이에 주목했다. 혼란을 일으키는 천연색은 위장도색에 대한 자연의 응답이라고 할 수 있다. 동아프리카청개구리나 동갈민어 혹은 마부어의 예에서 보듯이, 야단스러운 패턴은 생명체의 윤곽이 어디에서부터 시작하고 끝나는지를 알기 힘들게 만들어서 서식지로부터 해당 생명체를 분별해내기 어렵게 함을 알 수 있다.

반면 차등적 혼합은 주변과의 경계를 흐릿하게 만드는 흐리멍덩한 패턴의 형태를 띤다. 많은 나방과 조류에서 이런 차등적 혼합의 예를 볼 수 있다.

또한 콧은 비밀스럽게 숨어 있던 생명체가 때때로 이동하면서 찬연히 모습을 드러내는 것에 깊은 인상을 받았다. 후투티가 날아갈 때 보이는 흑백의 대조나 도마뱀, 메뚜기가 도약하며 내비치는 번쩍이는 색깔은 그 생명

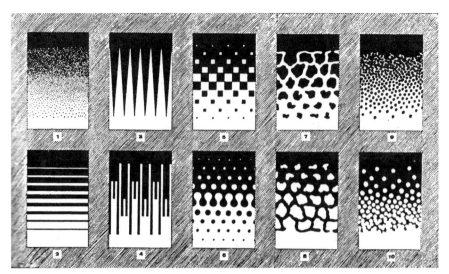

그림 29 콧의 견해에 따른 기본적인 위장 패턴들

체가 움직일 때에야 비로소 그 선명함으로 우리를 놀라게 한다. 그러니까 한 종의 생물 안에서도 몸을 감추고 있을 필요와 매혹하고 싶은 욕구가 공존하며 이른바 색깔 갈등을 일으키는 것이다. 사실 이것은 자연이 우리에게 던진 거대한 퍼즐이라고 할 수 있다. 어떻게 돋보이게 하는 것과 알아차리지 못하도록 하는 것 모두가 색깔의 균형 및 관계에 관한 똑같은 과정을 거쳐 나오는 것일까. 홍보와 은폐를 완전히 동일한 방식으로 하는 셈이다.

어두운 부분은 빛 아래에서 정도를 달리하여 밝게 보인다는 역그늘의 법칙은 세이어의 위대한 발견이 분명하지만, 실제 동물들의 세계에서는 그렇게 단순하지만은 않다. 매우 다양하고 복잡한 패턴이 이 중요한 위장 효과를 거두기 위해서 섞여 나타난다(그림 29).

이런 아름다운 패턴들은 모두 똑같은 기능을 하지만, 패턴 형식의 다양성은 자연이 화학과 물리학에 기초하여 진화시킨 패턴이 얼마나 많은 서로 뚜렷이 구별되는 방법으로 만들어질 수 있는지를 보여준다.

콧은 패턴이 해부학을 초월할 수 있음에 주목한다. 그는 생명체의 시각적 미학은 유기체로서의 발생과 독립적으로 형성될 수 있다고 말한다. 뱀, 두꺼비, 조류의 등에 동일하게 나타나는 패턴들에 대해서 생각해보라. 그런 패턴들은 "서로 다른 기관이나 몸의 부분을 가로지르는데, 바탕에 깔려 있는 해부학적인 특징들은 그런 해부학적 특징에 덧붙여진 환상적인 외양에 전적으로 종속한다." 패턴은 생명체를 그 서식지에 따라서 규정한다는 점에서 생태학적 이유로 진화한 것이라 할 수 있다. 마치 꽃이 자신의 수분을 도울 누군가를 끌어들이기 위한 색과 형태를 진화시키는 것처럼 말이다. 그렇다면 어떤 특정한 색깔을 택할 것인가? 어떤 특정한 형태를 택할 것인가? 콧은 독창성, 아름다움, 전형성에 관한 자신의 개설서에서 자신이 발견한 모든 사랑스러운 것들에 엄격한 기능적 설명을 부여하려고 하지만, 그를 이런 주제 전체로 끌어들인 것이야말로 동식물에서 발견되는 믿기 힘든 다양성에 대한 경이로움의 감정이었다. 때는 전시였지만, 전시였기 때문에 더더욱 콧은 군사 분야가 이미지의 힘으로부터 뭔가를 배울 수 있기를 바랐다. "자연에서는 시각적 은폐와 기만이 안전과 먹이 조달이라는 삶의 두 가지 필수 요소를 얻는 주된 수단 중의 하나임이 밝혀졌다. 또한 도로 표지판이나 립스틱 같은 형식에서 볼 수 있듯이 이와는 반대되는 과시를 위한 장치들에도 보편적으로 인정되는 힘이 있다."

동물의 위장이 진화한 것이라고 한다면, 인간의 위장은 발명된 것이라고 할 수 있다. 콧은 인간의 위장술은 1차 세계대전 중의 유아기적 상태에 여전히 머무른 채 발달 지체를 앓고 있다고 주장한다. 동물과 인간 모두 "먹이의 포획 혹은 먹이사슬의 지배, 그리고 포식자의 좌절 혹은 공격력의 좌절"로 표현할 수 있는 서로 유사하게 상응하는 필요에 직면해 있다. 악의 축에 맞서 싸우기 위해서는 가능한 모든 도움을 다 동원하는 것이 당연하지 않은가! 콧은 위장으로 감춰진 자연의 아름다움에 깊이 주의를 기울이는 것이 새로운 전쟁에서의 승리를 도울 수 있으리라고 생각했다.

위장술은 2차 세계대전 중에 훨씬 더 과학적으로 발전했고, 그 후 수십 년의 세월을 거치며 이제는 세련되었다고 말할 수 있을 수준으로까지 나아갔다. 흔히 우리가 표준 위장 패턴이라고 생각하는 녹색, 갈색, 회색의 얼룩무늬는 독일군이 2차 세계대전 중에 사용한 보다 인상주의적인 패턴에 기초한 것으로 1948년에 미국 육군 연구실에서 개량한 것이다. 그러나 이 위장 패턴은 1967년 베트남 전쟁 전까지는 실제 전투 현장에는 소개되지 않았다. 이 패턴은 1981년에 한 차례 더 작은 수정을 거쳐서 공식적으로 '삼림 패턴'이라는 명칭으로 알려지게 되었다. 이후 이 패턴은 하나의 패션 표현으로 자리매김하며 온갖 종류의 의류에 쓰이기 시작했다. 반어적 상황으로 보이는가? 놀라운 상황이라 해야 할까? 아니다. 사실 위장술의 인기야말로 내가 하려는 이야기의 핵심이다. 사람들은 자연의 디자인이 지닌 최대한의 가능성을 뽑아낸 듯이 보이는 패턴들을 좋아한다. 그런 패턴들은 특별한 능력을 발휘하여 우리를 자연으로부터 돋보이게 하는 동시에 자연 속으로 녹아들게 만든다. 똑같은 패턴이 동시에 서로 다른 기능을 가질 수도 있는 것이다. 어쩌면 이런 패턴의 진실은 만물의 위대한 위계질서에서 패턴의 목적보다 위에 있는지도 모른다. 이런 발언은 적합성과 적응에 맞춰서 진화했다는 세상에서는 쉽게 이단처럼 들리고 말지만, 적합성과 적응만 가지고는 너무 '지겨운' 것이 사실이다. 그들이 거두는 성공의 중심은 적합성과 적응이 이루는 아름다움에 있다.

위장 패턴으로 만들어진 스판덱스 소재의 바지, 모자, 속옷, 여기에 분홍색과 노란색으로 알록달록하게 색깔을 바꾼 위장 패턴의 책가방들……. 이 모두는 우리가 마치 오징어처럼 유연하게 행동하고 꾸미기 위해 최선을 다하는 과정에서 봐온 것들이다. 표준 위장 패턴은 육군이 1970년대에 이루어진 시각적 인지에 대한 보다 발전된 심리학 연구를 바탕으로 최신 수학의 도움을 받아 자연에 존재하는 각종 천연색과 질감에 프랙털 요소가 있음을 발견하기까지 세계 곳곳의 군복에 널리 쓰였다. 육군은 이 프랙털 요소가 엄청나게 다른 규모의 다양한 시각적 패턴을 낳는 어떤 무작위의 미세한 부분으로서, 매우 다른 패턴을 낳기는 하지만 동시에 모두 연계된 원칙을 따르는 것임을 밝혀냈다.

이런 아이디어를 위장에 대입시켜보면, 마치 나무에 나뭇잎을 덧대거나 바위에 총안[20]을 만드는 것처럼 서로 겹치는 여러 가지 규모에 이 아이디어를 어떻게 적용시켜야 할지 망설이게 된다. 우리에게 익숙한 위장 패턴이라고 생각해왔던 것들도 거시적·미시적 규모를 함께 고려한 분단성 색채의 수준에서 보면 점점 혼란스러워진다. 오늘날의 군사 분야 최신 위장술은 이런 어려움을 겪으며 탄생했다. 최신 위장술은 우리의 분석 능력으로는 그 유기적 구조를 파악하기 힘든 패턴을 사용하는데, 화소 단위로 잘게 나누어진 혼란스러운 패턴이라서 보고 있으면 눈이 핑글핑글 돈다. 최신 위장술에서 쓰이는 패턴의 다수는 적절한 작명 센스가 돋보이는 '하이퍼스텔스사HyperStealth Corporation' 소속의 가이 크래머Guy Cramer와 티머시 오닐Timothy O'Neil 중령이 개발한 것이다. 그들이 개발한 패턴의 일부는 추상표현주의를 기능적으로 재해석한 작품으로서, 10~20년 후면 패션계에서도 활용하지 않을까 상상해봄직하다. 그림 30은 그들이 1차 세계대전에 사용된 전함들의 위장도색에 기초하여 내놓은 실험적인 패턴, 레이저캠Razzacam을 보여준

---

20 몸을 숨긴 채로 총을 쏘기 위해 성벽, 보루 따위에 뚫어놓은 구멍.

그림 30 레이저캠, 아직 시판도 되지 않은 하이퍼스텔스사의 위장 패턴들

다. 전함에 사용되었던 패턴이 사람에게도 통했을까? 보다시피 레이저캠 패턴을 입은 사람을 배경과 분리하여 윤곽이 어디에서 시작하고 끝나는지 구분하기가 쉽지 않다. 그렇다면 이런 위장술을 사용한 것들이 가장 효과적으로 쓰일 수 있는 곳은 어디일까? 가만, 그런데 과연 그것이 여기에서 정말 중요할까? 어쩌면 여기에서 보다 중요한 것은 단지 그것들이 그 자체로 꽤 근사해 보인다는 것이 아닐까.

아직까지는 이런 레이저캠 패턴을 차용한 군사 조직은 없다고 하지만, 나는 패션계에서는 이들이 미래의 한 축을 담당하리라고 자신한다. 그런데 사실은 레이저캠보다 더 거칠어 보이는 패턴도 유용한 것으로 증명된 예가 있다. 2008년, 최초의 숨 쉬는 방수 소재인 고어텍스로 유명한 혁신적인 제조업자 W. L. 고어^{Gore}는 앞서 언급한 하이퍼스텔스사에 그들이 '무_無의 과학^{the science of nothing}'이라는 괴상한 이름으로 부르는 이론에 기초한 새로운 패턴을 만들어줄 것을 의뢰했다. 그들이 '옵티페이드^{Optifade}'라 이름 붙인

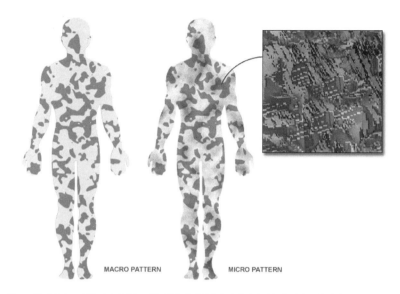

MACRO PATTERN　　　　　MICRO PATTERN

그림 31　옵티페이드 패턴 너머에 있는 이론, 동물의 시각에서 디자인된 최초의 위장무늬 패턴

이 패턴은 사슴이 실제로 사물을 어떻게 보는지를 자세하게 연구한 후, 분 단성 색채에 대한 콧의 원칙에 프랙털 수학의 최신 응용술을 더하여 탄생 하게 되었다. 개발자들의 주장에 따르면 이 위장 패턴은 사냥꾼들의 가장 일반적인 사냥감인 사슴의 눈에 사냥꾼이 거의 보이지 않게 만들어준다고 한다. 유제류의 동물들은 기본적으로 적록색맹으로, 인간을 기준으로 했 을 때 일반적으로 1.0의 정상 시력보다는 0.5에 가까운 정도의 시력을 가 진다. 야생 상태의 짐승에게는 이 정도의 시각적 예민함이면 충분한 것이 다! 여기에 기본적인 풍경의 공간 빈도와 맞아떨어지도록 프랙털 수학으 로 계산된 마이크로 패턴을 분단성 색채로 이루어진 매크로 패턴과 겹쳐 놓으면 동물은 사냥꾼과 숲의 경계를 구분할 수 없게 된다.

이것은 인간인 사냥꾼이 아니라 사슴을 속이기 위해 디자인된 최초의 위장 패턴이라고 할 수 있다. 따라서 이 위장 패턴은 결코 한 무더기의 낙 엽을 사진처럼 정밀하게 묘사한 그림 같아 보이지는 않는다. 그러나 이 위

장 패턴으로 만든 옷 자체도 이른바 '신여성'들이 입었던 위장도색 패턴의 수영복들에 나타나는 시야에 혼란을 불러일으키는 성질을 어느 정도는 갖고 있다.

실제로 사냥꾼들은 이 옷이 매우 효과가 있다고 보고한다. 사냥꾼들은 동물이 자신들이 그렇게 가까이 다가가는데도 전혀 눈치 채지 못한다는 사실에 매우 놀라곤 한다. (소수의 비판론자들은 과연 인간이 사냥터에서 이런 종류의 이점까지 필요로 하는지 의문을 표하곤 한다.) 과학은 우리 인간으로 하여금 동물의 관점에서 세상을 바라보는 명백한 혁신을 통해서 다시 한번 은폐의 마법을 풀게끔 도와준다. 그리고 그렇게 풀린 마법은 나라면 은폐라는 이론상의 이유만으로도 기꺼이 이 도시라는 정글에서 입고 싶을 만한 새로운 종류의 초현대적이고 근사한 것을 만들어냈다. 위장술은 이렇게 여전히 인간의 미적 감각의 최첨단에 서 있다.

이렇게 위장술의 최신 연구는 우리가 보는 방식이 아니라 동물이 보는 방식으로 보면 세상이 어떤 모습일까를 강조하는 현상학적인 면을 갖고 있다. 그리고 여기, 그중에서도 우리를 가장 흥분시키는 위장술 작품이 있다. 바로 오징어, 문어를 비롯한 그와 친척 관계에 있는 두족류 동물들의 성과이다. 이들의 몸은 자신이 의도하는 대로 겉모습을 조정할 수 있게끔 해주는 색소포라고 부르는 세포로 뒤덮여 있다. 이들은 언제 그리고 어떻게 자신을 눈에 띄게 만들고 또 보이지 않게 만들지를 결정할 수 있다. 이 강綱에 속하는 동물들에게 위장술은 진화의 문제가 아니라 자유 의지의 문제가 된 것이다.

이러한 습성이 거대갑오징어의 기이한 습성보다 더 놀랍게 두드러지는 경우는 없다. 거대갑오징어는 대형 가자미만 한 크기의 주목할 만한 가치가 있는 오징어로, 위장술 분야에서 이례적인 기량을 뽐내는 동물이다. 거대갑오징어는 자신이 시각적으로 어떻게 보일지를 완전히 통제할 수 있는 것처럼 보인다. 150여 년 전의 다윈 역시 이미 거대갑오징어의 비범함을 인지하고 있었다.

또한 이 동물들은 자신의 색깔을 바꾸는 카멜레온과 같은 비범한 능력을 발휘해 탐지를 피한다. 이들은 자신이 지나치는 땅의 성질에 맞춰서 색조를 다양하게 바꾸는 것처럼 보인다. 심해에 있을 때, 이들의 몸은 일반적으로 갈색이 도는 보라색을 띠지만, 땅 위나 얕은 물 위로 올라오게 되면 이 어두운 색조는 일종의 노란빛이 감도는 녹색으로 변한다. 이 색깔을 조금 더 자세히 들여다보면 수많은 미세한 밝은 노란색 반점이 박힌 비둘기색임을 알 수 있다. 처음에 나타난 일반적인 갈색빛 보라색의 경우에는 밝기의 강도에 차이를 보이며 다양하게 변하지만, 나중에 언급한 노란빛을 띠는 녹색의 경우에는 완전히 사라지고 나타나기만을 반복한다. 이런 변화는 마치 붉은 히아신스 같은 색부터 짙은 밤색에 가까운 갈색까지 색깔이 바뀌는 황혼 무렵의 구름이 그 동물의 몸 위를 계속 지나가는 것 같은 인상을 준다. … 구름이 지나는 것 같다고 하든 혹은 얼굴을 붉히는 것 같다고 하든 뭐라고 부르든 간에, 이것들은 다양하게 색 깔이 변하는 유체를 담고 있는 미세한 소낭이 교대로 확장과 수축을 반복함으로써 만들어진 것이다.

오징어나 문어는 그들이 유영하는 거의 모든 수중 환경 속에 자연스럽게 녹아들 수 있다. 그러나 만약 배경에 섞여들기를 원하지 않으면 주기적으로 움직이며 우리 눈을 휘둥그렇게 만드는 줄무늬들을 몸에 연속으로 나타나게 만들 수도 있다. 심지어 두 가지를 섞어서 몸의 한쪽 면은 눈에 안 띄게 만들고 다른 한쪽 면은 주기적으로 움직이는 패턴이 나타나게 만들 수도 있다. 이들 동물은 기본적으로 모두 색맹이지만 몸 전체에 패턴의 움직임을 두드러지게 보이게 하는 방식으로 서로 의사소통도 할 수 있다. 심지어 스스로는 보지도 못하는 색깔 위에 숨기 위해 스스로를 위장할 수도 있다. 수컷의 경우 다른 수컷들의 주의를 분산시키기 위해서 암컷처럼 보이도록 겉모습을 갑자기 바꿀 수조차 있다.

그들은 어떻게 환경 속에서 자신이 처한 상황을 평가하여 눈에 띄는 편을 택할 것인지 아니면 배경에 섞여 보이지 않는 편을 택할 것인지를 결정하는 것일까? 우리는 이들 동물이 어떻게 색소포의 활동을 자유자재로 끄고 켜며 조절할 수 있는지에 대해서도 아는 바가 전혀 없다. 이들 생명체는 우리로서는 도저히 파악할 수 없는 상호작용을 통해 마치 가상현실의 아바타처럼 자신의 형체와 외양을 바꾼다. 갑오징어와 흉내문어 같은 기타 친척 관계의 두족류 생물들은 위장도색이 나아갈 수 있을 미래의 한 방향을 제시한다. 군인이나 전함의 몸체 위로 혼란스러운 패턴이 움직이며 지나간다면 어떨까? 분명히 적은 혼란스러워할 것이다.

이런 두족류 생물들은 수중 영역의 정자새라고 불러도 좋을 것이다. 정자새처럼 조형예술을 하는 것은 아니지만 그들 역시 동물 세계에 나타난 걷잡을 수 없는 한 극단이기 때문이다. 자연에 존재하는 생명체가 취하는 형태의 아름다움과 복잡성을 설명할 때 이런 극단적인 존재들은 가장 흥미로운 예가 된다. 정자새가 극적인 구애 행위의 공연과 체험을 넘어서서 놀라운 예술작품을 만드는 데까지 나아감으로써 조류의 예술에 대한 관념을 바꾼 것처럼, 한 종류의 동물에서 자연에 존재하는 모든 종류의 패턴을 다 볼 수 있는 오징어도 정적인 것에서 동적인 것으로 동물 패턴의 범주를 넓혔다고 할 수 있다. 오징어라는 단일 동물이 전 세계에 존재하는 각종 패턴을 내놓는 일종의 엔진 같은 역할을 하는 것이다. 그런 의미에서 이런 동물들은 한 동물에 나타나는 자연의 패턴이 어떤 기본적이고 핵심이 되는 법칙을 따르는지를 검증하기에 이상적인 모델 종이라고 할 수 있다. 이는 자연이 만들어진 바로 그 방식의 바탕이 되는 미적 아이디어에 대한 증거를 찾고자 하는 우리의 광적인 탐구에도 도움이 될 것이다.

오징어 연구자 사이에서 선생님으로 통하는 인물인 로저 핸런Roger Hanlon은 수년째 우즈홀 해양생물연구소에서 두족류 생물들에 관한 세심한 연구를 진행해오고 있다. 핸런은 존 메신저John Messenger와 함께 쓴 1996년 저서 『두족류의 행태Cephalopod Behavior』에서 많은 종류의 두족류 생물들이 자신의 의지대로 몸 전체에 패턴이 나타나도록 껐다 켰다 조정할 수 있게 해주는 21가지의 색소 신호를 밝혔다. 전반적으로 색을 옅어지게 만들기, 강렬하게 희게 만들기, 전반적으로 색을 어둡게 만들기, 번쩍이는 빛이 주기적으로 지나가게 하기, 어두운 색의 파동 위로 구름 모양이 지나가게 하기, 서로 상충하는 반점 모양 만들기, 어두운 색의 두껍거나 가느다란 세로 줄무늬 만들기, 어두운 색의 막대 띠 만들기, 여러 개의 고리 모양 만들기, (크고 작은) 어두운 색의 반점 만들기, 어두운 색의 눈깔 고리 모양 만들기, 팽창된 동공 모양 만들기, 가짜 눈점 드러내기, 어두운 색의 파도치는 팔 모양 만들기, 흰색이나 어두운 색의 뾰족한 빨판 모양 만들기, 얼룩말 무늬(혹은 불꽃 무늬) 만들기, 옆 꺼풀을 붉게 물들이기, 어둡거나 밝은 색으로 지느러미 모양의 줄무늬 만들기, 생식샘을 희게 강조해 보이기, 난포선을 붉게 물들이기, 그리고 마지막으로 보는 각도에 따라 색이 변해 보이는 파란색 고리 모양 만들기까지.

이들 생명체는 수중에서 살아 숨 쉬는 우아한 유기체의 표본이라고 할 수 있다. 이들은 일종의 움직이는 문신과 유사한 것으로 스스로를 표현한다. 이런 문신은 몸체를 늘이거나 당기는 행동과 결합하여 잠재적 먹잇감들을 당황시키거나 속이기 위한 변신 목적의 온갖 종류의 변형으로 나타난다. 컴퓨터 과학자 재런 러니어[Jaron Lanier]는 만약 우리가 실제로 오징어가 수중에서 하는 것과 같은 종류의 것을 동영상으로 구현한 수많은 형상을 화면을 통해 봐오지 않았다면, 분명 우리는 지금보다 두족류에 훨씬 큰 흥미를 느꼈을 것이라고 쓴 바 있다. 이들은 또 하나의 변칙이요, 동물 세계에 존재하는 신비이다. 어쩌면 이들이 패턴과 형식에 대한, 위장과 노출의 관계에 대한 자연의 미학을 밝혀줄 열쇠를 쥐고 있을지도 모른다. 단일 종류의 동물이 이처럼 스스로를 위장하며 상대를 놀라게 만드는 온갖 속임수를 독특한 조합으로 섞어 쓰면서 자신의 의지에 따라 외양을 바꿀 수 있는 독특한 지성 능력을 지니고 있다니. 이와 같은 사실은 다시 한번 의문을 불러일으킨다. 환경에 섞이는 것과 환경으로부터 두드러져 보이는 것은 어쩌면 서로 그렇게 다른 것이 아닐 수도 있지 않을까.

"구름이 지나가는 듯한 패턴"을 나타나게 할 때, 갑오징어와 문어는 동시에 색소 세포의 작동을 끄고 켬으로써 어두운 색의 구름 모양이 자신의 몸체를 따라 흘러가는 것처럼 보이게 한다. "불꽃 무늬"의 경우에는 팔을 마구 흔들며 비틀다가 갑작스럽게 분단성 색채가 나타나게 만든다. 그들은 이런 기술을 사용하면서 배경이 되던 떠다니는 수초 사이로 갑자기 사라져버리거나 또는 위협적인 자세를 취하기도 한다. 때때로 그들은 상대를 깜짝 놀라게 하거나 속일 목적으로 깜박이는 생체발광을 사용하기도 하는데 여기에는 "변화무쌍한 행태"라고 이름 붙일 수 있는 일련의 행동들이 뒤따른다. 이것은 실로 너무도 복잡해서 설명하기가 어려울 지경이다. 예를 들어 뚜렷이 구별되는 패턴이 몸에 연속해서 나타나는데 가로줄, 세로줄의 띠가 일정 속도로 나타나다가 갑작스럽게 눈점 모양이 나타나는가 하면 구름이 지나가는 모양이 나타나다가 또 반짝이는 지느러미 모양이 나오는 식이다.

흉내지빠귀나 거문고새의 터무니없게 느껴질 정도의 음향적 구애나 홍학이 선보이는 춤과 마찬가지로 우리는 왜 한 동물이 이와 같이 놀라운 능력을 진화시켜야만 했는지 그 이유를 알지 못한다. 어떤 사람들은 심지어 그렇게 복잡한 동물의 능력의 정확한 성상에 대해 이유를 찾으려는 것은 별로 과학적인 질문이 아니라고 말하기까지 한다. 진화는 우리에게 가능성의 영역을 제공한다. 일반적인 적응의 경우, 성선택이 극단적으로 적용된 경우, 그리고 (오징어의 사례에서 보듯이) 적응이 극단적으로 적용된 경우에 이르기까지. 오징어들이 이런 말도 안 되는 수준으로까지 특정한 방식으로 진화할 '필요'라는 게 있었을까? 분명 그럴 가능성은 있었다. 그리고 실제로 그것은 일어났다. 이 과에 속하는 동물들은 거의 마법에 가깝다고 해도 좋을 능력을 타고났다. 우리로서는 겨우 상상 속에서나 가능할 신경 세포의 기원을 가진 능력이다.

두족류의 생물들은 온갖 범주의 목적을 위해서 켜고 끌 수 있는 피부 색깔 신호 레퍼토리를 갖고 있다. 벌써 훨씬 오래전인 20세기 초에, 뵐셰는 이미 이들의 변화무쌍함을 알고 있었다. 그는 갑오징어 역시 자연이 제공하는 거대한 성적 가능성의 또 다른 예로 보았다.

모래 위에서 보면 갑오징어는 칙칙한 갈색으로 꼭 산토끼 같은 색깔이다. 그러다가 갑작스럽게 색깔이 변하기 시작하는데, 물속에서 검은색 줄무늬의 얼룩말처럼 변한다. … 아랫면의 칙칙한 갈색은 보호 수단이 된다. 얼룩말 무늬를 갖추면 위협적인 분노의 감정을 드러내면서 장관이라 할 만한 색깔을 펼쳐 보이는데 … 다른 갑오징어가 저 위쪽에서 잔잔히 흔들리는 물에 몸을 맡기고 있는 것이 보이는가? 그 갑오징어가 '그녀'라서 이 작은 수컷 얼룩말 오징어가 사랑하여 모래 속에 위장한 채로 질시 어린 눈초리로 지켜보며 경쟁 상대를 제쳐야 할 대상일까? 이제 여기에 다른 수컷 갑오징어가 제 몸을 숨기고 있던 장소에서 헤치고 나와서는 … 마치 꿈꾸는 소년처럼 암컷이 있는 쪽을 향해 떠오르기 시작한다. 그러면 자격을 갖춘 또 다른 구혼자가 광분의 표시로 얼룩말 무늬로 변하며 번개처럼 나타나 그를 뒤따른다. "이봐, 나 좀 보지. 어디 한번 해보자고." 줄무늬마다 단검같이 번뜩이는 빛을 주기적으로 띄우면서 말이다! 경쟁 상대는 자기가 잡힐 것을 알고는 사랑이라는 모험에 대한 열정을 잃고 처음 치고 나올 때처럼 조용히 물러난다.

그때만 해도 갑오징어의 위장술이 얼마나 전문적이며 미묘한 뉘앙스를 가지고 있는지 아무도 몰랐다. 갑오징어는 한쪽 면이 현란한 색깔을 내보이는 동안 다른 한쪽 면은 위장용 색깔을 내보일 수 있다. 어쩌면 이렇게 함으로써 한쪽 면으로는 먹잇감이나 포식자의 혼란을 초래하면서 동시에 다른 면으로는 잠재적인 짝짓기 상대에게 강한 인상을 남기고자 하는 것일 게다. 우리는 핸런이 찍은 인상적인 영상에서 아마도 색깔을 선별적으로 총명하게 바꾸는 활용법의 가장 복잡하면서 실용적인 예라고 할 수 있는 장면을 볼 수 있다. 문제의 장면은 수컷 갑오징어들이 암컷의 관심을 끌고자 서로 경쟁을 벌이는 짝짓기 기간을 보여준다. 한 몸집이 큰 수컷이 암컷과 짝짓기를 하려고 하는 참에 갑자기 작은 몸집의 수컷이 감히 끼어들기를 시도한다. 이 작은 녀석은 재빨리 제 몸의 색깔을 바꿔서 암컷과 비슷한 보다 갈색에 가까운 색을 띠게 만든다. 결과적으로 몸집이 큰 수컷은 정신이 분산되어 색깔을 바꾼 몸집이 작은 수컷을 암컷으로 오인하고 짝짓기를 하려고 한다. 바로 그때 이 작은 수컷은 다시 한번 갑자기 원래의 수컷 색으로 돌아가서는 잽싸게 몸을 빼내어 진짜 암컷과 짝짓기를 한다. "어라?" 큰 수컷은 아마 이렇게 생각할 것이다. "뭐가 어떻게 된 거야?"

자기 몸의 색깔을 보다 발전된 형태로 제어할 수 있는 것의 실용적 예는 이런 모습으로 나타나는 것이다. 핸런과 메신저는 오징어의 표피가 취할 수 있는 서로 다른 종류의 천연색의 기능을 요약한 표를 하나 만들었다. 이 표에는 상호 교류에 대한 표준적 범위의 다원주의식 해석이 담겨 있다. 이를테면 암컷이 흰색으로 밝게 빛나는 수직의 막대 무늬를 내보이면서 팔을 늘어뜨리면 "나를 유혹해봐요."라는 의미이다. 수컷이 동측으로는 밝은 흰색의 색깔을 내보이면서 반측으로는 어두운 색깔을 내보이면 "수컷이면 물러나고 암컷이면 머무시오."라는 의미이다. 수컷들이 측면에 불꽃 무늬와 갑작스럽게 눈점 무늬를 띠면서 얼룩말 무늬의 색깔을 열심히 뿜내는 것은 "이봐, 내가 더 세다고."라고 말하며 서로 겨루는 중이라고 해석할 수 있다. 오징어와 문어만 가지고 있는 색소 세포라는 독특한 도구를 통해서이긴 하지만, 성적 경쟁이라는 일반적인 이야기는 여기서도 똑같이 진행되고 있는 것이다.

이들은 먹이를 잡을 때에는 어두운 색의 움직이는 파도처럼 지나가는 구름 무늬를 몸에 나타나게 한다. 이것은 먹잇감들을 홀리며 "멈춰서 나 좀 보지."라는 신호를 발산한다. 그러고는 '꿀꺽', 혀가 쭉 뻗어 나오면서 어느새 보고 있던 놈은 잡아먹히고 만다. 또한 이와 유사하게 어두운 반점 무늬를 현란하게 과시하며 쿵후의 달인처럼 팔을 벌리는 동작도 풍성하고 묵직한 의미를 담고 있다. "이봐, 포식자, 내 무기 좀 보라고. 나는 크고 강해. 감히 덤빌 테면 덤벼보라지." 일반적으로 포식자들은 그들을 그냥 내버려둔다. 똑같은 기술이 동시에 나란히 다른 쓰임을 갖기도 하는 것이다.

일부 과학자들은 이런 오징어들의 레퍼토리가 새들이 보이는 복잡한 행태와 얼마나 많은 점에서 유사한지를 지적해왔다. 새들이 시각적으로 보내는 신호들은 직접적으로 송수신이 이루어지며 빠른 속도로 페이딩되고, 상호 교환성이 있으며, 특성화되어 있으면서도 자의적이고, 불연속적이면서도 일부 의미론적인 성질을 갖고 있다. 서로 다른 몸짓은 분명히 구별되는 별개의 문맥에 따라 또렷한 개별적 의미를 갖는다. 그러나 오징어가 내보이는 무늬들은 타고난 것이지 배워 익힌 것으로는 보이지 않으므로 오징어가 고래나 새와 마찬가지 방식의 문화를 가지고 있다고 말하는 것은 적절치 않을 것이다. 러니어는 새끼도 성체가 하는 대부분의 색소 세포 변화를 할 수 있다는 사실을 들어 두족류의 수명 주기에는 유년기라는 주요 요소가 빠져 있다는 결론을 내렸다. 만약 오징어에게도 유년기라는 것이 있다면, 그들은 온전한 문명이라 부를 만한 것으로 이어지는 일종의 학식을 발달시켰을 것이고, 이것은 또한 깊은 사색을 이끌어냈을 것이다. 러니어의 글은 이들 생명체를 어떻게 평가할 것인지를 하나의 은유로써 다룬다. 우리로서는 감히 헤아리거나 상상하기도 힘든 수중 생활의 면모에 대해서 이들 생명체가 서로 메시지를 주고받기 위해 형상을 만들고 또 바꾸고 하는 능력은 가상현실에나 있을 법한 능력의 실존을 보여주는 예라고 할 수 있다.

　이들 위장술과 보디 아트[body art]의 장인으로부터 우리는 무엇을 배울 수 있을까? 가장 눈에 띄게 지적해볼 수 있는 것으로는 위장술 전반에 대한 미묘하게 다른 접근법일 것이다. 지금껏 위장술에 대한 연구는 자연으로부터 직접적으로 배울 수 있는 무엇보다는 자의적인 인간의 범주에 기대어 진행되어왔다. 마틴 스티브스[Martin Stevens]는 2007년에 발표한 글에서 우리 인간이 동물 세계에 존재하는 위장술에서 무엇을 보고 놀라워하는지 보다는 동물들이 어떻게 위장술을 인지하는지에 대해 더 많은 연구가 필요하다고 주장한 바 있다. 우리 인간은 사물을 우리가 보는 방식대로만 보려고 하는 인간으로서의 당연한 편견을 넘어서야만 한다. 우리가 위장에 대해서 갖는 관심의 대부분은 군대 위장술의 발전과 관련을 맺어왔다. 그런 까닭으로 우리는 동물들이 서로를 어떻게 보는가라는 가장 중요한 부분을 놓치고 있는지도 모른다. 이를테면, 실제로 위장도색과 분단성 패턴은 서로 어떻게 연결되어 있는 것일까? 두 가지는 모두 명백한 혼란을 통해서 시각 체계에 충격을 주는 것처럼 보인다. 이들이 정말 서로 뚜렷이 구별되는 메커니즘 내지는 접근법이라고 할 수 있을까? 한 가지는 얼룩말이나 1차 세계대전 당시 사용된 전함들처럼 움직임 속에 사물을 위장시킬 목적으로 강한 대조를 두드러지게 나타나게 한다. 반면에 다른 한 가지는 물체를 배경 속에 숨기기 위해서 시각적 혼란을 사용한다. 이런 과정들을 특히 동물의 시각에서 바라본다면 서로 과연 어떻게 다를까?

　이 점에 대해 오랜 기간 두족류 생물을 연구해온 핸런은 이렇게 답한다.

　　두족류와 어류에 관한 우리의 연구를 살펴보면, (우리는 실제 자연 환경에서 위장한 동물들에 관한 영상과 수천 개에 이르는 이미지들을 가지고 있는데)

그림 33 로저 핸런이 분석한 갑오징어 위장술의 기본 유형들

배경과 색을 맞추는 것과 분단성 색채 사이에는 그렇게 뚜렷하게 서로를 갈라 놓을 만한 납득할 만한 근거는 없을 수도 있는 것처럼 보인다. 이 두 가지 메커니즘은 결국 어느 정도는 인간이 위장술의 복잡성과 절충성, 연속성을 쉽게 이해하고자 만들어낸 것이라고 할 수 있다. 이런 시도는 … 특정성 대 일반적인 배경과의 색 맞춤이라는 목적을 달성하기 위해 디자인된 동물 패턴의 예를 양적으로 정의내림으로써 … "포식자의 눈으로 봤을 때" … 유익하다고도 할 수 있을 것이다.

그다음 단계는 시각적 배경의 어떤 측면들이 동물에 의해 시연되는 패턴들의 다양성을 낳는지와 더불어 그 배경의 통계학적 특성을 밝혀내는 것이 될 것이다. 여기에 더해, 만약 특정한 배경이 배경과 색을 맞추는 동시에 분단성 색채로서의 특징을 동시에 갖고 있는 몸의 패턴을 낳는다고 한다면, (가정해보건대) 우리는 어떤 시각적 특징들이 이러한 중재적 혹은 잡종성의 패턴을 낳는지를 구분하기 시작할 수 있을 것이다. 또한 아마도 이러한 접근법을 통해 배경과의 색 맞춤과 분단성 색채 사이에 존재하는 듯 보이는 서로 연계된 전략 사이의 연속성에 가교를 놓기 시작할 수 있을 것이다.

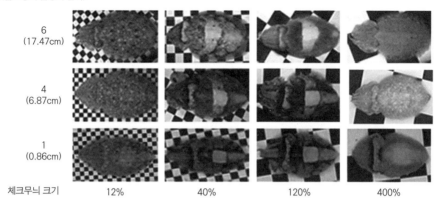

그림 34 바둑판 무늬 판 위에서 섞여 보이기 위해 노력 중인 갑오징어

일찍이 이미 핸런과 그의 연구팀은 오징어의 위장술이 취할 수 있는 외견상의 거대한 일체의 가능성을 균일 패턴, 반점 무늬 패턴, 분단성 색채 패턴으로 나누어 약식으로나마 체계화를 시도한 적이 있다. (이 순간만큼은 다른 온갖 괴상한 변형의 예들은 잠시 신경 쓰지 말도록 하자.)

두족류가 자신들이 처한 배경이 어디든지 간에 스스로를 은폐하기 위해서 꼭 필요한 것으로 보이는 것은 바로 이 세 가지 기본 전략이 되는 패턴들이다. 두족류 생물 자신들은 색맹임에도 불구하고 어떻게 그들이 배경색과 자신들의 몸을 완벽하게 맞출 수 있는지는 대단히 신비로운 일이다. 그러나 이 사실은 광도^{光度}에 대한 민감성 하나만으로도 오징어가 맞서야 할 자연 환경에 대응하기에는 충분하다는 점을 보여주는 것 같다. 갑오징어를 대상으로 실험실에서 이뤄진 연구는 다양한 크기의 바둑판 무늬를 배경으로 사용해서 진행되었는데(그림 34), 균일 패턴에서 반점 무늬 패턴을 거쳐 분단성 색채 패턴으로 나아가기까지 그들은 자신들이 놓인 바둑판 무늬의 크기에 맞춰 정확하게 모습을 바꾸어갔다. 이 경우에 그들이 적

혼란을
야기하는
정도

0　　8　　18　　28

그림 35 갑오징어의 위장 전략들

응해야 했던 것은 인공적인 환경으로서 그들이 자연에서는 절대 마주칠 일이 없을 그런 종류의 환경이었는데도 말이다.

이들 갑오징어가 은폐를 목적으로 단독으로 켜고 끌 수 있는 것은 등판에 있는 겨우 11개의 색깔 표시 영역뿐이다. 그러나 보다시피 이 정도 수로도 충분히 가능한 위장술의 범주를 활용하면 이런 익숙하지 않을 뿐 아니라 선명하게 대조되는 환경에도 반응을 보일 수 있다.

그리고 야생에서는 이런 뚜렷이 구별되는 범주들도 그 경계가 흐릿해지는 것처럼 보이는 것이 사실이다. 분주한 해저를 훑고 지나가는 오스트레일리아 갑오징어를 보면 무엇이 분단성 색채를 이용한 위장이고 무엇이 배경과의 색 맞춤을 통한 위장인지 분간하기 어렵다. 위장 기술의 혼합으로 무장한 채(그림 35), 갑오징어는 배경에 섞여들 것인지 아니면 돋보일 것인지를 결정한다. 이는 갑오징어의 뇌가 기본적인 자연 패턴의 원칙을 완벽히 습득하고 있음을 증명하는 것이기도 하다.

그림 36은 정말이지 개인적인 소장 목적의 사진 자료라고 할 수 있다. 거의 눈에 보이지 않게 숨은 이 생명체는 믿기지 않을 만큼 아름다운 모습을 하고 있다. 이 사진이 아름다운 것은 사진 속 생명체가 너무나도 교묘하게

그림 36 오스트레일리아에서 관찰한 야생 속 갑오징어의 위장 모습

잘 숨었기 때문만이 아니라, 이 생명체가 보이는 것과 보이지 않는 것 사이의 경계를 자유자재로 넘나드는 예술가이기 때문이기도 하다. 나는 이 생명체가 섞여드는 것과 돋보이는 것 사이의 차이를 '안다'고 쓰고 싶지만, 물론 우리로서는 절대 갑오징어가 무엇을 아는지 혹은 모르는지 말할 수 없는 노릇이다. 갑오징어, 오징어, 문어, 기타 온갖 두족류 생물들. 이런 생물들의 이름은 이처럼 놀라운 생명체를 가리키기에는 너무도 이상하고 어색하다. 우리는 사실 이들을 어떤 식으로 이야기해야 할지조차 모른다! 러니어는 갑오징어가 온갖 방식으로 이상스러운 색깔과 모양으로 몸을 변형시키는 것을 관찰하면서 어떤 감정이 가득 차오르는 것을 느꼈다고 썼다. 바로 질투심이었다. "몸을 가상현실에서 변형시키려고 하는 경우에도 인간은 변형 가능한 아바타를 미리 힘들여 상세하게 디자인해두어야만 한다. … [우리 인간은] 저렇게 즉흥적으로 우리 자신을 다른 형태로 바꾸지

는 [못한다].” 개중에는 두족류 생물들이 스스로 색소 세포를 켜고 끄면서 한쪽 면과 다른 쪽 면의 패턴과 행태를 달리하는 것을 결합하여 이들이 일종의 언어와 유사한 것을 가지고 있다고 증명하려 애쓰는 이들도 있다. 그러나 러니어는 이런 의견에는 동조하지 않는다. 그는 오히려 그렇지 않다고 말한다. 이들 오징어를 비롯한 일족들은 언어를 완전히 넘어선 다른 차원의 생물이라는 것이 그의 주장이다. 이 동물들은 자신의 존재 전체를 바꿈으로써, 그러니까 몸의 모양, 형식, 색깔을 정신 사나울 정도로 다르게 바꿈으로써 의사소통을 하기 때문이다.

러니어는 이들이 이른바 후기 상징주의적 의사소통의 세계에서 살고 있다고 생각했다. 말하자면 이들은 ‘얼룩말 패턴’을 생각하면 바로 몸이 얼룩말 패턴으로 덮이고, ‘구름이 지나가는 모양’을 떠올리면 바로 몸에 구름이 지나가는 모양이 생기는 것이다. 옛 선종禪宗의 가르침처럼 자신을 내려놓으면서 배경 속으로 정확히 침잠해 들어가면 바로 ‘아!’ 하는 순간과 함께 갑자기 스스로가 뚜렷이 인식되는 것을 느끼게 된다. 그런 의미에서 위장은 곧 광고이며, 보이지 않는다는 것은 곧 놀라운 충격을 동반한다. 이성과 전략을 추구하다보면, 즉각적으로 패턴을 만들어낼 수 있는 순수한 제어 능력을 가지고 있는 동물을 마주하고 그 능력 자체가 가진 있는 그대로의 아름다움을 부정할 수도 있을 것이다. 그것을 이런 식으로 느낀다면 어떨까? “어쩌면 이것은 언젠가는 사람들 역시 경험할 수도 있을 보기 드문 근사한 변형이다.” 러니어는 이렇게 썼다. “그때가 되면 우리에게도 상징의 ‘중개자’를 제거하고 경험을 직접적으로 공유하도록 만들 수 있는 다른 선택항이 생길 것이다. 어쩌면 가변적인 구체성이 추상성보다 훨씬 더 뛰어난 표현력을 가진 것으로 밝혀질 날이 올지도 모른다.”

그러니 오징어가 조금이라도 우리와 비슷한 의사소통 수단을 가지고 있을지도 모른다는 상상은 하지 말도록 하자. 대신에 그들이 우리 인간은 겨우 꿈이나 꿀 수 있을 수준의 놀라운 성취를 이루었다는 것을, 우리가 그들을 모방하려면 아주 복잡한 소프트웨어를 개발해야만 가능할 놀라운 성취를 이루었다는 것을 인정하도록 하자. 그들은 몸의 형태를 새로운 것으로 직접적으로 바꿈으로써 의사소통을 한다. 상징을 넘어서 있는 것이다. 그들이 주고받는 메시지는 그들의 몸 자체이다.

당연히 이런 사실을 접하면 흥분해버리기 쉽다. 물론 우리는 그들에 대해서 아무것도 모른다고 해도 과언이 아니다. 우리는 그저 얼빠진 듯이 그들을 바라보며 경탄할 따름이다. 사실 그 누가 진짜로 오징어가 된다는 것이 어떤 느낌인지 알 수 있겠는가?

흉내지빠귀는 자신의 영역 안에 있는 모든 새들의 노랫소리를 자유자재로 멋지게 흉내 내며 노래한다. 이때, 흉내지빠귀는 정확한 기호 체계와 규칙을 따라서 다른 새들의 노랫소리를 서로 섞으며 한편으로는 비슷하게 맞춘다. 두족류 생물들은 패턴의 조직에 대한 우리 인간의 기존 관념을 가지고 노는 것같이 보인다. 배경에 따른 색 맞춤 혹은 분단성 색채를 통한 현혹. 이런 식으로 인간이 나눈 범주가 갑오징어가 실제로 할 수 있는 능력과 무슨 상관이 있으랴? 그들은 천연색을 마치 손안의 장난감처럼 가지고 논다. 그들은 뇌 속에서 구현하고자 하는 색깔을 원하는 대로 색소 세포를 켜고 꺼서 조정한다. 그들은 자연에서 마주칠 온갖 상황에 따라 모든 가능성을 고려한 천연 패턴에 통달한 장인이라고 할 수 있다. 그들이 익힌 패턴의 폭은 짝짓기를 하거나 짝짓기를 위해 싸워야 할 동족과의 상황, 그리고 잡아먹거나 잡아먹힐 운명의 타 종족과의 상황을 모두 아우른다. 그런 의미에서 그들은 진화가 작동하는 방식, 즉 진화가 적응을 위한 고군분투라는 점을 시각적으로 보여주는 가장 빼어난 예로 볼 수 있을 것이다. 그런데 과연 꼭 그렇게 봐야 할까?

　이 놀라운 수중 생물에 대해서 더 많은 자료를 접하게 될수록, 나는 이렇게나 많은 영상과 자료를 바탕으로 우리도 조금 더 실제 오징어가 생각하는 것처럼 생각해보기 위해서 노력할 수 있지 않을까 하고 생각하게 된다. 뜨거운 봄 햇살이 내리쬐던 어제 아침, 나는 마침 숲 속을 거닐고 있었다. 갈색 숲 바닥 위로 햇살이 점점이 흩뿌려진 초록색 이파리들이 빛나고 있었다. 나는 그 풍경 속에서 넘쳐나는 패턴을 발견할 수 있었고 또 갑작스러운 움직임도 감지할 수 있었다. 한 마리의 갈색 나비가 스치듯 날아갔는데, 가만 보니 그 나비의 날개 모서리는 밝은 파란색을 띠고 있었다. 대체 왜? 숨기 위해서, 아니면 여기 좀 보라고 광고하기 위해서? 물론 이 곤충은 팔랑거리면서 숨기도 하고 자기를 보라고 광고도 할 것이다. 그러나 그 한 줄기 파란색을 눈치채기 전에 나는 먼저 움직임을 봤다. 패턴과 패턴이 서로 겹치며 만들어지는 움직임을 먼저 봤던 것이다. 물론 나도 이곳이 지구이며 어떤 다른 외계 행성이 아니라는 것은 잘 안다. 이곳 지구에는 지구 나름의 생명체의 체계, 색깔, 모양, 디자인이 존재한다. 나는 보이기 위해서 혹은 보이지 않기 위해서 움직이는 것이 아니라 단지 움직일 뿐이다. 만물이 자라는 데에는 저마다의 방식이 있고, 자라며 취하게 되는 모양에도 그들만의 모양이 있다. 그래도 나는 가만히 상상해보았다. 만약 어떤 외부 치장을 바꿀 필요 없이 갑자기 배경 속에 섞이거나 배경으로부터 도드라질 수 있다면 어떨까.

　위장술에 담긴 미학을 더 깊이 파고들면 파고들수록 우리는 이런 당황스러운 결론과 마주하게 된다. 배경에 섞이는 것과 배경으로부터 도드라지는 것이 완전히 똑같은 패턴으로 가능하다는 사실이다. 위장도색된 전함들이 존재하던 옛 시절에서 알 수 있듯이, 분단성 색채는 한 대상을 놀라

우리만큼 눈에 띄게 만듦으로써 동시에 눈에 보이지 않게 만들 수 있다. 그렇다면 자연에 존재하는 패턴의 미학은 혼란스러움으로 넘쳐나는가? 꼭 그렇다고는 할 수 없지만 여기에 한 체계의 뿌리가 존재하는 것은 사실이다. 두족류 생물들은 패턴 인식과 패턴 창조의 장인이라고 할 수 있다. 그들은 자유자재로 혹은 그때그때 상황에 맞춰 즉각적으로 자신의 외양을 바꿀 최고의 이유를 본능적으로 알 뿐만 아니라, 패턴이라는 것을 이해하기 위해 필요한 기본이 되는 원칙들을 자신의 몸에 압축해서 표현해내기 때문이다.

오스트리아의 콘라트 로렌츠 진화 연구소의 루스 번[Ruth Byrne]은 오징어의 시각적 행태를 일종의 언어로 볼 수 있다는 생각을 가장 체계적으로 집대성한 연구 결과를 내놓았다. 여기서는 오징어가 사용하는 언어를 '스퀴디시[squiddish]'라고 부르기로 하자. (결코 나쁜 의미로 쓴 말은 아님에 유의하자. 비록 뭔가 '이치[itchy]'와 '스퀴미시[squeamish]'의 사이에 있는 것 같지만 말이다.)[21] 그녀는 관찰이 용이해서 스쿠버다이버들도 종종 목격하는 카리브암초오징어가 선보이는 구애 행위와 몸의 패턴으로 폭넓게 구성된 이 '스퀴디시'의 구성 요소들을 도해로 분석했다. 예를 들어, 이 동물에게서 나타나는 가장 복잡한 패턴은 이중으로 신호를 보내는 방식을 취한다. 이 경우에 수컷은 자기 옆을 유영하는 다른 경쟁자 수컷을 향해서는 공격적인 얼룩말 무늬를 내보이면서, 몸의 다른 쪽 면에는 암컷을 향해서 성적 흥분을 암시하는 줄무늬를 내보인다. 만약 해당 경쟁자 수컷과 암컷의 위치가 바뀌면 패턴도 즉각

---

21 '스퀴디시'는 오징어를 가리키는 영어 단어인 squid에 언어를 나타내기 위한 접미사 -ish를 붙여서 만들어진 단어임이 명백해 보이지만, 어감상 '가려운'이라는 의미의 itchy와 '결벽증이 있는, 지나치게 민감한'이라는 뜻의 squeamish가 연상된다는 의미에서 덧붙인 저자의 언어유희이다.

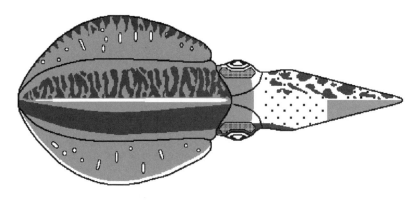

그림 37 카리브산호오징어가 표면의 무늬를 조절하여 취할 수 있는 가장 복잡한 표출 상태를 보여주는 모델

적으로 따라서 바뀐다. 이는 카리브암초오징어가 다른 많은 두족류 생물들과 마찬가지로 몸의 양면에 서로 완전히 다른 메시지를 보내는 것이 가능하다는 것을 보여준다. 혹은 싸움질과 사랑을 동시에 할 수 있을 정도로 정신이 분열되어 있는 존재라고 해석할 수도 있겠다. 이러한 이중 신호는 다음과 같은 여러 가지 구성 요소로 쪼개볼 수 있다. 꺼풀, 머리, 지느러미를 갈색으로 물들이기, 배중선 강조하기, 왼쪽 꺼풀을 얼룩말 무늬로 바꾸기, 오른쪽 꺼풀을 줄무늬로 바꾸기, 지느러미의 양쪽 면을 점무늬로 바꾸기, 왼쪽 지느러미를 얼룩말 무늬로 바꾸기, 모서리에 줄무늬가 있게끔 오른쪽 지느러미를 희게 만들기, 머리 부분에 눈물 방울 모양 만들기, 청록색 눈썹 무늬 만들기, 양면의 팔을 창백하게 만들기, 왼쪽 팔을 얼룩말 무늬로 바꾸기, 오른쪽 팔 끝만 갈색으로 바꾸기.

매우 이해하기 쉽게 만들어진 그녀의 웹페이지에서는 이 단일 종의 두족류 생물이 얼마나 절묘하고도 다양하게 자신의 시각적 외양을 통제하는지를 보여주는 간명한 묘사를 접할 수 있다. 그림 38은 카리브암초오징어가 만들어내는 서로 다른 세 개의 패턴을 각각이 나타나는 맥락과 함께 보

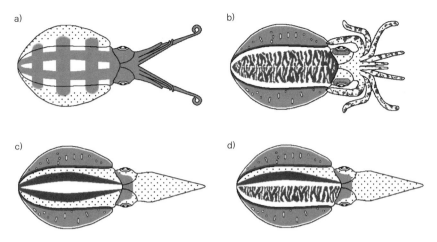

그림 38 상황에 따라 카리브산호오징어가 이중으로 표출하는 신호의 정확한 예들
(a) 격자무늬는 대부분 유년기의 오징어가 위장 목적으로 사용한다. 이 경우 꺼풀에는 갈색 줄무늬와 막대무늬로 구성되는데, 여기에 알파벳 V자로 완전히 다리를 벌린 자세를 함께 취한다. (b) 얼룩말무늬는 수컷 사이에서 서로 겨루는 상호작용이 이루어질 때 나타난다. 이때 오징어 다리들을 쫙 펼쳐 보임으로써 이런 무늬를 표출하여 표현하고자 하는 메시지를 더욱 강화한다. (c) 이와 같은 줄무늬는 수컷이 암컷을 향해서 보내는 구애의 신호이다. (d) 오징어는 이중 신호를 통해서 동시에 서로 다른 수신자를 향해서 두 개의 다른 메시지를 보낼 수 있는 놀라운 능력을 갖고 있다. 그림에서는 다른 수컷이 있는 쪽을 향해서는 얼룩말무늬를, 암컷이 있는 쪽을 향해서는 줄무늬가 보이도록 한 조합이 예시되어 있다.

여준다.

　카리브암초오징어가 선보이는 이런 패턴 표현들에 어떤 문법이 존재한다고 말할 수 있을까? 마틴 모이니핸Martin Moynihan은 카리브암초오징어를 모델로 삼아 진행한 자신의 1982년도 연구 개요를 통해 바로 이 질문에 대한 답을 찾고자 한다. "많은 패턴들이 반드시 전부는 아니더라도 일부 잠재적 관찰자들이 놓치거나 잘못 해석하게끔 디자인되어 있다. 그들은 디자인이라는 측면에서 봤을 때 꽤나 곤란한 경우이다." 그는 여기에서 한 발짝 더 나아간다. "가장 빛나거나 불투명한 표면의 너머 혹은 그 아래에는 어떤 합리적인 논리가 존재하는 것임에 틀림없다. 헛소리는 뇌를 당혹시키지만, 아마도 무한정 그렇지는 않을 것이다. 진실은 언젠가는 밝혀질 것이다." 이로써 오징어에 대한 연구가 생물학자의 정신에 어떤 영향을 미치는지 볼 수 있지 않은가? 이 두족류 생물들의 패턴 표현을 구성하고 있는 요소들을 모어, 의존어, 수식어, 기표 같은 언어학 용어로 한번 살펴보자. 그들의 메시지는 뚜렷이 구별되며 불가피한 것들이다. "그들이 보내는 신호의 대부분은 공격, 도망, 성과 관계되어 있으며 아마도 식사와 사교 생활과도 관계가 있는 것들이다." 이와 같이 삶과 필수적으로 연계된 사실들이 기본적인 시각적 정보로 암호화되어 있는 것이다. 이것을 이런 기본적인 문제들을 해결하려는 삶의 기본 미학이라고 할 수 있을까? 그렇다면 우리도 이런 문제들이 삶의 근간에서부터 어떻게 결합되어 있는지를 보여주는 기본적인 예로써 이처럼 도해로 나타낼 수 있는 어떤 조직을 갖고 있을까? 그런데 여기서 잠깐. 이 말은 오징어가 삶의 기본적인 기능들을 색깔 줄무늬와 일렁이는 몸의 움직임으로 암시해서 드러낸다는 의미인가? 그러니까 이를테면 그들이 해당 종의 각 구성원들이 이해할 수 있고 또 반드시 이해해야만 하는 삶의 근본적인 필요에 기초해서 일종의 추상예술 행위를 하고 있다는 말인가? 그렇다면 그들은 추상예술을 가장 구체화할 수 있는 능력을 갖춘 시각화 분야의 달인이라고 할 수 있겠다.

자연과학이 묘사하는 자연은 통제할 수 없는, 도저히 있을 법하지 않은 세부 내용으로 가득하다. 모이니핸의 경우처럼 거창하고 논의를 종결짓는 듯한 서술은 핸런 같은 보다 조심스러운 과학자를 난감하게 만들 수도 있겠지만, 핸런 역시 시각적 문법과 움직이는 패턴 같은 오징어의 특정 행태에 대한 연구로부터 매우 개괄적이고 일반적인 가르침을 구하고 있다. 우리는 다른 새들의 노랫소리를 흉내 내는 새들로부터 어떻게 소리가 합쳐지고 나누어지는지에 관한 하나의 철학을 배울 수 있다. 마찬가지로 우리는 두족류 생물들이 어떻게 모든 가능한 의미 표현을 위해서 패턴을 만들고 또 바꾸는지를 관찰함으로써 패턴에 관한 기초 지식을 얻을 수 있을지도 모른다. 물론 우리는 그런 식으로 해서 이 모든 패턴들이 어떻게 쓰이는 것인지, 그 목적과 기능, 행태의 의미를 알아낼 수 있을 것이다. 그러나 우리가 그 모두를 다 알아냈다고 주장할 수 있게 되어도, 삶의 도전에 맞서 이들 두족류 생물이 내놓은 특이한 해법은 도무지 있을 법하지 않은 아름다움으로 여전히 우리를 경악하게 만든다. 한마디로, 좀처럼 무덤덤해지지 않는다. 두족류의 패턴은 여전히 아름다우며, 아마도 여전히 독특하게 느껴질 것이다. 그리고 과연 한 종이 다른 종으로부터 얼마나 정확히 배울 수 있다는 것일까?

머지않아 우리는 오징어같이 된다는 것이 어떤 것인지를 아는 데에 한 발짝 더 다가설 수 있게 될 것이다. 입고 나서 몸을 전체적으로 어떻게 움직이는지에 따라 상호작용을 일으키며 동적으로 색소가 변하는 옷 덕분이다. MIT 소속 연구자인 다이애나 엥Diana Eng이 만든 이른바 '샛별 드레스Twinkle dress'에는 갑오징어가 짝짓기할 준비가 되었다고 세상에 알리는 세로줄무늬처럼 깜박이는 LED 소재의 반짝이는 줄이 달려 있다. (물론, 이 드레스가 보내려는 메시지는 그렇게 직접적인 것은 절대 아닐 테지만 말이다.) 이 드레스에는 옷을 입고 있는 사람의 목소리를 잡아내도록 조율된 마이크가 달려 있는데, 아마도 그녀가 말을 할 때만 드레스의 조명이 켜지도록, 혹은 특정 관찰자가 그녀에게 말을 걸 때만 드레스의 조명이 켜지도록 할 수도 있다. 혹시 한쪽 면은 불이 안 들어오게 한 채로 다른 쪽 면만 불이 켜지게 만들 수도 있을까? 어디까지나 프로그래밍의 문제일 것이다. 그리고 두족류 생물들의 색깔 제어에 대해 더 많이 알게 될수록, 우리도 우리가 입을 옷에 그런 특징을 더 구현해보고 싶어질지도 모른다. 옷을 입은 사람이 옷의 어느 부분을 건드렸는지가 천에 부착된 압력 센서에 의해서 연결된 LED 조명으로 나타나는 조애나 버조스카^{Joanna Berzowska}의 '은밀한 기억의 드레스^{Intimate} ^{Memory dress}' 같은 것도 있다. 버조스카의 드레스 같을 경우 시간의 경과에 따라 빛이 흐릿해지도록 조정하는 것도 가능하다. 이런 의상들은 실용적이라고 할 수 있을까, 아니면 단지 거친 추상의 예로 봐야 할까? 아니면 자연에 존재하는 위장술처럼 조금은 실용적이면서 동시에 조금은 추상적이라고 말할 수 있을까?

하이퍼스텔스사 소속의 친구들이 옷을 입은 사람이 숨고자 하는 장소에 따라 색깔이 변하는 위장 의류를 개발하기 위해 노력 중이라는 사실은 전혀 놀라운 소식이 아닐 것이다. 과연 그들이 개발에 성공할 것인가? 어쩌면 그런 정보는 기밀 사항으로 분류될 수도 있을 것이다.

기능적·비기능적 아름다움은 우리 인간과 자연의 주의를 끌고자 경쟁한다. 자연이 진화시켜온 환상적인 패턴의 소용돌이 속에서 홍보와 은폐는 경계가 흐릿해진다. 다시 한번, 기능이라는 실타래만으로는 그 속에 깔려 있는 정확한 마법을 도저히 풀어낼 수 없다. 그러나 오징어는 뭔가 알고 있다. 미국원앙도 뭔가 알고 있다. 자연에 말없이 널려 있는 프랙털 규칙들은 알고 있다. 패턴이 형성되는 방식들에는 일관성과 유사성이 있다는 것을. 그리고 우리 인간이 그것들을 이해하기 위해서는 보다 깊은 주의가 필요하다. 패턴으로 드러나는 것들은 실제로 기능을 하고 있는 것처럼 보이면서 또한 해당 종들이 좋아하는 것이다. 그리고 또한 우리 인간이 좋아하는 것이기도 하다. 프럼의 표현을 빌리자면 "예술이 특질과 그에 대한 평가 사이의 공진화 결과라고 한다면, 신호를 보내는 자와 신호를 받는 자 사이의 공진화 관계에도 매우 다양한 방법이 존재할 것이다." 공진화는 처음에는 오직 그 종에 속한 것들만이 그 의미를 충분히 알아볼 수 있는 사적인 세계의 형성에서부터 시작될 것이다. 그러나 우리 인간은 우리 종의 한계

그림 39 콧이 묘사한 보이지 않는 포투쏙독새

를 넘어서서 현상을 바라볼 수 있는 능력을 가지고 있다. 그리고 이런 능력에는 실용적인 이득이 존재한다. "생태학적·경제학적·성적인 교환이 이루어진다면 시스템을 상대로 내기를 하면서 그 사이를 비집고 들어가 이득을 얻을 기회가 생긴다." 그리하여 우리도 우리만의 위장술을 만들어내게 된다. 그러나 결국 우리가 더 높이 사는 것은 우리가 숨긴 것보다는 우리가 해낸 것이다. 우리는 피카소와 거트루드 스타인^{Gertrude Stein}의 말에 고개를 끄덕이면서 눈을 더 크게 뜨고, 볼 수 있지만 보이지 않던 자연의 숨겨진 것들을 보게 되는지도 모른다. "오, 신이시여, 우리에게 '저것'을 보도록 가르쳐준 것이 바로 '예술'이로군요.^{Mon dieu, It is art that has taught us to see that.}"

흑백으로 표현한 코스타리카 숲 속에 나무줄기처럼 꼿꼿이 서서 몸을 숨긴 포투쏙독새를 묘사한 콧의 멋진 판화 작품으로 시선을 돌려보자(그림 39). 자연에는 서로 이리저리 엉켜 있는 많은 움직임들이 존재한다. 우리는 얼마나 많은 것을 볼 수 있게끔 배워왔는지에 따라 그것들을 볼 수 있기도 하고 볼 수 없기도 하다. 이 마법에 얽힌 과학과 예술은 우리가 그것을 이해하는 순간 하나로 수렴된다.

Survival of the Beautiful

6

창의적 실험
- 과학이 예술로부터 배울 때

"19세기 이래로 전문 과학자들은 최고의 과학도가 되고자 한다면 한 가지만 파고드는 사람이 아니라 광범위한 관심사를 가지고 있는 사람이 될 것을 추천한다. '끝없이 상상력이 샘솟는 학생 … 연구로 이끌고 가는 예술가적 기질이 있고 만물의 수와 아름다움, 조화를 감상할 줄 아는 학생에 주목하시오.'(카할)"

폴록의 그림에 나타나는 프랙털 성질이 우리 눈에 좋아 보이는 것은 그것이 자연에 존재하는 것과 똑같은 카오스적인 균형을 이루고 있기 때문이다. 위장술의 세계로 눈을 돌려보면, 자연은 예술을 대담히 드러나게 하는가 하면 동시에 눈에 보이지 않게 만들 수도 있게끔 진화시켜왔다는 것을 알게 된다. 그렇다면 이로써 야생이 우리에게 예술에 대한 어떤 지침을 제공한다고 할 수 있을까? 어쩌면 야생은 예술 따위는 건너뛰어버리고 그저 나무 사이를 거니는 것으로 만족하라고 답할지도 모른다. 그러나 우리 인간은 예술을 필요로 한다. 예술 없이는 쉽게 볼 수 없던 많은 것들이 예술과 함께 완벽해지기 때문이다. 예술은 마구잡이로 뒤엉킨 가공되지 않은 소리, 빛, 형태, 느낌으로부터 추상이라는 그림을 뽑아낸다. 진화는 자연에 존재하는 모든 것이 어떻게 지금과 같은 모습으로 나타나게 되었는지를 설명해준다. 그러나 이런 진화라는 아이디어를 떠올리기 전에도 인류는 이미 수세기에 걸쳐 분류, 예시, 조직화의 과정을 통해 자연의 다양성을 우리가 이해할 수 있는 수준에서 풀어내왔다.

1770년, 조슈아 레이놀즈 경^{Sir Joshua Reynolds}은 영국 왕립 미술원의 학생들을 대상으로 쓴 글에서 예술가의 소명을 다음과 같이 언급했다. "예술가는 아름다운 형태에 대해 바른 감을 익혀야 한다. 예술가는 자연을 오직 자연으로만 고쳐야 할 것이니, 자연의 불완전한 상태는 자연의 보다 완전한 상태로 고쳐야 할 것이다." 과학계와 예술계는 모두 가장 진실한 형태, 곧 아름답고 바른 것을 좇는다. 순수한 형태는 우리 눈에 보이는 불완전함의 너머에 존재한다는 플라톤의 고찰과 인간의 모든 창조성과 기술은 자연이 미완으로 남겨둔 것들의 개선 가능성을 의도한 것이라는 아리스토텔레스의 꿈은 과학과 예술을 통해 하나가 된다.

이런 발상 자체는 실로 오래된 것이지만 시각적 정보에 대한 과학적 지도를 그려보려는 엄청난 과업이 처음으로 진지하게 고려된 것은 18세기에 들어서였다. 여기에는 계몽주의의 도래와 함께 지식은 생생히 기술되고 출판되어 모두에게 접근 가능한 것이 되어야 한다는 목표 의식이 존재했다. 이를 위해 다수의 예술가들이 자연의 장엄함을 세부까지 철저하고 정확히 담아내고자 기용되었다. 이들 예술가들이 남긴 삽화는 아름답고 대칭적이며 실제로 우리가 접할 수 있는 살아 움직이는 그 어떤 생명체보다도 더 사실적이다. 현재 이들 삽화는 격조 있는 도서관 깊은 곳에서 먼지만 뒤집어쓰고 있지만, 야생 관련 자료의 디지털 시각화 분야의 선구자 격인 브래드 페일리Brad Paley는 이들 삽화가 최신 기술의 힘을 빌린 사진과 디지털 분석보다 더 정확한 자료를 제공한다고 생각한다. 어째서일까? 어떻게 삼림지대에 보이지 않게 몸을 숨긴 포투쏙독새를 흑백으로 묘사한 콧의 그림이 같은 대상을 원색으로 찍은 사진보다 더 생생할 수 있다는 말인가?

로레인 대스턴Lorraine Daston과 피터 갤리슨Peter Galison은 기념비적인 멋진 저작 『객관성Objectivity』에서 18세기 예술가들은 그들 고유의 능력을 조금 더 신뢰했다고 말한다. 당시 예술가들은 자연에 존재하는 물체들은 하나같이 너무도 다른 다양한 모습을 하고 있기 때문에 각각의 물체가 가진 순수하고 정확한 형태는 예술가의 손을 통해 일반화의 과정을 거쳐야만 드러난다고 말하곤 했다. 오직 예술가라는 예민한 인간 관찰자만이 눈앞의 변칙적인 예들을 모아 하나의 이상적인 형태로 명료하게 표현할 수 있다는 것이다. 그들은 자연은 불명료한 반면, 예술은 정확할 수 있다고 생각했다. 눈으로 직접 쳐다봄으로써 파악할 수 있는 것 이상으로 자연을 더 정확하게 재현하기 위해서는 단지 우리가 사용하는 기술들을 표준화하면 될 뿐이었다. 한마디로 말해 그들은 에칭, 크로스해칭 기술을 정교하게 가다듬고 비례에 대한 기준을 확고히 하면 자연을 더 정확히 재현할 수 있다고 믿었던 것이다.

19세기 중엽이 되어 사진 기술의 대두와 함께 새로운 용어 하나가 화두로 떠올랐다. 우리는 종종 '객관성'이라는 말이 항상 존재해왔다고 상상하곤 한다. 그러나 사진기의 객관성, 기계의 객관성, 더 나아가 현실의 객관성이란 것은 그 즈음에 새롭게 등장한 용어였다. 이와는 대조적으로 현상에 대한 각 개인의 시선은 다채로우며 좀처럼 서로 뜻이 일치하는 법이 없었다. 개인의 시선은 주관적이며 신뢰하기 힘들고 모호하다. 이제 과학자가 된 옛 박물학자들은 자료를 통합하려는 유혹에서 벗어나고자 했다. 그들은 자연이 있는 그대로의 모습을 드러내야 한다고 믿었다. 인간의 의도대로 단순화하거나 복종시킨 자연이 아니라, 인간적 경향으로 해석되고 이상화된 자연이 아니라, 원래 모습 그대로의 자연이기를 바랐다.

그러나 그런 바람은 이루어지지 않았다. 눈꽃 결정을 찍은 모든 사진들은 초기 판화에 나타난 것과 마찬가지로 정확하고 완벽하게 대칭적인 모습을 보여줬다. 실제 눈꽃 결정은 불균일하고 불규칙적인 것투성인데도 말이다. 섬광 사진술이 마침내 평평한 표면에 떨어지며 튀어오르는 한 방울의 우유를 포착해냈을 때, 아서 워딩턴^{Arthur Worthington}은 그 과정을 먼저 완벽하게 수학적이며 대칭적인 그림으로 담아냈다. 그러나 후에 그가 출판한 실제 사진 속에서는 같은 과정이 지저분하며 불균일하고 불명료한 모양으로 찍혀 있었다. 둘 중 어느 것이 이 단순한 자연 현상을 더 진실에 가깝게 묘사했다고 할 수 있을까? 순수한 형태에 관한 원칙이 자연에 존재함은 분명하지만, 자연이라는 현실은 부정확하며 항상 불완전하다. 우리는 이 불완전함을 어떻게 다뤄야 하는 것일까?

예술은 마치 수학처럼 순수함과 완벽함을 추구하기 위해 추상화를 선택할 수 있다. 그런가 하면 예술은 난잡함을 찬미하면서 불균일함의 중요성을 좇기도 한다. 달리 말해, 형식이 전부는 아니라고, 뭔가를 의미하고자 한다면 어떤 변덕이 있어야만 한다고 주장하기도 한다. 그런 의미에서 현대 예술은 대상을 분석하려들거나 대상 자체의 아름다움을 보여주려고 하는 수학과는 다르다. 예술에는 항상 이런 수학의 시도를 넘어서는 뭔가가 있다. 그 어떤 시각화 수단도 엄밀한 의미에서는 객관적이지 않다. 모든 시각화 수단이 결국 주관적이라고 말하는 것은 이런 관점을 보강하거나 통제하는 것일까?

과학은 세상을 실제 존재하는 그대로 묘사하고 싶어 한다. 세대마다 무엇이 진실인지에 대해 저마다의 기준을 내놓게 마련이라는 식의 재담에 굴복하는 것은 분명히 지나친 단순화라고 할 수 있다. 이런 식의 사고는 과학을 문화적 유행에 지나지 않는 것으로 만들고 만다. 분명히 우리는 예술에 관해서는 세대마다 진실에 대한 나름의 기준이 있다는 생각을 기꺼이 적절한 관점으로 받아들인다. 뭔가를 좋거나 나쁘다고 평하는 책임을 지고 싶지 않기 때문이다. 그리고 개중에는 과학도 이와 유사한 문화적 구조를 지니고 있다고 여기는 이들도 있다. 그러나 과학자들은 그들의 분야에는 뭔가가 나아지고 있다는, 그러니까 자연이 어떻게 작동하는지에 대해 전보다 더 많은 것을 알아가고 있으며, 이렇게 쌓은 지식을 건설적으로 활용할 수 있다는, 한마디로 말해 진보가 이루어지고 있다는 충분한 증거를 제시한다. 아리스토텔레스와 조슈아 레이놀즈 경이 바랐던 바로 그 방식으로 말이다.

자연계의 비밀을 밝혀가는 노정에 있는 우리는 우리가 100년 전, 10년 전보다는 많은 것을 알고 있다고, 아니 작년보다 더 많은 것을 알고 있다고 믿고 싶어 한다. 과학이라는 우뚝 솟은 거탑 위에 아주 작은 돌을 하나 올려놓는 입장의 개개 과학자들은 우리의 바람이 사실이라고 말하는 것처럼 보인다. 그러나 예술은 어떤가? 현재의 우리가 과거의 우리보다 더 나은 예술을 한다고 말하는 사람은 드물다. 예술에는 언제나 그랬듯 좋은 것과 나쁜 것이 있으며, 그중에서 극소수만이 세월의 시험을 견딜 수 있을 만큼 오랫동안 살아남는 데에 성공한다. 오늘날 우리는 여전히 예술행위를 하고 자연을 추상화한다. 또한 누군가가 그 결과를 보는 방식을 바꿀 수도 있을 방식으로 그 예술행위에 대해 논평을 남기기도 한다. 예술은 과학과는 다른 종류의 분야인 것이다.

바로 이 지점에서 헤켈이 다시 등장하게 된다. 이제야 비로소 우리는 어째서 그가 과학계와 과학자들에게 미친 영향이 다소 수상쩍게 여겨졌는지를 정확히 이해할 수 있다. 헤켈은 진화 원칙을 구성하는 아이디어들은 말이라는 수단을 통한 상세한 설명 못지않게, 혹은 그 이상으로 이미지를 통해서 가장 명료하게 구현될 수 있다고 굳게 믿었다. 헤켈은 자연에 존재하는 형태들이 지닌 아름다움을 깊이 사랑했고, 무한한 예술적 열정과 정력적인 다작 활동을 통해 끝없이 그 형태들을 드러내 보였다. 그러나 대스턴과 갤리슨은 여기에 명확한 차이가 존재한다고 지적한다. 그들은 일례로 수중에 사는 해파리를 묘사한 헤켈의 그림을 과학적 삽화와 예술로 구분한다. 하나는 헤켈이 챌린저 호를 위해 작성한 과학 보고서에 있는 삽화이고, 다른 하나는 헤켈의 저서 『자연의 예술적 형태』에 실린 그림이다. 대스턴

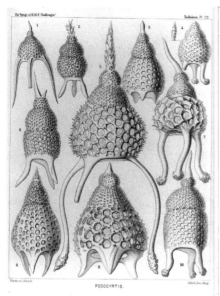

그림 40 헤켈의 그림 중 왼쪽이 과학이라면, 오른쪽은 예술인가?

과 갤리슨은 과학적 삽화는 표식이 붙어 있으며 조금 더 거칠고 도해에 가까우며 조금 덜 완벽하고 조금 덜 대칭적이지만, 예술작품으로서의 그림에 나타나는 형태는 아름답게 장식된 디자인에 가깝다고 지적한다.

그렇다면 이처럼 예술작품으로서 그림에 나타나는 자연의 형태는 "자연의" 형태라기보다는 자연으로부터 "나온" 혹은 자연으로부터 "영감을 받은" 것이라고 불러야 할까? 헤켈은 이런 형태가 자연에 틀림없이 존재한다고 생각했다. 헤켈의 생각이 옳다고 한다면 그 같은 형태를 알아보기 위해서는 과학자가 아니라 예술가가 필요하다는 말인가? 이들 형태가 아름답다는 데에는 의심의 여지가 없다. 이들이 20세기 초에 나타난 장식 스타일에 영향을 끼쳤음도 부인할 수 없는 사실이다. 그런 영향을 끼치기 위해서는 이렇게 대칭에 가까운 수정이 필요한 것일까?

안타깝게도 헤켈은 과학자로서의 자신의 명성에 해가 될 중대한 실수를 하나 저질렀다. 그는 진화라는 이 위대한 이론에 대한 직접적인 증거를 찾아 사방을 헤매는 열정적인 사냥꾼이었다. 그리고 그 열정에 사로잡힌 나머지, 각각의 개별 유기체의 발생 과정은 세포에서부터 접합체, 배아, 성체로 나아가면서 각 종의 생물이 그 정확한 형상을 갖추게끔 이끄는 진화의 경로를 되밟게 된다는 아이디어를 옹호하기에 이르렀다. 그의 주장을 전문 용어로 표현하면 거의 시적인 정교함을 가진 다음과 같은 말로 표현할 수 있다. "개체발생은 계통발생을 반복한다ontogeny recapitulates phylogeny." 그러나 정통적인 시각에서 보면 이 주장은 어느 면에서나 완전히 잘못된 것이다. 그럼에도 헤켈은 자신의 주장을 그림으로 표현했고, 거장다운 솜씨를 발휘하여 일정 시점에서는 소, 돼지, 토끼, 인간의 배아가 서로 거의 분간할 수 없는 것처럼 보이는 삽화를 그려냈다. 그러나 비평가들은 곧 이런 유사성이 실제 과학적 이미지를 심하게 과장했음을 지적했다. 헤켈은 그림을 활용하여 단지 말로만 표현하는 경우보다 더 강력하게 자신의 주장을 뒷받침하고자 했던 것이다.

배아를 묘사한 그림은 과학적으로 보였고 또 과학적 증거로 제시되었다. 독자들은 자신들이 본 것이 과학적 아이디어에 기초한 창조적 탐구로서 자연에서부터 유래한 예술 형태로 제시되는 경우보다 이렇게 과학적 증거로서 출판된 것을 더 신뢰하는 경향을 보였다. 헤켈은 객관성이라는 것이 일종의 성역으로 여겨지는 과학계의 분위기 속에서 곧 자신이 주류로부터 배척당하고 있음을 깨달았다. 헤켈은 세밀하게 묘사한 이들 배아에 대한 그림이 어디까지나 자신의 관점을 증명하기 위해 필수적인 본질적 특징들만을 보여주기 위한 것이었다는 성명을 발표함으로써 스스로를 방어하려고 했다. 자신의 이론을 보다 명료하게 표현하기 위해서 단순화와 통일화 과정을 거쳤다는 것이었다. 사실, 지나치게 명료하게 만든 것이 문제였다. 백문이 불여일견이라는 말은 과학에도 마찬가지로 적용된다. 그림이 온갖 사기 같은 주장들과 데이터를 구성하는 엄청난 양의 숫자놀음보다 더 객관적이라고 믿고자 한다면, 그림 역시 거의 신성한 수준으로, 객관적으로 취급함이 마땅할 것이다.

그러나 우리는 듣고 싶은 것을 듣고 보고 싶은 것을 보게 마련이다. 화성에 운하가 존재한다고 믿었던 퍼시벌 로웰$^{Percival Lowell}$을 떠올려보라. 로웰은 작은 망원경으로 제 눈을 혹사시키며 이 붉은 행성에 종횡으로 나타나는 희미한 선들을 보았다. 사진술의 발달과 함께 그는 이 머나먼 세상으로부터 흐릿하고 둥그스름한 이미지들을 포착해냈고, 곧 이 마술 같은 선들이 어떤 고대 문명의 흔적에 대한 확증이라고 자신했다. 그곳에 뭔가가 정말 있을지도 모른다는 강력한 가능성을 시사하는 이 화성 사진들은 출판되어 광범위한 토론 대상으로 떠올랐다. 여기서 유일한 문제는 누구나 거기에 있을지도 모를 뭔가를 보고 싶어 했지만, 누구도 그것을 실제로 볼 수는 없었다는 점이었다. 누군들 화성에 문명이 존재한다는 증거를 발견하고 싶지 않겠는가? 옛날이야기와 꿈은 항상 사람들을 이끄는 힘으로 작용해왔다. 잘못된 판단으로 신망을 잃고 만 로웰의 비극에서 한 발짝 물러나 생각해보면, 로웰의 주장을 멋진 장난이나 장엄한 개념 미술 프로젝트처럼 볼 수도 있을 것이다. 그러나 실제로 존재하지 않는 한, 과학이라고 할 수는 없는 노릇이다.

예술은 우리를 시험하고 우리에게 영감을 주며 어쩌면 실제로는 존재하지 않을지도 모를 온갖 것들을 볼 수 있게끔 해준다. 예술은 이로써 우리의 인식 능력을 확장해주고 도저히 설명할 수 없는 새롭고 상상력 넘치는 방법으로 사고할 수 있게 만들어준다. 그렇다면 실제로 예술은 무엇이 중요한지를 가늠하는 데 완전히 다른 기준을 갖고 있는 과학을 위해 무엇을 제공할 수 있을까? 세상을 이해하는 방법의 대안을 제공할 수 있지는 않을까.

과학자라기보다는 예술가에 가까운 나는 내가 하고 있는 것이 과학보다 훨씬 쉽게 느껴진다. 자연을 이해하기 위해서 음악을 활용하는 것은 잘 훈련된 어떤 재능을 요하는 일이며, 다른 지지 세력의 도움 없이 뭔가 새로운 것을 시도하기 위해서는 대담해야 할 필요가 있다. 과학 역시 마찬가지이지만, 여기에 과학은 실험을 거듭하며 잠정적으로 가장 가능성이 높은 결론들을 이끌어내기에 앞서 더 많은 자료를 모으는 과정이 뒤따른다. 반면에 예술은 직선적으로 결론에 다다라 그렇다고 말할 수 있다. 그러나 과학과 예술 어느 분야에서나 연습과 훈련이 모두 위대한 결과로 이어지는 것은 아니다.

예술이 정말로 과학에 영향을 미쳤다고 생각하는지에 대한 내 질문을 받은 대부분의 과학자들은 일반적으로 그렇지 않다고 말했다. 대부분의 예술가보다, 우리 같은 일반인보다, 과학자들은 예술과 과학이 만들어내는 결과물 사이의 근본적인 차이점을 더 인지하고 있기 때문일 것이다. 소립자들의 이미지와 선禪/zen 사상에 영향을 받아 붓으로 그린 그림에서 나타나는 유사성은 우리를 황홀하게 만든다. 그러나 우리는 둘 사이에 존재하는 근본적인 대립 성향에 대해서는 깊이 생각하지 않는다. 과학은 세상이 실제로 존재하는 방식을 객관적으로 묘사하고자 하는 탐구의 축적이다. 여기서 과학이 취하는 모든 시도는 엄격한 검토와 논리를 따르며 재현 가능한 진실을 추구한다. 이에 반해 예술이 아무것도 없는 어둠 속에서 취하는 모든 시도는 직감에 따라서 '진실'을 느끼고자 하는, 강력한 힘을 지닌 발언을 하고자 하는 탐구라고 할 수 있다. 예술은 마음에 즉각적인 동요를 일으키기에 충분한 정제되고 완전한 무엇을 통해 이를 꾀한다. 당신은 그것을 분석할 수 있고 실험해볼 수도 있고 설명하려고 애써볼 수도 있겠지만, 예술의 위대함은 그 예술을 이루고 있는 각 부분의 총합보다 더 클 것이다. 예술은 간단한 동작일 수도 있고 공들인 노고의 결과일 수도 있을 것이며, 손의 움직임으로 만들어진 것일 수도 있고 갑작스런 눈길만으로 가능한 것일 수도 있다. 과학 분야에 존재하는 비슷한 움직임들과 마찬가지로, 이들은 과학적 작품의 핵심은 아니지만 그 미적 부분을 드러내고 있다고 말할 수 있다.

과학과 예술은 진실에 대해 서로 다른 기준을 가지고 있다. 그들은 서로 다른 입장에 서서 서로 다른 무게를 갖고 결론을 내린다. 예술가는 자신의 훌륭한 작품으로, 때로는 심지어 단지 그가 작품을 통해 선보인 자신의 신념 자체로 우리를 납득시킬 수 있다. 이때 전체로서의 이미지는 꼭 논리적으로 말이 되지 않아도 되며 예술가가 제시한 그 모습 외에는 실제로 존재할 수 없는 것이라고 해도 상관없다. 이 점에서 예술가의 작품은 새의 고운 노랫소리와 같다. 새의 노랫소리는 새가 노래하는 행위 자체를 벗어나서 달리 어떤 메시지나 의미를 갖지 않는다. 새의 노래는 단지 새의 노래인 것이다. 예술작품은 그것을 접한 대상에게 감동을 주기에 충분했다면 살아남을 것이다. 그러나 과학은 그렇지 않다. 모든 과학적 결론은 학계 전체의 엄중한 검토 대상이 되고 세월이 지나며 새로운 발견이 이루어지면 대체될 가능성이 매우 높다. 과학 분야에는 무엇보다도 결정적으로 진보라는 것이 존재하는 까닭이다. 예술 분야에서는 세월의 흐름에 따라 취향의 변화가 인지될 때는 있지만, 미적 진보라고 부를 만한 것은 없다.

대부분의 사람들은 감히 현대의 예술이 르네상스 시대나 계몽주의 시대에 만들어진 예술작품들과 비교했을 때 더 낫다고 말하지 않을 것이다. 그것은 분명히 서로 다른 것이고 우리는 단지 오늘날 존재하는 다른 것들을 더 선호하거나 더 선호하지 않을 뿐이다. 예술은 기본적으로 무엇을 표현하고 연상시키는 것이며, 유용하거나 유익할 것을 요구하지 않는다. 그러나 나는 예술이 우리를 도와주기를, 우리 대다수를 더 낫게 만들어주기를 바란다. 이를테면 진보라고 부를 수 있는 방식으로 말이다. 예술이 우리가 세상을 바라보는 방식을 바꿀 수 있고 세상에 대한 우리의 이해를 증진시킬 수 있는 상황을 상상해보자. 그렇다면 최소한 어떤 경우에는 예술이 과학에 긍정적인 영향을 끼칠 수 있지 않을까? 테일러와 그의 동료들은 폴록이 프랙털 수학의 발견을 예상했으리라고 믿는다. 폴록은 그런 예상을 말 대신에 자신의 작품으로 표현했다. 폴록의 거친 이미지가 훌륭한 건 그 이미지 안에 진정한 통찰력의 흔적이 있기 때문이라기보다는 오히려 우연한 비밀 암호처럼 보이는 프랙털 성질의 자연스러움이 담겨 있다는 데 있다. 결국 폴록의 작품 역시 뭔가를 만들어내고 그것으로 무엇을 하여 세상을 실질적으로 개선할 수 있는 능력, 즉 견고하고 정확한 일종의 힘으로서의 과학에 우위를 부여하면서 어떻게 수학이 예술을 설명할 수 있는지를 보여주고 있는 것이다. 과학이 세상에 가져온 변화들과 비교하면 예술은 훨씬 경박해 보일 수 있지만 그래도 우리를 웃고 울게 만드는 것은 바로 예술이다.

나는 과학자들이 과학을 이끈 명백한 추진력으로 예술을 언급한 경우를 극소수밖에는 접하지 못했다. 조각가 케네스 스넬슨^Kenneth Snelson의 작품은 그 몇 안 되는 예의 하나로 일부 과학자가 언급한 것이다. 스넬슨은 견고한 물체들을 팽팽하지만 유연한 전선으로 공간에 연결한 예술작품을 발표했는데, 1948년 블랙마운틴 대학교에서 수업 중에 이 작품을 접한 그의 스승 버크민스터 풀러^Buckminster Fuller는 후에 이것에 '텐세그리티^tensegrity'라는 이름을 붙였다. 이 작품은 장력과 강도의 관계를 지금까지와는 완전히 다른 새로

그림 41 텐세그리티 개념에 영감이 된 케네스 스넬슨의 〈니들 타워〉

운 방식으로 보는 길을 열어주었으며, 생체역학과 건축 분야에서 갖가지 방식으로 응용되었다. 여러 응용 사례 중에서도 가장 유명한 것으로 건축가 노먼 포스터[Norman Foster]의 대규모 프로젝트를 들 수 있다. 텐세그리티 이론이 3차원 이미지로 구현된 실존하는 조형물로부터 기술자 및 과학자들은 살아 있는 물체들의 움직임을 전과는 다른 새로운 방식으로 볼 수 있게 되었다. 특정 방식으로 물체들을 배열하고 연결하면 그것이 아름다울 수 있다는 것을 깨달은 한 예술가의 작품이 그들에게 영감을 준 것이다.

이 문제를 매우 심도 있게 다루었던 과학자 중에는 노벨상 수상자인 화학자 로알드 호프만[Roald Hoffmann]도 있다. 그는 몇 권의 시집을 출판하기도 했으며 뉴욕의 코닐리아 거리 카페에서 매달 열리는 "즐거운 과학[Entertaining Science]" 행사를 조직한 인물로도 유명하다. 이 행사는 과학과 도시 문화를 한자리에서 경험하는 가장 오래된 비공식적 모임 중 하나로서, 요즘 전 세계

주요 도시에서 나타나고 있는 이와 유사한 훌륭한 과학 축제들의 선구자라고 할 수 있다. 호프만은 놀랍게도 화학은 종종 '그림drawing'이 전부라고 말한다. 오늘날 화학에서 사용하는 용어들은 너무도 전문적이라서 그 분야 종사자들조차도 해당 분야 저널에 발표되는 전형적인 논문들에 등장하는 말을 모두 이해할 수는 없는 형국이다. 그러나 일단 만국 공통의 표준 약속에 따라 각각의 요소가 서로 어떻게 연결되어 있는지를 보여주는 분자 구조 그림을 보면 이해가 가능하다는 것이다. 화학자들은 특정한 종류의 그림을 식별해낼 수 있도록 훈련을 받는다. 이런 그림들은 혼란스럽기 짝이 없는 어려운 말들보다 그 보편성으로 인해서 개념을 설명하기 위해 보다 널리 쓰이고 있다. 사실 학계에서 쓰는 어려운 용어들은 문외한에게는 학자들 사이의 은어처럼 느껴지기 십상이다. 실상 학계 안에서도 이런 용어들은 은어나 다름없다. 알아야 할 용어들이 너무도 많은 탓이다. 이미지가 이런 상황에 열쇠가 된다. 그림으로 모든 것을 설명하는 것이다. 저널 《물질Hyle》의 특별 호에서 호프만은 화학의 미학에 대해 다음과 같이 썼다.

분자들의 건축적인 기본 구성을 (사진이나 동판화 같은 사실적인 방법이 아닌) 작은 아이콘을 이용한 그림이나 공이나 막대를 가지고 만든 모델을 통해 의사소통하는 방법의 가치는 이미 입증되었다. 올해(2003년)로서 왓슨Watson과 크릭Crick의 논문이 나온 지 반세기가 되었음을 기억하라. 그들은 DNA를 합성하지는 않았으나 DNA의 구조를 밝혀냄으로써 거의 하나의 모델을 우리에게 물려주었다고 할 수 있다.

그림에 재능이 없고 그림을 그리도록 훈련도 받지 않은 사람들이 어떻게 이토록 엄청난 3차원적인 정보를 흠잡을 데 없는 수준으로 서로 교환하는지 볼 때마다 나는 늘 놀라움을 금치 못한다.

호프만은 세상에 대한 보다 미학적인 접근에 관한 동료 과학자들의 저항에 놀라움과 충격을 감추지 못한다. 호프만은 동료들이 왜 그런 반응을 보이는지 궁금해한다. "그처럼 다양한 예술적 스타일을 이용해 시각적으로 의사소통하는 것을 익힌 화학자들이 표현주의적·추상적으로 보다 예술적 방식을 통해 지식과 감정을 소통하는 것에는 왜 관용적이지 않을까?" 내가 보기에 그것은 고전적 인식 때문이다. 과학에서 지식은 엄격한 규정과 축적의 길을 밟는다. 반면, 예술에서는 한 명의 예술가가 갑자기 하늘에서 뚝 떨어져서는 뭔가를 말하거나 행동으로 표현하고 뭔가 다른 것 혹은 상궤에서 벗어난 것을 하면서, 그 자체로서 진지하게 받아들여질 것을 요구할 수 있다. 세상 또한 때로는 그의 작품이 나름의 맥락을 갖게끔 상황을 만든 온갖 질문들을 굳이 따져 물을 필요 없이 그를 진지하게 받아들이기도 한다. 예술은 과학과 똑같은 방식으로 작동하지 않는다. 따라서 예술과 과학의 관계에 대해서 혹은 그들을 서로 어떻게 결합할 것인가에 관해서 이야기하고자 한다면, 청중에게 당신이 보여주고자 하는 것이 과학으로서 받아들여질 것인지 아니면 예술로서 받아들여질 것인지에 대해서 먼저 말해야 할 것이다. 이 경우, 각각은 서로 다른 방식으로 즐기고 또 평가해야 할 필요가 있을 것이다. 이것은 한쪽을 다른 앎의 방식에 비해서 편애하고자 함이 아니라 단지 과학과 예술은 지금까지처럼 앞으로도 항상 다를 것이라는 점을 인정하는 것일 뿐이다. 그리고 만약 뭔가가 예술이면서 동시에 과학이고자 한다면, 그것은 서로 다른 두 가지 방식의 해석이 모두 가능해야만 할 것이라는 말이기도 하다.

나는 하와이 해변을 항해하며 음악가로서 혹등고래와 함께 실시간으로 음악을 연주한 적이 있다. 종종 나는 이들 고래가 내 소리에 맞춰서 함께 노래를 부른다는 느낌을 받았다. 그리고 때로는 이렇게 이종異種이 함께 빛어낸 소리가 미학적으로 의미 있는 선율들을 연상시키는, 일종의 음악으로 들리기에 충분할 만큼 흥미로운 결과물로 나올 수도 있다. 이런 경우에 내가 할 수 있는 최선이란 아름다운 한 순간을 녹음하는 것뿐이다. 그리하여 인간과 고래 사이에 진실로 상호작용이 실시간으로 이루어졌음을 보여주고, 그 결과로서의 작품 또한 그런 의미로 보여주는 것이다. 혹등고래가 정말로 내 클라리넷 소리에 반응을 보이고 있는가? 혹등고래는 내 소리에 대한 반응으로 자기의 노랫소리를 어떻게 조절하는가? 이런 질문에 뭔가 과학적인 답을 내놓기 위해서는 수백 차례 수고스러운 여행을 감행하며 혹등고래와 인간의 상호작용에 관해 통계적으로 분석 가능한 방대한 양의 자료를 모아야만 할 것이다. 이 경험을 어떤 과학적인 실험으로 바꾸기 위해서는 그와 같은 자료들이 필수적일 것이다. 그런 작업이 있고서야 내가 아름답다고 느낀, 내가 들은 소리에 대해서 보다 객관적인 결론들을 이끌어낼 수 있을 것이다. 그러나 예술적 실험의 입장에서는 인간과 혹등고래의 아름다운 2중창의 존재만으로 충분하다. 분명 과학적 실험의 경우에 비해서는 받아들이기까지 더 적은 시간이 들어 상대적으로 쉽지만, 그래도 이런 것을 진지하게 받아들이기 위해서는 음악적으로 준비가 되어 있어야 한다. 그리고 바로 그 점이 보다 어려운 부분이다.

호프만은 이 부분을 더 깊게 파고든다. 그는 어떻게 하면 과학이 예술로부터 예술 고유의 보다 깊은 미묘함을 배울 수 있을지를 고민하고 있다. 화학자들이 본디 미술 기법인 그림을 이용해서 얼마나 많이 의사소통을 하고 있는지를 깨달은 후, 호프만은 예술이 과학에 어떤 영향을 끼칠 수 있을지에 대해서 훨씬 더 대담하게 생각해보기 시작했다. 대체 추상이 무엇인가? 그러고 보면 우리가 예술에서 추상에 대해 논하기 시작한 지도 벌써 한 세기가 넘었다. 혹시 과학에도 '추상과학abstract science/抽象科學'이라고 부를 만한 것의 존재가 가능할까? 한편으로 생각해보면, 사실 예술에도 정말로 추상이라고 말할 만한 것이 있는지 확신하기 힘든 노릇이다. 자연의 외양을 재현하지 않는 경우라도 순수한 형식을 칭송하고 추구함으로써 결국은 어떻게 해서든지 자연을 이상화하지 않는가?

추상이라는 개념이 처음 소개되었을 때에는 추상은 예술이 기본적으로 자연을 재현하는 것이라는 매우 순진한 관념에 반하여 나타난 것처럼 보였다. 추상과학도 그런 의미에서 한번 생각해보자. 화학이 뭔가에 반하는 것처럼 보일 수 있는 맥락이 뭐가 있을까? 사실 화학도 때때로 자연에 반하는 것처럼 보일 때가 있다. 호프만은 이렇게 말한다.

실험실의 화학자들은 자연을 모방하는 그룹과 인간으로서 그들만의 방법대로 실험하는 그룹으로 나뉜다. 단백질은 그 자신의 구부러지는 성질과 다양한 곁사슬 도구를 활용해서 일종의 주머니를 형성하는데 이 주머니에는 오직 오른손 방향의 분자만이 들어갈 수 있다. 그런데 이 주머니는 단지 그 분자들에 잘 맞기만 한 것이 아니라 분자의 특정 결합이 끊거나 끊어진 곳에 원자를 더 붙이는 것과 같이 추가적인 기능도 한다. 여기서 화학자가 부리는 재주는 마치 추상예술과 비슷하다. 자연이 하는 것과 똑같이 (어쩌면 더 훌륭하게), 그러나 다른 방법으로 그리고 어쩌면 자연보다 더 나은 방법으로 실험실에서 분자들을 만들어내는 것이다.

추상성이 커짐에 따라 재미도 더 커질 수 있다.

형식과 단순화에 대한 주목은 만물을 가장 단순한 부분으로 쪼개보려는 과학적 경향의 기초를 이룬다. 그러나 호프만에게 가장 인상적이었던 것은 이런 규칙들을 이루는 우아함이 아니었다. 호프만이 주목한 것은 그런 규칙들의 결과를 뒤엎을 수 있는 유희성遊戲性이었다. 이 유희성은 마치 헤르만 헤세Herman Hesse가 『유리알 유희Das Glasperlenspiel』에서 기술한 신비로운 영적·기술적 움직임에 대한 환상과 유사하다. 이 움직임은 결코 명확히 정의 내릴 수는 없지만 과학과 예술을 아우르는 전체적인 문화처럼 그 움직임을 만들어내는 참여자들을 사로잡는다. 실제로 나도 대학 시절 내내 수년에 걸쳐 이와 유사한 어떤 환상의 영향을 받았다. 특히 내 경우에는 전체로서의 그 환상이 너무도 거대한 것이어서 결코 제대로 묘사될 수 없는 성질의 것이라는 점이 그랬다. 그 환상은 삶 자체에 대한 은유로 볼 수도 있고, 혹은 사이버 공간이나 완전히 디지털화된 기계를 작동시키는 복잡한 구조로서 현대라는 이름의 엄청난 유희를 낳은 시대적 요청으로 볼 수도 있다. 물론, 아닐 수도 있다. 어쩌면 그것은 "아하!"의 순간 같은 것에 더 가까운 것일 수도 있을 것이다. 좀처럼 말이 되지 않는다고 생각했던 모든 과정들이 일순간 갑자기 말이 되면서 맞아떨어지는 것처럼 보이는 위대한 느낌 같은 것 말이다.

호프만은 로스코Rothco의 멋진 기하학적 형태의 그림들을 바라보면서 그 형태들이 빈틈이 없으면서도 동시에 어렴풋한 느낌을 준다는 점에 경탄했다. 우리가 이런저런 사고 과정을 거치는 동안 불분명하기는 하지만 뇌의 일정 부분에는 불이 들어온다. 예술은 마치 이것처럼 눈에는 띄지만 모호한 경향성을 묘사하게끔 진화해왔다. 정신을 다루는 과학 분야에서 보는 뇌는 기어와 톱니바퀴가 있어서 사고의 기계화를 조작하는 장치가 아니다. 이 분야에서 사용하는 모델에 따르면, 화면 위의 모호한 부분들에 불이 들어오면 그 불이 들어오는 경로를 더듬어 그리기 시작할 수도 있을 아이디어들도 깜박인다. 자료? 도해? 명확한 결과로 볼 수 있을 어떤 증거? 우리는 딱히 그런 것을 찾는 것이 아니다. 예술은 모호할 수 있으며, 부정확성이 가로막을 수 없는 기타 많은 과학 분과들에 영감을 제공하며 새로운 종류의 정확한 의미를 부여하는 것은 바로 이런 모호함이다.

화학은 자연의 신비를 밝혀내기도 하지만 때로는 자연에 반하는 일을 하기도 한다. 호프만은 찰스 윌콕스$^{Charles\ Wilcox}$, 로저 올더$^{Roger\ Alder}$와 더불어 원래 보통은 4면체 모양을 갖는 탄소 원자들을 편평하게 펴서 4각형의 평면 상태로 안정화하는 과정을 연구했다. 호프만은 이에 대해 다음과 같이 언급한다.

> 이 과정에는 진실로 추상적인 느낌이 존재한다. 이때, 분자의 기하학적 모양은 4면체의 모서리에 해당하는 네 개의 원자들이 한 개의 일반적인 탄소 원자와 가능한 한 멀리 결합된 형태이다. 자연을 거슬러 모양을 바꾸려는 우리의 변덕은 많은 에너지를 요구하는 구조와 게임을 하는 것처럼 보일 수도 있다. 그러나 우리는 즉각적으로 그 긴장을 이완시키는 디자인도 내놓았다. 이 디자인은 인간이 아니라 분자를 위해서 그처럼 터무니없게 결합되어 있는 배열에서부터 오는 에너지의 고통을 풀어준다.

때때로 추상예술은 좋은 작품을 만드는 한 요소로 요행을 높이 사기도 한다. 음악은 무작위의 소음으로 만들어져야 하고, 미술은 통제 불능으로 흩뿌린 물감으로 채워진 캔버스여야 하며, 시는 완전한 헛소리로부터 나와야 한다는 말이 아니다. 새로운 아이디어들을 풀어놓기 위해서는 일반적인 제약으로부터 자유로워져야 한다는 말이다. 그렇게 나온 아이디어들은 놀라움을 선사한다. 만약 미적 감수성이 이런 무작위의 결과로 나온 것들 중에서 최고의 것을 골라낼 수 있도록 연마되어 있다면 이런 방식으로 좋은 작품을 만드는 것도 얼마든지 가능하다. 실제로 바로 그렇게 해서 존

케이지가 "우연의 작동*chance operations*"이라고 부른 작품의 대부분이 만들어졌다. 케이지는 어떤 소리가 나올지 알 수 없거나 하나의 지문에서 어떤 단어가 나올지 알 수 없는 상황을 설정한다. 그러고는 통제 욕구에 사로잡힌 미치광이처럼 그 결과물 중에서 작품으로 쓸 것을 신중하게 고른다. 그의 작품은 실제로 그만의 명확한 스타일을 갖고 있는데, 소리로 들었을 때에는 항상 그 스타일이 뚜렷이 드러나지는 않지만 소리가 제시되는 방식을 구성하는 문법을 살펴보면 확실히 뚜렷하게 나타난다.

이처럼 예술에서는 다양한 가능성들이 예상하지 못했던 결과를 낳기도 한다. 화학에서도 이런 식의 접근법은 예상했던 것과 다소 다른 곳에 다다르게 할 수 있다.

이런 접근법을 활용한 아이디어가 끌어내는 별로 대수로울 것도 없는 일련의 화학 반응들은 한 개의 비커 안에서도 하나가 아닌 수백만 개에 이르는 다양한 분자들을 낳는다. 부분적으로는, 그러니까 정말 단지 부분적이기는 하지만, 이런 화학 작용은 생체모방이라는 동기를 갖고 있다. 자연은 일정 단계에 이르면 자기에게 꼭 들어맞는 자리를 찾아 이동하는 분자들을 위해 그들을 퍼뜨리는 단계를 거친다. 대부분의 경우에는 아무 일도 일어나지 않지만, 소수는 성공하기도 한다. 면역 체계가 작동하는 방식이나 테르펜 합성의 결과로 나온 다양한 구조들이 그런 성공 사례이다. 그러나 잠재적 효소 억제제나 연료 전지에 쓰이는 촉매제처럼 실험실에서 만들어낸 방대한 "목록"에서는 우연이라는 요소에서 나타난 미적 가치를 느낄 수 있다.

여기에서 우리의 주된 초점이 생물학과 생명 그 자체에 있는 까닭에 우리는 복잡하게 꼬인 층층의 자연의 방대한 아름다움을 낳은, 요행으로서의 우연적 가치를 손쉽게 알아본다. 그러나 그 아름다움을 받아들이고 사랑하며 궁극적으로는 소중히 여기는 것은 아무 생각 없이 우연이라니 그런가보다 하라는 것이 아니다. 오히려 창조적인 시각의 근원을 정확히 찾아낸다는 것이 얼마나 어려운 일인지를 인지하라는 의미이다. 아이디어는 어디에서나 나오는 것이 사실이다. 그러나 그런 아이디어를 마주했을 때 그 가치를 알아보기 위해서는 충분한 미적 감수성을 갖추고 있어야만 한다.

호프만은 과학과 예술 양쪽 학계 모두를 뒤흔들고자 훨씬 도전적인 개념을 언급하며 이렇게 결론 내린다.

> 추상예술은 냉정하다. 과학 또한 그러하다. 내가 이것을 도발적으로 언급하는 궁극적인 이유는 안타깝게도 이처럼 만연해 있는 추상예술과 과학에 대한 캐리커처에 반기를 들기 위함이다. 어떻게 이 둘이 "냉정"할 수 있는가? 추상에 (그리고 과학에 대한 평가에) 감정을 불어넣는 길은 직통이 아니다. 배워 익혀야만 하는 것이다.

추상예술이나 과학이나 이해하기 위해서는 모두 노력이 필요하다. 추상예술은 우리가 일반적으로 예술에서 보도록 배운 것과는 상당히 다르다. 과학에서 사용하는 언어 역시 종종 일반 독자들이 전혀 들어본 바 없는 단어들을 사용한다. 추상예술이나 과학을 이해하기 위해서는 훈련이 필요한 것이다.

과학적인 언어가 어려운 이유는 언어의 의미를 극도로 정확하게 밝히기 위해서 우리가 일반적으로 단어를 사용하는 방식을 가다듬어야만 하기 때문이다. 각 분야마다 공식적 용어는 모호함을 피하고 점점 더 방대해지는 과학적 지식의 거대한 저장고로서의 역할을 감당해내기 위해서 필요하다.

그러나 호프만이 보기에는 이런 용어들은 과학을 한다는 것이 실제로 무슨 의미인지를 제대로 반영하지 못한다. "이런 둔한 언어와 엄격한 형식이 과학적 상상력에는 얼마나 폭력적으로 작용하는가! 교묘한 치환을 통해 바뀐 분자 반응, 그러니까 그 바탕에 깔려 있는 전율의 느낌은 용어 더미 속에서 소멸되고 말 뿐이다!" 과학계에서 언어가 맡은 과업은 연구자가 자신이 합성한 분자에 어떤 감정을 느끼는지, 마음에 들어하는지 아닌지 같은 문제와는 무관하다. 실험 결과를 나타내는 도해가 발견 시에 느낀 어떤 감정을 전달하기를 원하지도 않는다. 우리는 단지 결과가 정확하기를, 확실하기를, 옳은 것이기를 요구할 뿐이다. 호프만은 추상예술에도 마찬가지의 경향이 존재한다고 생각한다. 추상예술은 곧잘 인간적이 되기 쉬운 구상적인 것들을 쳐내고, 감정의 재현을 피한다. 무엇인지 손쉽게 알아볼 수 있는 이미지들은 배제한다는 것이다.

어쩌면 예술가들은 추상예술이 알아보기 쉬운 이미지들을 배제한다는 생각에 동의하지 않을 수도 있겠다. 물론, 가장 극단적인 혹은 가장 수학적인 추상예술에서는 감정의 배제라는 측면이 부각되기는 한다. 그러나 거친 붓놀림 속에서 추상예술은 문화를 관통해서 기본적인 형태에 대한 어떤 보편적 가치 평가에 기초한 위대한 느낌을 불러일으킨다. 또는 어쩌면 호프만의 주장처럼 우리는 우리가 배워 익힌 이미지들이 매우 중요함을 깨닫고 오히려 더 많은 것을 이끌어낼 수도 있다. 나는 호프만의 의견은 시각적인 측면에 주의를 더 기울이게 만들기보다는 오히려 덜 기울이게 만드는 것 같다는 점에서 회의적이다. 오히려 나는 이렇게 말하고 싶다. 대중에게 아름다움의 새로운 형태를 탐구할 수 있는 기회를 주라. 애정과 존경심을 가지고 대중을 대하라. 대중을 오만과 충격, 위협으로 공격하기보다 이렇게 대할 때, 당신이 좇는 것이 무엇인지 그들이 보다 쉽게 이해하리라.

구상^{具象}이 밀려나면서 인지^{認知}가 예술의 전면에 나서게 되었다. 시인이자 과학자인 호프만은 이렇게 썼다. "오, 아름다움이 돌아오니, 영혼은 모든 것을 뒤덮는 아름다움의 즐거움을 피할 길이 없으리." 그는 자신을 냉정하게 묘사한 캐리커처에도 별로 동의하지 않지만, 냉정함이 예술보다 과학에서 훨씬 더 대응하기 어렵다는 점에는 탄식을 금치 못한다. 화학 분자식 도해의 범문화적 단순성을 칭송하는 그는 자신이 몸담고 있으며 사랑해 마지않는 과학계의 가장 중요한 실체를 시각화하는 데 20세기 예술가들의 실험이 진보의 직접적인 견인차였음을 알고 있기도 하다. "그런 의미에서 우리는 입체파의 방식으로 분자의 어떤 부분에 주목하고, 그 부분을 왜곡한다. 그리고 거기에 클레가 그린 화살표 같은 것으로 힘을 나타낸다. 중요한 것에 집중하기 위해서 정수가 되는 부분만을 대표로 표현할 필요가 있을 때, 우리는 종종 20세기 예술가들이 추상예술의 태동기에 했던 것과 같은 방식으로 단순화한다." 호프만은 미학을 과학에 끌어들이는 방식으로서의 우아함의 가치에 대해 언제나 다소 회의적이다. 그는 다른 글을 통해 이렇게 말한다. "단순성에 대한 타고난 사랑은 … 편견에 물들이고, 나쁜 선동에 빠져들게 하며, 선동하기 위해서 나타난다."

이런 것들은 우리 안에 존재하는 단순성, 순수성에 대한 사랑과 부합한다. 리보뉴클레아제나 죄르지 리게티^{György Ligeti}의 작품을 감상하기 위해서 겪어야만 하는 힘겨움과 비교하면, 쿠반[정6면체 형태의 합성 탄소 분자]이나 하나의 단순한 선율이 우리의 영혼에 접근하는 직선적인 방식은 … 아름다운('단순한'이라고 해석할 수 있는) 방정식들은 틀림없이 옳다는 물리학자들의 환원주의적 환상과도 연결되어 있다.

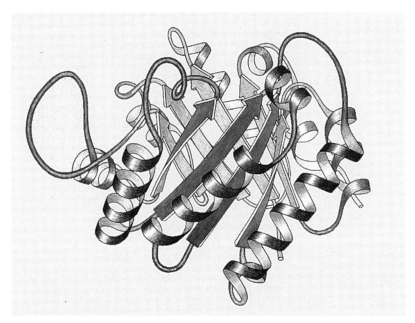

그림 42 제인 리처드슨이 파스텔로 그린 리본 형태의 단백질 3탄당인산이성질체화효소

호프만은 가장 단순한 설명이 항상 가장 진실한 것은 아니라는 것을 깨달을 정도로는 과학을 했다.

실제로 호프만은 예술이 과학에 직접적으로 도움을 준 수많은 사례를 제시한다. 일례로, 단백질의 중추가 되는 생체고분자물질은 때로는 나선형을 취하기도 하고 또 때로는 주름 모양으로 펼쳐지기도 한다. 1980년대에 제인 리처드슨^Jane Richardson^은 이런 단백질들을 시각화할 수 있는 방법을 발명해냈다. 분명히 리처드슨은 친숙한 형태들에 존재하는 리듬과 탄력을 가지고 놀던 구조주의자들의 도전으로부터 배운 것이 틀림없다. 이 방법이 발명된 초창기에는 리처드슨이 손으로 직접 화학적 독립체들을 그렸다. 그 후 수십 년의 세월을 거치면서 이 방법은 온갖 종류의 데이터를 동적으로 시각화할 수 있는 일련의 완결된 컴퓨터 프로그램으로 진화하게 되었다. 그러나 3탄당인산이성질체화효소를 그린 그림42에서 볼 수 있듯이, 초창기에 손으로 직접 그린 단백질 이미지들이 어떤 면에서는 여전히 보는 이를 가장 흥분시키며 아름답게 보인다.

참으로 아름답고 멋진 이 그림은 호프만의 논문 끄트머리에 등장하는데 그의 논지를 뒷받침하는 가장 결정적인 자료로서, 클레나 칸딘스키를 연상시키는 약간의 율동성과 충일함이 존재한다. 화학은 이미 매우 오랫동안 개략적으로 도식화한 그림을 의사소통 수단으로 활용해왔지만 리처드슨은 많은 중요 단백질들은 동적이고 시각적인 방법으로 묘사할 필요가 있음을 깨달았다. 그녀가 1980년대에 처음으로 내놓은 리본을 활용한 그림들은 소용돌이치거나 꼬여 있거나 화살표 모양으로 움직이는 느낌을 전달했다. 21세기에 이르기까지 그녀는 서너 세대의 컴퓨터 소프트웨어들을 거쳐 자연을 구성하고 있는 이런 기본적인 단위들을 동적인 3D로 구현해냈다. 가장 최근에 개발한 소프트웨어는 킹[KiNG]인데, 그녀가 운영하는 웹사이트에서 무료로 내려받을 수 있다.

예술이 단백질에 대한 이해에 기여한 최신 사례를 살펴보면 이보다 훨씬 더 상호작용적인 모습을 띠고 있다. 2005년 초, 생화학자 데이비드 베이커[David Baker]는 '폴딧[FoldIt]'이라는 이름의 온라인 게임을 고안해냈다. 이 게임은 전 세계의 인터넷 사용자들에게 어떻게 복잡한 단백질들이 포개지고 또 시각화될 수 있는지 알아낼 수 있게 해준다. 처음엔 일종의 과학 퍼즐 맞추기처럼 시작하지만, 다수의 사용자들이 서로 협력하며 경쟁하는 형태로 발전함에 따라 게임을 하면 할수록 단백질을 구성하고 있는 상호 연결된 수많은 가닥들이 어떻게 서로 포개지는지를 극히 미세한 부분까지 이해할 수 있게 된다. 2010년에 에릭 핸드[Eric Hand]는 폴딧을 전문가 수준으로 다루는 실제 사용자들이 어떻게 단백질이 포개지는지를 컴퓨터 알고리즘보다 더 잘 파악하는 것을 보여주는 논문을 발표했다. 이처럼 폴딧은 비디오 게임과

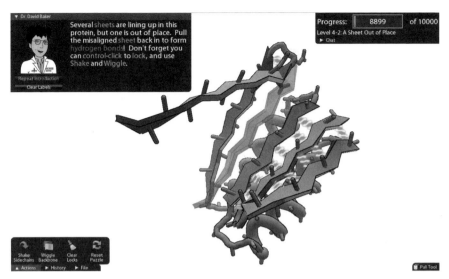

그림 43 폴딧 게임의 진행 모습

같은 민간 과학의 새로운 시대로 가는 길을 닦는 한편, 너무나도 전위적이라 아직 미학에 확고한 자리조차 없는 예술의 형태를 이용하기도 한다. 그림 43은 폴딧 실행 중 만들어진 한 포개진 단백질의 모습을 보여준다.

이와 같은 시각적이며 창의적인 혁신이 과학에 남긴 궤적은 단백질의 시각화라는 리처드슨의 창의적인 업적과 1980년대 이래 컴퓨터 그래픽 소프트웨어 분야에서 일어난 발전이 아니었더라면 불가능했을 것이다. 그리고 그러한 이미지들을 해석하는 법을 가르쳐주고 그 안에 있는 정보를 이해할 수 있게 만들어준 것은 다름 아닌 예술이다. 또한 이 세계로 대중의 마음을 끌어들인 것 역시 새로운 의미에서의 참여예술이라고 할 수 있는 컴퓨터 게임의 실행을 통해서이다. 이제 여기에 폴딧의 계승자라고 할 수 있는 새로운 프로그램도 등장했다. 폴딧과는 다른 그래픽 모델을 사용하는 '에테르나^{EteRNA}'라는 이름의 이 프로그램에는 한 가지 부상이 덧붙여져 있다. 즉, 성공적으로 잘 만들어진 단백질 모형은 스탠퍼드 대학교에서 실

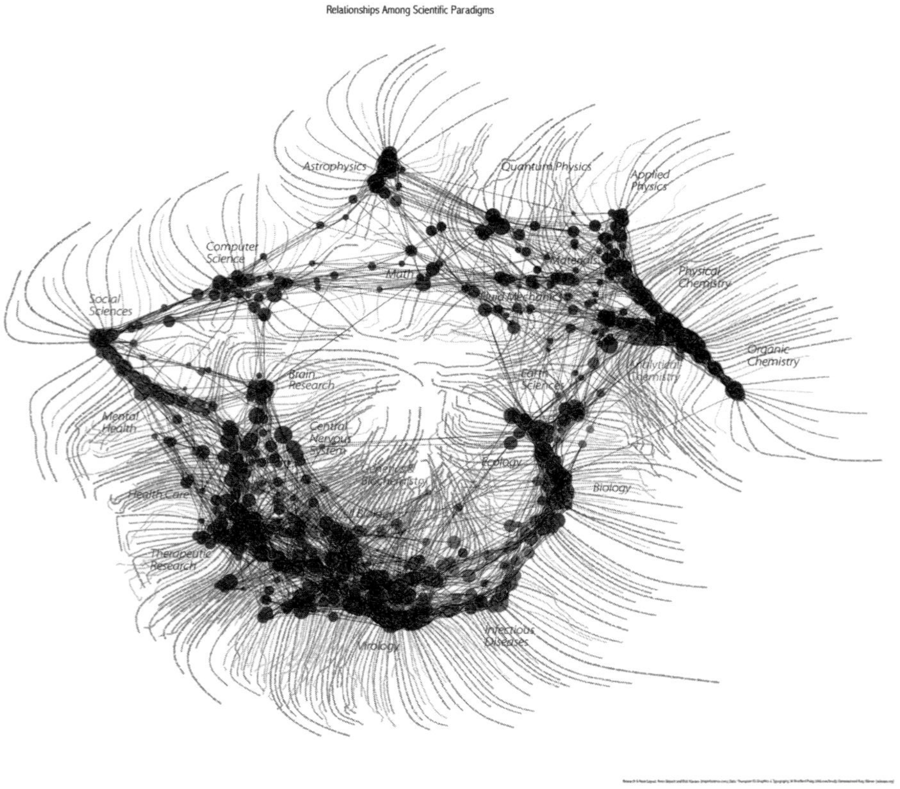

Relationships Among Scientific Paradigms

그림 44 과학 패러다임 사이의 상호 연관과 과학적 재현정이 어떻게 연관되는지를 보여주는 관계도

제로 합성되게 된다. 그러니까 프로그램 사용자들이 창안한 단백질 모형 중에서 가장 아름다운 디자인으로 꼽힌 것들은 환상에서 현실이 되는 것이다. 이를테면 당신이 갖고 노는 비디오 게임 속의 아바타가 가상현실로부터 당신의 거실로 툭 하고 떨어지는 것과 같다고나 할까.

오늘날 정보의 흐름을 보여주는 이미지는 대단히 혼란스럽지만 여기서도 마찬가지의 진실을 찾을 수 있다. 인터넷상의 지도들이나 세상이 돌아가는 모습을 보여주는 컴퓨터로 만든 복잡한 시각화 자료들을 생각해보라. 과학 분과별로 존재하는 상호관계를 도식화한 브래드 페일리의 그림도 비슷한 예이다(그림 44).

그리고 페일리의 그림을 1946년 이후의 미국 현대 예술을 어떻게 볼 것인지를 표현한 애드 라인하르트Ad Reinhardt의 그림과도 비교해보라(그림 45).

페일리의 그림 같은 이미지를 만들어내려면 컴퓨터가 필요하다. 그리고 그 이미지의 의미를 '읽어낼' 수 있으려면 20세기 추상예술의 역사를 거친 세상을 살아봐야만 한다. 사실 어떤 면에서는 그림을 읽는다는 것 자체는 핵심이 아니라고 할 수 있다. 왜냐하면 과학의 분과에 대한 묘사가 페이지 안에 일렬로 나열되어 있었다면 훨씬 읽기 쉬웠을 것이기 때문이다. 그러나 어쩌면 페일리의 그림은 사람들이 즐겨 하듯이 세세하게 카테고리별, 분과별, 스타일별로 20세기 추상예술계를 구획한 라인하르트의 기발한 그림으로부터 뭔가를 배웠을 수도 있을 것이다.

이것은 창의적 시각화 능력이 발휘된 예로서 틀림없는 예술작품이다. 또한 이것은 누구도 감히 헤아려보려고 꿈조차 꾸지 않았던 너무도 복잡한 지식의 세상을 이해할 수 있게끔 도와주는 이미지이기도 하다. 조금 다른 상황이기는 하지만, 아마도 여전히 세상에 존재하는 모든 생명체를 그릴 수 있다고, 복잡하게 얽힌 이 생명이라는 거대한 세계를 대칭성 안에서,

그림 45 애드 라인하르트, 〈미국 현대 예술을 바라보는 방법〉

그러니까 일반적인 패턴과 형태의 범위 안에서 기록할 수 있다고 생각했던 19세기 말의 헤켈도 같은 생각이었을 것이다. 그러나 오늘날에는 너무도 많은 일들이 벌어지고 있으며, 세상에는 우리에 대한 정보가 소용돌이치고 있다. 일찍이 이런 정보를 이렇게 즉각적으로 접할 수 있었던 적은 없다.

이미 1930년대에 루이스 멈퍼드[Lewis Mumford]는 현대인의 삶을 달구는 엄청난 속도에 대해서 이와 비슷한 글을 쓴 적이 있다. 우리는 언제나 진보를 향한 노정 가운데에서 온갖 난감한 홈들에 대해 논평을 하거나 우리의 사고방식이 진화해온 방식을 면밀히 연구하고, 그 시점에서 우리가 끌어올 수 있는 모든 수단을 동원해 가능한 최선을 추구한다. 우리는 과학은 꾸준히 발전한다고 믿고 싶어 하고, 그런 까닭에 과학에서 과거란 그다지 흥미롭게 보이는 대상이 아니다. 비록 예술이나 문화는 이와는 정반대의 사고도 가능함을 간단히 보여주지만 말이다. 페일리만 해도 오래된 판화 속에 최신 컴퓨터가 만들어낸 정확한 이미지들보다 훨씬 더 많은 정보가 담길 수 있다는 사실에 놀라곤 한다. 리처드슨이 손으로 그린 리본 형태의 단백질 그림에 컴퓨터가 만들어낸 무한히 변용 가능한 그림들보다 더 많은 정보가 담겨 있을 수도 있는 것이다. 헤켈의 방사충 판화는 내가 지금껏 본 어떤 최신 사진보다도 방사충의 무게감과 세부 모습을 훨씬 더 잘 보여준다. 헤켈의 판화는 기계가 포착할 수 있는 정확함의 한계에 매이지 않는, 현상을 설명하고자 하는 한 예술가의 해석력으로 가득 차 있기 때문이다. 자연 탐사를 위한 현장 답사 안내서들은 사진보다 그림이나 도해를 훨씬 더 많이 이용하는데, 그 편이 현장에서 살아 있는 진짜 새를 마주했을 때 실제로 인식 가능한 표징을 훨씬 더 잘 보여주기 때문이다. 물론 이제는 컴퓨터로 애니메이션화한 비디오 타입의 현장 답사 안내서의 시대가 올 것이 분명하기 하지만 말이다.

호프만은 여전히 과학이 곧 예술이 되기를 바라지는 않는다. 미학이 지식에 대한 탐구를 부추기게 되면, 미학의 지배력과 우아함의 가치가 부풀려질 수 있다는 것이다. 호프만은 이렇게 말한다. "효용성이나 연구 윤리적 문제가 경시되는 것은 두려운 일이다. 현대 과학, 그중에서도 특히 화학의 경우, 피터 메더워$^{Peter Medawar}$의 표현을 빌리자면 세상을 우리가 처음 발견한 상태보다 조금, 아주 조금은 더 나은 곳으로 만들자는 과학의 목표의식, 그러니까 낭만적이긴 하지만 궁극적으로는 필수적인 아이디어가 약해지고 있다." 예술가가 세상을 개선하겠다고 말하면 조롱거리가 되거나 선동가로 몰리기 십상이다. 그러나 예술이 인간의 시간과 노력을 최고로 활용한 예의 하나임은 부정할 수 없는 사실이다. 예술은 수백만 년이라는 시간 동안 자의적으로 계속 발전하며 진화해온 이 세상의 아름다움에 우리도 우리의 작은 몫만큼 기여할 수 있으며, 실제로 세상은 그런 식으로 진행되어 왔음을 증명하는 예이다. 그리고 정자새가 보여주는 연대기는 그런 욕구를 갖도록 진화한 것이 우리만은 아님을, 그러나 수백만 종의 생물 중에서 그런 욕구를 가진 것은 여전히 극소수임을 말해준다. 우리는 우리가 살아가는 이 행성에 해가 되지 않는 방법으로 우리만의 특별함을 발휘해야만 한다. 간단하게 들리면서도 불가능한 일이다.

그렇다. 예술에는 새로운 지식 체계를 구축하거나 인류가 직면한 실용적인 문제들을 해결하는 것보다는 창조적 욕구의 표출과 특별히 관계된 일면이 존재한다. 이것은 예술만이 누리는 호사이자 자유이고 창조적 욕구의 표출을 원하는 인류의 일부로서 항상 존재해왔다. 이러한 상황을 바라보는 또 다른 관점은 예술을 과학에 특별히 유용한 것으로 보기도 한다. 로버트 루트-번스타인$^{Robert Root-Bernstein}$의 통계 분석에 따르면, 우리 친구인 호프만처럼 노벨상을 수상했다든지 하는 식으로 가장 성공한 과학자들은 "일반적인" 과학자들의 경우와 비교했을 때 거의 두 배가량 예술을 진지하게 추구하는 것으로 나타났다. 이런 성공한 과학자들은 소설이나 시를 써서 출판한다든가 음악을 연주하거나 작곡하고 시각적인 예술작품들을 전시하는 등의 활동을 더 많이 한다고 한다. 19세기 이래로 과학계는 자연의 역사와 스스로를 분리시켜왔고, 전문 과학자들은 최고의 과학도가 되고자 한다면 한 가지만 파고드는 사람이 아니라 광범위한 관심사를 가지고 있는 사람이 될 것을 추천한다. 신경세포를 발견한 산티아고 라몬 이 카할 Santiago Ramon y Cajal은 이런 학생들에게 주목하라고 권고한다. "끝없이 상상력이 샘솟는 학생 … 연구로 이끌고 가는 예술가적 기질이 있고 만물의 수와 아름다움, 조화를 감상할 줄 아는 학생에 주목하시오." 카할은 또한 '그려진' 바 없는 것은 '발견된' 바 없다고 믿는다. 과학적 결과를 언어로 기술하는 것만으로는 충분하지 않다. 창조적인 방법으로 시각화할 수도 있어야 하는 것이다.

루트-번스타인은 어떤 과학 이론이나 결과가 아름다울 때 그에 대한 평가도 최고인 경우가 많음을 지적한다. 물리학자이자 매끄럽게 반들거리는 유기물 형태의 금속 조형물을 만드는 조각가이기도 한 로버트 R. 윌슨Robert R. Wilson은 물리학에서 다루는 실용적인 도구들도 미학적 고려 대상이 되어야 한다고 느낀다. "선들은 우아해야 하고 양감은 균형이 잡혀 있어야 한다. 나는 가속 장치들, 그리고 각종 진행 중인 실험은 물론이거니와 실험에 쓰이는 도구들도 모두 내적인 아름다움의 대상으로서 강하지만 단순하게 표현되길 바란다." 아마도 윌슨의 발언은 과학자들이 그들의 연구에 예술의 가치를 표현하고자 할 때 가장 흔하게 취하는 태도일 것이다. 이 경우에 예술은 과학적 실험에 파고들어 영향을 끼칠 수 있는지, 그리고 발견에 따르는 고초가 우리를 황홀경으로까지 몰고 갈 수 있다는 생각을 아름다움이 어떻게 뒷받침하는지를 이해하는 단초가 된다. 그러나 호프만은 세상은 난잡한 혼란으로 가득 차 있다는 점을 상기시키며 과학계가 예술의 우아한 단순함을 너무 진지하게 받아들여서는 안 된다고 경고한다. 시적인 감수성이 넘치는 이 화학자는 예술이 쉽고 충동적이며 자유롭고 창조적이라는 생각에도 경계를 풀지 말 것을 주문한다. 그는 한 사람이 예술가로서 혹은 과학자로서 그 분야에서 기꺼이 받아들여지는 비율을 보여주는 통계치를 제시한다. 화학계 최고 수준의 학술지의 경우, 심사를 위해 제출한 완성된 논문 중에서 약 65퍼센트가 학술지에 게재된다. 한편, 정기 문학 학술지의 경우에는 제출된 시의 5퍼센트 미만만이 최종적으로 통과된다. 호프만은 루트-번스타인이 찬양한 다수의 예술가 겸 과학자들처럼 양쪽 모두에서 상당한 양의 작품을 출판했다는 점에서 이런 말을 할 자격이 있다.

예술은 오직 예술 그 자체만을 위한 것인가, 아니면 우리에게 뭔가를 가르치기 위한 것인가? 춤을 추고 시를 쓰는 화가이자 생물학자인 C. H. 워딩턴^{Waddington}은 "하나의 예술 프로젝트는 언제나 행동이나 경험에 대한 하나의 지시이지 한 꼭지의 정보가 아니다. 생명체가 잘 조직된 지시들로 이루어진 것이지 조직된 정보들로 이루어진 것이 아니듯이 말이다."라고 말한다. 예술은 정적이지 않고 동적이다. 예술은 우리에게 영향을 미치며, 바로 그 영향력을 통해서 작동한다. 생명체는 생명의 지속을 가능하게 해주는 규칙들을 담고 있다. 그리고 그 규칙 속에 생명체 특유의 창조성과 아름다움, 그리고 경이로운 부정확함이 존재한다. 실제로 워딩턴은 작품 활동 중에 이런 생각을 갖게 되었다고 한다.

1909년에 균형 상태에 대한 연구로 노벨 화학상을 수상한 물리학자 빌헬름 오스트발트^{Wilhelm Ostwald}가 제안한 색깔 이론은 많은 근현대 예술가들에게 영향력을 발휘했는데 특히 몬드리안에게서 그 영향이 도드라지게 나타났다. 방사능과 우주 방사선을 관찰하는 데 필수적인 장치가 된 C. T. R. 윌슨^{Wilson}의 안개상자는 원래 그가 등산하면서 목격한 아름다운 코로나를 비롯한 자연의 장관들을 재현하기 위해 발명된 것이었다. 유기화학자인 로버트 우드워드^{Robert Woodward}는 화학이 대단히 관능적이라고 생각했다. "나는 결정체들을 사랑한다. 그들을 이루는 형식과 그 대형이 지닌 아름다움을 사랑한다. 휴면 상태로 정제된 채 출렁이는 액체의 아름다움을! 소용돌이 치는 기체를! 좋든 나쁘든 그 냄새들을! 그리고 무지갯빛의 색깔들과 저마다 다른 크기와 모양, 용도를 가진 윤기 나는 용기들을. 화학이 '사고思考하는' 것이라고는 해도, 내게 화학은 이런 물질적이며 시각적이고 촉각적이며 감각적인 것들 없이는 존재하지 않는다고 해도 과언이 아니다."

수많은 예가 충충이 쌓여 있는 루트-번스타인의 연구는 통계 수치로서의 중요성 못지않게 주장을 펼치는 언어의 설득력이 매우 인상적이다. 그는 과학과 예술이 피상적으로 섞이는 것이 아니라 각자가 가진 차이와 힘을 제대로 인식하기 위해서는 상대 분야가 이룬 성취를 서로 인정해주어야 한다고 결론 내린다. 우리가 통상적으로 과학과 예술에 접근하는 방식으로는 이들이 지닌 차이와 힘이라는 주제를 제대로 평가할 수 없기 때문이다.

루트-번스타인은 과학과 예술을 모두 하는 사람들의 집단적 가치를 지지하는 사람이기도 하다. 반면, 호프만은 루트-번스타인보다 조심스러운 태도를 취한다. 호프만은 예술과 과학 사이의 엄연한 차이를 상기시키면서 이론과 해법의 관계에서 우아함을 쟁취하려고 함으로써 너무 쉽게 둘 사이에 연결고리를 만드는 것을 경계한다. 1960년대에 C. P. 스노Snow는 자신의 글에서 과학계와 예술계라는 두 문화 사이의 간극이 너무도 벌어져서 이제는 서로에 대해 거의 이야기도 나눌 수 없는 지경이 되었다고 주장했지만, 루트-번스타인이나 호프만이나 그 서로 다른 '두 문화'에 더 많은 인내력을 가졌던 것은 아니다. 실제로 오늘날 우리는 더 이상 그런 식으로 이 문제를 바라보지 않으며, 지금 나는 우리가 실상 결코 그렇게 바라본 적이 없었다는 것을 보여주고자 한다. 예술은 언제나 과학의 심장부에 자리해왔고, 과학 역시 몇백 년의 시간 동안 줄곧 예술의 심장부에 자리해왔다.

스노의 시대 이래로 우리는 과학과 예술을 한데 모으기 위해서 노력해 왔다. 이는 기술이 점점 더 유동적이고 이용하기 용이해졌기 때문이기도 하며, 또한 우리가 사회의 모든 것을 설계하고 계획할 수 있으리라는 지난 날의 꿈을 더 이상 믿지 않게 되었기 때문이기도 하다. 우리 시대가 안고 있는 거대한 비극과 우리가 이룩한 엄청난 성취로 인해서 우리는 예술이 지식의 한 형태이며 과학 또한 예술의 한 가지라는 것을 알게 되었다. 과학 도 예술도 서로 우위를 주장할 수 없는 것이다.

그럼에도 불구하고 과학과 예술을 하나로 아우르는 데에는 주의가 필요 하다. 자연을 소재로 한 글을 쓰는 탁월한 작가이자 뛰어난 생물학자이기 도 한 E. O. 윌슨Wilson은 자신의 유명한 책 『통섭Consilience』을 통해서 어떻게 과학과 예술이 보다 서로 잘 동화될 수 있을지를 특별히 다룬 바 있다. E. O. 윌슨의 노력은 분명히 참신하고 열정적이지만, 그는 책의 말미에서 예 술가들을 분노하게 만들 종류의 발언을 한다. 결국 예술을 비롯한 모든 인 간의 문화는 생물학의 부분집합이라고 쓴 것이다. 예술가들은 그의 발언 을 좋아하지 않았다. 과학이 예술가들의 활동을 모두 아우르는 것처럼 보 이게 만들고, 예술을 진화라는 적응의 한 과정으로 보고 그 의미를 축소시 키는 생물학적 경향을 조장하기 때문이다. 그의 발언 자체는 선의에서 나 온 것이었지만, E. O. 윌슨은 인간의 모든 문화적 행동을 단순히 생물학적 전략으로 보는 데 주저함이 없었다.

물론, 기본적으로는 E. O. 윌슨의 말이 맞다. 인류를 하나의 종으로 이해 하는 관점에서 보면 한두 명의 개인이 하는 일은 이 지구 위를 살아가는 우 리 인간이라는 종의 출현이나 멸종 같은 거대한 밑그림에 거의 아무런 영 향도 끼치지 않는다. 인간이라는 종 전체도 진화적으로는 부차적인 존재일지도 모른다. 어떠한 생명체가 우리와 같이 진화하는 일은 거의 불가능하며, 설령 무슨 수가 있어서 진화의 시계를 돌려 인간의 선조가 처음 갈라져 나온 그 순간으로 돌아간다고 해도 우리가 지금과 같은 모습으로 출현할 가능성은 많지 않다. 다른 시간의 흐름 속에선 우리는 아예 진화하지 못했을 수도 있다.

E. O. 윌슨은 이해를 돕기 위해서 복잡성을 가장 단순한 부분들로 환원시키고자 하는 과학계의 필요를 상당히 서정적으로 서술한다. 그는 과학이 사용하는 가장 일상적이며 지배적인 도구인 환원주의를 이렇게 시적으로 묘사한다.

> 당신의 정신이 이 체계를 돌아다니게 두라. 이 체계에 대해 흥미로운 질문을 던져보라. ⋯ 이 체계에 완전히 친숙해지라. 아니, 아예 집착하라. 세부사항 하나하나의 모든 느낌을 그 자체로 사랑하라. 실험을 디자인하라. 결과가 어떻든 간에 질문에 대한 답이 설득력을 가질 수 있도록.

E. O. 윌슨은 환원주의를 장엄한 현실이 지닌 생명력을 빨아들이는 제한적인 시각이 아니라 뭔가 아름답다고 할 만한 것으로 옹호한다.

그는 과학이 왜 우리에게 예술이 그토록 강력한 힘을 갖는지를 곧 설명할 수 있게 되리라고 굳게 믿는다. 과학이 정서적으로는 우리에게 호소하는 바가 없을 수도 있겠지만, 우리가 느끼는 감정의 가장 깊숙한 곳에 깔려 있는 이유를 알아내는 것은 오직 과학의 엄정한 방법을 통해서만 가능하리라는 것이다.

> 인간의 뇌는 끊임없이 의미를 찾는다. 감각을 가로지르며 영원한 존재에 대

한 정보를 제공하는 사물과 특질들 사이의 연결점들을 찾는 것이다. … 인간이 처한 상황을 이해하기 위해서는 유전자와 문화 모두를 이해해야만 한다. 과학과 인문학이 지금까지 전통적으로 해왔던 방식처럼 둘을 분리해서 생각하지 말고, 인간 진화의 실재를 인식하면서 함께 생각해야 하는 것이다.

예술은 느낌을 표현하고 불러일으키는 방법이다. 그러나 과학은 감히 그것을 설명하려든다. 윌슨은 최고의 예술은 우리의 생물학적 근본에 가장 충실한 것이라고 여긴다. 그는 예술이 우리가 유래한 곳과 다시금 즐겁게 맞닿게 해주는 동물 세계에서 유일한 자기 성찰이라는 우리의 감각을 가능하게끔 하기 위해 진화했다고 생각한다. 예술의 가치는 그것이 인간의 본성에 얼마만큼 충실한지, 그러니까 우리의 본질과 우리가 자연에서 종으로서 점하고 있는 위치를 밝혀 보이는 능력으로 측정되어야만 한다고 생각하는 것이다. 발명이 노리는 것이 필요이듯이, 예술에서 아름다움이란 그 진실이 되어야만 하는 것이다. 여기서 윌슨은 데니스 더턴 쪽으로 고개를 끄덕인다. 우리는 적응적 진화의 산물인 동물이기 때문에 우리가 발달시킨 최고의 이야기, 시, 가락과 리듬에는 우리의 생물학적 뿌리에 대한 사실이 반영되어 있다는 의미로 말이다.

이런 주장에는 어쩐지 돌고 도는 측면이 있다. 이런 주장에 동의하는 예술가나 예술애호가는 거의 없다. 어떤 예술작품이 좋다는 동의가 있은 후에야 우리는 그것이 어째서 좋은지 이유를 찾아볼 수 있다. 과학이 우리의 미학이나 문화의 가치를 입증할 수 있으리라는 윌슨의 소망을 모든 인문학자들이 편안하게 받아들이는 것은 아니다. 시인이자 농부인 웬들 베리 Wendell Berry의 책 『삶은 기적이다 Life Is a Miracle』는 세상의 경이로움과 그에 대한 경험을 환원주의로 설명하는 윌슨의 생각에 특별히 도전하고 있다. 베리는 책에서 이렇게 말한다. "우리는 우리가 말할 수 있는 것 이상으로 알고 있다. … 과학에서 사용하는 언어가 다른 언어들보다 덜 제한되어 있다고 믿을 이유란 아무것도 없다." 그라면 과학자들이 그들만이 가지고 있는 즐거움과 아름다움에 대한 고유의 감각을 제대로 누리지 못하고 있다는 로알드 호프만의 지적에 적극 동의할 것이다. 과학자들은 그들이 이미 알고 있는 것을 너무도 많이 감춰버리는 언어에 의존한 나머지 자신들이 세우고 얻은 가설과 결론으로부터 너무도 많은 것을 남겨두고 만다. 윌슨처럼 그 자신이 훌륭한 자연과학 분야의 저술가였던 사람조차도 뭔가를 우리에게 숨기고 있을 수 있는 것이다. 한번은 그의 강연 후에 정말로 자연을 기계라고 생각하는지 그에게 직접 물어봤다. "오, 아닙니다." 그는 대답했다. "'기계'보다 훨씬 더 나은 비유들이 있습니다만, 그런 표현들은 일반 대중에게 사용하기에는 너무도 복잡해서요."

자신만의 창조적 시각에 가치를 부여하려는 개인은 칸트가 '역동적 숭고'라고 불렀던 자연의 거대하고 압도적인 규모 앞에서 산산조각 나며 자신이 한없이 작음을 느끼지만, 우리 시대의 과학자들이 하는 이런 사고는 우리를 이보다도 더 보잘것없는 존재로 느끼게 만든다. 진화라는 시간의 거대한 규모 전체를 탐구할 수 있을 만큼 대담한 과학은 우리의 하찮음을 깨닫게 하며 주눅 들게 만든다. 당신이 뭔가 아름답고 가치 있으며 참신한 것을 창조해낼 수 있다고 상상하는가? 당신은 그 어떤 개체도 큰 중요성을 가질 수 없는 생물학의 웅장한 행진 저 안쪽 구석에서 움직이고 있을 따름이다. 우리는 번식이라는 운명에, 한 종으로써 생존하기 위해 전략을 펼쳐야 할 운명에 매여 있다. 그리고 우리 인류의 경우, 그 전략은 곧 기술, 예술, 문화를 의미한다. 정자새나 공작과 다소 비슷한 면이 있는, 매우 흥미로운 길을 선택한 셈이지만, 그들이 걸은 길보다 더 극단적인 길이며 그리머지않아 사라질 운명 같아 보이는 길이기도 하다.

　나는 윌슨이 이 문제를 이런 식으로 보려고 한 것은 아니라고 믿는다. 그의 의도는 고결하며, 그 자신도 작가이자 예술가이다. 그리고 당연한 말이지만, 예술 분야에서 개인이 거둔 개별적 성취들은 만물을 이루고 있는 거대한 밑그림의 수준에서 보면 별로 중요하지 않다는 그의 시각이 옳을 수도 있다. 또한 당연하다면 당연하게도, 생물학 역시 그 자체가 이미 물리학의 하위 집단으로 볼 수 있는 화학의 하위 집단으로서 대단찮은 것으로 여겨질 수 있다. 그리고 그 물리학 역시 자연에 존재하는 날 것 그대로의 패턴을 우리가 꿈꿀 수 있는 가장 오묘한 기술로도 거의 입증하기 어려운 생각들로 교묘하게 언어화할 수 있을 따름이다. 그러면 이번에는 철학이 나서서 과학에서 다루는 모든 아이디어들은 전부 철학의 하위 집단에 속할 뿐이며, 철학이라는 분야야말로 무엇이 실체이며 논리이고, 어디에 움직임이 존재하며 또 그 나머지가 위치하는 곳은 어디인지를 결정하는 학문이라고 주장한다. 사실 분야마다 자기네 분야가 다른 분야보다 더 낫다고 믿는 경향이 존재하기 마련이다. 우습고 불필요하게 배타적인 경향이다.

　윌슨이 널리 통용하게 만들었다고 할 수 있을 '통섭^{Consilience}'이라는 단어는 좋은 의미를 담고 있지만 조금은 덜 친숙하다. 그러나 과학은 이런 통섭이 빚어내는 새로운 조화 속에서 지배자가 될 수 없다. 그래서는 안 되는 것이다. 자연을 바라보는 개별적인 접근법은 모두 각자가 가진 고유함과 독립적 가치를 인정해야 한다. 그리고 그것이 바로 내가 여기에서 압축해서 전하고자 하는 내용이다. 윌슨은 과학이 세상을 바라보는 방법을 놓고 경쟁하는 많은 길 중의 하나에 지나지 않는 것이 아님을 지적했다는 점에서는 옳다. 과학 분야에서 우리는 실제로 진보라는 것을 본다. 지식은 늘어가고 자료는 쌓인다. 우리의 삶을 개선시키는 것은 체계이다. 반면 가장 홀

릉한 예술은 시간의 흐름과 무관하게 항상 꿋꿋이 우리의 삶에 큰 의미로 남는다. 과학은 이 부분을 혼동할 권리와 함께, 어떤 면에서는 훌륭한 예술이 수백 년에 걸쳐 우리를 한결같이 감동시키며 심금을 울려온 힘을 질투할 권리도 있다고 할 수 있다. 예술의 힘은 즉각적이며, 본질적으로 사적史的 흐름에 얽매일 수밖에 없는 과학과는 달리 역사에 매이지 않는다. 과학도 아름다움을 추구할 수 있겠지만, 과학의 노력은 축적되는 형태이며 항상 전체를 보려고 한다. 그 자체로 완결되는 예술작품과는 달리 과학 분야에서 이루어진 개별적인 발견은 결코 그 자체로 완결되지 않는다. 과학도, 예술도 절대 다른 한쪽을 포괄할 수 없는 것이다.

윌슨은 예술 전반에 관해 매우 흥미로운 발언을 했다. "모방하라, 기하학적으로 만들라, 강조하라. 예술에 대한 욕망을 전체적으로 고조시킨다는 측면에서 이 세 공식은 나쁘지 않은 방법이다. 창의적인 개혁가라면 이 모든 일이 어떤 식으로 이루어지는지 어떻게든 알게 마련이다." 윌슨은 몬드리안이 1905년부터 그린 그의 초기 작품 〈희미한 정경 속의 게인루스트 농장The Geinrust Farm in a Watery Landscape〉에 큰 관심을 드러낸다. 이 작품에서 젊은 몬드리안은 어둡게 그림자가 드리워진 집 앞에 가느다란 나무들이 줄지어 선 모습을 목탄으로 그리고 있다. 윌슨은 이 그림에 등장하는 모든 것들은 그 배치나 비율이 현대 뇌 영상술에서 인간의 정신을 가장 각성시킨다고 생각하는 패턴을 따르고 있다고 말한다.

훗날, 몬드리안은 이 기법을 더 끌고 나가 가지들을 엮고 펼치기 시작했는데, 그러면서도 직관적으로 오늘날 과학에서 가장 보기 좋다고 결론 내리는 배열을 유지했다. 그는 여기에서 입체파적인 방향으로 한 발짝 나아갔고, 그 방향은 오늘날 우리가 몬드리안이라는 이름에서 가장 일반적으로 기대하는 스타일인 굵은 직선으로 이루어진 색과 패턴의 그림들로 이어졌다. 그러나 과학의 분석에 따르면 어느 스타일이든 그의 모든 작품에서는 인간이 가장 기쁘게 인지하고 좋아하며 즐기는 비율을 발견할 수 있다고 한다. 몬드리안은 스스로의 힘으로 가능한 최고의 비례와 모양을 밝혀낸 것이다.

그런데 과학이 정말로 이런 것들을 계산해낼 수 있을까? 윌슨은 벨기에 출신의 심리학자 게르다 스메츠Gerda Smets가 내놓은 결과에 주목한다. 스메츠는 이미 1970년대에 사람들은 추상적인 디자인을 평가할 때 20퍼센트 정도의 중복 내지는 반복을 선호한다고 결론을 내린 바 있다. 그녀는 이런 비율은 선천적인 것으로서, 문화적으로 습득된 것이 아니라고 주장했다. 균일성과 상이성 사이에 균형이 필요하다는 것이야 익히 알려진 사실이지만, 이제 한 과학자가 그것을 수치화한 것이다. 윌슨은 그가 몬드리안의 작품에서 똑같은 것을 발견했다는 점에 주목한다. 예술가들은 왜 이런 방법을, 이런 결론의 단순성을 좋아하지 않는 것일까?

우리는 이런 방법이, 이런 결론의 단순성이, 천재성의 근원을 찾으려는 추적에 숫자를 들이댐으로써 그 섬광 같은 충격을 빼앗는다고 생각한다. 우리는 이런 식으로 사고하는 광고업자들을 알고 있고, 새로운 히트송을 만들기 위해서 이런 식의 접근법을 도입하는 컴퓨터 프로그램들이 있다는 것도 알고 있다. 그러나 우리는 영화는 작가주의 정신을 가진 감독들에 의해 만들어지고 소설은 작가의 머릿속에서 나온다고 믿고 싶어 하며, 설문조사 결과를 반영하는 것이 더 멋진 영화의 마지막 장면으로 이어진다고는 믿으려 하지 않는다. 우리에게서 훔칠 수 없는 것이 있다면 바로 섬광 같은 충격의 그 느낌이라고 생각하기 때문이다. 그리고 바로 이 지점에서 예술과 과학 사이에 긴장이 나타난다. 바로 이 지점이 내가 과학자들이 인정하길 바라는 지점이기도 하다. 과학자들이 예술을 설명할 수 있다고 믿는 것 말고, 그들 역시 예술로부터 뭔가를 배울 수 있다는 사실을 받아들이길 바라는 것이다. 그러지 않는다면 여전히 세상에 대한 한 가지 접근법이 다른 것보다 낫다고 주장하는 것일 뿐이다.

러시아 출신의 예술가 비탈리 코마르[Vitaly Komar]와 알렉산드르 멜라미드[Aleksandr Melamid]는 사람들이 어떤 그림을 가장 좋아하고 어떤 그림을 가장 좋아하지 않는지를 알아보는 통계 조사를 몇몇 나라에서 실행함으로써 이런 통계적 접근법을 조롱하고자 했다. 윌슨과 스메츠의 믿음대로 사람들은 케냐 사람이든 우크라이나 사람이든 미국 사람이든 대체로 똑같은 것을 좋아했다. 가장 인기를 끈 것은 풍경화로서, 한 줄기의 강과 약간의 산이 있고 그 위로 하늘이 파랗게 칠해진 것이었다. 거기에 어린이나 동물, 가족, 보통 사람들, 때로는 특정 유명 인사가 덧붙여지기도 했다. 이에 따라 코마르와 멜라미드는 그들의 조사 결과를 토대로 실험적인 "이상적 그림"을 그려냈다.

그들이 그린 허드슨 강을 배경으로 한 모조 풍경화에는 수풀을 헤치며 걷는 어린이들과 조지 워싱턴[George Washington] 그리고 한 쌍의 사슴이 등장했다. 핀란드 버전에서는 사슴이 큰 무스로 바뀌었다. 프랑스에서는 벌거벗은 사람들을 선호했다. 덴마크 버전에는 덴마크 국기와 함께 몇 명의 발레리나가 등장했다. 어느 곳에서나 가장 인기가 없는 그림들은 엄정한 기하학적 모양에 노란색, 주황색, 갈색으로 칠해진 그림들이었다. 그런데 바로 이 똑같은 모양을 나는 모더니즘을 언급했던 장에서 찬양하지 않았던가! 그러나 누구도 이런 그림을 좋아하지 않는 것으로 나타났다. 사실 가장 좋은 그림이든 나쁜 그림이든 그들이 그린 그림은 모두 윌슨이 찬양했던 그 균형과는 거리가 먼 흉측한 구성을 갖고 있었다. 그러나 그것이 그들이 노린 부분이었다. 통계는 그 결과가 좋든 나쁘든 간에 결코 예술 작품을 만드는

데 도움이 될 수 없다는 것을 보여주려고 한 것이다.

월슨이 뭔가 시적인 말을 하고 싶을 때면 글자체를 이탤릭체로 바꾼다는 것은 매우 의미심장하다. 그렇게 함으로써 마치 그는 이런 말을 하는 자신은 평소의 월슨이 아니라 비슷하기는 하지만 완전히 다른 예술가 월슨임을 보여주려는 것 같다. 그는 이런 종류의 언어가 편하지 않은 것이다. "내 가슴속의 시인은 신비로운 땅을 가로질러 내게로 온다. 수백만 년을 이어진 꿈결 같은 시간 속에서도 우리는 여전히 추적자일 수 있다. 우리의 정신은 계산과 감정으로 가득 차 있고, 우리는 불안으로 긴장한 탐미주의자이니 … 독수리가 말하는 날은 결코 오지 않는다고, 이 세상에 관한 모든 것은 다 알려질 수 있다고, 우리가 어찌 확신할 수 있는가? … 확장된 시공 속에서는 과학과 예술 사이의 물고 물리는 관계는 서로 좁혀질 수 있다." 가슴속에 시인이 존재하는 것과 시인이 되기 위해 노력할 만큼 시를 진지하게 받아들이는 것은 별개의 문제이다. (나 또한 그런 사람이다. 내 가슴속에는 과학자가 있지만 나를 그렇게도 당황시키는 새와 고래의 노랫소리가 정말 무엇인지를 밝혀내기에는 나는 성실함이 부족하다. 나로서는 그저 즉흥적으로 떠오르는 발상에 따라 변주를 하고 음악을 만드는 편이 더 행복하다. 어떤 사람들은 그런 음악을 좋아해주지만 나로서도 그 이유를 설명할 수는 없다. 만약 내가 그 이유를 설명할 수 있게 된다면 더 이상 그렇게 연주할 수 없게 되지 않을까 두렵기까지 하다.)

월슨의 가장 도발적인 주장 중의 하나는 그의 책 말미에 등장한다. 맨 처음 그 책을 읽었을 때 내가 매우 화가 났다는 사실은 인정해야겠다. 그렇지만 10년이 넘는 세월이 지나면서 나는 점차 그 책의 진가를 인정하게 되었다. "만약 역사와 과학이 우리에게 뭔가를 가르쳐준다면, 그것은 열정과 갈망이 항상 진실과 같지는 않다는 것이다. 인간의 정신은 신을 믿게끔 진화해왔다. 인간의 정신은 생물학을 믿게끔 진화하지 않았다." 우리는 온갖 가능한 우연과 정보의 홍수가 빚어낸 어두운 혼돈 속에서 우리를 밝은 곳으로 이끌어줄 하나의 단순한 해답을 갈구하지만, 과학은 결코 그 목마름을 해소시켜주지 않는다. 물론 과학은 진보하지만, 그렇다고 해서 만물이 세상에 나타난 것처럼 아름다운 데에는 진짜 이유가 있다고 우리를 안심시켜주지는 않는다. 우리가 더 나은 예술을 할 수 있는 이성적인 미의 척도를 제공해주지도 않는다. (그 분야 종사자들의 일부는 여전히 우리가 그런 경지에 다다를 수 있다고 믿기는 한다. 프럼은 다른 모든 사람들이 실패했던 미학 분야에서도 자신은 계속 전진하고 있다고 믿는다. 단지 오만일까?)

월슨의 사고는 『통섭』 이후로 더 발전하고 있다. 그는 점점 줄어드는 생물의 다양성을 보존하기 위해서 우리가 무엇을 해야 하는지에 대해 웅변하는 글을 쓰는 한편, 요즘은 심지어 어느 자연보호주의자의 이야기와 개미 떼의 생활 주기를 교대로 묘사하는 『개미총^{Anthill}』이라는 제목의 소설까지 쓰고 있다. 이것이야말로 틀림없이 르네상스 시대가 꿈꾼 전인적^{全人的} 인간의 모습이다. 그의 가장 훌륭한 업적이 무엇인지에 대한 토론은 쉽게 결론이 나지 않을 것이다. 새로운 종의 곤충에 대한 연구, 아니면 자연이라는 거대한 보고^{寶庫}를 아끼고 지킬 수 있도록 나머지 인간들을 집결시키려는 노력? 사람들을 행동하게끔 이끄는 가장 큰 동인은 무엇인가? 정보나 상황에 대한 묘사, 혹은 감정을 자극하는 아름다움이나 비극? 환원주의는 한 생명체의 위대함을 다 아우를 수 없다. 최신 과학의 진행 경로에도 유용한 예술적 연구조사는 어디에 위치하는가? 진실로 아름다운 연구 결과는 어디에 있단 말인가?

나는 러시아 출신으로 팀을 이루어 예술 활동을 하는 에벨리나 돔니치^{Evelina Domnitch}와 드미트리 겔판트^{Dmitry Gelfand}의 작품을 떠올려본다. 그들의 표현을 빌리자면, 그들은 "묘한 철학적 사고가 물리학, 화학, 컴퓨터과학과 합쳐져서 감각을 몰입시키는 환경을 창조해낸다". 그들의 작품은 최신 연구들, 그중에서도 특히 파동 현상과 관련된 최신 연구 결과들을 적용하여 인지와 덧없음의 문제를 파고든다. 현대 사고의 근간을 이루고 있는 과학의 세계관이 여전히 "기록 불가능한 의식의 작동들을 제대로 포괄하지 못하고 있다."는 점에서 그들의 연구는 두각을 나타낸다.

돔니치와 겔판트는 녹화나 고정이 가능한 매체를 이용하기를 거부한다. 그들의 설치작품들은 관찰자 앞에서 끊임없이 모습을 바꾸는 현상으로써 존재한다. 좀처럼 볼 수 없는 현상들이 관찰자의 눈앞에서 어떤 중재도 없이 직접 벌어지는 까닭에, 그들의 작품은 종종 관찰자의 감각적 테두리를 거대하게 확장시키곤 한다. 그리고 이 경험의 직접성 덕분에, 관찰자들은 과학적 발견과 지각 능력의 확장이라는 환상에 불과한 구분을 초월할 수 있게 된다. 돔니치와 겔판트는 이처럼 덧없는 느낌을 주는 현상들을 끌어내기 위해서 러시아를 비롯한 유럽 각지와 일본에 있는 수많은 과학 연구 시설들과 협동 작업을 한다.

나는 다른 부분에서 이렇게 쓴 적이 있다. 예술이 과학에 반응하는 모습은 많이 찾아볼 수 있지만, 과학이 예술로부터 뭔가를 직접적으로 배우는 예를 찾기는 훨씬 힘들다고. 두 분야의 목표가 워낙 뚜렷이 다르기 때문이다. 또는 이렇게 말할 수도 있을 것이다. 두 분야 모두 자연에 감추어진 보다 내밀한 진실을 밝혀내고자 하는 비슷한 목표를 가지고 있지만, 한쪽은 놀라운 직관력으로 그 목표를 이루고자 하고 다른 한쪽은 엄밀하게 문서화한 연구조사를 통해서 그 목표를 이루고자 한다고. 그러나 돔니치와 겔판트의 작업은 그 경계를 때로 넘나든다. 그들의 작품이 과학자들의 사고로는 절대 볼 수 없거나 일어날 수 없는 자연 현상들을 드러내 보이기 때문이다. 그들의 작품 중 가장 잘 알려진 작품인 〈밝은 방^{Camera Lucida}〉은 신비로운 음발광^{音發光/sonoluminescence} 현상을 다룬다. 1929년에 발견된 이 기이한 물리학적 현상은 소리로 충격을 가한 미세한 산소 방울이 희미하게 빛을 낼 수 있을 정도로 압축될 수 있음을 보여준다. 이 과정이 하나의 예술적 경험으로 증폭될 수도 있을까?

화학에서는 부차적인 문제일 뿐인 기포 속에 포함되어 있는 기체가 상당한 정도의 강력한 소리로 자극을 받을 경우 빛을 내기에 충분할 정도로 압축될 수 있음을 설명하는 이 과정을, 그들은 일본 화학자들과의 협동 작업을 통해 가다듬어 음악에 반응하여 3차원으로 나타나는 기체의 반응을 암실에서 맨눈으로도 관찰할 수 있는 수준으로 구현해낸다. 그들이 마침내 신비로운 구름을 연상시키는 방식으로 눈에 쉽게 보일 뿐 아니라 시각적으로도 흥미로운 결과물을 내놓게 되기까지 실패로 끝나고 만 수차례의 실험들이 있었다. 그중 일부는 맹독성 황산을 이용한 것도 있었다. 이 프로젝트를 기술한 논문은 예술 분야의 과학을 다루는 하이브리드 저널인 《레오나르도^{Leonardo}》에 실렸는데, 딱딱한 과학적 언어와 창의적인 예술적 언어가 다소 섞여 있는 것을 볼 수 있다.

한 방향으로 분사되는 발광하는 기포들은 빙빙 돌면서 갈가리 찢겨져 가볍게 진동하는 젤리질의 소용돌이로 바뀌는 한편, 동시에 주기적으로 바깥으로 빠져나오는 고리 모양들을 만들어낸다. 서로 부딪치며 엮이는 나선형 빛줄기들은 암실 전체로 파고드는데, 양적으로 더 이상 변환기의 수와 상응하지 않는다. 발광하는 부분 중에서 특정한 반복 패턴은 알아볼 수 있지만, 전체적으로는 형태 면에서나 빛의 강도 면에서나 놀라울 만큼 다양한 양상을 보인다. 귀에 들리는 소리의 구성에 따라 이와 같은 빛의 변주가 보이는 반응은 뭐라 형언하기 어렵기는 했지만 명백하고 분명하게 나타났다. 우리는 나중에야 우리가 의도하지 않게 진폭 수준의 한계점을 가리키기 위해 사용하는 증폭기의 바보 같은 전압계를 잊고 있었음을 깨달았고, 그 결과로 고압의 열음향 미풍의 발생을 촉발시켰음을 알게 되었다. 우리는 이 현상에 "크세논풍xenon wind"이라는 이름을 붙였다.

봉인 해제된 크세논풍 현상을 제어할 수 있게 됨에 따라 돈니치와 겔판트는 액체를 가득 채운 수조 모양의 유리 밀폐용기를 만들었다. 그들은 여기에 크세논 기체를 분사하고는 신비롭게 희미한 빛을 내는 형체를 만들어내게끔 소리로 자극을 가했다. 사이매틱스Cymatics라고 부르는 학분 분야에서는 시각적으로 아름다운 음파의 모양을 액체 속에서 이미지로 뽑아내기 위해서 소리를 2차원적으로 시각화하는 방법을 상당수 연구해왔다. 그 중의 하나가 알렉산더 라우터바서Alexander Lauterwasser가 개량한 한스 예니Hans Jenny 의 클라드니 도형Chladni figures으로, 그가 만들어낸 이미지는 명백히 아름다울 뿐 아니라 우주의 물리학적 핵심에 자리하고 있는 기본 파동의 일부 패턴을 또렷이 드러내 보인다. 그리고 그것은 일부 사람들이 보편적이며 영적인 함축성을 지니고 있다고 주장하는 특별한 종류의 아름다움의 한 근간이기도 하다. 그러나 〈밝은 방〉은 일찍이 사람들이 알고는 있었으나 이 두명의 러시아 예술가들이 미적인 이유로 그 화학적 현상을 조금 더 눈에 보이게 만들기로 결정하기 전까지는 믿을 만하게 재현될 수 없었던 것을 밝혀 보였다는 점에서 특수하다. 그들의 예술적 실험으로부터 흐름을 이끄는 규칙들에 대해서 무슨 과학적 결론들을 뽑아낼 수 있을지 누가 알겠는가. 나는 몇 년 전에 리가에서 열린 한 예술 축제에서 유리공 안에 구현된 이 작품을 실제로 본 적이 있다. 당시 이 작품은 어둡고 신비로우며 뭔가를 감싸고 있는 듯한 느낌을 주었는데, 사실 말이 나왔으니 말이지 그날은 그다지 잘 작동하지 않았다! 그러나 이 프로젝트의 너머에 깔려 있는 풍성한 이야기와 방법론적인 가능성은 이와 비슷한 종류의 다른 작품들보다 훨씬 더 과학적으로 나아갈 가능성이 많은 것으로 느껴지며 내게 깊은 인상을 남겼다. 돔니치와 겔판트는 이 전체 과정을 보다 잘 이해하게 되기에 앞서 많은 과학적 연구조사와 기술자들과의 협업을 거쳐야만 했다. 이런 현상을 사진으로 찍을 수 있을 만큼 밝게 만드는 것이 가능하다고 화학자들은 미처 생각도 하지 못했을 때, 부드럽고 불규칙적이며 마치 살아 있는 생명체같이 움직이는 소리의 구조를 눈으로 보고자 하는 열망에 사로잡힌 예술의 부름을 받고서 음발광 현상은 이렇게 모습을 드러낸 것이다. 예술의 교사^{教唆}가 과학의 현시를 가능하게 했고, 그 결과는 일찍이 아무도 보지 못했던 신비롭게 소용돌이치는 이미지로 나타났다. 마치 이상한 공상과학 소설 속에서 상상의 동물인 해룡이 소용돌이를 일으키며 제 길을 헤쳐가듯이, 신비로운 빛이 액체 속의 기체로부터 그리고 소리로부터 소용돌이치며 뻗어나가는 모습을 보게 된 것이다.

비록 이 현상 자체는 지금껏 볼 수 없었던 화학 반응으로서, 화학 물질이 일상적이지 않은, 그러니까 한 번도 시도해본 적 없는 만들어진 상황에 놓이게 되면 빛을 내는 것일 뿐이지만, 사람을 흥분시키는 이 동적인 그림은 생명을 특징짓는 모호함과 정확함의 혼재라는 특징을 다시금 상기시킨다. 이 그림은 어떤 뚜렷한 과학적 의미와는 무관하다. 그저 인공적인 공간 안에서 강력한 한 줄기의 소리가 빚어낸 효과를 보여줄 뿐이다. 그 공간은 단순한 수학이 물리적·화학적 세계 안에서 작동하면서 복잡한 패턴들이 나타날 수 있게끔 하는 공간이고, 실제로 소리가 빛이 그 모습을 드러내게끔 물질 위에서 작동한다. 그러니까 이 그림은 단지 괴팅겐 대학교의 물리학

제3연구소에서 실행된 실험인, 조심스럽게 다루어야 하는 황산 용액 속에서 약 5초가량 빛을 발하는 크세논에 대한 것이다.

이 가성 혼합물은 가능한 가장 밝은 다기포多起泡/multibubble 음발광 현상을 관찰할 수 있게 해준다. 세 개의 초음파 변환기가 유리 재질의 울림통에 부착되어 있는데, 이 변환기들은 세 개의 분리된 증폭기와 22kH부터 60kH 사이의 주파수로 함수 발생기의 조정을 받는다. 여기에 물로 채워진 비커 속에 넣은 수중 청음기를 산酸 용액에 담가 두 개의 비디오카메라와 함께 세 시간에 걸쳐 "크세논풍"을 기록하게 한다.

사진으로 볼 수 있는 이 이미지들은 프랙털 규칙을 보여주는 또 다른 예이다. 프랙털 규칙은 식물이 자라는 과정에서 볼 수 있는 것으로, 일부 수학자들의 믿음에 따르면 물감을 흩뿌린 폴록의 그림을 여타 평범한 유사품들과의 경쟁에서 돋보이게 해주는 것이기도 하다. 이 작품을 어떤 특정한 새로운 발견을 보여주는 과학적인 이미지가 아니라 예술이 되게 만들어주는 것은 무엇일까? 아서 단토 식으로 간단하게 답한다면, 만약 그 이미지가 아름답고 화랑 벽에 순수하게 미적인 감상을 위해서 걸리게 된다면 곧 예술이 된다고 말할 수 있을 것이다. 뒤샹 이래로 예술은 그런 식으로 예술이 되었으므로. 뭔가를 원래의 맥락에서 빼내 예술계의 새로운 맥락 아래 전시하면, 그것이 곧 예술인 것이다. 관객이 그것을 아름답다고 느낀다면, 혹은 뭔가에 대한 통찰력을 제공한다고 생각한다면, 예술로서 작동하는 것이다.

이 질문에 대한 보다 복합적인 대답은 이런 이미지들을 낳은 과학적 연구 전반에 걸친 이야기를 포함한다. 이러한 모양을 눈에 보이게 만든 고강

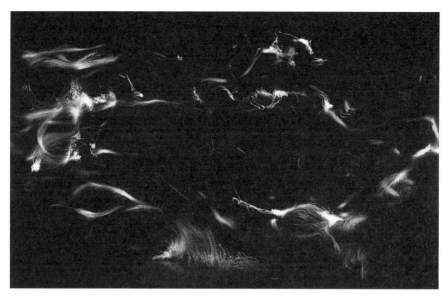

그림 46 에벨리나 돔니치 · 드미트리 겔판트의 〈밝은 방〉 세부

도의 소리의 역할, 제대로 이해되지 못하던 어떤 물리적 현상을 연구하여 이 반짝이는 자연의 신비를 보다 접근 가능하고 눈에 띄는 것으로 가다듬도록 과학자들을 다그친 예술가들의 역할도 포함된다. 이런 작품의 전시는 단순히 맑은 독성 액체로 찬 공 안에서 소용돌이치는 모양을 갖춘 반짝이는 유령 형상의 것을 보여주는 데서 그치는 것이 아니라 그보다는 더 완성된 이야기, 그러니까 이 모두를 아우르는 전체 이야기를 담고 있어야 한다. 지금 여기에 아름다운 이미지를 좇는 와중에 과학을 하게 된 한 쌍의 예술가들이 있다. 아름다운 이미지라는 그들의 목적은 몇몇 나라의 과학자들을 자극하여 실질적인 가치보다도 일단 미학적으로 흥미로운 현상들을 더 파고들게끔 하는 부수적인 효과를 낳았다. 음발광이 그 자체로 흥미를 끄는 것은 사실이지만, 궁극적으로 그것이 아름다워진 것은 돔니치와 겔판트가 그것이 아름답게 보이게 하는 기술을 창조해낸 다음의 일이었

다. 그러면서 동시에 그들은 과학을 한 발짝 더 나아가게끔 다그치기도 했다. 잠재적으로 봤을 때, 소리로 자극을 받으면 빛이 나게끔 합리적으로 조절된 기체의 응용 사례는 다수 가능할 것이다. 실상 그 가능성은 거의 무궁무진하다. 두 명의 예술가가 그 길을 열어 보였다. 이제 이 결과의 실질적 활용은 과학자와 기술자들의 몫으로 남아 있다.

이들 예술가들이 염두에 두었던 것은 미학적 목표였지 과학에 기여한다든가 즉각적으로 실용화하는 길로 경력을 닦아보겠다는 생각이 아니었다. 과학은 이 세상이 객관적으로 어떻게 만들어진 것인지를 조사하고 밝혀내고 싶어 한다. 예술은 우리가 살면서 깨달은 것과 발견한 아름다움을 창의적인 방법으로 보여주고자 한다. 그런 것들은 과학으로부터 배운 것일 수도 있고, 과학에 영감을 주는 것일 수도 있으며, 혹은 자연과는 명백히 아무 관계도 없는 것일 수도 있다. 예술은 찬양하고 과학은 설명한다. 달리 보면, 과학은 자연의 신비를 폭로하고 예술은 거기에 주석을 단다고도 할 수 있다. 과학과 예술은 항상 서로 가르침을 주고받아왔다. 한 개인에게서든 혹은 개인들 간의 협동 작업 속에서든 간에 우리가 이 둘 사이에 존재하는 진정한 차이를 받아들일수록 둘 모두가 함께 제 기능을 할 수 있을 것이다.

나는 지금껏 별로 호응을 얻지 못하는 주장을 펼쳐왔다. 우리가 일반적으로 받아들이는 것보다 예술은 과학에 훨씬 더 많은 영향을 끼쳐왔다고 말이다. 그런데 만약 문제의 예술 개념 자체가 관련된 논의 전체를, 상황을, 예술가와 그를 이끄는 영감과 예술을 감상하는 관객들의 특수성 사이의 관계를 모두 포함하는 쪽으로 바꾼다면 나의 주장은 어떻게 전개될까? 우리가 세상을 보는 방식을 바꿨던 추상은 이미 구식이 되어버렸고, 사실 지난 세기에 벌써 그러했다. 보다 과정에 초점을 맞춘 새로운 세기의 개념적 예술은 자연을 이해하는 방식을 어떻게 바꿀 것인가?

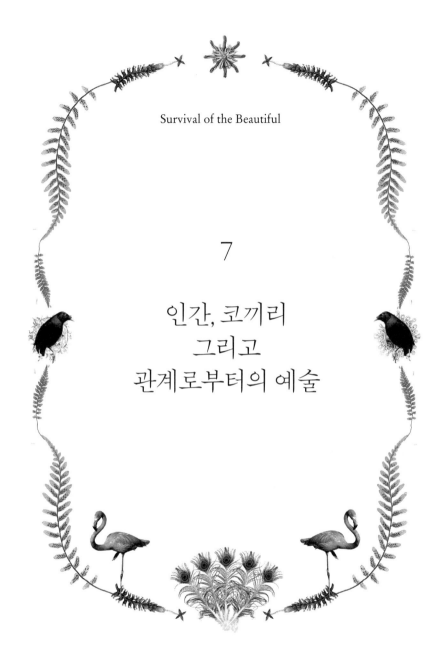

Survival of the Beautiful

7

인간, 코끼리
그리고
관계로부터의 예술

"나는 당신과 이 책의 관계가 자연의 진화, 인간 문화의 진화의 세계를 보고 파악하는 방법을 바꾸는 계기로 작용하기를 바란다. 예술과 과학, 아름다움과 실용이 훨씬 더 가깝고 서로 얽혀 있다는 것을 깨닫는 계기가 되기를 바란다. [그런 의미에서] 관계미학은 희망의 이유가 된다."

어쩌면 당신은 내가 이 책에서 줄곧 이미 생명이 다한 옛날 예술 관념을 밀고 나가고 있다고 말할지도 모르겠다. 이제는 구식이 되어버리긴 했지만, 시각적인 유희로 우리의 정신과 마음을 즐겁게 해주는, 우리로 하여금 이 세상을 완전히 새로운 방식으로 보게끔 해준 예술작품들을 찬양하면서 말이다. 자연을 탐구함으로써 무엇이 정답인지는 배울 수 있다고 해도, 무엇을 사랑할지는 결국 우리가 자의적으로 결정하는 것일까? 세상에 객관적으로 존재하는 것을 재현하고 싶은 욕구로부터 점점 더 뻗어 나가면서 우리는 지난 몇 세기에 걸쳐 이 문제에 대해 즐겁게 고민했다. 거기에 이제는 거의 완벽에 가까운 수준으로 이 모든 탐구를 용이하게 해주는 기술이라는 것까지 발전시켰다. 그리고 손에 쥔 그 모든 도구를 동원하여 세상에 대해서 전보다 훨씬 더 많은 것을 알기를 열망한다. 한편, 예술은 감히 상상하고 감히 덤벼든다. 실제로 예술은 뭔가를 계측할 수 있는 새로운 방법, 정확성을 높이는 새로운 방법을 제시하고 있다. 그리고 그럼으로써 과학에 기여한다.

　세상을 새로운 방식으로 보게 한다? 과학에 기여한다? 이런 것들은 예술이라는 것이 누리는 진정한 즐거움의 부수적인 기능일 따름이다. 나는 여전히 아름다움을 추구한다. 참으로 많은 수의 다른 정보니 경험이니 하는 것들이 너무도 추한 까닭이다. 내가 시대에 뒤떨어진 사람일까? 많은 사람들이 예술은 벌써 옛날에 나 같은 구식 사고를 넘어섰다고 말할 것이다. 뒤샹의 마법에 취한 사람들은 누군가 예술이라고 받아들인다면 무엇이든지 예술로 자리매김할 수 있음을 익히 안다. 프럼은 자연에서 성선택과 관련하여 벌어지는 일들도 바로 이런 식으로 이뤄지는 것이라고 말한다.

예술을 추구하는 우리 인간이라는 존재는 대상 자체가 실로 중요한 것이라는 기발한 착상에서 벗어나 이제 예술이 철학이 되고 있다는 단토의 생각을 좇는 경향을 보이고 있다. 이제 예술은 질문을 던지는 것이어야 하고 아이디어들을 뒤섞으며 우리를 혼란에 빠뜨리고 생각에 잠기게 만드는 것이어야 한다. 비록 여전히 대부분의 사람들이 예술이란 벽에 걸어놓을 예쁘장한 무엇이라고 생각하고 있지만, 예술의 최첨단은 우리의 고정관념들을 갈가리 찢어놓으며 칼끝을 더욱 날카롭게 벼리고 있다. 이런 최신 현대 예술에서는 예술이라는 것이 정말 존재하기는 하는지조차 말하기 힘들어지고 있다. 자연에 관해 나란히 탐구를 벌여온 예술과 과학 사이의 경계는 이런 최신 현대 예술을 맞아서 허물어질 것인가 아니면 더욱 높고 견고해질 것인가? 이제 관객이 쇼의 전부가 됨에 따라, '당신'이라는 존재를 염두에 둔 아이디어는 이와 같은 현대 예술 개념을 지지대로 삼아 무대에 등장한다.

그러면 이제 잠시 동안 내가 사실은 그다지 동의하지 않는 이런 입장을 받아들인다고 가정해보자. 우리가 사는 세상은 대상으로서의 물체로 가득 차 있어서 이제는 그런 것들이 더 이상 우리에게 어떤 감흥도 주기 힘들어졌고, 따라서 이제 대상 그 자체는 예술의 의미만큼 중요하지 않다고 말이다. 그리고 잠시 동안 프럼의 생각에도 동조한다고 생각해보자. 프럼은 다윈의 생각을 교묘히 조작해서는 모든 형질은 아름다움 때문에 성적으로 선택되어 나타난 것이라고 주장하면서 자의성이 이 바닥의 전부라고 주장한다. 진화가 자연에서는 물론, 문화에서도 무엇이 선호되는지 또 무엇이 좋은지 결정한다는 것이다. 그것은 무엇이든지 정말 무엇이든지 될 수 있다는 의미인 것이다.

그렇다면 무엇이 좋고 나쁜지, 아름답고 추한지, 흥미롭고 따분한지를 평가하는 미학이 설 자리는 어디인가? 대답은 관계에 있다. 예술작품에서 관람객으로, 공연을 하는 사람으로부터 공연을 감상하는 사람으로 옮겨가는 관계에 놓여 있는 것이다. 이것이 바로 예술을 철학적 질의의 한가운데에 앉혀놓고 찬양하던 단토의 사고를 넘어서 새롭게 다다른 예술에 대한 이해 방식의 최신 단계이다. 많은 질문거리를 던지는 예술작품일수록 더 쉽게 철학의 영역으로 미끄러져 들어갈 수 있고 더 아름다워진다고 했던 단토의 말을 기억하자. 많은 질문거리를 가진 예술작품은 보다 큰 경이로움과 함께, 그것이 뭔가 의미하는 바가 있다면 더 깊은 감상을 불러일으키기 때문이다. 그러나 오늘날에는 이런 사고를 넘어선 뜻밖의 상황이 전개되고 있다. 예술작품의 발전이 전보다 더 직접적인 방식으로 대중을 끌어안기 시작한 것이다. 창작자와 감상자 사이의 경계가 무너지기 시작했다. 이제 우리는 관계미학$^{relational\ aesthetics}$이라고 부르는 이것이 자연계에 대한 더 깊은 이해를 도울 수 있을지 밝혀내야 한다.

1995년, 프랑스 출신 큐레이터인 니콜라 부리오$^{Nicolas\ Bourriaud}$는 "관계미학"이라는 단어를 만들어냈다. 그는 대상과 그 대상의 아름다움 혹은 아름다움의 결핍만으로는 오늘날 예술 경험의 전체를 규정할 수 없는 현실에서, 물질적으로 현존하는 것이 없는 것처럼 보이는 예술의 이해를 돕고자 이 용어를 창안했다. 그는 "예술은 조우하는 것이다."라고 말한다. 예술작품은 모양과 형태를 갖는 경향이 있지만, 자연과 문화에 존재하는 다른 모든 것들도 그 점은 마찬가지이다. 만물은 다른 것들과의 조우 가운데 함께 출현한다. 마치 루크레티우스^{Lucretius}가 고대 그리스식으로 원자 개념과 원자들이 서로 충돌하며 어떻게 이 세상을 만들어냈는지를 설명한 것처럼 말이다. 만물은 본디 분리된 원소들 사이에서 무작위로 일어난 조우에서부터 형태가 잡힌다. 이 모든 연결과 상호작용은 자의적인 순간에 일어나지만, 결코 어느 것도 홀로 생겨나지는 않으며 그 안에서 돌고 도는 것이다.

추상적인 이야기이고 어쩌면 공허하게 들릴 수도 있겠지만, 또한 원기를 북돋워주는 이야기라고 할 수 있다. 그러니까 위대한 예술작품이란 한 사람의 장인이 거둔 개인적 승리에 그치는 것이 아니라, 그것을 창조한 장인에 더하여 그것을 보고 받아들인 모든 사람들의 승리이기도 하다는 것이다. 〈모나리자$^{Mona Lisa}$〉의 감상은 그 작품을 파악하기 위해 밟아야 하는 모든 과정을 다 거쳤을 때에만 완성된다고 할 수 있다. 그 조그마한 아름다운 것은 유리벽을 사이에 둔 채, 이리저리 밀리며 끊임없이 지나가는 루브르 순례자들의 행렬 속에서 감상함으로써 완성되는 것이다. 이 모든 상황 전체가 그 예술작품의 일부이며, 여기에 몇 세대에 걸쳐 전해지는 그 그림의 역사와 사람들의 논평이 더해진다. 이때, 작품 자체는 단지 이 모든 흥미가 집중되는 한 지점일 뿐이며, 그림의 역사와 그에 대한 논평들은 그것들만으로 다른 의미의 세계를 이룬다. 예술작품은 그것을 감상함으로써 우리가 그 작품의 중요성을 이해하려 할 때 비로소 위대해지는 것이다.

나도 안다. 내 말이 점점 철학에서의 순환 논리 비슷하게 들리기 시작하고 있다는 것을. 이대로는 방을 뛰쳐나가 내 박사 학위를 부끄러워하게 될 것이다. 그러나 우리가 가진 질문을 어떻게 하면 더 명료하게 표현할 수 있을지를 알아낸다는 점에서 분명 진전은 있다. 최고의 예술은 "삶에 새로운 가능성을 휘저어놓는다. … 각각의 개별적인 예술작품들은 공유된 세상을 살아가는 방법에 관한 한 가지 제안인 것이다." 어떤 작품이 쓸모가 있는지 알고 싶다고? 그 대상에 단지 이 질문을 던져보면 된다. "이 작품이 나를 대화에 빠져들게 하고 있나? 나는 이 작품이 정의한 공간에 존재할 수 있는가? 가능하다면, 어떻게 존재할 수 있는가?"

당신 손에 든 이 책에서 내가 전달한 세세한 정보들에 대해서도 똑같은 질문을 던져볼 수 있을 것이다. 스스로 한번 생각해보라. 똑같은 질문을 당신이 받아들이고 있는 아름다움과 진리에 대한 정보와 연결시키면서, 자연과 예술에 관한 이 모든 단편적인 이야기들이 지금 이 순간 당신에게 어떤 의미인지 생각해보라. 내가 당신이 기억했으면 하는 것은 한 무더기의 재미있는 단편적인 이야기들이 아니다. 그런 게 아니다. 그런 식으로 표현하면 마치 이 책에 담겨 있는 이야기들이 클릭 한 번이면 접할 수 있는 인터넷상의 진실로 이루어진 세상에서 얻어낸 지식같이 들린다. 당신이 실제로 이 책을 여기까지 읽었다면, 그러니까 시간을 들여 재미를 느끼면서 당신에게 영향을 끼치기 위해 온갖 단어와 문장을 조율한 이 책을 읽는 과업을 이 지점까지 해냈다면, 이제 당신이 이 책을 내려놓고 일상으로 돌아가면 이 세상을 그리고 예술, 진화, 과학의 연결 관계를 완전히 다른 방식으로 보게 될 것이다. 나는 당신과 이 책의 관계가 자연의 진화, 인간 문화의 진화의 세계를 보고 파악하는 방법을 바꾸는 계기로 작용하기를 바란다. 예술과 과학, 아름다움과 실용이 훨씬 더 가깝고 서로 얽혀 있다는 것을 깨닫는 계기가 되기를 바란다.

나도 안다. 누구도 당시에는 자신이 하는 행동을 분석하고 싶어 하지 않는다는 것을. 그렇지만 이것은 정말로 중요한 일이다. 그래야만 어째서 오늘날 예술가들과 큐레이터들이 관계미학으로 무장하는지를 이해할 수 있기 때문이다. 관계미학은 희망의 이유가 된다. 단지 관객을 도전적이고 특정 사조로 분류 불가능한 작품이나 예술 양식과 연계시켜주기 때문만이 아니라, 중심점이 없는 혹은 중심의 영향을 적게 받는 단토 식의 예술 감각 너머에서 예술을 평가하는 새로운 방법이 될 수 있기 때문이기도 하다. 그러니까 무엇이든지 예술로서 나열되기만 하면 된다고 너무도 간단히 제시된 단토의 관점을 넘어서서 생각하면, 만약 예술이 할 수 있는 최선이 예술이 철학으로 바뀌어 우리를 생각하게 만드는 것이라면 이제 우리는 철학이 된 아름다움을 어떻게 평가할 것인가 하는 문제가 남는다. 철학은 종종 난해하고, 예술과는 달리 우아하거나 재기가 넘치는 경우는 드물뿐더러 아름답다거나 감동적이라거나 갑자기 우리 마음을 사로잡는다거나 하는 경우는 좀처럼 없기 때문이다. 대신에 부리오의 질문을 진지하게 받아들여보자. 이 작품이 인도한 새로운 공간은 당신이 어울릴 수 있는 곳인가 아니면 냉담하고 얼떨떨하게 만들어 등을 돌리게 만드는 곳인가?

이제 예술은 다른 무엇보다도 우리를 새로운 경험과 관계된 한 시대로 끌어들이는 경험이 되어야만 한다. (그런데 그것은 무엇에 대한 경험일까? 아름다움? 진실? 혹은 질문 던지기 그 자체?) 우리의 선호 자체에는 크게 괘념치 말자. 판단에 앞서서 우리는 일단 그 작품에 눈길을 주고 우리의 주의를 끌고자 애쓰는 수많은 다른 것들 가운데에서 그것을 감상하는 데에 시간을 들여야 한다.

이런 관계를 고려한 생각이 우리가 자연계를 다루는 방식과 통하는가? 관계미학은 지켜보는 사람들도 포함되어야만 함을 의미한다. 과학은 순수한 데이터, 순수한 계산의 영역으로부터 연구자의 선입견을 몰아내면서 객관성의 가치를 설교한다. 반면, 인문주의적 관점에서 과학을 비판하는 입장에서는 종종 이런 반론을 펼친다. 인간이라는 존재 자체가 선입견을 가지고 있고, 따라서 우리는 인간이라는 존재가 측정할 수 있고 볼 수 있는 것들만을 알 수 있다고. 즉, 우리에게 보이는 차이와 우리에게 보이는 세부만을 아는 것이라고. 이런 식으로 우리는 벌새와 쥐들이 부르는 초음파 음역대의 노래들을 놓치고 말았고, 극히 최근까지도 우리를 큰 사슴이나 무스에게만 보이지 않게 만드는 위장술에 대한 연구를 하지 못했던 것이다.

인간의 인지에 따르는 선입견은 우리가 익숙하게 생각하는 것보다 훨씬 더 깊은 영향력을 행사할 수도 있다. 우리는 계산이나 측정은 객관적이라고 생각하지만, 계산이나 측정 역시 실제로는 완전히 다른 방식으로 볼 수 있는 세상의 일면을 또 하나의 기묘하게 인간적인 방법으로 이해하는 것에 지나지 않을 수 있다. 가령, 깜박이는 색깔, 중첩되는 소리나 움직임, 일련의 과정같이 한 무더기의 연속적인 흐름이나 경향뿐인 것을 실제 사물처럼 생각하는 식으로 말이다. 우리는 모든 동물이 다 저마다의 괴상하고 상이한 방식으로 세상을 본다는 것을 알고 있다. 그러니 세상을 보는 우리 인간의 시각은 우리에게 특이하지 말란 법이 어디 있겠는가? 사실, 한 종의 생물이 한 발짝 물러서서 자신의 생존과 직접적으로는 무관한 것들까지 모두 관심을 갖고 고민한다는 것은 예외적인 경우이지 지배적인 규칙이 아니다. 과학을 통해 지식을 구하고 예술을 통해 세상을 찬미하는 이 모든 인간의 프로젝트는 실로 매우 이례적인 생존 전략이라 할 수 있다. 문제를 이렇게 이른바 객관적인 시각으로 본다는 것은 어째서 과학적 객관성이라는 것이 세상의 가치와 아름다움을 느끼는 것과 관련해 우리를 도와주지 못하는지를 보여주는 한 가지 모습이다. 객관성은 비교하고 느끼는 법을 가르쳐주지는 못하는 것이다.

하지만 세상을 보는 방식에 대해 꼭 그런 식으로 생각해야만 하는 것은 아니다. 대신 관계미학의 접근법을 차용해보자. 자연에 관해 배운 모든 것들은 우리에게 다 의미가 있다. 끝없이 경이로움을 안겨줄 뿐 아니라 우리가 알 수 있는 한계를 항상 훨씬 크게 넘어서기 때문이다. 조금은 식상하게 들릴 수도 있겠지만 찬미하는 감정, 경이로운 감정, 즐거운 감정이 그런 것들이다. 더 많은 것을 알면 알수록, 입은 아래로 벌어지고 "우와!" 하고 탄성을 내지르게 되는 것이다.

관계를 중시하는 예술에서는 대상으로서의 사물은 감상객이 그 대상을 접함으로써 얻기를 희망하는 경험의 수준보다 중요하지 않다고 본다. 이런 시각을 극단으로 밀고 가면 기억하거나 붙잡고 있을 만한 대상이 전혀 없이, 대상과의 조우만으로 구성된 예술도 나올 수 있을 것이다. 이런 종류의 개념예술은 단순한 철학, 단지 하나의 아이디어로서 만족하지 않고, 오직 바라보는 사람이 있을 때만 예술작품이 되는 하나의 의식으로서의 '상황'을 구성하기 때문이다.

2007년, 그때만 해도 모르는 사람이던 티노 세갈Tino Sehgal로부터 이상한 전화 한 통을 받기 전까지는 나도 이런 종류의 예술작품에 대해서 아는 바가 거의 없었다. 세갈은 자신이 뉴욕 도심의 번화가에 있는 메리언 굿맨 화랑에서 열리는 한 행사를 맡고 있는데, 그 행사에는 우리 사회의 기술, 관계 그리고 미래가 처한 상황에 대해 논하는 철학자 및 이론가 집단이 참가한다고 말했다. "직접 만나지 않고 설명하기는 좀 어렵군요." 그는 내게 이렇게 말했다. "일단 제 구상을 말로 표현하자면, 사람들이 서로의 집에 모여서 진지한 대화를 나누던 19세기의 살롱 같은 것이라고 말씀드리면 될까요. 사회생활의 일부로 엄중하게 지적인 토론을 나누자는 것입니다."

나란 사람은 쉽게 지루해하며 지금까지 해본 적 없는 새로운 도전거리를 찾아 헤매는 종류의 사람이라 할 수 있다. 나는 즉시 세갈에게 흥미가 있다고 말했다. 그러고 나서 현대 기술의 힘을 빌려 너무도 손쉽게 이 낯선 이름의 주인공이 어떤 사람인지를 검색해보았다. 그는 현재 베를린을 기반으로 활동하는 스웨덴과 인도 혈통의 전도유망한 신진 예술가로, 그의 화려한 경력 중에는 2004년 베니스 비엔날레에 독일 대표로 참가한 것도 포함되어 있었다. 세갈은 예술가로서 손으로 만질 수 있는 대상이라는 것을 믿지 않았다. "세상엔 물건이 너무 많아요." 세갈은 이렇게 말한 적이 있다. "내가 여기에 뭔가를 더 보태고 싶지는 않군요."

세상에 뭔가 새로운 물건을 더 만들어놓고 싶지 않다는 입장과 한 사람의 예술가로서의 여정을 어떻게 조화시킬 수 있을까? 행위예술을 하면 될까? 아니다. 세갈은 자신의 작품들은 행위예술이 아니라고 주장한다. 그의 작품에는 대본이 없으며, 사진을 찍어서도 안 되고, 영화든 단순한 영상 편집물이든 간에 녹화도 허용되지 않는다. 어떤 종류의 기록이든 일단 작품이 완성되면 그 작품에 관한 기록이 남아서는 안 되는 것이다. 왜 안 된다는 말인가? "글쎄요." 그가 베니스 비엔날레에서 전시한 작품 속의 인물들이 전형적으로 보여주듯이 "그렇다면 더 이상 동시적이지 않게 되니까요."

세갈의 작품에는 이렇게 동시성을 해쳐서는 안 된다는 금기 사항에 영향을 끼친 주변 환경에 관한 관심이 존재한다. 세갈은 현재와 미래를 대표하는 전 세계의 동시대 최신 예술의 전당에 초대받을 때마다 비행기 타기를 거부한다. 세갈을 원한다면 기차나 배로 여행할 수 있게 편의를 봐주어야 한다. 그가 예술가로서 유의미한 것은 정확히는 대중 및 예술계가 대체 그가 하려고 하는 것이 무엇인지 제대로 정의할 수 없다는 데에 있다. 시도할 수 있는 모든 것이 다 시도된 것처럼 보일 때면, 일부 예술가들은 자신의 아이디어에 난해한 철학을 갖다 붙이면서 도피처를 구한다. 그러나 작품을 뒷받침하는 그런 아이디어들은 종종 허술할 때가 많다. 또 다른 예술가들은 기본이 되는 전통적인 감각의 기술과 기법으로 돌아가기도 한다. 이런 때에는 예술이 할 수 있는 것의 경계선이 더 뒤로 밀려날 수 있다고 주장하기 쉽지 않다. 그러나 세갈은 그 경계선을 여전히 뒤로 더 밀어낼 수 있다고 믿는다.

최소한 나는 세갈에 관한 많은 온라인 기사에서 그렇게 읽었다. 하지만 이제는 내가 〈이 상황This Situation〉이라는 제목의 티노 세갈의 작품의 일부가 되기로 동의한 판국이었다. 나는 어떤 상황에 끼어들기로 한 것이었나?

상황은 저녁 식사와 함께 시작되었다. 그것은 중심가에 있는 첼시의 한 식당의 큼직한 식탁 앞에 모인 총 30명의 인물로 구성된 거대한 살롱이었다. 구성원들은 무용 비평가들, 예술 자문가들, 18세기 문학을 전공한 대학 교수들, 학위 논문 완성이라는 수렁에서 허우적거리는 중인 대학원생들, 그리고 각각 한때 할리우드에서 배우로 활동했던 철학자와 그래픽 노블의 가치를 옹호하는 만화책 연구자, 연극학 박사 학위를 준비 중인 뉴욕 시 판사 한 명이었다. "베를린과 프랑크푸르트에서 전에도 이 작품을 해본 적이 있습니다." 세갈은 이렇게 말하며 미소 지었다. "하지만 이곳 미국만큼 이렇게 불만에 찬 학자들이 많은 곳은 보지 못했어요."

내 생각에 우리 참가자들 전원은 일상적인 생활에 조금은 지루해하고 있는 사람들이었다. 우리는 늘 그러하듯이 대화를 하고 가식을 떨고 자기주장을 펼치고 또 방어할 참이었지만, 이 전시를 보러 온 방문객들의 도착에 맞춰 한 유명 화랑에 전시한 하나의 구조화된 의식으로써 그 익숙한 모든 것을 할 참이었다. 구경꾼이 참여하는 놀이로서의 철학이라고 할 수 있을까? 어떤 예술도 볼 수 없는 예술이라고 해야 할까? 아무튼 상황에 끼어들게 되신 것을 환영합니다. 형체가 있는 철학이 된 예술 속에 들어오신 것을 환영합니다.

당시 그곳에 있었던 것이 아닌 이상, 그 작품을 볼 수 있는 방법은 없다. 하지만 스스로 해보고자 한다면 알아야 할 거의 모든 것에 대해서 이야기는 해줄 수 있다. 배역을 맡은 사람은 총 30명이지만 뭔가를 수행하는 사람은 한번에 여섯 명뿐으로 한번 시작하면 네 시간씩 계속한다. 이 시간은 하루에 화랑이 열려 있는 전체 시간의 절반에 해당한다. 보고 있는 사람들이 있는 한, 휴식은 없다. 그러나 관람객이 아무도 없으면 배역에서 벗어나 휴식을 취할 수 있다.

우리는 방 안에 배치되어 취하고 있을 여섯 개의 다른 자세를 익혔다. 그 대부분은 쇠라^{Seurat}나 마네^{Manet} 같은 유명한 화가들의 작품 속 인물들의 자세에 기초했다. 우리는 인류 역사에서 나온 100여 개에 달하는 인용문을 외웠는데, 안다고 생각하는 사실과 실제 이해를 분리시키기 위해서 각각은 오직 그 인용문이 나온 연대만을 밝히고 그 인용문의 출처는 밝히지 않았다. 이를테면 상황주의자^{Situationist} 운동을 규정지었던 구호를 이런 식으로 전하는 것이었다. "1957년에 누군가가 말했다. '지금껏 상황은 단지 해석되기만 했다. 오늘날 우리의 의무는 새로운 상황을 만드는 것이다.'" 내 생각에는 이 작품 전체가 바로 그러한 새로운 상황의 하나인 것 같다. 물론 어쩌면 단지 빅토리아 시대 스타일의 한 살롱을 전시한 것으로 볼 수도 있겠지만 말이다. 평정과 처신에 대해서 다루는 인용문들도 있다. "1647년에 누군가가 말했다. '진정한 인성이 그 모습을 드러내는 것은 대화술을 통해서이다. 삶에서 그보다 더 일상적인 것도 없지만 삶에서 그보다 더 큰 주의를 요구하는 것도 없다. 한 사람이 성공하고 실패하고는 온전히 그에 달려 있다.'" 또는 새로운 삶의 방식에 대한 수수께끼 같은 꿈을 담고 있기도 하다. "1896년에 누군가가 말했다. '우리는 극기심과 금욕주의 그리고 황홀감을 통합시켜야 한다. 이 중 두 가지는 종종 함께였지만, 세 가지가 동시에 함께였던 적은 한 번도 없었다.'"

그 후에는 이런 인용문들에 대해서 평범한 대화를 주고받도록 했다. 때때로 우리는 서로에게 그 인용문이 의미하는 바가 무엇이냐고 질문을 던지기도 했다. 때로는 그 말이 왜 중요한 것인지 의아해하기도 했다. 또 때로는 완전히 무관한 다른 접점을 만나 이야기가 새기도 했다. 우리는 말은 평상시 속도로 하되 몸은 마치 느린 화면으로 보는 춤동작처럼 움직여야만 했다. 말은 평상시 속도로 하면서 몸은 평상시와는 다르게 움직이라니 익히기 꽤 어려운 조합이었다. 그리고 특정 시점에 이르면 우리는 관람객 중 누군가에게로 돌아서서 이렇게 물을 수 있었다. "혹시 당신은 어떻게 생각하시나요?" 그러고는 그들의 대답을 듣다가 어떤 순간이 되면 그들에게 에둘러 찬사를 던져야 했다. "우와, 지금 그 말은 무인도에 갇혔을 때 누구보다도 당신이 같이 있으면 좋겠다는 생각이 들게 만드는군요. 당신이라면 우리가 집에 돌아갈 수 있는 방법을 알아낼 수 있을 것 같아요."

새로운 사람이 그 방으로 들어오면 우리는 그 사람 쪽을 향해 돌아서서 한목소리로 이렇게 말했다. "환영합니다. … 〈이 상황〉에 들어오신 것을요." 그러고는 "아아아." 하고 다 함께 숨을 들이마시고 나서 다음 자세를 취하기 위해 뒤로 걸어 돌아갔다. 그리고 마치 하늘에서 뚝 떨어지기라도 한 것처럼 뜬금없이 다시 새로운 인용문을 꺼내 들었다. "1993년에 누군가가 말했다. '사고방식의 변화 없이는 지구 온난화의 해법을 떠올릴 수 없다. 인간 활동의 종착점으로 유일하게 용인 가능한 것은 세계와 자신과의 관계를 지속적으로 풍요롭게 만드는 주관적 의식의 고양이다.'"

세갈은 내게 이렇게 말했다. "이 특정 작품은 직장 생활을 통해 매우 추상적인 주제에 대해서 긴 대화를 나누는 훈련이 되어 있는 사람들끼리 했을 때 가장 훌륭하게 나옵니다. 제가 학자 혹은 최소한 훈련된 지성인을 고르려는 것은 이 때문이지요. 이런 종류의 주제가 의미가 있고 토론할 만큼 중요하다고 믿는 사람들을 원하거든요."

우리는 몇 주에 걸쳐서 인용문을 외우고 움직임을 익히면서 예행연습을 했다. 우리는 작품 속에서 주고받는 우리의 대화가 얼마나 평상적인 모습을 띨 것인지를 놓고 고심했다. 편안하게 하면 될까, 아니면 어쨌든 우리가 전시 중이라는 것을 인정해야 할까? 매번 예행연습이 끝날 때마다 세갈은 우리에게 지시사항을 적은 짤막한 쪽지를 건넸다. "당신은 사람의 심리를 교묘히 다루는 유럽 극장의 연출자 같군요. 우리도 당신처럼 생각하게 만들려고 한다는 점에서요." 나는 세갈에게 이렇게 말했다.

"이것은 연극이 아닙니다." 그는 내 말을 바로잡았다. "대본도 없고요. 무대도 없습니다. 저는 여러분이 각자 여러분 자신이 되기를 요청하는 것뿐입니다."

"하지만 규칙이 있잖습니까." 나는 그에게 상기시켜주고자 했다. "그렇다면 이것은 어떤 철학적 놀이인가요?"

"이 작품에서 잘한다는 의미는 이긴다는 의미가 아닙니다." 그는 가르치듯 말했다. "재미난 상황을 만드는 데 기여한다는 의미가 있을 뿐이지요."

우리는 성공했는가? 비평가들은 모두 이 작품이 뉴욕 예술계에 진정 새로운 숨결을 불어넣으며 신선한 공기를 가져왔다고 칭찬했다. 그들은 이 작품이 탐색적이면서 낙관적이고 사변적이면서도 냉소적이거나 허황되지 않은 논조로 우리 시대의 문제들을 성실히 다루었다고 평했다. 《뉴욕 타임스New York Times》, 《빌리지 보이스Village Voice》, 《타임 아웃Time Out》에서 예술을 창조해서가 아니라 예술이 '되어서' 찬사를 받는 일은 참 묘한 경험이었다. 〈이 상황〉은 철학으로 구성된 작품이었지 작품을 정당화하기 위해서 철학을 이용한 작품이 아니었다. 그 작품은 때로는 성실했고 또 때로는 재기가 넘쳤던, 딱 우리의 대화만큼 좋았다.

작품을 하는 도중에 가끔은 웃음을 터뜨리고 싶을 때가 있었다. 내가 도무지 있을 법하지 않은 관람객들과 함께 잘 꾸민 칵테일파티에서 연기를 하고 있는 것 같은 기분이 들었기 때문이다. 그러나 작품을 하면 할수록 점점 더 내가 충분히 잘하지 못하고 있다는 느낌을 받았고, 더 많은 예행연습과 하나의 추상적인 인용문을 관객들을 끌어들일 만한 적절하고 개방적인 화제로 만들기 위한 훈련이 필요해졌다. 그러기 위해서는 충분히 잘 들어야 했고, 진심이 담긴 진실을 말하면서도 너무 백지 상태의 학생에게 강의하는 교수처럼 들리지 않게끔 말할 줄 알아야 했다.

〈이 상황〉의 일부가 되었던 것은 나를 변화시켰다. 그 상황은 내가 나 자신을 이 세상 속에 어떻게 위치시키고 있는지를 점검하게 만들었다. 1957년, 상황주의situationism의 창시자인 기 드보르Guy Debord는 하나의 상황을 이렇게 정의했다. "상황이란 통일된 분위기와 일련의 사건들의 단체 구성에 의해 구체적이면서 의도적으로 축조된 삶의 한 순간이다." 그리고 〈이 상황〉을 통해 세상 속의 내 위치를 점검한 것은 어쩌다보니 상황주의의 핵심을 찌르는 것이었다. 세갈은 지적 토론이라는 상황에서 전형적인 행동을 취하고 거기에 자신의 아이디어와 더불어 전시되는 내내 그 아이디어와 함께하는 우리의 춤이라는 약간의 변형을 가해 〈이 상황〉을 만들었다.

충분히 놀란 방문객이 이제 모든 것을 다 알아냈다고 생각하는 순간, 예상하지 못했던 일이 일어날 수 있다. 그리고 그것이 대중을 계속 그 자리에 있게 만든다. 일부 방문객은 화랑에 몇 시간이나 머물기도 했다. 이는 분명히 일반적으로 설치된 예술작품이 대중의 관심을 붙잡아둘 수 있는 평균적인 시간을 훨씬 상회하는 것이다.

예술계를 달군 예술작품이 된다는 것은 작품 뒤에 있는 예술가가 되는 것과는 크게 다르다. 〈이 상황〉이 되는 것은 퍽 이상한 경험이었다. 나는 해야 할 바를 능숙하게 익힌 무대인이 아님에도 불구하고 누군가가 쳐다보고 듣는 대상이 되었다. "내가 배우는 아니잖아." 나는 스스로에게 이렇게 말했다. "나는 그냥 나이면 되는 거야. 세갈의 규칙을 따르면 잘하는 거고." 그 옛날 1647년에 대화야말로 정말 중요하다고 말한 사람은 발타자르 그라시안$^{Balthasar\ Gracián}$이었다. 가만, 누구였다고? 몰라. 상관없어. 내가 대화를 잘 나누고 있기는 한지 모르겠다. 사실 때로는 내가 스스로 정말 좋은 대화였다고 생각할 만한 것은 한 손에 꼽을 정도밖에 안 되는 것 같다는 생각이 든다. 그래도 하나의 의식으로 변하는 대화를 통해서, 그리고 실물 크기의 인간들로 하는 놀이 같은 것을 하며 그 규칙을 따르는 과정에서 분명히 뭔가를 배우기는 했다. 익숙한 것을 뒤집어버리고 조금은 다르게 행동하라. 무슨 일이 일어날지, 그리고 사람들이 당신에 대해서 어떤 생각을 할지는 결코 알 도리가 없다. 아주 조금만 상황을 다르게 설정해도 당신은 예술을 창조할 수 있다. 혹은 보다 주체를 배제한 표현을 빌리자면, 당신은 당신을 둘러싼 이 세상의 모든 사람들과 함께 창조하는 예술이 될 수 있는 것이다. 이 작품은 어떤 사람도 이것이 자기 것이라고 홀로 나설 수 없다. 이것은 우리 모두를 필요로 하는 것이다.

1967년에 누군가가 말했다. "어떤 기술의 발명도 제 편에 철학적 세계관을 지니지 않은 채로 과학의 모습을 바꾼 적은 없다."

1981년에 누군가가 말했다. "우리는 법의 테두리 안에서 사회화되고 획일화된 삶을 살고 있다. 이곳에서 가능한 유일한 관계는 수적으로 극히 적으며, 극단적으로 단순화되어 있고, 또 극단적으로 빈약하다. 물론 결혼이라는 관계가 있고 또 가족이라는 관계가 있지만, 얼마나 많은 그 밖의 관계가 존재해야 하고 또 그들만의 규범을 찾을 수 있어야 하는가. 그러나 실제로는 전혀 그렇지 않다."

1983년에 누군가가 말했다. "글쎄, 상황주의자들이 '새로운 상황의 축조'라는 표현을 쓸 때 그것이 정확히 의미하는 바가 무엇인지는 결코 명확했던 적이 없다. 우리가 이 문제에 대해 이야기할 때마다 나는 사랑을 하나의 예로 들지만, 사람들은 내가 제시한 예로는 아무것도 하려고 들지 않는다."

오늘날 아무 미술관이나 들어가보면, 그곳을 채운 이미지들이 빚어내는 순전한 불협화음에 압도당하기 쉽다. 한마디로 말해 볼 것이 너무 많다. 물론 우리가 이미 이미지로 넘쳐나는 세상에 살고 있음도 기억해야 할 것이다. 우리는 하루에 네 시간 이상 온라인에서 시간을 보내면서 문자적인 홍수 못지않게 시각적인 홍수를 맞고, 사실 정지된 것이든 움직이는 것이든 간에 그림을 보느라 문자는 옆으로 흘려보내기 십상이다. 그리고 그로부터 알아낸 것을 지식으로 친다. 오늘날 벽에 걸리는 이미지들 중에서 과거의 위대한 그림들만큼 강력한 힘을 갖는 것이 무엇이 있겠는가? 과거의 그림들은 그들과 경쟁할 대상이 없었다. 렘브란트의 〈야경Night Watch〉이나 제리코Géricault의 〈메두사의 뗏목Raft of the Medusa〉은 어땠을까? 그림이 우리가 갖고 있는 시각적 정보나 역사의 주된 저장고 역할을 했던 것은 이미 오랜 옛날의 일이 되었다. 지금 우리를 보라.

예술이 우리 주의를 끌기 위해서 너무도 많은 것들과 경쟁을 펼쳐야 한다는 것은 놀랄 만한 일도 아니다. 특히 세상을 보는 우리의 방식을 바꿀 의도로 최근에 등장한 보다 순수하고 호소력 있는 추상예술작품들의 경우는 더 그렇다. 이런 작품들은 내가 줄곧 자연, 과학 그리고 진화라는 사건이 일어나는 과정을 이해하는 방식을 바꿀 수 있을 것이라고 주장해온 패턴과 선 그리고 색깔의 배열로 이루어져 있다. 어쨌거나 모두에게는 각자의 맡은 바가 있고 주의력이란 분산되기 쉬운 것이다. 따라서 이 정도의 상당한 통제력을 우리에게 요구한다면 예술이 우리에게 꽤나 많은 것을 요구한다고 할 수 있으며, 예술은 우리가 꼬리에 꼬리를 물고 소용돌이치듯 이어지는 머릿속 이미지들의 세계에서 벗어나게끔 쉽사리 우리를 꾀어내지 못한다. 마찬가지로 생각해보라. 재런 러니어의 말처럼 누구도 오징어의 놀라운 변신 능력에 대해 더 이상 별로 관심을 갖지 않는다. 텔레비전 만화를 통해서 그런 변신 능력 같은 것을 이미 너무도 익숙히 봐온 까닭이다. 하지만 그런 능력이 실제로 존재한다는 것은 얼마나 멋진 일인가.

그러니 이 모든 이야기는 하나의 시각적 메시지를 읽어내는 것이 어렵다는 것에 대해서 낙담하지 말자는 것이다. 이것은 관객과의 양식화된 약속에 기초한 예술에 대비할 것을 요청하고 있다. 티노 세갈이 비평가와 감상자 양쪽 모두에게서 주목과 찬사를 받은 작품을 만들 수 있었던 비결이 여기에 있다. 세갈의 작품을 경험하면 결코 잊지 않게 된다. 작품이 당신과 직접 관계를 맺도록 만들어졌기 때문이다.

〈이 상황〉으로 뉴욕에 성공적으로 깃발을 꽂고 2년 후, 세갈은 보다 비범한 장소로 돌아왔다. 바로 구겐하임 미술관의 텅 빈 원형 홀, 즉 로툰다였다. 방문객들로 하여금 설계에 따라 자연스럽게 나선으로 휘감기는 형태의 복도를 따라 앞쪽에서 위쪽으로 올라가게 하는 특정한 형식의 구겐하임 미술관 건물은 실로 아름답고 독특하다. 실제로 많은 사람들이 그런 장소에서 예술을 보는 것이 평소와 얼마나 다른 경험이 되는지에 대해 이야기하곤 한다. 그런 곳에서는 사람의 주의력이 구조 자체에 집중된다. 단언컨대, 정자새 중 특정 종은 이 건물에 푹 빠지고 말 것이다.

세갈의 예술은 형체가 없기 때문에 그 공간을 오히려 완벽하게 보완해준다. 세갈이 이곳에 구현한 작품은 구겐하임 미술관으로부터 의뢰를 받은 것으로, 어떤 서류화나 문서화, 이미지나 비디오, 영화로 옮기는 과정

없이 오직 구두 동의로만 이루어졌고, 건물 자체의 특징인 연속적으로 이어지는 경사진 바닥을 따라서 상승하는 나선형 구조를 활용한 것이었다. 지금부터 하려는 그 작품의 묘사가 세갈이 정한 작품의 법칙을 어기는 것이 아니길 바란다.

로툰다 하단의 미술관 입구에 들어서면 당신은 경사진 나선형 복도를 따라 걸어 올라가도록 인도된다. 그러면 대략 여덟 살 내지 열 살 정도 되어 보이는 어린아이가 당신에게로 다가와서 말을 건다. "질문 하나 해도 돼요?" 만약 당신이 동의한다면, 이와 함께 작품 〈이 진전This Progress〉에의 참여가 시작된다. 그 아이는 다시 묻는다. "진전이 뭐예요?" 그러면 당신은 이 질문에 어떻게 답할지를 결정한다. 나는 이 놀이를 정말 잘할 수 있거나 혹은 정말 형편없이 못할 사람이라고 할 수 있는데, 내가 바로 이 진전이라는 것을 주제로 강의를 하고 있을 뿐 아니라 수년째 이에 대해 책을 쓰려고 노력 중이기 때문이다. 처음 〈이 진전〉을 접했을 때, 나는 이렇게 말했다. "진전이란 두말할 것 없이 과학과 기술 분야에서 발생하는 것으로, 시간이 지남에 따라서 점점 더 나아지는 것을 말한단다. 하지만 예술이나 과학에 대한 우리 인간의 이해나 예술과 과학 상호 간의 이해가 시간에 따라 진보하고 있는지에 대해서는 자신이 없구나. 더 나아지고 있다면 참 좋겠지만, 종종 그렇지가 않거든." 그 아이는 내 손을 잡아 나선형 건물의 더 위쪽으로 끌고 간다. 거기서 나는 그 아이보다 조금 더 나이가 많은 십대 청소년을, 어쩌면 대학에 입학했을지도 모를 청소년 한 명을 소개받는다. "이분은 데이비드라고 해요." 아이가 말한다. "이분 생각에는 과학과 기술에는 진전이 있대요. 하지만 다른 분야는 없을 수도 있대요."

십대 청소년은 최신 연구에 따르면 작은 규모의 사교적인 환경에서 선생과 학생이 동등하게 함께 발언할 수 있을 때 학습 효과가 가장 좋다고 들었다고 말한다. 나 또한 교수로서 그 사실을 잘 알고 있었고 그래서 그것이야 말로 앞날이 밝은 최고의 수업 형태라며 고개를 끄덕인다. 우리는 대화를 나누며 천천히 미술관 건물의 원형 경사면을 걸어 올라간다. 그리고 대화가 끊기기에는 너무 이른 시점에서 불현듯 뚝 끝나버린다. 나는 이 어린 친구에게 조언을 해주고 싶고 더 많은 말을 하고 싶은데 말이다. 그러고는 곧 내가 살면서 이런 진지한 대화를 충분히 하지 않았다는 것을 깨닫는다. 내 입에 오르는 말의 너무도 많은 부분이 떠도는 뜬소문, 가벼운 재담이나 농담, 시시한 괴담 따위였음을. 나는 이 책이 여러분에게 그런 시시한 괴담 따위로 읽히지 않기를 바란다. 물론 이 책에 등장하는 진지한 주장들에서도 여러분이 놀라움과 즐거움을 발견할 수 있기를 바라지만 말이다. 어쩌면 내가 너무 많은 것을 바라는지도 모르겠다. 아무튼 이제 혼자 남겨진 나는 스스로에게 참 많은 것을 이야기한다. 미술관을 걸어 올라가는 내내, 〈이 진전〉은 내게 대화가 무엇인지에 대해서 생각하게 만들었다. 어쩌면 대화에 대해 너무 많은 것을 생각하게 했다고도 할 수 있다. 우리는 온갖 내재된 법칙들을 따라 서로에게 어떻게 이야기를 하고 있는 것일까.

그렇게 소년은 무리의 그림자 사이로 사라지고, 한 청년이 다가온다. 이 청년은 20대 후반 내지 30대 초반으로 보이는데, 〈이 상황〉에서처럼 인용할 글을 준비하고 있다. "오늘 아침 신문에서 이런 기사를 읽었습니다. 오랫동안 칙칙한 녹회색 계통의 색깔로 상상해왔던 공룡들이 어쩌면 아주 밝은 색이었을지도 모른다고요. 심지어 화려한 줄무늬였을 수도 있다더군요. 제 어린 시절의 추억이 이제 모리스 센댁Maurice Sendak의 『괴물들이 사는 나라Where the Wild Things Are』식으로 바뀌어야 하나봅니다. 이것이 예술이 과학보다 한 발짝 앞서 나간다는 것을 보여주는 예가 될까요?"

"글쎄요……." 나는 내 생각을 얼마만큼 드러내야 할지 생각하기 위해 잠시 숨을 골랐다. "사실, 벌써 꽤 오래전부터 과학자들은 공룡들이 색깔이 있는 깃털을 가졌을 것이라고 생각해왔답니다. 단지 최근에 와서 리처드 프럼이 모델링과 DNA 분석을 통해 한 종의 공룡이 정확히 어떤 색이었는지를 밝혔을 뿐이고요······." 그러나 나와 대화를 나누던 상대는 박물관의 숨겨진 계단 사이로 사라져버린 후였다. 마치 내 생각에도 내가 너무 많이 알고 있는 것 같은 화제를 떠올리게 만든 것으로 충분하다는 듯이. 갑자기 혼자 남겨진 나는 복도를 따라 원을 그리며 위로 올라가면서 어서 빨리 꼭대기에 닿았으면 좋겠다고 생각했다.

그때 한 나이 든 남자가 다가와 나와 나란히 걸으며 대본에서 나온 게 아님이 분명한 개인적인 이야기를 하기 시작했다. 그의 이야기는 결국 이렇게 몇 달의 시간이 지난 뒤에도 조금 더 기억해내기가 쉽다. "내 어린 시절 기억 속 로커웨이 해변은 해변가를 따라 작은 판잣집들이 쭉 늘어서 있는 모습이랍니다. 우리는 그 판잣집들을 방갈로라고 불렀지요. 그 판잣집들은 지금은 어떻게 되었을까요? 그것들이 사라진 지금, 우리가 뭔가를 잃어버렸다고 생각하지 않으세요?" 이렇게 정상에 거의 다다른 지점에서 진전이라는 전체 개념은 질문을 받고, 과거에 대한 그리움이 나타난다. 미래를 향한 진보가 나타날 때면 언제나 그랬던 것처럼.

이제 이 나선형 복도를 재빨리 걸어 내려가서 다시 위로 올라올 시간이었다. 사람들은 종종 이 건물이 얼마나 압도적인 힘을 가지고 있으며, 벽에 아무런 그림도 걸리지 않은 상태에서 이 건물을 본다면 그 자체로 얼마나 아름다울지에 대해 이야기하곤 한다. 그러나 나는 무엇보다도 이 상황이 얼마나 범상치 않은지에 감동을 받았다. 예술계에서 상징적인 존재인 이 미술관을 제일 아래층부터 꼭대기까지 나선형 복도를 따라 오르며 이토록 진지한 화제로 진행되는 토론에 갑자기 끼게 된다는 것은 얼마나 범상치 않은 경험인가.

세갈은 자신의 작품들을 문서화하는 것을 권장하지 않는다. 세갈은 작품 카탈로그도, 그를 형상화한 인형이나 커피용 머그 같은 캐릭터 상품도 만들지 않고, 어떻게 하면 가정에서 자신만의 상황주의 작품이나 놀이를 할 수 있는지 설명한 책도 내지 않는다. 어쩌면 세갈이 그런 문제에 너무 무신경해서인지도 모른다. 그러나 세갈이 시장경제를 싫어하는 것은 아니다. 실제로 그의 이런 작품들은 전 세계에서 사고 팔린다. 단지 구두 동의에 의해서 그럴 뿐이다. 세갈은 《뉴욕 타임스 매거진$^{New York Times Magazine}$》의 아서 러보$^{Arthur Lubow}$와의 인터뷰에서 이것은 인간 사이의 마주침이라는 순수 예술이라고 말한다.

인류 사회에서 지난 이삼백 년의 시간 동안, 우리는 지구에서 매우 주목을 받아왔습니다. 우리는 지구에 존재하는 물질들에 변형을 가해왔고, 박물관 역시 지난 이삼백 년의 시간에 걸쳐 지구상의 것들로 만들어진 물체들의 사원으로 발전해왔지요. 나는 불쑥 나타나서 이렇게 말하는 사람이라고 할 수 있겠지요. "나는 이런 것이 지겹군요. 나는 이런 것들이 그렇게 흥미롭다고 생각되지가 않아요. 게다가 이런 것들은 오랫동안 지속될 수도 없고요." 이런 만들어진 물체들의 사원 안에서 나는 인간의 관계에 다시 주목해보고자 했습니다.

〈이 진전〉은 예기치 않은 작은 사고도 아니고, 그렇다고 한 편의 공연도 아니다. 일부 방문객들은 이 작품이 세상에서 가장 아름다운 미술관을 배경으로 한 달 내내 열리는 파티 내지 거대한 규모의 단합대회쯤 되는 것으로 생각하기도 했다. 누군가에게는 예술이라기에는 빈약하고 공허해 보일 수도 있겠지만, 실제로 〈이 진전〉을 경험한 많은 사람들은 순수한 감동을 받았다. 오늘날 예술은 종종 그런 식으로 우리에게 다가오는 데에 실패한다. 내 생각에 〈이 진전〉이 우리에게 감동을 주는 이유는 이 작품이 당신을 붙잡아 안으로 끌어들이기 때문이다. 정보를 폭포수처럼 퍼부어대지 않으면서도 심각하고 진지한 것을 주제로 한 대화를 통해서 당신의 참여를 진지하게 이끌어내는 것이다. 그리고 대화가 갑자기 멈추는 순간 찾아오는 진정한 파토스^{pathos}의 시간도 있다. 우리가 정말로 대화에 관심이 생기는 찰나에 어린아이도 소년도 청년도 중년도 더 나이 들고 더 현명한 어른도 배경 속으로 재빨리 사라지고 우리는 자기 자신의 의견과 함께 혼자 덩그러니 남겨지게 된다.

〈이 상황〉을 함께했던 많은 동료들이 〈이 진전〉에도 함께해달라는 세갈의 초대를 받았지만, 나는 아니었다. 왜일까. 내가 형편없었나? 어쩌면 내가 충분히 유창하지 못했는지도 모른다. 나는 사람들과 떠들기보다는 음악을 연주하거나 글쓰기를 택하는 종류의 사람이니까. 아니면 세갈은 단지 나를 염려했던 것인지도 모른다. 〈이 진전〉의 배우라면 도심에 가까이 살아야 하는데 나는 그러기에는 너무 먼 곳에 산다. 어쩌면 다음 작품에는 다시 초대할지도 모를 일이다. 어쨌거나 나는 즉시 〈이 진전〉에 대한 새로운 연구 활동을 시작했다. 이미 너무 뭐가 많은 이 세상에 예술이 또 굳이 뭔가를 만들어야 할 필요가 없는 이런 상황에 이르기까지 예술은 줄곧 진전해왔는가? 아무래도 내 인생에는 보다 진지한 대화가 필요한 것 같다는 생각이 든다. 왜 그런 대화를 하지 않는 것일까? 삶은 나를 한 가지 사실로부터 다른 한 가지 사실로, 또 말이 되는 소리와 말이 되는 그림 사이로 오가게 만든다. 누군들 깊이 파고들 시간이 있겠는가? 이 작품은 나를 사로잡고 감동을 주었다. 우리가 예술에 더 무엇을 바랄 수 있겠는가? 예술이 겉으로 드러내는 이상으로 그것을 말로 설명하려들어서는 안 될 것이다.

평론가들은 이 작품이 단지 좀 다르기 때문에 찬사를 던졌을까? 잡지 《뉴욕^{New York}》의 제리 솔츠^{Jerry Saltz}는 이렇게 말한다.

나는 어떤 괴이한, 존재하지 않는 공간에 꼼짝없이 갇혔던 것 같다. 〈이 진전〉은 다양한 방법으로 나를 일깨웠고, 나는 한순간 멍했다가 또 정신이 번쩍 들기도 하고 뭔가를 열심히 떠들다가 갑자기 위협을 느끼기도 했다. 부끄러워지는가 하면 전율이 일기도 했고 충격을 받기도 했다. 그렇다. 이것은 가히 예술적이라 할 만한 재간이다. 그렇다. 때로는 몬티 파이튼^{Monty Phyton}의 습작 속으로 걸어 들어온 것같이 느껴지기도 한다. 사실 아무래도 상관없다. 〈이 진전〉은 경이롭지만 낯설고 자신에 대한 불가사의함과 함께 놀라움과 기쁨의 묘한 파동을 생성해낸다.

그러나 솔츠가 더욱 놀랐던 것은 그가 예술작품을 울게 만든 것은 예술계를 취재해오며 난생처음 한 경험이었기 때문이었다.

나는 내게 인사를 하며 다가와 대화를 시작한 조그마한 꼬마 숙녀에게 질문을 던지면서 메모를 하느라 아주 천천히 움직이고 있었다. 그런데 그 소녀가 나를 두고 다른 사람에게로 가더니 울음을 터뜨리는 것이었다. 예술이 얼마나 쉽게 상처받을 수 있는지를 배운 시간이었다.

《타임 아웃》의 하워드 핼리^{Howard Halle}는 설령 미술관에 있는 사람들로부터 공격을 받는다고 해도 흥분하지 않았다. "블루밍데일 백화점으로 나들이를 가면 점원들이 달려와서 당신 얼굴에 향수를 뿌려대는 것이 연상되더군요." 핼리는 세갈이 작품을 사진으로 찍거나 서류화하지 못하도록 하는 것이 "일종의 상술로서, 작품을 훨씬 더 제대로 신경 써서 보고 싶게 만드는 것"이라고 생각했다. 예술은 결코 모든 사람을 즐겁게 해주기 위한 것은 아니었다. 미술관에 걸어 들어온 사람들 중 절반 정도는 어린아이가 다가가서 질문을 들을 준비가 되었냐고 물었을 때 준비가 안 되었다고 답했다. 그리고 그중 일부는 18달러의 표 값을 환불해줄 것을 요구하기도 했다. 이 작품은 최첨단의 시각으로, 예술이 무엇을 해야 하는가를 속속들이 다루고 있고, 세갈은 이 작품을 통해서 오직 1960년대에나 요구되었을 만한 것을 성공적으로 해냈다. 하나의 예술을 이루는 것이 실제로 물질적 재료를 벗어나고 심지어 어떠한 개념조차 초월해서 대중을 순수하게 끌어들이는 데 성공한 것이다. 공연을 본 뒤의 감상으로서가 아니라 대화를 통해서 대중이 직접 예술이라는 놀이판의 중심에 위치하게 된 것이다.

이것이 진정 우리 모두가 예술에게 원하는 것인가? 예전에 어느 블로거는 예술작품이 우리에게 즉각적으로 연계가 될 만한 것을 제공하는 일은 드물다고 평한다.

잭슨 폴록의 그림 앞에 서서 뭔가를 느낀다는 것은 힘들다. 당신은 여기에 있고 그것은 저기에 있다. 이게 다 뭐하자는 것인가 싶어진다. 하지만 일단 폴록의 도취된 춤사위에 빠지게 되면, 그래서 눈으로 하나의 선을 따라 사방으로 움직이며 초점을 멀리했다 가까이했다 하며 출렁이는 물감과 함께 그 물감이 당신을 이끌게 둔 채 그 뒤를 좇아가면, 어느 순간 단지 그것을 "이해"할 뿐 아니라 그것으로 인해 고양된다.

그러나 심지어 폴록도 어떤 면에서는 꽤 엘리트주의 예술가이다. 만약 아무도 이런 식으로 그의 작품을 감상하라고 말해주지 않는다면 (뻔하다. 아무도 그러지 않을 것이다.) 폴록의 그림은 계속 벽에 그렇게 걸려 있을 것이고 그렇게 당신과 당신의 삶과 완전히 분리된 채 있을 것이다. 이것이 티노 세갈이 새롭게 내가 가장 좋아하는 현대 예술가가 된 이유이다.

〈이 진전〉의 의미는 얼마든지 바뀔 수 있다. 자신만의 〈이 진전〉도 쉽게 만들 수 있다. 그것은 사람을 웃길 수도 울릴 수도 있겠지만 일단 질문을 던지도록 한다면 틀림없이 당신을 작품 속으로 끌어들이게 될 것이다. 세갈은 자신이 문서화를 삼가지 못했던 1960년대의 급진적인 개혁자들은 이룰 수 없던 방식으로 예술을 비물질화할 수 있었다고 말한다. 1960년대의 예술가들은 영화나 논문, 쪽지나 사진 같은 형태로 자신들이 벌인 갖가지 소동을 곧잘 자료화해서 쌓아두려고 했다. 아마도 그때만 해도 예술에서 대상을 완전히 제거하기에는 너무 일렀는지도 모르겠다. 지금은 누구나 언제든지 온갖 것을 끊임없이 문서화할 수 있다. 매 순간 전 세계 곳곳에서 그림이나 영상, 녹음 같은 것들이 순간을 포착하며 만들어지고, 그런 의미에서 이제는 시대가 재현 자체를 초월한 예술의 존재라는 아이디어를 원하게 될 수도 있다. 세갈의 작품을 접하기 위해서는 반드시 그곳에 있어야만 한다. 우리가 현대에 하는 경험들 중 얼마나 많은 수가 일종의 아바타라고 할 수 있는 '대체 경험'으로는 더 이상 그 맛을 알 수 없는 것일까?

거의 모든 사람들이 메리언 굿맨 화랑과 구겐하임 미술관의 로툰다에서 전시된 세갈의 작품들을 즐긴 것처럼 보임에도 불구하고, 그리고 압도적인 양의 긍정적인 감상평과 보도가 있음에도 불구하고, 예술애호가, 평론가, 수집가, 예술가로 이루어진 예술계의 기득권층은 여전히 이런 반응에 콧방귀만 뀌고 있다. 그런 작품은 교묘한 속임수에 지나지 않는다고 보기 때문이다. 그 작품의 일부가 된 다수의 사람들은 자신이 한 경험의 대부분을 사랑하지만, 그렇다고 우리가 그런 것들을 가리켜 중요한 의미가 있는 예술이라고 부를 수는 없는 노릇이다. 어쨌거나 거기에는 '거기'라고 부를 수 있는 것이 있어야 하고, 그것은 만져지고 실재하는, 아름답고 가늠하기 힘든 무엇이어야 한다. 그 작품은 인간의 천재성을 보여주는 것이어야 하며 당신이 그것을 보았기 때문에 혹은 당신이 세상을 이해해온 방식을 영원히 바꿔버릴 수 있게끔 그것을 받아들였기 때문에 당신의 삶을 송두리째 바꿔버린 그 무엇이다. 이런 것이 걸작의 표식이 아니던가? 이런 관계 미학과 관련된 것들은 모든 것이 '단지 그들에게' 중요하길 바라며 매사 판단을 보류하는 세대의 외침이 아닐까? 잭슨 폴록이 엘리트주의자라고? 그러지 말고 모험을 좀 해보자. 그림이 손을 뻗어 당신을 건드리기를 기대하지 말고 그 흩뿌려진 물감 속에 빠져보려고 '당신'이 노력하는 것이다. 예술은 오직 당신을 향해서만 깜박이는 문자 메시지 같은 것이 아니다. 당신 자신보다 더 큰 뭔가의 일부가 되어보자. 그것은 당신이 그것에 관심을 가지면서 인내심을 발휘하기 전까지는 당신에게 관심이 '없으니까' 말이다.

뭐 좋다. 나도 이 대목이 휩쓸려버리기 쉽다는 것은 안다. 관계 자체에 대한 예술은 확실히 조금은 다른 종류의 예술이라고 할 수 있고, 결코 모두를 위한 예술은 아닐 것이다. 하지만 이런 예술이 우리의 주제와는 어떻게 어울리는가? 그것이 우리가 자연을 이해하는 방식을 바꿀 수 있는가? 아니면 그것 역시 자연으로부터 배워온 것이라고 해야 할까? 나는 지금까지 수차례 거듭해서 추상화되고 패턴으로 이루어진 예술이 필수적인 것이 되면 자연은 훨씬 더 부단하며 본질적으로 아름다운 것으로 보이게 된다고 주장했다. 진화는 우리에게 이런 아름다움을 안겨주었고, 거기에는 항상 인간이 펼치는 상상의 나래나 실험이 품을 수 있는 영역을 넘어서는 올바름에 대한 감각이 존재한다. 그러나 자연이 우리를 필요로 한다고, 그러니까 어쩌면 우리가 자연에 어울려 들어갈 수 있으리라고 상상할 수 있는 유일한 길은 관계 맺음에 있다. 우리를 지금과 같은 모습으로 존재할 수 있게끔 만들어준 자연의 힘과 우리가 어떻게 연결되어 있는지 더 많이 이해할수록 우리는 더 위대한 종이 된다. 그리고 그 이해란 학문으로서 생태학의 주된 가르침이기도 하다. 생태학은 그 어떤 독립체도 그것을 유지하는 거미줄 같은 연결망 없이는 존재할 수 없음을 보여주는 자연에 대한 접근법이다. 생태학의 미적 특질은 매우 관계적이다. 우리와 외부 사이에 존재하는 연관성을 더 많이 밝혀낼수록 우리가 누구이며 우리가 어떤 위치를 점하고 있는지를 더 잘 알게 된다. 그리하여 세상이 우리에게 더 많은 것을 의미하게 되고 또 세상이 우리를 위해 움직이고 있음을 깨닫게 됨에 따라 세상은 조금 덜 무작위적이고 조금 덜 무섭고 위험하며 그래서 조금 덜 겁내도 되는 곳이 된다. 또한 우리가 우리의 위치를 안다면 그 자리를 잘 지켜낼 수도 있게 될 것이다. 그리고 인간이 독립적이며 세상의 다른 것들과 분리되어 있다거나 우리가 남들보다 낫고 더 똑똑하며 더 중요하다는 생각도 더 이상 고집하지 않게 될 것이다.

예술이 우리가 이렇게 할 수 있도록 도울 수 있을까? 예술을 주변에 널려 있는 창의성이 지닌 지적 가능성과 보다 광범위하게 관련을 맺는 데에 활용한다면 가능하다. 인간 세상에서 추상을 아름다운 것으로 널리 받아들이고 있는 현상은 우리가 가공하지 않은 자연계에서도 훨씬 더 많은 예술적인 순간들을 찾을 수 있음을 의미한다. 또한 이것은 진화가 어떤 생명체들에게는 우리만큼이나, 아니 어쩌면 우리 이상으로 필수적인 것으로써 예술행위에 대한 욕구가 생겨나게 했는지를 깨닫게 해준다. 인간 예술가들은 패트릭 도허티의 작품 같은 것을 만들고 또 우리는 그것을 높이 평가하지만, 정자새들이 종 단위의 수준에서 보여주는 창의성은 훨씬 더 인상적이며 훨씬 더 중요해 보인다. 그러나 오직 인간과의 관계를 통해서만 예술행위를 하도록 배우는 동물들은 어떻게 보아야 할까? 스스로를 표현하게끔 독려하는 인간의 훈련을 통해서만 예술행위를 하는 동물들도 있다. 이런 경우도 진지하게 예술로 받아들여야 할 이유가 있을까? 오늘날 우리가 가치를 높이 사는 예술이 어떤 것인지를 감안한다면, 나는 이런 경우 역시 진지하게 예술로 받아들여야만 한다고 생각한다. 그리고 아마도 관계 미학 이론이 이것을 더욱더 중요한 것으로 만들어줄 것이다.

그런 의미에서 이제 코끼리 이야기를 해보자.

대다수 20세기 주류 예술을 특징짓는 추상으로의 이완은 우리 시대가 거둔 가장 위대한 성취들 중의 하나라고 할 수 있다. 근대 이전의 예술은 항상 앞으로 밀고 나가는 형상이었다. 항상 이전 시대까지 이루어온 것을 아우르면서 또한 대체하고자 했고, 이미 많은 것을 이룬 선대라는 거인의 어깨 위에 선 존재로서 그렇게 해서 조금이라도 전보다 나아지고자 했다. 그러나 이번 세기가 경험한 폭발성 속에서 이런 예술은 더 이상 가능해 보이지 않는다. 더 멀리 나아가기 위한 층층의 단계들을 거치면서 기존의 법칙들은 폐기되었다.

법칙들로부터의 자유는 우리를 별다른 지침 없는 상태로 남겨두었지만, 한편으로는 우리의 사고를 속박으로부터 풀어주기도 했다. 우리는 보는 방식에 대해서 전보다 훨씬 더 많은 것을 배우게 되었다. 이제 자연은 일찍이 존재해온 다른 방식으로 보았을 때보다 훨씬 더 예술처럼 보이게 되었다. 사막의 절벽에서 떨어지는 물방울이 만들어낸 패턴이 그림이 될 수도 있다. 평원을 가로지르며 들리는 종달새의 노랫소리도 마침내 음악이 될 수 있다. 강가에서 물고기를 좇아 재빨리 움직이는 왜가리의 몸짓이 춤이 될 수도 있다. 추상은 이미 예전부터 항상 자연에 존재해왔던 예술에 우리가 보다 가까이 다가갈 수 있게끔 해주었다. 이런 추상의 결과로 우리는 전보다 더 살아 있다는 느낌을 받게 된다. 올바른 질문을 던지는 예술은 자아성찰의 긴급한 필요에 사로잡혀 있는 문화권에 엄청난 중요성을 가질 수도 있다. 마치 지금 이 절체절명의 순간에 있는 우리가 그러하듯 말이다.

이런 종류의 예술이 무엇이 좋은지, 혹은 무슨 성취를 거두었는지를 어떻게 표현해야 할지는 모를 수도 있겠지만, 우리가 주변 어디에서나 예술을 발견할 수 있는 것은 사실이다. 심지어 동물원에서도 가능하다. 1980년대 초반, 조련사 데이비드 구콰David Gucwa는 자신이 맡고 있는 동물 중에서 시리Siri라는 이름의 코끼리가 나무 막대 하나를 들고 놀고 있는 것을 발견했다. 시리는 시러큐스 동물원의 자기 우리 안에서 바닥의 먼지 위에 뭔가를 끼적이고 있었다. 실제로 많은 코끼리들이 이런 식으로 놀곤 하지만, 순간 구콰의 머릿속에는 자기 소관의 코끼리를 먼지에서 종이 위로 옮겨서 같은 일을 하도록 시켜봐야겠다는 생각이 스쳤다. 그리고 그로부터 2년 동안, 구콰는 종간에 이루어질 수 있는 대화의 경계를 시험대에 올려놓은 놀라운 실험들을 진행했다. 그는 이 암컷 코끼리에게 처음에는 연필과 종이를, 나중에는 물감까지 가져다주었는데, 그 코끼리가 많은 인간들이 경탄하면서 곧잘 예술이라고 부를 법한 작품들을 만들어내기 시작했던 것이다.

시리가 그린 그림들은 20세기 미니멀리스트들의 규범에서 그대로 튀어나온 것같이 보이는 것들로 분명히 뭔가 특별하다고 할 만한 점이 있다. 구콰는 시리에게 그림을 그리도록 가르치지도 않았고, 자기가 생각하기에 그만하면 됐다고 생각할 때 종이를 치우지도 않았다. 무엇보다도 중요한 점은, 시리가 작품을 완성시켰을 때 그에 대한 보상으로 음식이든 무엇이든 아무것도 주지 않았다는 것이다. 구콰는 이렇게 시리의 조련 범위를 확

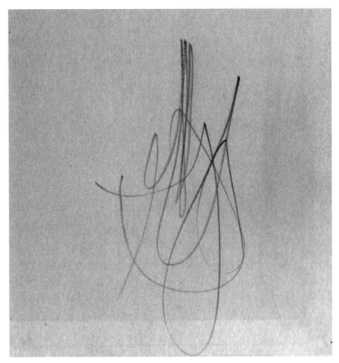

그림 47 코끼리 시리가 그린 소묘

대하여 예술적인 능력을 발휘하도록 격려하는 것을 일종의 협업으로 생각
했다. 그러나 그가 시리의 창의적인 모험을 진지하게 받아들이기로 결정
하고 그 모험을 계속할 수 있게끔 매일 정해진 조련 일정에 그림 그리기를
포함시켰다는 것은 중요한 사실이다. 그것이 구콰와 시리 사이의 관계에
관한 프로젝트가 갖는 의미이다. 코끼리가 언제 그림을 그리기 시작하고
또 언제 멈출 것인지 결정했다. 완성된 작품을 언뜻 보면 마치 아시아권에
서 발달한 서예처럼 보인다. 갈겨쓴 것은 아니지만, 어쩐지 오랜 시간 억눌
려 있던 영혼, 그러니까 우리에 갇혀 있는 동물이 갑작스럽게 해방되어 나
온 것 같은 인상을 준다.

구콰가 저널리스트 제임스 에만$^{James Ehmann}$과 함께 저술한 책『누구든 관심

있는 분께$^{To\ Whom\ It\ May\ Concern}$』가 성공을 거둔 것은 코끼리의 예술이라는 것의 타당성에 대해 어떤 결론을 내리려 하지 않고, 코끼리가 그린 그림들을 역사 속에 남아 있는 코끼리에 관한 명상 글들과 나란히 배치한 채로 우리가 생각해볼 시간을 갖도록 제시만 하고 있기 때문일 것이다. 1733년, 알렉산더 포프는 이렇게 썼다. "인류의 적절한 연구 대상은 인간이다. 그러나 코끼리를 고려하게 되면, 인간은 당황하게 된다." 구콰와 에만은 관계와 매우 밀접한 관련을 갖는 프로젝트를 진행했는데, 이는 매우 흥미로운 결과로 이어졌다. 그들은 시리의 그림을 복제한 뒤, 처음에는 누가 혹은 무엇이 그 작품을 만들었는지 알리지 않은 채로 여러 분야의 전문가들에게 보내서 그들이 그 그림에 어떤 반응을 보이는지 살폈다.

조엘 윗킨$^{Joel\ Witkin}$은 시러큐스 대학교에서 미술을 가르치고 있는 교수로서 시리의 작품을 처음으로 본 사람들 중의 하나였다. "이 그림은 감정을 불러일으키는 필수적인 특징들을 확실히 통제하고 있음을 보여주는군요." 그는 환히 미소 지었다. "내 밑의 대부분의 학생들은 한 장의 종이를 이런 식으로 채우지 못합니다." 나중에 그 그림이 코끼리가 그린 것이었다는 것을 알고서도 그는 화를 내지 않았다. "그 말을 듣고 나니 더욱 인상적으로 보이는군요. 인간이라는 자아는 너무도 오랫동안 다른 생명체의 예술적 표현이 가진 가능성을 알아보는 것을 막아왔어요. … 이 그림들은 정말 놀랍습니다." 줄곧 사실주의에 입각한 그림을 그려온 윗킨은 시리의 그림을 이렇게 평했다. 한편, 미술 교육을 담당하고 있는 교수 호프 어빈$^{Hope\ Irvine}$은 처음 시리의 그림을 보고 이렇게 말했다. "이것은 분명히 어린아이가 그린 그림은 아니군요. 마치 어린아이처럼 그리려고 노력하는 어른의 그림 같아 보입니다." 어빈의 평은 피카소가 남긴 유명한 말 중 하나를 떠올리게 한다. "한때 나는 라파엘로처럼 그림을 그린 적이 있었다. 내가 어린아이처럼 그리는 걸 배우는 데에 한평생이 걸렸다." 잃어버린 순수성을 회복하고자 하는 힘겨운 분투로서의 미니멀리스트의 추상이 바로 이런 것일 수 있다. 마치 인간이라는 종이 모두 이미 다 겪고 지나온 길인 것을, 뒤에 새삼 자연으로 돌아가겠다며 그 길을 다시 찾아내겠다고 상상하는 것만큼이나 순진한 것이겠지만 말이다.

오넌다가 족의 추장인 오렌 라이언스^{Oren Lyons}는 이렇게 말했다. "인간인 우리가 동물을 대변할 수는 없습니다. 당신은 단지 동물이 한 것을 감상할 수 있을 뿐이지요. 감히 그러고자 한다면 말입니다." 박쥐가 발산하는 음파를 발견해낸 동물 심리학자 도널드 그리핀^{Donald Griffin}은 시리의 그림에 이렇게 답해왔다. "복잡한 그림들이네요. 하지만 저로서는 이 그림을 그리는 동안 그 동물이 무슨 생각을 하고 있었는지 알 수가 없습니다. 물론, 저는 모든 인간의 근현대 예술에 대해서도 똑같이 느끼긴 합니다만." 스티븐 제이 굴드^{Stephen Jay Gould}는 코끼리의 그림 그리기 행위에 지나치게 인격적인 의미를 부여하는 것을 경계하기는 했지만 그림 자체에는 매혹되었다. "솔직히 저는 저 자신을 움직이는 동기를 파악하는 것만도 이미 충분히 어렵습니다. 이 코끼리의 머릿속에서 무슨 일이 벌어지고 있는지는 오직 신만이 아실 테지요."

이어서 구콰와 에만은 그 그림들을 빌럼 더 쿠닝^{Willem de Kooning}에게 보내 다음과 같은 답변을 받았다. "그것 참 기막힌 재능이 있는 코끼리군요. 그 코끼리가 예술가로서 걸어갈 앞날을 기대하고 있겠습니다." 더 쿠닝 같은 훌륭한 예술가도 이 코끼리를 예술가로 인정하고자 하고 그 작품을 감상하기를 원하고 있다. 한편으로 그는 이 코끼리가 어쩌면 쉽게 설명할 수도 있을 뭔가를 우리에게 이야기하고 싶어 한다고 가정하려고도 하지 않는다. 더 쿠닝은 예술은 심리학이 설명할 수 있는 그 이상의 것임을 알았다. 그리고 예술의 추상화가 전에는 예술성이 보이지 않던 곳에서 새롭게 예술성을 찾아낼 수 있는 개방성으로 이어져야 한다는 것도 알았다. 그는 코끼리의 창의성을 인정하고 높이 사는 것은 인간 본성의 진보로 볼 수 있으며, 코끼리가 창의적일 수 있다고 해서 인간이 하찮아지는 것이 아님을 깨달을 수 있을 정도의 배포는 있었다.

시리의 작품에 관심을 보이는 사람들이 더 많아질수록 그들은 구콰에게 시리의 작품들을 전시하는 게 어떻겠냐고, 아니 돈에 쪼들리는 동물원을 위한 기금을 만들기 위해서 경매에 붙이는 것은 어떻겠냐고 권했다. 구콰는 이런 생각에 격렬히 반대했다. 구콰는 자신을 시리를 대상으로 실험을 하고 연구를 하는 사람 혹은 시리의 조력자로 여겼다. 그는 시리의 작품들이 "외곽의 부촌에 있는 어느 부잣집 거실 벽에 걸리기보다는" 한 장소에 모여 관찰과 연구의 대상이 되기를 원했다. 구콰는 자신이 돌보는 코끼리가 하는 예술의 철저한 신봉자로서, 그 작품들이 아름다울 뿐 아니라 거의 신성하다고까지 생각했다. 그는 이 작품들이 시장 논리의 일부가 되기를 원하지 않았다. 제아무리 좋은 이유가 있다고 해도 말이다.

세갈은 이 대목에서 구콰와 의견을 달리한다. 아마도 세갈은 구콰가 코끼리가 그린 그림들을 진실로 흥미로운 대화를 시작하는 시금석으로 사용했다는 점에서 그 일들이 지닌 관계적인 측면에는 박수를 보낼 것이다. 그러나 세갈은 그 작품들이 예술로서, 더 나아가 종간 개념예술^{種間槪念藝術}/conceptual interspecies art로서 진지하게 받아들여지기 위해서는, 그 작품들이 사고 팔리는 것을, 그러니까 문화에 가치를 매기고 가격을 달아주는 국제 시장 속으로 뛰어드는 것을 구콰가 두려워해서는 안 되었다고 생각한다. 그것이 스스로를 위한 일이며, 그로서는 자기만의 도무지 형언 불가한 작품으로 예술계에서 성공을 거두는 것이 중요했기 때문이다. 세갈은 그가 똑똑하고 주도면밀하며 탐구심이 넘치고 또 훌륭한 작품을 만들어냈기 때문에 지금과 같은 큰 영향력을 가질 수 있게 되었다. 그의 작품은 상황주의 장르가 흔히 허용하는 무분별하게 일반화된 작품들보다 나았다.

시리의 그림에도 똑같은 말을 할 수 있다. 그 그림을 그린 것이 누구이든 간에 그 그림에는 분명히 부정할 수 없는 아름다움이 있다. 누구라도 그 그림을 좋아할 수 있을 것이다. 우리로서는 이 예술가가 무슨 생각을 하고 있는지, 무엇을 원하는지, 왜 그와 같이 그림을 그리는지에 대해서 알 도리가 없으니, 어쩌면 구콰와 에만은 책 제목을 『누구든 관심 있는 분으로부터^{From Whom It May Concern}』라고 지어야 했을지도 모르겠다. 여기에는 어떤 예술적 언명도 없고 사정을 짐작해볼 만한 뒷이야기도 없다. 이 코끼리 예술가에게 직접적인 질문을 던질 수는 없으니 우리는 그저 뒤로 질문을 쌓아가기만 할 뿐이다.

생각건대, 시리의 작품이 미니멀리즘, 표현주의적인 성향을 보이는 것은 결코 우연이 아니다. 물론, 어쩌면 내가 우연히 이런 종류의 예술을 좋아해서 그렇게 보이는 것일 수도 있다. 또 어쩌면 시리의 작품이 내가 이 책에서 말하고자 하는 논지와 딱 맞아떨어진다고 생각해서일 수도 있다. 나는 우리가 시리의 작품 같은 것을 진지하게 예술로 받아들인다면 우리 주변에서 관심을 갖고 봐야 할 것들이 훨씬 더 많이 생기게 될 것이고, 이를 통해 세상은 훨씬 더 아름다운 곳이 될 거라고 주장했다. 그리고 20세기 예술은 우리에게 그렇게 하라고 권하고 있다. 누군가는 이야말로 예술이 저지르는 가장 거대한 사기극 중의 하나라고 여길 수도 있겠지만, 나는 이것이 우리 주변의 세상에서 아름다움을 발견하는 능력의 신장에 관한 것이라고 굳게 믿는다. 그리고 시리의 그림에 감동받은 많은 사람들도 내 말에 진심으로 동의할 것이라고 생각한다.

그림 48 코끼리 시리가 칠한 그림

내가 아는 한, 우리에 갇힌 상태의 동물이 만든 예술이라는 분야에서 시리의 이야기와 이를 다룬 구콰와 에만의 책은 작품 자체의 아름다움과 그에 관한 관계적인 이야기를 고려할 때 지금까지도 가장 순수한 예로 남아있다. 구콰는 자신의 코끼리가 지닌 창의적인 측면을 발달시키기 위해서 많은 노력을 기울였지만 그에 대해 거의 아무런 보상도 받지 않았다. 실제로 구콰는 그가 시리와 펼친 예술 프로젝트가 세상에 보다 널리 알려지기 시작할 무렵 해고당해 일자리를 잃었다. 현재 그는 다른 일을 하고 있다. 문제의 코끼리인 시리는 여전히 시러큐스 동물원에 있고 지금은 모계사회인 코끼리 무리에서 일종의 가장 역할을 하고 있다. 심지어 시리만의 페이스북 페이지도 존재하지만, 오래전 시리의 관심사였던 예술에 관한 내용은 언급조차 되어 있지 않다.

시리의 이야기는 코끼리 예술에 대한 인간의 관심이라는 역사에서 결코 마지막 장을 장식하는 이야기가 되지는 않았다. 이어진 이야기는 후피동물의 그림 그리기를 촉진시키고자 한다는 점에서는 같지만 그 바탕에 깔린 생각은 달랐다. 이야기를 이어간 사람은 두 명의 예술가로, 누가 혹은 무엇이 예술가가 될 수 있는가에 대한 담론을 확장하는 데에 큰 관심이 있었다. 또한 그들은 본래 서식지에서 위협받고 있는 이들 동물들을 위해서 기금을 조성할 수 있는 잠재적인 재정적 이득도 생각하고 있었다. 러시아 출신의 망명 예술가로 팀을 이루어 작업하는 코마르와 멜라미드가 그들이다. 예전에 세상을 향해 최고의 그림은 어떻게 생겨야 하는지에 대해 질문을 던진 바 있던 그들이 이제는 자신들이야말로 코끼리에게 그림 그리는 법을 가르치는 최고의 적임자라 생각하고 그 일을 떠맡기로 결심한다. 그런데 그들의 목적은 코끼리들이 볼 때 최고의 그림을 그리게 하려는 것일까, 아니면 우리가 보기에 최고의 그림을 그리게 하려는 것일까? 내 생각에는 그들 자신도 그 수업 결과에 놀랄 것이라고 생각한다.

코마르와 멜라미드의 '코끼리에게 그림 그리기 가르치기' 프로젝트는 예전에 진행한 '사람들이 가장 좋아하는 그림 찾기' 프로젝트에 비해 훨씬 더 사려 깊고 온화하게 진행되었다. 복잡한 지형을 가진 태국에서 코끼리는 벌목업의 필수적인 요소이다. 트럭보다 지형에 맞춰 움직이기가 더 용이한 까닭이다. 코마르와 멜라미드는 일단 여기서부터 시작했다. 모든 코끼리는 '머하웃'이라고 부르는 조련사가 한 명씩 개별적으로 맡아 길을 들인다. 만약 이를 통한 인간과 동물 사이의 관계 맺기가 제대로 진척되기만

한다면, 코끼리가 기계보다 훨씬 더 유지 · 관리하기가 쉽다.

　대부분의 삼림이 파괴됨에 따라 1990년 이후로 태국에서는 벌목이 불법이 되었다. 한때 상업적으로 이용되었던 이들 코끼리들은 이제 더 이상 할 일이 없어 거리를 배회하거나 관광객들을 즐겁게 해줄 목적으로 막사 같은 곳에서 사육되고 있다. 코마르와 멜라미드는 사람들과 그토록 가까이 지내온, 이 커다랗고 믿기 힘들 만큼 놀라운 동물들이 처한 곤경에 마음이 움직여서, 어쩌면 예술이 사람들로 하여금 이들의 진가를 다시금 알아보게 하는 방법이 될 수 있을 거란 생각에 다다랐다.

　이로써 이들 선동적인 예술가들이 자신들만의 재기를 보존이라는 가치와 결합시키는 시도가 처음으로 이루어졌다. 이것은 코끼리들이 처한 곤경을 예술을 통해서 널리 각성시키고 지원을 끌어내고자 하는 계획이었다. 그들은 태국의 코끼리들에게 그림 그리는 법을 가르치고 그리하여 세상에 코끼리 예술이라는 것을 쏟아놓고자 했다. "이것은 어쩌면 세상에서 가장 위대한 아이디어가 될 수도 있고 혹은 가장 멍청한 아이디어가 될 수도 있을 거예요." 멜라미드는 세계야생생물기금^{World Wildlife Fund}의 주요 인사들이 모인 자리에서 이렇게 말했다. 그들은 기금을 지원받을 수 있었다. 그리고 시암으로 떠났다.

　코마르와 멜라미드의 프로젝트가 구콰의 프로젝트와는 엄연히 다르다는 것을 명심하도록 하자. 코마르와 멜라미드는 대중의 관심에 목말라 있었다. 딱히 그들 자신을 위해서라기보다도 코끼리들을 위해서 관심이 정말로 필요했기 때문이다. 물론, 대중이 그들에게도 관심을 가져준다면 그것도 나쁠 것은 없지만 말이다. 그들은 머하웃들을 통해서 코끼리들에게 그림 그리는 것을 가르쳤는데, 코끼리들이 잡기 쉽게끔 도끼 모양으로 가공한 특별한 붓을 사용했다. 코끼리가 만들어내는 모든 붓 자국은 머하웃이 코끼리가 특정한 움직임에 익숙해지도록 훈련을 해서 만들어진 것이었다. 그 과정은 두말할 것 없이 머하웃과 코끼리의 협동이 필요한 것이었다. 종료 시에는 대부분의 동물 훈련 과정에서 그러하듯이, 애쓴 후피동물들은 식사로 분명한 보상을 받았다. 태국 코끼리 예술 및 보존 센터에서는 다음과 같은 방식으로 코끼리들이 예술작품을 만들도록 가르친다. 먼저, 코끼리 발치에 쪼그리고 앉은 머하웃이 자신이 생각하기에 어울리는 색깔을 골라 무독성 물감을 붓에 적셔준다. 다음으로 물감을 묻힌 붓을 코끼리에게 건네주어 코끼리가 그것을 자기 코에 감아쥐게 한다. 이제 머하웃은 코끼리 코를 캔버스 앞으로 끌고 와서 천천히 원 모양을 그리며 캔버스에 붓자국이 남도록 코를 돌린다. 이렇게 해봄으로써 코끼리가 그림 그리기에 익숙해지고 마침내는 스스로 그림 그리기를 '원하게' 되기를 바라는 것이다. 이 과정을 마치고 나면 점심 시간이다.

고전적인 동물 조련에 관한 문헌은 이런 활동을 가리켜 "계발^{enrichment}"이라고 부른다. 인간의 통제 아래 있는 동물들의 경우, 종종 본래 지니고 있는 창의적인 욕구나 호기심을 해소시킬 방법이 없다. 이런 강화 훈련은 포획된 동물들의 창의적 욕구나 호기심을 활용하여 그들이 느끼는 무료함을 덜어주게끔 디자인되어 있다. 하지만 코마르와 멜라미드의 경우에는 보다 큰 목표가 있었다. 일단 그들은 대중이 코끼리들에게서 깊은 인상을 받고 그들에게 보다 관심을 가지게 되어 그들이 처한 곤경에 조금 더 신경을 쓰고 전보다 그들을 존중하게 되기를 바랐다. 그러면서 동시에 그들은 기꺼이 인간이 예술을 이상화하거나 비평하는 방식에 대해서도 질문을 던지고자 했다.

솔직히 말해 코마르와 멜라미드 밑에 있는 코끼리들이 자신들의 자유의지에 의하여 그림을 그리지 않으며, 보상에 대한 기대 없이 자신이 원하는 때에 스스로 창의성을 발휘하게끔 하는 것이 아님을 알고 나는 상당히 격분했다. 시리와 데이비드 구콰 사이의 이야기가 더 순수하고, 보다 섬세하고 아름다운 예술인 것처럼 느껴졌기 때문이다. 하지만 코마르와 멜라미드는 예술계가 그들의 활동에 관심을 갖게 만드는 데 성공했다. 자신들이 말하고자 하는 메시지를 전파하기 위해서 그들은 필요한 모든 잡담의 기회까지 동원했다. 그리고 일은 점점 커져서 실제로 그들이 상상했던 것보다도 더 커지게 되었다. 일부 사람들은 여전히 이 모든 일이 장난에 불과하다고 여기기도 한다. 어쨌거나 이 그림들은 인간 머하웃과 훈련받은 코끼리 사이의 협업으로 만들어진 것이니까 말이다. 그러나 그게 뭐 어떻다는 말인가? 멜라미드는 이렇게 말한다. "당연히 장난이지요! 그림이라는 2차원 공간에 3차원의 세계를 구현해보려는 아이디어에서 알 수 있듯이, 예술이라는 것이 원래 전부 장난입니다. 저것은 창문인가요, 아니면 창문 그림인가요? 어이쿠, 잘 맞히시는데요!"

하지만 최소한 인간 예술가의 작품 너머에는 어떤 의도가 있다는 것만큼은 알 수 있다. 예술가들은 우리가 자신들이 표출해낸 것을 분리되어 있는 아름다운 대상으로서 고찰해주기를 바란다. 흠, 그렇다고? "중요한 것은 예술가의 의도 같은 것이 아닙니다." 멜라미드는 말을 잇는다. "정작 중요한 것은 예술가들의 의도에 대해 추후에 나오는 해석이지요. … 여기 그림을 그리는 코끼리들이라는 사실이 존재합니다. 누가 이 동물들이 예술가가 아니라고 말하겠습니까?"

그렇다면 이 코끼리들의 작품이 훌륭한지에 대해서는 어떻게 알 수 있을까? "우리가 말씀드리지요. 우리는 뉴욕에서 온 유명한 예술가들이거든요. 여러분을 위해 무엇이 좋고 또 나쁜지 우리가 결정해드리겠습니다."

그들이 지금 농담을 하고 있는 것인지 아니면 진심으로 말하는 것인지 알기 어려웠다. 코마르는 이렇게 말했다. "물론 무엇이 좋고 나쁜지 알기란 힘듭니다. 소비에트 연방을 생각해보십시오. 하나의 진지한 국가였다고 볼 수 있을까요, 아니면 인류 역사상 가장 큰 유머였다고 봐야 할까요? 역사가들은 아직도 확답을 내놓지 못하고 있습니다." 이런 문제에 비하면 코끼리 예술이라는 문제는 훨씬 더 가벼워 보인다. 그런데 정말 더 가벼운 문제인가? 확실한 사실은 만약 어떤 추상예술작품이 인간이 아닌 동물에 의해서 만들어졌다는 말을 듣는다면 사람들이 더 기꺼이 감상해보려고 한다는 점이다. 어쩌면 그 사람들은 현대 미술은 허풍이자 아이들의 놀이처럼 너무나 간단한 것이라고 조롱하려 그랬을지도 모른다고 생각할 수도 있다. 어쩌면 뭔가 더 깊은 것이 그 배경에 있을 수도 있을 것이다. 우리는 동물들의 세계와 연결되기를 '원한다'. 그리고 동물들이 놀랍게 창의력을 발휘한 예를 발견하기를 좋아한다. 어쩌면 그런 예가 부단히 뭔가를 표현하고 창조하고 싶어 하는 인간의 욕구를 보다 자연스럽고 설명 가능하며 정당화할 수 있는 것으로 보이게 하기 때문일 수도 있다. 진화란 부분적으로는 자연선택과 성선택에 관한 것이라고 할 수 있다. 그리고 우리는 그 두 가지 선택이 단지 탐구가 가능하다는 이유만으로 그 드문 가능성이 진실인지 탐구한다. 내가 생명이 그 자체로 아름답다는 건 중요한 사실이라고 독자를 설득하고 싶어 하는 것도 바로 이와 같은 이유에서이다.

그렇지만 여전히 의문은 남는다. 자연은 스스로가 아름답다는 것을 신경 쓸까? 코끼리들은 자신들이 만들어낸 것을 보며 뭐라고 말할까? 마치 코마르와의 사이에서 대변인이라도 맡은 것처럼 보이는 멜라미드는 자신들의 프로젝트에 참가한 코끼리들은 예술이 그들에게 어떤 의미인지 정확히 알고 있다고 칭찬한다. 그 코끼리들에게 예술이란 그들에게 다음번 식사를 제공해주는 고전적인 훈련의 하나이며, 그들은 그것을 스스로 잘 알고 있다는 것이다. 이에 비해 시러큐스 동물원의 시리는 예술 활동을 한다는 것에, 혹은 자신의 무료함을 해소하는 것 자체에 더 만족하는 것처럼 보였다. 티에리 르냉$^{Thierry\ Lenain}$은 원숭이류 동물들이 그린 그림의 역사를 주제로 한 자신의 훌륭한 저서에서 바로 이 문제를 다룬다. 그는 이 그림들은 오직 그림을 그린 당사자인 침팬지와 떼어놓고 생각할 때에만 비로소 예술이 된다는 데에 주목한다. "그 그림들에 대한 우리의 매혹은 원숭이들의 관심이 떠난 바로 그 지점에서부터 시작된다. 인간들이 벌이는 그 작품들에 대한 예술적 고찰이라는 놀이는 원숭이들의 관심을 끌지 못한다. 결국 이것은 이미 끝마친 작품에 대해서 보이는 원숭이들의 무관심을 우리가 이해할 수 없는 것과 같은 이야기이다." 이는 인간과 동물을 정말로 분리시키는 것은 미적 감각이나 예술적 능력에 있지 않기 때문이다. 인간과 동물 사이의 차이는 그저 살아야 하기에 사는 대신에 끊임없이 그런 것들의 의미에 매달리고 걱정하며 끝없이 우리 스스로를 검토해야 할 인간의 필요에 있는 것이다.

"분명히 제 아이큐는 코끼리보다 높겠지요." 다시 멜라미드에게 돌아가 보자. "하지만 제가 그림을 그릴 때 그 아이큐를 얼마나 많이 활용할까요? 이것은 잭슨 폴록이 수학자 비슷한 사람이었다는 것과는 별개의 이야기입니다. 그런 맥락에서 보면 인간과 코끼리가 이 분야에서 경쟁할 수 있다는 생각이 그렇게 말이 안 될 것도 없습니다." 그래서 그들이 책임진 코끼리들이 어떤 재능이 있다는 말인가? 그러니까 5톤짜리 예술가가 있다고 할 수 있을까? 맨 처음 코마르와 멜라미드가 『언제 코끼리가 색칠을 하게?$^{When\ Elephants\ Paint}$』라는 제목으로 낸 책을 읽었을 때, 나는 재빨리 이 책이 『왜 고양이가 색칠을 하게?』에 대해 그들이 내놓은 영민한 대답임을 파악할 수 있었다. 비록 『왜 고양이가 색칠을 하게?』에 '고양이과 생물의 미학에 관한 이론'이라는 부제가 달려 있기는 하지만, 사실 그 책은 무엇보다도 예술계에 대한 조롱이다. 내게 코끼리가 그린 그림들은 그것을 둘러싼 전체적인 모험담을 빼면 별 의미가 없었다. 그러나 10년 이상의 세월이 지난 지금 나는 이들이 밟은 전체 여정과 이에 대해 멜라미드가 남긴 논평들을 조금 더 면밀하게 연구할 의향이 생겼다. 멜라미드가 반어법을 사용한 조심스러운 방식이 마음에 드는 까닭이다.

그러나 여전히 이 그림들 중 상당수는 실제로 이 멋들어진 세계 곳곳에 흩어져 있는 화랑에서 볼 수 있는 걸작 추상화처럼 보인다. 스승인 로저 섀턱$^{Roger\ Shattuck}$이 한때 내게 한 충고처럼 "99퍼센트의 예술은 언제나 쓰레기였다". 그럼에도 불구하고 코끼리가 그린 그림 중 소수는 정말로 사람의 심금을 울린다. '새^{bird}'라는 이름으로 불리는 태국 아유타야의 열 살짜리 코끼리가 그린, 미니멀리즘 성향이 보다 뚜렷한 작품이 그 한 예이다. 이 그림에는 망치 모양의 붓을 잡고 있는 코끼리 코의 묵직하고 거친 느낌이 어두운 자줏빛과 초록빛의 강하고 거친 붓질을 통해 그대로 살아 있다. 나는 무게감이 느껴지는 이 작품의 추상성에 감명을 받았다.

코마르와 멜라미드의 이야기는 아마도 크리스티 경매장의 뉴욕 지부에서 열린 자선 경매에서 정점을 찍는다고 할 수 있을 것이다. 코끼리가 그린 그림 중 한 점이 주목받는 수집가이자 전통적이며 사실주의적인 회화를 증진시키고자 뉴욕 시내에 세워진 작은 예술학교인 뉴욕 미술 학원$^{New\ York\ Academy\ of\ Art}$의 설립자인 스튜어트 피바$^{Stuart\ Pivar}$에게 팔린 것이다. 피바는 자신이 구입한, 코끼리가 그린 그림을 매우 전통적으로 꾸민 맨해튼에 있는 자신의 아파트에 걸었는데 그것은 르네상스 시대 화가 폰토르모^{Pontormo}의 진귀한 걸작 바로 옆자리를 차지하게 되었다. 그러니까 인간이 만든 예술은 사실주의를 선호하는 수집가가 추상적인 것에 감명을 받는다면 오직 다른 종의 생물이 그런 창의성을 보여줬을 때만 그렇다는 이야기인 셈이다. "일이 이런 식으로 될 거라고는 꿈에도 생각하지 못했어요." 멜라미드는 이렇게 말했다. "이 일은 일면 위대한 예술은 항상 기적과 관련이 있다는 생각을 증명하는 사례라고 할 수 있을 것입니다." 코끼리가 그린 그림을 둘러싼 사실에 대해서 생각해보자. 누구도 그것이 그림이 아니라고 말할 수는 없을 것이다. 그런 의미에서 예술의 지평은 확장된다. 인간이라는 특수하며 호기심 많은 단일 종만의 것에서 조금 더 넓은 것을 의미하게 되는 것이다.

먼저 코마르와 멜라미드를, 그리고 결국은 전 세계를 사로잡은 것은 코끼리 예술과 코끼리 보호 프로젝트가 가진 공익적인 측면이었다. "전통적인 화가는 캔버스 위에서 선과 색을 조작합니다." 멜라미드는 러시아 구성주의 시대에 활동한 알렉산드르 보그다노프Alexander Bogdanov의 말을 이렇게 인용한다. "미래의 진정한 예술은 이제 사람들을 조작하게 될 것입니다. 실제 세계에서 뭔가가 일어나게 만드는 것이지요." 이리하여 우리는 다시 티노 세갈의 상황과 세계, 그리고 관계의 미학으로 돌아가게 된다. 코마르와 멜라미드의 프로젝트가 세상에 베풀 수 있는 가장 큰 수혜는, 일단 코끼리와 인간 사이에 이와 같은 창의적 접촉이 가능함을 받아들인다면, 우리가 이로부터 앞으로 어떤 이야기를 만들어낼 수 있을 것인가 하는 전망에 있다.

비록 코마르와 멜라미드의 예술적 동업 관계는 몇 년 전에 해체되었지만, 코끼리 예술가들에 관한 이야기는 여기서 끝나지 않는다. 이미 거의 600만 명에 달하는 사람들이 유튜브를 통해 다른 코끼리의 초상화를 그리는 코끼리 화가의 모습을 보았다. 실제로 온라인상에서 그런 그림을 구매하는 것도 가능하다. 그러나 코끼리가 가진 추상적 표현주의에 대한 본능은 어디로 갔는가? 코끼리 예술에 얽혀 있는 모순은 우리가 일견 상상할 수 있는 수준보다 더 크다. 만약 이런 그림들이 코끼리와 머하웃 사이의 협동 훈련의 결과라고 한다면, 코끼리 코가 아주 다양한 방식으로 움직이도록 훈련하는 것도 가능할 것이다. 그렇다면 코끼리가 보다 사실주의적인, 보편적으로 사랑받을 만한 그림을 그리도록 훈련하지 않을 이유는 또 무엇이겠는가? 그렇게 그려진 그림들은 예술계가 가장 안목 있는 의뢰인들에게 제공할 만한 것으로 보이지는 않겠지만, 더 널리 더 많이 주목받는다.

오늘날 '아시아 코끼리 예술 보호 프로젝트Asian Elephant Art Conservation Project, AEACP'가 운영하는 웹사이트에서는 단지에 든 꽃이나 다른 코끼리들의 윤곽을 그린 코끼리 그림들이 가장 높은 가격에 팔리고 있다. (그래도 여전히 1,000달러를 넘지는 않는다. 예술작품에 매겨지는 값으로는 매우 합리적인 수준이며, 수익금은 전액 코끼리 예술가들과 그들이 겪고 있는 곤경을 덜어주기 위해서 쓰인다.) 현재 이 프로젝트의 수장을 맡고 있는 데이비드 페리스David Ferris는 상황을 이와 같이 묘사한다. "이 프로젝트는 코끼리가 거리에서 구걸을 하거나 불법 벌목 혹은 서커스 공연에 동원되는 것에 대한 대안으로 고안된 것입니다. 그러니까 이 프로젝트의 핵심은 코끼리가 예술가로서 생계를 해결할 수 있는 길을 제공하는 것에 있다고 할 수 있습니다. 확신하건대 코끼리에게도 밥 먹고 목욕하고 늘어져서 쉬다가 하루에 한 시간 그림 그리는 것이 그렇게 나쁜 삶 같지는 않습니다."

따라서 오늘날 코끼리에게 관심 있는 관광객이나 예술품 구매 희망자에게는 선택항이 주어진다. 추상적인 코끼리 예술을 택할 것인가, 아니면 사실주의적인 코끼리 예술을 택할 것인가. 자신의 미학적 성향에 따라서 어느 한쪽이 다른 한쪽보다 더 진지한 예술로 보일 수 있을 것이다. 사실 어느 것이나 다 좋다고 할 수 있다. 추상적인 것이든 사실주의적인 것이든 코끼리의 창의력을 존중하면서 이들 동물들을 돕는 한 가지 방법을 대변하고 있기 때문이다. 또한 어느 쪽의 그림이든 기본적으로 매우 놀랍다. 그래도 나는 여전히 시러큐스 동물원의 시리 이야기를 보다 순수하고 아름다운 이야기로 기억하고 있다. 어떤 다른 대가를 받기 위한 훈련을 통해서가 아니라 순수하게 예술 활동을 한다는 데서 오는 기쁨으로 그림을 그린 코끼리라니. 그리고 이렇게 느끼는 것은 나 혼자만이 아니다.

태국의 코끼리 예술을 보는 일반적인 시각에 반기를 드는 다른 시각의 자료도 있다. 이에 따르면 코끼리가 실제로 훈련에 의하지 않고도 예술 활동을 하며, 그 결과물은 조심스럽게 길들이고 훈련해서 만들어진 그냥 선들이 아니라 진짜 예술로 봐야 한다고 말한다. 치앙마이에 있는 코끼리 예술 전시관은 일반적인 시각과는 단호하게 대립하는 접근법을 취한다.

코끼리 예술을 전시하고 있는 다른 웹사이트들에 가면 이곳에서 볼 수 있는 것과는 완전히 다른 것들을 보게 된다. 이를테면 전부 다 비슷비슷한 형태를 띠고 있는 이른바 "코끼리 자화상" 같은 것 말이다. 조심스럽게 통제되어 있는 몇 개의 선이 코끼리의 윤곽을 묘사하고, 이때 코끼리는 종종 코로 꽃 한 송이를 말아 쥐고 있는 모습으로 표현된다. 그런 식으로 꽃이 꽂혀 있는 꽃병이나 풍경을 그린 그림, 기하학적인 모양을 그린 그림도 있고, 단정하게 늘어선 "점묘주의 화가"가 그린 듯한 패턴의 것들도 있다. 이 모든 그림들이 그 그림을 그린 화가 본인의 자유 의지에서 창조된 것이라고 생각하는가? 결코 아니다!

이 코끼리들은 모두 조련사의 명령과 움직임에 대한 지시사항에 따라 붓질을 해서 패턴을 반복적으로 만들어내도록 장시간에 걸쳐 고도로 훈련을 받는다. 우리 인간들이 그 그림에서 무엇을 "보든지" 간에 그들은 그것에 대해 아는 바가 전혀 없는 것이다. 코끼리들이 만들어낸 결과물에는 조금도 자연스럽다거나 독창적이라고 말할 만한 것은 없다. 우리의 정의에 따르면 그런 것은 결

그림 49 자화상을 그리도록 훈련받은 어느 태국 코끼리

코 진짜 코끼리 예술이 '아니다'.

그림 49는 그림 그리는 법을 배운 코끼리들이 그린 전형적인 "자화상"으로 유튜브에서 매우 인기 있는 이미지이기도 하다.

이제 코끼리 예술은 다른 많은 인간 예술 장르와 마찬가지로 정통성을 놓고 비판적으로 경쟁하는 대변자들이 있다. "코끼리가 자연스럽게 그려내는 것은 추상예술이고, 다른 모든 추상예술처럼 해석의 여지가 열려 있다. … 지각이 있는 존재가 만들어낸 그림들은 항상 어떤 반응을 이끌어내게 마련이다. 나는 그것이 우리가 그 안에서 뭔가 근본적인 것을 인지할 수 있기 때문이라고 믿는다. 코끼리가 그린 그림을 연구하면서 나는 거기서 뭔가 굉장하면서도 원초적인 것을 발견했다. … 코끼리들의 예술은 시각적·미적으로 즉각적인 호소력을 갖는다."

이것이 코끼리 예술에 대한 처음이자 마지막 가르침으로 남을 것이다. 우리가 느끼는 경이로움을 풀이하고는 한구석으로 치워버리려고 해도 그 경이로움은 쉽게 떨쳐지지 않는다. 코끼리가 그린 추상화 따위는 절대 예술작품이 아니라고 생각하려 해도 너무 어렵다. 그리고 바로 그것이 추상이 거둔 성공이 우리가 세상을 바라보는 방식을 바꾼 영향력의 흔적이다. 일단 이와 같은 사실을 한번 인정하고 나면, 창의적인 욕구와 함께하는 세상은 훨씬 더 아름답고 이해하기 쉬운 곳이 된다.

이제 20세기 예술이 이룬 성과를 깎아내릴 때가 아니라 지지하고 옹호할 때이다. 침묵으로 이루어진 4분간의 음악, 온통 빨간색으로만 칠해진 그림, 의도적으로 산만하게 만들거나 연습하지 않은 공연 같은 것을 생각해보라. 근대에 예술이 스스로를 자유롭게 만들고자 모든 제한들과 벌인 전쟁은 우리가 얼마 전까지 벌인 해방에의 맹목적 추구를 반영한다. 우리는 이런 과정들을 거쳐야만 했다. 과잉과 추진력, 어쩌면 진보 의지까지 포함한 우리의 기존 문화를 일소하기 위해서, 우리는 서구식 방법론이 어떤 특정한 환상적인 지점을 향해서 위대한 행진 중이라고 상상하기 위해서 그런 과정이 필요했던 것이다. 우리는 수많은 곳을 향하는 와중에 있고, 옳고 그름을 구분하는 방법도 여러 가지이며, 예술의 창의적 책임을 상기시키는 방식도 다양하다.

때때로 자기 작품을 추상적이라고 부르는 예술가는 찾기 힘든데 자신들의 사고가 너무 추상적이라고 인정하는 철학자는 너무 찾기 쉬운 경우를 볼 수 있다. 뭔가를 자극하거나 설명하고자 하는 탐구에 대한 신념은 현실을 비추는 섬광 같은 것이다. 모든 인간의 노력은 이런 구체적인 개개의 경험들, 경이로움의 살아 있는 근거들을 밝히는 것이어야 한다.

무엇을 믿을 것인지 알지 못하는 문화 속의 우리는 최근 역사가 가지고 온 개방성의 축복을 받고 있다. 우리가 마침내 코끼리들의 예술을 어느 정도 진지한 자세로 바라볼 수 있게 된 것은 결코 우연이 아니다. 그리고 예술작품은 그것을 제작한 예술가에 대해서보다는 오히려 우리 자신에 대해서 더 많은 것을 가르쳐준다는 사실을, 그리고 우리가 예술을 제대로 이해하기까지 참으로 많은 설명을 필요로 한다는 사실을 인정할 수밖에 없게 된 것 또한 결코 우연은 아니다.

기억을 떠올리게 만드는 그림자 하나, 한 줄기 빛, 한 소절의 선율을 생각해보자. 까마귀의 울음소리를, 떼를 지어 날아가는 두루미들의 감동적인 울음소리를 떠올려보자. 이 모두가 노래가 될 수 있는 가능성을, 무엇을 말하려고 하는 대화의 기회를 안고 있다. 물론 코끼리도 잊어서는 안 될 것이다. 공룡은 어떻고, 독수리는 또 어떠하며, 낙하하는 폭포수와 지구에서 가장 오래된 나무는 또 어떠한가. 이 모두가 무한한 이야깃거리를 안고 있으며 우리의 기억을 결코 공허한 상태로 남겨두지 않는다.

예술은 우리에게 속한 것이 아니다. 예술은 어디에나 넘쳐난다. 예술이 기능을 할 때면 우리로서는 처음 시작했을 때는 깨닫지도 못했던 그 어떤 곳으로 간다. 우리가 얼마나 아는 것이 없는지에 대해 우리는 책임이 있다. 그것은 그 누구의 잘못도 아닌 바로 우리 자신의 잘못이다. 그러나 우리가 더 많은 것을 알수록 모든 것은 더 불분명해진다. 그것이 교육의 위험이다. 그리고 그것이 정보사회의 흠이기도 하다. 세상에는 너무도 많은 이미지들이 있고 우리는 그것들을 분류하는 우리 자신의 능력을 너무 과신하고 있다. 가능한 한 당신이 아는 것을 다 던져버려라. 그래야 당신도 마침내 제대로 볼 수 있을 것이다.

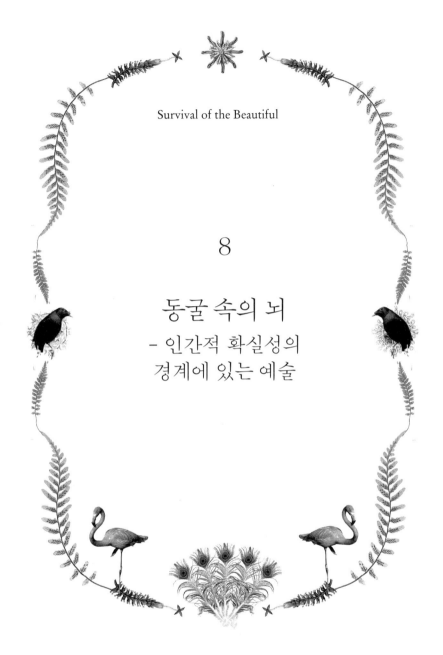

Survival of the Beautiful

8

동굴 속의 뇌
– 인간적 확실성의 경계에 있는 예술

"아주 오랜 옛날의 인류 예술가들도 정확한 기하학적 형태들을 디자인에 포함시킬 만큼 그 실재를 믿었다. 그들이 장식하고 그린 동물 모양의 그림만큼 이런 기하학적 형태들도 진지하게 받아들였을까? 우리의 뇌는 실용성 못지않게 추상성도 추구하도록 진화했다. 우리는 언제나 그런 순수한 아이디어에의 탐구욕으로 넘쳐난다."

우리는 코끼리들이 알아서 스스로 표현하게끔 그냥 내버려둬야 할까, 아니면 일반 관광객들에게 조금 더 호소력을 가질 만한 작품을 만들어내게끔 그들 자신을 닮은 그림을 그리도록 훈련시켜야 할까? 따지고 보면 예술도 결국 돈이다. 만약 당신이 예술 학교를 다니고 있는 태국 코끼리라면, 그 덕분에 거리에서 헤매지 않아도 될 것이다. 어쩌면 동물을 그런 식으로 훈련시킨다는 것이 특이한 일 혹은 잔인한 일로까지 보일 수도 있을 것이다. 또 어쩌면 코끼리들의 그림을 가리켜 예술이라 하는 것 자체가 다소 경솔한 일이 아닌가 하고 생각할 수도 있을 것이다. 그렇다면 일단 인간 예술 중 가장 오래 된 선사시대의 예들을 살펴보자. (그림 50을 보라.)

개별적으로 그려진 것이지만 서로 복잡하게 여러 층으로 겹쳐져 있는 이 그림들은 동굴화의 일부로서, 완전히 어두컴컴한 동굴 속에서 희미한 불빛에 기대어 그린 것이다. 오래전 초기 홍적세 때 인간이 가장 표현하고 싶어 했던 이미지들은 우리 가운데 살고 있는 엄청난 크기의 동물들이었다. 추상, 상징, 패턴, 규칙 같은 것들에 대한 감각이 생기기 전, 인간의 가장 초기 형태의 예술작품들은 사냥감, 특히 매머드나 코끼리같이 몸집이 가장 큰 동물들에 관한 것이었다. 우리가 여전히 동물들에 경외감을 느끼며 그것들에 대해 알고 싶어 하는 것은 어쩌면 당연한 일일 것이다.

이번 장에서 우리는 인간이 예술 활동을 할 때 무엇을 생각하는지를 알

그림 50 선사시대 인류가 그린 다양한 코끼리 소묘의 몽타주

아가는 과정에서 두 개의 상반된 관점을 극단까지 밀고 나갈 것이다. 선사시대 예술은 아득하고 안개에 싸인 듯 흐릿하지만 또 그만큼 매력적이기도 하다. 우리가 볼 수 있는 것은 동굴에 그려지거나 바위에 새겨진 그림들이 품고 있는 웅대한 이야기의 윤곽이나 조각에 불과한, 원래의 정확한 모습이 남긴 그림자뿐이기는 하다. 이 작품들에 실용적인 목적이 있었는지, 아니면 순전히 미적인 이유로 이런 규모의 작품이 만들어진 것인지도 추측만 해볼 따름이다. 선사시대 인류가 세상을 그와 같이 표현함으로써 무엇을 하려고 했던 것인지를 상상해보면, 그들이 남긴 이런 고대 이미지들은 어떤 의미에서는 현대 추상예술작품들보다도 훨씬 모호하다. 그때는 지금과는 다른 이유로 예술이 필요했을까? 선사시대 예술 가운데 왜 우리 인간이 항상 예술을 필요로 했는지 그 궁극적인 이유를 설명해줄 독특

한 단서가 남아 있을 수도 있지 않을까? 그리고 그 필요는 같은 세상을 살고 있는 정자새나 코끼리를 우리와 분리시키는 것일까, 아니면 보다 가깝게 엮어주는 것일까?

각각의 코끼리들의 경우는 우리의 주제에 맞게 자연과 인간 간의 대결이라는 관점은 제쳐두고 생각해도 되겠지만, 고대 예술의 모양과 형식은 종종 그림 51과 매우 비슷한 모습을 보이는 것이 사실이다.

프랑스의 삼형제 동굴 내부에 있는 이 웅장한 스케치는 동물 위에 동물이 그려져 있다. 이렇게 겹쳐진 이미지들은 마치 우리 기억 속에서 목록으로 차곡차곡 정리되어 있는 이미지 무더기나 연속적으로 일어난 일을 쉽게 설명하고자 그린 것 위에 다시 그림을 이어 그린 어린아이의 그림 같다. 이 고대 스케치는 이런 식으로 이미지들을 겹쳐 묘사함으로써 그림상에서도 전투 혹은 사냥의 막바지에 이르는 모습을 표현한다. 동물의 형상을 재빠르게 소용돌이치듯 묘사하여 추상적인 형태로 바뀌며 만들어지는 넘치는 그 에너지와 실제 동물의 묘사 방식에는 그저 감탄밖에 나오지 않는다. 그렇지만 이것이 그림이 그려진 동시대 감상자들의 눈에 보인 전부였을까? 이 이미지는 그림이 의미하는 바를 말해주려 하기도 전에 이미지 자체로 우리를 사로잡는다. 그러나 어떤 예술작품을 실제로 충분히 보았다고 말할 수 있을 만큼 제대로 보기 전에는 그것에 관해 너무 많은 것을 읽으려고 하지 마라.

한 동물을 그린 그림을 볼 때, 우리는 그것에서 무엇을 보고자 하는가? 그 그림이 다른 형태들과 비교했을 때 뭔가 다른가? 그 그림의 대상이 오늘 저녁 식사거리로 보이는가, 아니면 진화라는 거대한 그물망을 거쳐 고유의 자리를 차지하며 나타난 우리 인간과 같은 또 하나의 생명체로 보이는가? 우리에게 그런 이미지들이 갖는 의미는 교육이나 타고난 본능이 규

그림 51 삼형제 동굴 내벽의 그림들

정하는 것일까? 나는 이와 같은 이미지 속에서 기억의 소용돌이를 마주하
곤 한다. 눈을 감고 지나온 세월 동안 내게 일어난 수많은 일들에 관해서
생각하며 그 모두를 하나의 이미지 안에 가둬보는 것이다. 그 이미지를 그
림으로 스케치한다고 상상하면, 실제로 일어난 모든 일들이 하나의 복잡
하고 추상적인 모양으로 합쳐지는 것을 볼 수 있다. 그것은 마치 어린아이
가 이야기를 하면서 그린 대상이 겹쳐진 그림이나 물감이 흩뿌려진 폴록

의 그림 속에 숨겨진 위장술을 닮았다.

나는 이 이미지를 이런 식으로 볼 수 있게 만들어준 것이 지난 1세기 동안 우리 문화에 스며든 추상화의 영향이 아닐까 생각한다. 어쩌면 이미 수천 년이라는 세월을 살아낸 이런 이미지들은 끝내 우리가 결코 제대로 알 수 없는 것일지도 모른다. 극히 제한된 양의 자료만으로 논리 정연한 설명을 끌어내고자 한다면 가설을 세워야 할 것이다. 이런 이미지들이 지닌 숭고한 태곳적 특질은 우리를 경외감에 차게 만든다. 어떻게 이토록 오랜 시간을 버텨냈을까? 그들은 왜 어둠 속에서 이런 그림을 그렸던 것일까? 오늘날 개인적인 표현 욕구에서 비롯한 예술보다 이들 그림이 더 제의적이고 특별히 의미가 있다고 할 수 있을까?

흔히들 하는 말로 원시 문화가 요즘 우리보다 훨씬 더 실용적이었다고 한다. 래브라도의 야생 지역을 여행하고 쿠쥬아크의 이누이트 마을로 돌아왔을 때, 나는 마을의 한 노인과 2주간에 걸친 내 여행에 대해 이야기를 나눈 적이 있다. "동물들 좀 보셨소?" 노인은 대수롭지 않게 물었다.

"별로 못 봤습니다." 나는 그에게 이렇게 말했다. "그런데 토끼 한 마리가 제 부츠 바로 앞을 코를 쿵쿵대면서 지나간 적이 있어요. 마치 한 번도 인간을 본 적이 없는 것처럼 말입니다."

"그래서요?" 그가 되물었다.

"그래서라뇨? 그냥 그렇게 지나갔다고요."

"뭐라고요?" 원주민 노인은 말했다. "그걸 안 '쐈단' 말이오?"

그제야 나는 북극 지방에서 동물 이야기를 꺼냈으면 솥단지 속의 토끼 고기 혹은 최소한 그에 준하는 만족스러운 식사거리로 끝이 맺어져야 함을 깨닫고 웃었다. 이미 생명체와 더불어 살고 있다면 생명 자체에 대한 순수한 경외감이 들지 않는 것이다. 단지 먹고 먹힐 뿐. 단순하고 실용적인 삶만이 있는 것이다.

지금 이 이야기가 겹겹이 그려진 고대의 동물 이미지들과 얼마나 관련이 있는지는 나도 모르겠다. 그러나 이 이야기는 분명 고대 예술의 목적이 생명의 근원적 힘에 관한 추상적 이미지라기보다는 실용적인 중요한 이야기들을 하기 위함이라는 일반적인 관념을 뒷받침해준다. 고대 인류는 동물들의 세계와 밀접했음을, 그리고 생명의 진화 궤적을 따라 존재했거나 존재하지 않았을지 모를 어떤 미적 보편성이 있었음을 시사하는 것이다.

만약 동물 세계에 존재하는 아름다움이 성선택을 통해 진화한 것이거나 생명 활동에 수반하는 기본적인 정형화의 결과라고 한다면, 우리 인간은 이로부터 무엇을 얻을 수 있을까? 우리는 주변에 보이는 이 모든 형태들로부터 진화한 것이니, 우리의 선호 역시 그것들에서부터 형성된 것일까? 혹시 우리가 항상 우리와 동물을 구별하면서 동물에 관해 알고 싶어 하고 이름을 붙이는 한편 그들을 그려보기까지 하는 것은 그렇게 함으로써 동물 세계를 통제할 수 있기를 바랐기 때문일까?

나는 어떤 예술작품 너머에 깔린 의도가 작품 자체의 아름다움에서 주의를 돌리게 만드는 것은 원하지 않는다. 정자새의 작품을 보고 순수하게 경탄하는 것이, 그것이 마치 수컷의 우월성을 드러내기 위해서 진화가 찾아낸 가장 기이한 길인 양 뜯어보고 분석하는 것보다 더 중요한 일이다. 선사시대 예술을 이해하려는 시도는 어쩌면 과거를 보존하는 능력이 부족한 인간이 지금껏 만들어낸 인공물들을 이해하고자 얼마나 분투해왔는지를 방증한다고도 할 수 있을 것이다.

그렇다면 근원적 이미지, 그러니까 우리 뇌의 시원적 기억에 자리 잡고 있는 시각적 사고는 무엇인가? 심지어 언어나 사고를 조직하는 어떤 시도

보다 선행하는 이미지는 무엇이란 말인가? 이것이 내가 인류 예술의 서광에 해당하는 부분에 흥미를 갖는 이유이다. 인간이라는 종에게 예술이 꼭 필요한지 여부를 설명하기 위해서라기보다 우리의 뇌가 볼 수 있는 가장 기본적인 것들이 무엇인지를 설명하고 싶은 것이다. 우리는 잡아먹고 싶은 맛있는 동물을 재현하고자 하는 아이디어보다 더 과거로 거슬러 올라가봐야 한다. 어떤 외부 자극 없이도 뇌가 자체적으로 만들어내는 바로 그 이미지로 더 깊이 들어가봐야만 한다.

당신이 어떤 어두운 선사시대 동굴에 들어가 있다고 상상해보자. 너무 어두워서 아무것도 볼 수 없을 것이다. 그런데 어쩌면 당신이 아무것도 못 보는 것이 아니라 당신이 아무것도 모르는 것이 아닐까? 드물게 진솔한 정력으로 표현된 구석기 예술은 아름다운 짐승을 묘사한 윤곽선 이상의 어떤 요소들을 갖추고 있다. 또한 구석기 예술에는 '안내섬광眼內閃光/phosphene' 현상으로 알려진, 눈을 감고 있어도 보이는 특정 패턴이 나타난다. 인류 예술에 나타나는 각종 형태의 생물물리학적 근원을 찾는 학자들은 파동, 물방울, 지그재그, 격자, 내포 곡선 같은 이미지들로 돌아가고 있다. 우리의 눈 혹은 뇌도 그런 이미지들이 어디에서 온 것인지 알지 못한 채로 그것들을 보고 있을 수 있다. 태양을 응시했다가 눈을 감아보라. 그러면 바로 감은 눈 안에 그런 이미지들이 나타난다. 그런 이미지들은 한밤중에 꿈의 한 가운데에 모습을 드러내기도 한다. 추상예술을 충분히 감상한 사람이라면 그런 이미지들을 보다 진지하게 받아들이게 될 것이다.

데이비드 루이스-윌리엄스David Lewis-Williams는 구석기 예술이론가 중에서 아마도 가장 심리학적으로 사고하는 학자일 것이다. 그는 예술의 근원을 그것이 우리에게 무슨 의미인가 하는 관점이 아니라 그것이 어떻게 이런 뇌 속에서 소용돌이치는 영상들을 처리하는 과정에서 나오는가 하는 관

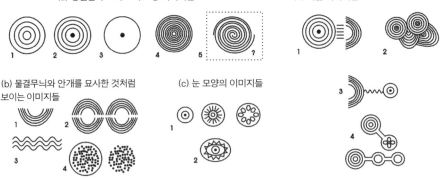

(a) 동심원 구조의 고리 모양 이미지들

(d) 복합 이미지들

(b) 물결무늬와 안개를 묘사한 것처럼 보이는 이미지들

(c) 눈 모양의 이미지들

그림 52 수면 중에 기록된 안내섬광의 모습들

점에서 살핀다. 그런 영상들은 우리 시각계가 갑작스런 어둠 속에 던져지거나 스트레스를 받게 되면 표면화되는데, 시각계에 구조적으로 내재하는 기하학적 특성을 드러낸다. 이를테면 우리가 편두통에 시달릴 때라든지, 향정신성 물질을 복용함으로써 환각에 빠질 때, 혹은 제의적 방법을 통해서 무아지경에 이를 때 그런 순간을 목도하게 된다. 유사 이래 인류 사회는 환영과 무아지경을 높이 평가해왔는데, 물론 이런 것들을 보기 위해서 꼭 약의 힘이 필요한 것은 아니다. 실제로 똑같은 종류의 이미지들이 수면에 관한 신경생물학의 최신 연구에도 별안간 등장하는 것을 볼 수 있다. (그림 52를 보라.)

맥락에 따라서 이런 이미지들은 고대 동굴 내부에서 발견되는 선사시대 패턴과 같은 토착 원주민 예술의 표본처럼 보이기도 한다. 편두통에 시달릴 때나 마약을 했을 때 접하게 되는 종류의 환각처럼 보이기도 할 것이다. 그런 패턴들이 자연의 물리적 작용의 근간을 이룸을 인지하고 있는 올리버 색스Oliver Sacks는 편두통에 시달리는 사람이 헤켈의 『자연의 예술적 형태』를 펼쳐 들면 책 속에서 미세한 생명체들에서 발견되는 자연의 무수히

그림 53 어느 편두통 환자가 그린 그림

많은 갖가지 모양들뿐 아니라 바로 자기 머릿속을 휘젓고 다니는 환영도 찾아내는 것을 발견했다. 색스는 유명한 힐데가르트 폰 빙엔^{Hildegard von Bingen}의 환영도 이런 맥락에서 설명한다. 그는 힐데가르트 폰 빙엔의 환영은 편두통으로 고생하는 사람이나 편두통을 연구하는 사람들 사이에서는 익히 잘 알려진 증상이라고 말한다. 하늘에서 별 같은 것이 규칙적으로 번쩍이는 느낌, 마치 후광처럼 시야를 가득 채운 원 모양의 것이 기독교적 이미지들을 감싸고 안내섬광과 함께 자기 머릿속에서 고동치는 느낌 같은 것이 그렇다. 이런 것들 역시 원, 나선, 별, 파열형과 같이 자연 속에서 가능한 근본적인 패턴들에 기초하고 있다는 것이다. 이러한 패턴들은 자연의 개념상 뿌리를 이루는 모양들인 관계로 근본적인 무게감을 갖고 있다. 그리고 이들은 물리학, 수학, 화학의 원리를 통해서 진화에 활용된다. 이 패턴들은 무엇보다도, 그중에서도 특히 우리 인간보다 세상의 더 근저에 자리하고 있으며, 가장 오래된 인류 예술 안에서 빛을 발하면서 동시에 사냥과 힘 있는 동물들 사이에서 벌어진 일들의 실질적 기록물이기도 하다.

힐데가르트 폰 빙엔은 자신이 경험한 환영을 다음과 같이 묘사한다. "정말로 눈부시고 아름다운 거대한 별이 하나 보이더니 그 안에서부터 어마어마한 숫자의 별똥별이 쏟아져 나와 그 큰 별을 좇아 남쪽으로 이동했습니다." 그리고 그 별똥별 무리는 사라져버렸다. "갑자기 그것들이 몽땅 잦아들며 시커먼 석탄 더미로 바뀌어버리더니 … 심연으로 던져져서 더 이상은 볼 수 없었습니다." 색스는 이것을 이렇게 해석한다. "그녀는 연속적인 허성암점虛性暗點/negative scotoma의 경로에서 시계視界를 가로지르는 일련의 안내섬광을 겪은 것이다." 색스가 지금과 같은 저명 의학 저술가가 되기 전에 쓴 초기 책 가운데 하나에는 그가 접한 몇몇 편두통 환자가 그린 그림이 실려 있다. 그 그림들은 편두통 환자들이 겪은 시각적 정신착란의 모습을 담고 있는데, 온통 번쩍번쩍하고 반복적이며 모자이크 기법을 연상시키고 만화경처럼 움직이는 규칙적인 패턴들로 가득 차 있다. 그런데 그 패턴들은 정상적인 시계에서 비롯되어 존재의 가장 뿌리가 되는 구조를 구성한다는 점에서 현란한 위장술이 우리 내부에서부터 나온다는 점과 비슷하다.

오늘날 이런 패턴들은 어떤 미술관이든 방문하면 쉽게 접할 수 있는 이미지들과 비슷해 보이지만, 이런 패턴들이 힐데가르트 폰 빙엔에게는 어떻게 보였을까? 그녀는 자신이 본 환영을 가리켜 신성神性의 미광微光이라고 표현했지만, 성공적인 예술작품은 모두 그런 기운을 품고 있게 마련이다. 도스토옙스키Dostoyevsky 역시 편두통에 시달렸다고 알려져 있는데 편두통이 그를 덮칠 때면 영원한 조화harmony같이 느껴지는 대단히 깊고 압도적인 뭔가를 봤다고 한다. "그 5초 정도 되는 시간 동안에 인간이라는 존재의 전부를 다 살아냈다." 모든 예술가들은 그처럼 완전히 압도적인 경험을 통해서 가장 위대한 의미를 찾아내고자 한다. 아마도 인류가 그들이 살아가고 있고 살아가야만 하는 세상에 대해서 사고하고 창조적으로 반응해온 이래 쭉 그래왔을 것이다. 최신 현대 예술가인 루이즈 부르주아^{Louise Bourgeois}가 다음과 같은 말을 했을 때도 아마 같은 생각을 하고 있었을 것이다. "한번은 내가 불안감에 시달리고 있을 때였는데 … 길을 잃었다는 공포에 비명을 지를 수도 있었을 것이다. 그러나 하늘에 관해 공부하며 공포를 밀어두자 … 별들과 나의 관계가 보였다. 나는 울기 시작했고 내가 옳았다는 것을 알았다. 내가 요즘 기하학을 활용하는 방식이 바로 거기에서 나왔다. 내 작품 활동을 가능하게 해준 것은 기하학의 힘을 빌린 그 기적이다."

루이스-윌리엄스의 설명에 따르면, 완전히 어두운 동굴 속의 구석기 예술가나 현대의 편두통 환자의 경우에서 보듯이, 뇌는 이러한 환영을 경험하면 일단 그것을 이해의 첫 단계로 인지한다. 다음으로 뇌는 그 패턴들을 실제 세상에 존재하는 전형적이고 친숙한 형태, 그러니까 동물에게 나타나는 파동이나 줄무늬를 비롯한 여러 패턴으로 진화된 자연 형태로 가다듬는다. 세 번째 단계로 주술사, 환영을 보는 자, 환각 물질을 접한 자들은 어떤 터널이나 소용돌이 속으로 빨려 들어가는 경험에 대해 이야기한다. 그 속에서 그들은 패턴과 형태 안으로 들어가게 된다. 그들 자신이 점이 되고 선이 되고 위장술로 치장한 동물이 되는 것이다. 그런 식으로 우리는 온전한 환영에 끌려 들어간다.

『예술의 생물학적 기원^{The Biological Origins of Art}』의 저자 낸시 에이킨^{Nancy Aiken}은 어떻게 안내섬광이 전 세계 문화권에 걸쳐 나타나는 추상적 이미지나 어린아이의 낙서와 똑같은 형태를 취하는지를 보여주는 인상적인 시각 자료들을 모은다.

그런 의미에서 그녀가 모은 이미지들은 인류가 늘 이해할 수 있는 이미

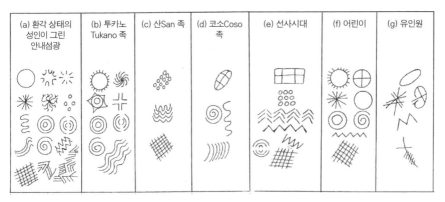

| (a) 환각 상태의 성인이 그린 안내섬광 | (b) 투카노 Tukano 족 | (c) 산San 족 | (d) 코소Coso 족 | (e) 선사시대 | (f) 어린이 | (g) 유인원 |

그림 54 문화에 따른 안내섬광의 모습들

지들이다. 우리가 그런 이미지들의 가치를 얼마나 높이 평가할 것인가는 그것들에 부여된 외부적 의미, 달리 말해 예술에 대한 우리의 이해가 얼마나 추상 쪽으로 기울어져 있는가에 달려 있다고 할 수 있다.

내 생각에 이것은 우리가 오늘날 미적 가능성이라는 점에서 한층 고양된 감각을 갖고 있음을 보여주는 한 가지 근거가 된다. 우리는 낙서나 환각 상태를 예술로서 보다 진지하게 받아들이고 있다. 그리고 그에 따라서 경험의 더 크고 풍부한 몫이 우리에게 미적으로 흥미로운 것으로 새롭게 자리를 잡게 된다. 또한 그것은 일찍이 헤켈을 그토록 감동시켰던 복잡성과 대칭성을 발견하는 즐거움에도 긍정적인 신호를 보낸다. 헤켈은 복잡한 소용돌이 모양의 대칭적인 형태들을 통해 생명이 얼마나 아름답게 다양한지를 보여줌으로써 다윈의 진화론이라는 복음을 만천하에 널리 퍼뜨렸다. 지난 수천 년 동안 우리는 대칭성에 존재하는 뭔가에 늘 감동을 받아왔다. 아마도 모두가 가장 극심한 종류의 두통을 겪으며 그런 소용돌이 무늬나 패턴들을 봤기 때문만은 아닐 것이다. 실재하는 것이든 상상하는 것이든 간에 우리가 가장 보고 싶어 하는 것에는 모든 아름다움에 존재하는 보다 저변의 형식상 유사점들이 존재한다.

이 같은 관점은 분명히 원시 예술을 바라보는 가장 멋진 관점이라고 할 수 있을 것이다. 이 관점은 원시시대의 그림을 어떤 역사나 논리적 설명이 아니라 순전히 경험에서부터 우러나온 혼합물로 본다. 추상예술을 가장 오래된 인류의 예술적 이해로, 우리 뇌에 이미 존재한 것으로 만든다는 점에서 고수할 가치도 있다. 엘렌 디서내예이크Ellen Dissanayake는 원시인들이 뭔가를 기리기 위한 방식으로 스스로를 붉은 황토로 치장했다고 알려진 30만 년 전으로 거슬러 올라가 가장 초기이자 가장 다듬어지지 않은 형식의 인류 예술을 가리켜 경험을 "특별하게 만드는 것"이라 정의한 것으로 유명하다. 하지만 그런 그녀도 어째서 자연에는 순수하게 혹은 정확하게 기하학적인 것이 거의 없음에도 불구하고 인간은 언제나 자발적으로 그리고 과도하게 기하학적 모양들을 활용해왔는지에 대해서는 당혹스러워한다. 왜 우리는 항상 정확성을 이해하고자 하며 거기에 목을 매는가? 플라톤은 우리가 늘 불완전하게 경험하는 세상의 뿌리에 있는 완벽한 형태를 구하고 있기 때문이라고 말한다. 아주 오랜 옛날의 인류 예술가들도 그런 정확한 기하학적 형태들을 디자인에 포함시킬 만큼 그 실재를 믿었다. 그들이 장식하고 그린 동물 모양의 그림만큼 이런 기하학적 형태들도 진지하게 받아들였을까? 우리의 뇌는 실용성 못지않게 추상성도 추구하도록 진화해왔다. 우리는 언제나 그런 순수한 아이디어에의 탐구욕으로 넘쳐난다. 우리는 세상을 이해하고자 세상을 갖가지 순수한 모양들로 나누고, 예술행위를 하고자 할 때면 그런 모양들을 따라 한다.

디서내예이크는 자신의 훌륭한 책 '미적 인간'이라는 뜻의 『호모 에스테티쿠스Homo Aestheticus』에서 가혹한 환경에 맞서 이기기 위해 불을 발견하고 각종 도구를 발명해냈음에도 우리 인간은 여전히 제의나 음악, 아름다운 예술작품 등을 통해 스스로를 감정적으로 달래고 만족시킴으로써 위협적인 환경이 주는 공포를 다스릴 필요가 있었음을 지적한다. 예술행위를 할 필요는 뭔가를 형성하고 가다듬는 타고난 능력에서부터 나온 것이지만, 그녀는 이런 성향은 미국흰두루미의 춤이나 정자새의 예술작품과 오직 정도의 차이만이 있을 뿐, 종류의 차이는 없다고 여긴다. 인간의 독특함은 삶과 사회의 중요한 순간들에 예술성을 가미하는 결정을 한다는 것이다. 예술이 좋은 이유는 예술이 단지 우리 개개인을, 아마 정자새나 미국흰두루미도 마찬가지일 텐데, 기분 좋게 만들어주기 때문만이 아니다. 예술이 좋은 이유는 공통의 믿음과 행동으로 우리를 묶어주기 때문이기도 하다.

디서내에이크는 실용성은 아름다움으로 강화된다고 믿는다. 그 아름다움은 자연의 진화된 패턴에 대한 우리의 기본적인 감수성을 일깨우는 예술에의 찬양을 고양한다. 그리고 패턴은 진화가 우주의 순수한 구조인 대칭과 형식이라는 가능성으로부터 뽑아낸 것이다. 가장 생명력이 질긴 예술은 인지에 관한 보편 명제들을 일깨우는 예술이다. 그 보편 명제란 모든 인간은 원이라든가 도표, 중심에서 주변부로 번지는 일정한 경로, 만족스러운 만다라의 균형, 나바호 족 모래 그림에 나타나는 통일성 같은 것들을 이해할 수 있다는 것이다. 우리는 창조적인 삶을 통해 항상 경험을 고양시키고 싶어 한다. 예술이 스며든 세상은 훨씬 살기 좋은 세상이 된다. 우리는 우리 자신과 우리를 둘러싸고 있는 것들을 연결하는 최고의 방법인 예술을 기린다. 예술과 함께 웃고 울면서 그 아름다움에 빠져들어 하나가 된다.

선사시대 예술을 이해하려는 노력은 항상 먼 시간적 간극 탓에 추측으로만 이루어지게 될 것이다. 이런 고대의 흔적들을 설명하고자 하는 사람들은 언제나 그들만의 편견이나 의혹을 좇곤 한다. 그러다보니 이런 이미지들을 접하고 나서 우리가 느끼는 경외감의 일부는 그 이미지들이 본능적으로 인간에 관한 것이 사실상 거의 남아 있지 않은 시기에 대해 말해 준다는 사실과도 관계가 있다. 우리 눈에 이런 이미지들이 얼마나 아름답게 보이는지 깨닫게 될 때마다 이토록 멀리 떨어져 있는 조상들과 우리가 공유하는 미적 보편성을 인정하게 되며 우리는 미소 짓게 된다. 말의 몸을 이루는 선의 아름다움이라든가 색칠한 화살의 유연함, 엉덩이 곡선의 관능성이라든가 소용돌이나 별 모양의 친숙함 같은 것들이 그렇다. 추상적인 패턴은 사냥이나 전투를 기릴 필요가 있는 한, 사랑에 대한 필요가 있는 한, 우리와 함께 해왔다. 오늘날에도 예술은 충분히 같은 지평을 담당하고 있다.

그런데 이런 선사시대 화랑을 더욱 신비롭게 만드는 신비가 있다. 이 작품들은 거의 완전히 어둠 속의 세계라고 할 수 있는 동굴 속에 그려졌다. 흔들리는 촛불 속에서 겨우 그려지고 볼 수 있었을 이 그림들은 아마도 언제나 극소수의 사람에게만 허락된 특별한 제의 때만 볼 수 있었을 것이다. 흔들리는 불빛은 그림을 이상하게 살아 있는 것처럼 만들었을 것이고 마치 오래된 텔레비전의 지직거림이나 요새 텔레비전의 반짝이는 3D 효과가 낳는 거북함 같은 효과를 낳았을 것이다. 그때나 지금이나 그 그림들이 정말로 살아 움직이는 게 아니라는 것은 안다. 단지 움직이는 것처럼 보일 뿐.

확실한 해명이 불가능할 신비에 끌려든 사람들은 줄곧 이런 시각적 신비를 이해하고 목록으로 정리하고자 갖가지 접근법을 취해왔다. 시대가 워낙 현대와 멀리 떨어져 있고 이미지가 개략적이다보니 가능한 해석의 폭이 참 넓다. 데일 거스리^{Dale Guthrie}는 자신의 훌륭한 저서 『구석기 시대 예술의 본질^{The Nature of Paleolithic Art}』을 통해 이 장의 서두에 실은 코끼리 이미지들의 초기 부분들을 다루면서 이 시기의 예술 세계가 오늘날 우리 시대의 예술 세계와 크게 다르지 않다고 믿는다고 밝혔다. 이 또한 개별적인 예술가들의 일상생활, 그러니까 사냥, 분쟁, 성, 탄생과 죽음에 대한 반응이고 그것을 아름답게 상세히 기록하고자 하는 노력이라는 점에서 같다는 것이다. 그는 이런 예술의 성聖적인 부분에 주목하는 다수의 주술적·신비주의적인 해석에 회의적이다. 그런 해석들은 이런 예술에 다양성과 표현으로 대표되는 현대 세계와는 동떨어진, 뭔가 아득하고 통합적인 경외감을 부여해버리기 때문이다.

이고르 레즈니코프Iegor Reznikoff는 지하 전시라는 상황이 제공하는 다중감각 가능성에 흥미를 느껴왔다. 만약 이 동굴 그림들을 멀티미디어 설치에 가까운 것이라고 본다면 어떨까? 혹은 노래를 부르기 위한 무대장치라고 본다면? 그는 이 그림들이 동굴 내부에서 가장 공명이 잘 일어나는 곳, 정확히 누군가가 노래를 부르거나 구호를 외친다면 가장 거대한 메아리가 생겨나거나 공연을 할 만한 장소라고 여겨지는 곳에서만 발견된다고 주장한다. 레즈니코프의 관찰 내용이 그 그림이 존재하게 된 원인인지 아니면 다른 원인의 결과인지 알기란 불가능한 일이지만, 하나의 흥미로운 가능성을 제기한 것만은 확실하다. 그 어둠 깊숙한 곳, 마치 어린아이의 이야기 그림처럼 거대한 장면의 이야기가 겹겹이 그려진 그곳은 이야기와 음악이 깊은 예술적 경험을 가져오기에 자연스러운 최적의 장소였을 것이다. 이것이 전부 주술적이며 마술적인 것이었을까 아니면 단순히 있는 그대로 삶을 기록한 일부였을까? 어쩌면 둘 모두였을지도 모른다. 비록 정확히 알아내기에는 너무도 오랜 시간이 흐른 것처럼 보이지만 말이다.

오늘날의 예술가라면 가능한 최고의 빛에서 그림을 그리지 않을까? 꼭 그렇지만은 않다. 예술가는 관람객을 사로잡을 수 있게끔 그들을 어리둥절하게 만들어 경험을 가능한 한 가장 훌륭한 미적 효과로 만들어낸다. 일반 대중이 흔들리는 불빛 아래 이 웅장한 지하 동굴 속 이미지들을 접하게 된다고 상상해보라. 어쩌면 소리나 이야기가 곁들여질 수도 있을 것이다. 무엇보다도 그것은 하나의 상황, 목도할 하나의 공연이다. 그림 위로 지나가는 움직이는 빛과 함께 동굴 벽은 오늘날 영화 화면처럼 살아 움직이는 것 같이 보였을 것이다. 언젠가 알게 될 날이 올까? 보다 확실한 증거를 찾아 헤매며 우리는 늘 결코 확신할 수 없을 고대의 아름다움, 우리를 끝없이 추측의 즐거움에 빠지게 만드는 세부 내용들을 이해하기 위해 노력할 것이다. 그리고 우리는 끝없는 재해석을 통해서 과거를 살아 숨 쉬게 만든다.

지금과는 다른 매체를 사용했던, 기술적으로 변화한 오늘날의 환경과는 완전히 동떨어진 그 옛날의 세계로 돌아가도 우리는 여전히 예술로부터 같은 것을 원했다. 보이지 않는 것을 보이게 만드는 방법, 설명에 앞서 우리를 경탄하게 만드는 경험을 통해서 만물의 진실을 추구하는 방법을 원했던 것이다. 그리고 우리에게는 여전히 설명할 수 없는 것들이 있고 그것들은 계속 경이로운 모습으로 남아 있다. 그 시절 우리 인간이 동굴에 그렸던 것은 그림이 그려진 그때만큼이나 오늘날에도 여전히 우리를 감동시킨다. 이런 이미지들의 진정한 맥락이 무엇인지, 그것들을 받아들이는 바른 방법이 무엇인지 결코 확신할 수 없을지라도 그들은 그렇게 늘 아름답게 남을 것이다.

고대부터 전해진 거의 알아볼 수 없는 것 속에서 그 의미를 알아낼 수 있기를 갈망하며, 우리는 우리가 오늘날 보고자 하는 것들과 우리가 보고 있는 것 사이의 공명점에 대해 탐구한다. 거기에는 우리가 잘 알고 있고 어쩌면 그때보다 오히려 지금 우리에게 더 많은 것을 의미하는 동물들의 선, 자연의 형태들이 존재한다. 우리는 우리가 그 생명체들과 관계가 있음을 알고 있다. 우리는 살아남기 위해서 그들을 뒤쫓고 사냥하며 잡아먹는다. 그들은 살아 있지만 우리는 우리가 결코 그들을 속속들이 알지는 못하리라는 것을, 그들이 무엇을 얼마만큼 알고 있고 또 무엇을 모르는지 결코 알지 못하리라는 것을 안다. 어쨌거나 그들은 그렇게 언제나 우리의 관심어린 시선 속에 있다.

또한 거기에는 추상적인 형태와 모양들이 있다. 단순한 수학에 따라 발생하고 그 누구도 관여하지 않은 과정에 의해 진화한, 언제나 존재해온 자연의 법칙이 있다. 아름다움은 그럴 수 있기 때문에 그렇게 나타난 것이다.

어둠 속에서 그려진 이 그림들은 오래되었고 근근이 볼 수 있을 뿐이다. 우리로서는 이 그림들의 창작에 대한 어떤 증거가 나온다고 해도 그것들을 어떻게 볼 것인가에 대해 결코 확신할 수 없을 것이다. 그러나 그것들은 분명히 이유가 있어서 살아남았을 것이다. 제아무리 우리가 많은 것을 알게 된다고 하더라도 그것들은 계속 아름다운 채로 남을 것이다. 질문거리와 존경심을 갖고 그들에게 접근하자. 추측을 두려워하지 말자.

이제 화제를 돌려서 우리의 정신이 무엇을 생각하는지, 정신이 좋아하거나 싫어하는 예술을 마주했을 때 우리의 뇌에는 무슨 일이 일어나는지 뇌의 안쪽을 감히 들여다보기로 하자. 헤아리기 힘든 불확실성을 다룰 능력이 우리에게 있을까? 영국의 신경과학자 세미르 제키$^{Semir Zeki}$는 전 세계에서 신경미학이라는, 그 자신이 발족시킨 분야를 다루고 있는 유일한 대학교수이다. 지난 20년간 그는 우리가 예술을 볼 때 뇌에서 어떤 일이 벌어지는가를 관찰하는 과업의 가장 강력한 지지자였다. 그는 PET나 fMRI 스캔 관찰에 기초하여 우리 뇌 깊숙이 꼬여 있는 우묵한 공간 어디에서 활동이 일어나는지를 관찰하면 우리 뇌가 예술을 어떻게 이해하는지에 대해 뭔가를 알아낼 수 있으리라고 기대한다. 정신은 인간의 능력 중에서 가장 신비로운 것이다. 사실 너무도 신비로운 나머지 그것이 정말 존재하기는 하는지조차 확신하지 못한다. 최소한 뇌가 존재한다는 것만큼은 알지만, 그리고 우리가 정신이라 여기는 것이 우리 머리 내부에 있는 회백질 안에 존재하는 신경세포의 작용으로부터 나온다고 가정하고 있기는 하지만, 거기서 정확히 무슨 일이 벌어지고 있다는 말인가? 수십 년에 걸쳐 뇌에 자극을 주고 잘라보며 연구를 해왔고, 보다 간접적인 방법을 통해서도 뇌를 관찰할 수 있게 된 오늘날에 이르러서도 뇌에 대한 우리의 이해가 얼마나 원시적인 수준인지 생각해보면 실로 놀랍다. 신경과학은 그만큼 극도로 난해한 분야이다. 뇌의 다른 부분들은 저마다 명확하게 기능이 구분되는 기계 부속 같은 것이 아니다. 오히려 활동을 관찰할 수 있는 구역이 특정한 일이 진행될 때면 활동에 따라 빛을 내는 부드럽고 살아 있는 유기체로 이루어졌다는 것은 더욱더 놀라운 사실이다.

신경미학은 정신이 어떤 예술을 보고 판단할 때 내리는 결론과 뇌의 활동에 관한 관찰 결과를 연계시켜보려는 시도로서, 매우 급진적이며 불안정한 분야이다. 예술가나 비평가들은 웃으며 이렇게 말할지도 모른다. "허허! 좋은 예술과 나쁜 예술을 구분하는 것이 무엇인지를 뇌 스캔에서 불이 들어오는 색깔을 보고 판별해낼 수는 없을 겁니다. 그것보다는 문화의 영향이 훨씬 더 깊으니까요."

"좋다 칩시다." 그러면 신경과학자들은 이렇게 말할 것이다. "그러니까 내게 그게 어딘지 좀 보여주시죠. 역사와 예술을 평가한다고 여겨지는 인간의 정신이라는 게 어디 있습니까? 우리 머릿속에서 일어나는 이 경미한 전기적 작동을 빼면 그게 어디 있단 말입니까?" 이것은 진실로 과학 자체의 내재적 한계를 밀고 나가는 학문이라고 할 수 있다. 그 한계의 끝이 흥미로운 최첨단 학문이 되든 아니면 터무니없는 헛소리가 되든 말이다.

어느 경우이든지 간에 신경미학은 과학적 연구라는 측면에서 보면 거의 아무것도 제대로 보이지 않는 안개 낀 듯 모호한 경계선상에 서 있다. 마치 빛 한 줄기 들지 않는 깊고 어두운 동굴에 남아 있는 소수의 고대 예술작품들의 의미를 알아내려는 시도처럼, 예술작품을 포착하는 순간의 뇌를 들여다보려는 시도는 관찰 못지않게 창의적인 추측도 요구되는 일이다. 어쩌면 신경미학은 그 자체로 하나의 예술적인 과정이라고 이해하는 편이 더 나을지도 모른다. 황당무계함을 극복할 수 있는 도약으로서, 불가능한 것을 규정하려는 노력을 두려워하지 않는 학문으로서 말이다.

세미르 제키는 특히 20세기 예술의 실험적 경향성에서 얼마나 많은 것을 배우고 있는지를 이야기한다. 그는 표현 가능성의 한계를 확장하려고 하는 예술가들은 "실제로 뇌에 대해 연구하는 신경학자들"이라고 믿는다. 극한을 건드리는 순수한 자극제를 찾아라. 그리고 감상자들의 뇌가 그것에 어떻게 반응하는지 살펴라. 예술이 최고로 추상적일 때, 예술가들은 과학자들이 하는 것을 한다. 그리고 그것이 제대로 작동할 때 예술가들은 인지적으로나 과학적으로 흥미로운 것들을 발견하는데, 종종 과학이 그것이 어찌 된 일인지 설명할 수 있기 훨씬 전에 먼저 해낸다.

제키는 실험의 일환으로 현대 예술을 즐긴다. 현대 예술가들은 복잡한 형태를 가장 근본적인 형태로 환원시키고자 하거나 뇌에 보일 법한 본질로서의 형태가 무엇일지 알아내고자 한다. 일례로 입체파의 직선들은 모든 인간의 시각적 지각의 바탕이다. 그런 선들은 "일단 모방에 대한 집착이 사라지고 나면 사실상 모든 조형 예술작품 속에서 발견될 것이다". 그런 의미에서 추상예술은 뇌가 만물을 이해하기 위해서 어떻게 시계를 단순화하는지를 실제로 이해할 수 있게 도와준다고 할 수 있다. 형태들에 관한 일관된 진실을 찾는 노정 도중 몬드리안은 어떤 순수한 이상향이라고 할 수 있는 규칙적인 격자무늬와 선들에 집중했고, 이를 통해 거의 100여 년 전 미학에 대한 우리의 의식을 바꾼 원기 왕성한 시각적 언어를 구축했다.

이런 접근법이 왜 그렇게 효과적이었을까? 데이비드 허블^{David Hubel}과 토르스텐 비셀^{Torsten Weisel}이 직선에만 특별하게 반응하는 뇌 속의 방위 선택적 세포를 발견한 것은 1960년대의 일이었다. 이로써 이런 규칙성에 대한 인간의 관심은 자연법칙적으로 근거가 있는 것으로 밝혀졌다. 제키는 이렇게 썼다. "두뇌 피질을 이루고 있는 수십억 개의 세포들 가운데 단 하나의 세포를 관찰하면서, 그것이 그와 같은 정확성, 규칙성, 예견 가능성을 가지고 주어진 방위에 따른 하나의 선에 반응하는 것을 볼 때 넋이 빠진 듯한 기분에서 빠져나올 수 없었다. 또한 그 세포의 반응이 그에 맞는 최적 성향에서 직각으로 교차하는 성향이 될 때까지 점차로 줄어들다가 마침내는 아무런 반응도 보이지 않는 것을 관찰하게 됐을 때도 매우 흥분됐다."

알렉산더 콜더^{Alexander Calder} 같은 키네틱 예술가들은 작품에서 색채나 형태보다는 움직임을 강조한다. 그리고 그 작품들은 넓은 관람객 층을 끌어들였다. 우리는 왜 움직임 자체를 위한 움직임에 흥미를 보일까? 움직임에만 선택적으로 반응하는 세포들로 가득 찬 뇌의 V5모션 중추 부분이 밝혀진 것은 키네틱 예술이 나오고 반세기가 흐른 후의 일이었다. 이 세포들은 시야에 들어온 다른 양상들보다 특히 움직임에 반응하여 빛이 활성화된다. 순수한 미학적 고찰이라는 이름으로 시각적 가능성의 측면들에만 관심을 좁혀 특별히 진행한 연구 조사라는 측면에서 보면, 20세기 예술은 우리의 신비로운 뇌의 내부가 어떻게 작동하는지를 보여준, 갖가지 가능한 실험들이 벌어진 일종의 실험실이었다고 할 수 있다. 클레가 "예술은 만물을 보이게 만든다."고 말했다면, 이 책이 하려는 말 중의 하나는 예술이 우리의 인지력을 신장시킴에 따라서 자연을 이해하는 우리의 능력 또한 신장한다는 것이다. 제키는 "예술 또한 뇌의 시각적 법칙에 복종하며 그렇게 함으로써 우리에게 그 법칙들을 드러내 보인다."는 것을 우리에게 상기시키면서 특정한 과학적 방법으로 이 주장을 받아들인다.

제키에게 뇌의 가장 주요한 법칙은 '추상'이라는 단어에 대한 특정한 이해이다. 그는 추상이 명확하거나 알아볼 수 있는 것으로 표현되지 않는 것들에 대한 이해가 아니며, 추상으로부터 일반적이고 영원히 지속되는 뭔가를 찾아내는 특정한 경험을 시작한다고 말한다. "나는 추상이라는 개념은 부분이 보편에 종속되는 과정을 의미하는 것으로 본다." 제키는 이것을 이렇게 확장한다.

나는 뇌의 모든 시스템이 기능이 서로 다를지라도 모두 어느 정도는 지식의 습득에 기여하기 때문에 뇌 전체 시스템이 추상과 개념의 형성에 연계되어 있다고 주장하는 데서 그치지 않을 것이다. 오히려 기본적으로 하나의 유사한 신경 프로세스가 뇌가 이루어야 할 서로 다른 목표 층들을 통제한다고 주장하고자 한다. 예술은 기본적으로 이런 뇌의 추상화, 개념 형성, 지식 습득 체계의 부산물이며, 그런 맥락은 생물학적으로 접근해야만 이해할 수 있다.

그러나 뇌는 어떻게 그러한 추상적 개념들을 형성해내는가? 이것은 신경과학이 해결해야 할 난제이다. 받아들인 세부 사항으로부터 효과적으로 일반화를 이끌어내기까지 뇌는 많은 양의 힘든 작업을 한다. 그런 힘든 작업 가운데, 예술은 뇌의 휴식처 기능을 할 수도 있을 것이다. 미학이론가들은 줄곧 이런 접근 의식으로 무장한 채 만물에 대해 이야기해왔다. 18세기에 컨스터블Constable은 예술의 위엄은 "모든 개개의 형태나 지역적 관습 위에서서 예술가가 만들어낸 개별적인 나무나 풍경, 성모나 어린아이 혹은 한 인물의 모습을 넘어서는 추상적인 아이디어"에 있다고 말한 바 있다. 작품의 주제가 개별적이더라도 가장 위대한 작품은 보편성을 띠게 마련이다. 플라톤이 궁극의 형태라고 불렀을 법한 순수하고 완벽한 그것을 가리켜 제키는 궁극의 추상이라고 부른다.

이런 제키의 발상이 호프만의 추상과학과 같은 것이라고 할 수 있을까? 꼭 그렇지는 않다. 기억하다시피 호프만은 원소들이 결합하는 방법과 그 것을 어떻게 표현할 수 있을지를 연구하면서 화학적 구조들만의 묘한 느낌을 포착하기 위해 예술로부터 특히 뭔가를 더 배우고 싶어 한다. 그런 의미에서 호프만의 경우는 예술이 도움이 될 만한 매우 특정한 과학적 탐구가 관심사이다. 그에 반해 제키는 활동이 개시되고 휴지되는 것이 보이는 뇌 내부에서 벌어지는 방대한 제반 사항들의 추적 자체가 관심사라고 할 수 있다. 우리의 모든 생각들이 형성되는 곳이 기계가 아니라 살아 있고 숨 쉬며 약동하는 세포 조직 덩이라니 이 얼마나 애석한 일인지. 제키는 MRI 판독 자료를 통해서 가장 중요한 개념이 형성되는 것을 눈으로 직접 보고 싶어 한다. 그러나 고도로 발달한 최신 기술을 가지고도 우리는 눈앞에서 보고 있는 것이 무엇인지 좀처럼 알기 힘들다. 수천 년 된 초기 인류 예술의 잔재를 들여다보듯이 최신 기계로 뇌를 깊숙이 들여다보았자, 인류의 지성과 예술적 상상의 기초를 이루는 것이 틀림없긴 하지만 우리가 알고 있는 것의 깊이를 암시하는 희미한 흔적만이 보일 뿐이다.

인문학자 중에는 우리 뇌가 예술을 받아들일 때 예술이 우리에게 정확히 무슨 변화를 가져오는지를 파헤쳐보려는 제키의 시도를 조롱할 사람이 있을지도 모른다. 제키의 MRI 판독자료 내용이 불분명하고 모호하게 보인다고 해서 그의 의견을 그대로 묵살해버리지 마라. 당장은 거의 아무것도 보지 못하는 것처럼 보이겠지만, 그는 내가 앞서 든 다른 예보다 더 예술이 과학에 한층 더 중요해지는, 예술적 혁신이 과학자들에게 새로운 아이디어와 접근법을 제공해주는, 그런 아이디어를 개진 중이다. 제키는 예술가들은 곧 신경과학자라고 말한다. 구체적인 것들을 일반적인 것으로, 거대한 것으로, 추상적인 것으로 끌어올리는 것이 그들이기 때문이다. 그리고 가장 대범하고 기본적인 인류의 예술적 경험의 중심부에 있는 색채와 형태, 움직임에 관한 순수 영역을 파고들어보면, 과학이 생물학적 사고 과정의 뿌리에 자리 잡고 있는 순수한 근본적 질문들을 던질 수 있게 된 것이 20세기 예술 덕이었음을 알게 된다. 20세기 예술 덕분에 가장 기본적이면서도 마음을 건드리는 반응들을 이해할 수 있게 된 것이다.

말하자면 뇌의 일부는 수용 객체가 예술을 감상할 때면 모호한 패턴이지만 관련 부분이 활성화되며 환하게 반응한다. 이전 세대는 여기에서 기껏해야 소량의 빛과 색깔 있는 반점 정도만 봤겠지만, 오늘날은 그 소량의 희미한 빛이 얼마나 의미심장한 것인지 안다. 자료와 지식들의 새로운 원천이 환하고 빛나게 시각화되어 우리 주변에 늘어서 있고, 우리는 미학적으로 질서와 계획에 대한 잠정적인 암시들을 받아들일 준비를 하고 있어야 한다. 이제 우리가 볼 수 없는 것은 거의 없다고 해도 과언이 아니다. 그러나 그 볼 수 없는 것이 없다는 의미는 어떤 확정성이나 정확성 이상의 뭔가를 의미한다. 뇌는 언제나 활동 중인 활성태 세포들로 가득한데, 하나의 고정된 아이디어가 지속되는 것은 표준이라기보다는 예외에 속한다. 예술은 결코 단순하게 수량화하거나 설명할 수 없다. 뇌 역시 마찬가지이다. 빠른 속도로 점화하는 뇌의 신경세포들을 이해하려 하다보면 고정된 상태라는 것은 정말로 포착하기 힘들다는 것을 알게 된다. 보이는 활동 하나를 딱 꼬집어 지적하기란 불가능하고, 그래서 제키는 그런 모호성이야말로 신경학적으로는 매우 정밀한 의미를 갖는 개념이라고 말한다.

> '모호성은 불확실성이 아니다. 오히려 확실성이다. 그 확실성은 다수의 동일한 가능성을 가진 해석들로 이루어져 있고, 각각의 해석은 각각이 의식의 단계를 지배하는 순간에는 절대적으로 작용한다.' … 지각 결과는 변덕스럽게 계속 변화하며 … 정보는 뇌에 매순간 끊임없이 도달한다.

이런 해석은 예술에서 불확실함을 가치 있게 만드는 것이 무엇인지를 단순하게 그려낸 것일까? 이것은 어째서 예술의 최고 역할이 유용성을 증명하는 데 혹은 문제들을 명확히 해결해내는 데 있지 않은가를 설명해주는 것이기도 하다. 예술은 그런 것들이 목적이 아니기 때문이다. 가장 성가신 과학적 난제들이 그들의 탐구 영역에서 설명을 제공하는 것과 마찬가지로, 예술이라고 불릴 만한 가치가 있는 것은 유사한 탐구 영역에서 수많은 해석과 영감을 제공한다. 그러나 어떤 인류의 지식 형태가 모호성을 예술보다 더 기꺼이 인정할 수 있을까? 그런 의미에서 예술에 대한 이 같은 해석이야말로 우리 뇌가 실제로 작동하는 방식과 가장 유사하지 않을까?

뇌는 생각해야 할 것이 폭주할 때, 받아들이고 있는 것이 무엇인지 제대로 판독할 수 없을 때, 지각적 가능성이 수천 개에 이르는 활성화된 신경세포들 사이를 소용돌이치며 지나갈 때, 능력을 잘 발휘하고 또한 흥분한다. 뇌를 쉬게 해주지 않으면 계속 생각에 잠겨 있게 되는데, 가장 위대한 예술 작품들은 바로 이럴 때 거듭 태어나게 되는 것임에 틀림없다. 제키는 이렇게 썼다.

> 위대한 예술은 가능한 한 오랜 기간 동안 가능한 한 많은 서로 다른 뇌가 가

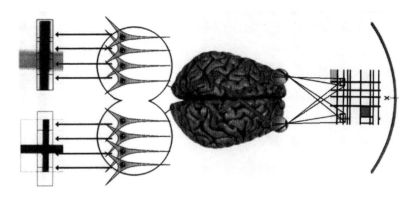

그림 55 몬드리안의 작품을 응시하는 인간의 뇌 모습

능한 한 많은 수의 다른 개념들과 서로 어우러진 것이다. 모호성은 모든 위대한 예술에 나타나는 매우 귀한 특성으로서, 모호성만이 서로 다른 많은 개념들과 어우러질 수 있기 때문이다. 모호성과 미완성의 긴밀한 관계도 그런 의미에서 쉽게 이해할 수 있다. 두 가지 모두 관찰자에게 많은 대안들 사이에서 선택할 수 있는, 심지어 뇌가 갖고 있는 개념들에 가장 잘 맞는 대안을 언제든 골라낼 수 있는 호사를 제공해주기 때문이다.

우리는 제키가 예술을 위대하게 만드는 것은 단지 모호하기 때문이라 말하고 슬쩍 논의에서 빠져나가게 두지는 않을 것이다. 예술이기 위해서는 최소한 '멋지게' 모호해야 할 것이며, 뇌의 모호한 작동도 아마 그런 의미에서 똑같이 멋지다고 할 것이다. 미학적인 순간은 언제나 감성적이기도 하지만 그에 못지않게 다면적이기도 하다. 제키 역시 이것을 알고 있다. 그래서 그가 최근작에서 "아름다움의 신경적 상관관계"로서의 특정 종류의 모호한 추상을 찾기 위해 뇌를 더 깊이 있게 관찰하고 있는 것은 놀랄일이 아니다. 그는 이런 실험 연구를 통해서 우리의 뇌가 객관적으로 무엇이 아름답고 아름답지 않은지 알 수 있는지를 가리려고 하기보다는 자신의 피험자들을 신뢰하는 편을 택한다. 그는 열 명의 사람에게 풍경화, 추상화, 정물화, 초상화 등 300개의 다른 그림들을 보여주었다. 그리고 피험자들에게 그들이 본 것을 아름다운 것, 보통인 것, 추한 것으로 나눠보라고 요구했다. 그들은 취향에 따라서 단순히 결정을 내렸고 따라서 기준은 지극히 모호했다. 그런 다음 그들은 그 그림들을 두 번째 다시 보게 되었는데, 이번에는 과학자들이 그들의 뇌 내부 어디가 반응하는지를 정확히 관찰할 수 있도록 MRI 스캔을 받으면서 그림을 봤다.

제키는 무엇을 발견했을까? 놀라울 것도 없이, 피험자가 전에 아름답다고 판단한 그림들을 볼 때는 안와 전두 피질 쪽이 활성화되는 것을 볼 수 있었다. 안와 전두 피질 부분은 전부터 자극 보상과 관계가 있다고 알려진 부분이다. 아마도 보다 놀라운 것은 피험자가 추하다고 판단한 그림을 봤을 때 보인 뇌의 완전히 다른 부분과의 관련성일 것이다. 이때 뇌에서 활성화된 부분은 보상이 아니라 움직임과 관련된 운동 피질 부분이었다.

운동 피질의 활성화는 특별한 흥미를 불러일으킨다. 사실 이것이 우리 연구에서만 특별한 것은 아니다. … 예를 들어 사회적 규범의 파괴라든가 시각적 자극을 유발하는 두려움, 이와 유사하게 공포를 자아내는 목소리나 얼굴 그리고 분노 같은 것에 대해 연구를 진행할 때, 이 부분이 활성화되는 것을 보아왔기 때문이다. … 그러므로 운동 피질의 활성화는 감정적으로 촉발된 자극에 대한 인지뿐만 아니라 우리가 의식하고 있는 자극들과도 일반적으로 관련이 있을 수 있다. 왜 꼭 그래야 하는가는 당장은 추측할 수밖에 없지만, 일반적으로 시각적 자극의 인지와 특히 감정적으로 촉발된 자극의 인지는 운동 신경 조직을 가동해서 이루어진다는 것을 짐작하게 한다. 이처럼 운동 신경 조직이 가동되는 것은 추하거나 역한 자극을 피하기 위해서 어떤 행동을 취하기 위함일 수도 있고, 아름다운 자극의 경우에는 그것들에 대해 반응을 보이기 위함일 수도 있다. 우리는 아름다움에 대한 인지가 추함에 대한 인지만큼 운동 피질을 가동시키지 않는다는 사실에 당황했다.

그렇다면 역겨움이 일으키는 피하고 도망치고 싶은 욕구가 가까이 다가가게끔 북돋우는 매력보다 더 강력하다는 것, 그것이 아름다움 대 추함의 대결의 종착점인가? 글쎄다. 그것이 그림을 보며 판단한 사람들의 뇌 내부에서 관찰할 수 있었던 전부이기는 하다. 연구자들은 이것으로 아름다움이 뇌라는 살아 있는 기계 장치에 무엇을 의미하는지를 발견했다고 주장하지 않았다. 결국 그들 역시 철학으로 물러나서 이렇게 묻고 싶어 했다. 우리가 살고 있는, 이 아름다움이라는 것이 존재할 수 있는 세상은 대체 무엇일까? 아름다움과 추함에 대한 우리의 미적 판단에 어떻게든 타당성을 부여하기 위해서는 무슨 가정이 필요한 것일까? 이 두 개의 질문은 모두 "뇌의 보상 조직 체계가 일정 강도로 활성화되는 것"에 기대고 있다.

제키는 뇌가 작동하는 기본적인 방식을 통해서 인간의 창조적 노력의 깊숙한 속내를 설명하고 싶어 한다. 예술에 관해 내놓은 가장 야심찬 논문을 통해 그는 미켈란젤로^{Michelangelo}, 바그너^{Wagner}, 단테^{Dante}의 작품에 나오는 낭만적인 사랑 표현들을 검토한다. 제키의 연구는 이 위대한 예술가들이 어째서 그들의 실제 인생에서는 사랑을 진실로 경험하는 것이 불가능했는지를 강조하면서, 그래서 그들의 작품을 통해서만 이 고귀하고 본질적인 감정을 실현하는 것이 가능했다고 말한다. 제키는 이런 예술가들이 무엇에 매달렸는지를 설명함으로써 자신이 심리학이 아니라 보다 근본적인 것, "뇌의 기능을 복기하는 조직화의 원칙들"에 기대어 이야기하고 있음을 명확히 한다.

인지를 담당하는 뇌의 기본적인 단위나 시각적 환상에 대한 흥미를 직접적으로 자극하는 추상예술의 요소를 밝혀내는 것은 중요한 문제이다. 그러한 모양이나 선은 분명히 뇌의 특정한 부분에 일관되게 눈에 띄는 활동을 만들어낸다. 그러나 예술의 보다 깊고 복잡한 측면들에 대해서는 어떨까? 어떻게 예술가는 자신이 실제 인생에서는 한 번도 제대로 경험해보지 않은 느낌을 그토록 멋지게 불러일으키는 재현이나 폭로 같은 문제들 속에 깊이 들어갈 수 있는 것일까? 우리는 예술이 과학보다 훨씬 더 정확하게 그 속내를 들춰내 보이는 (혹은 즐길 줄 아는?) 추상과 모호성의 문제로 돌아가게 된다.

제키는 음악으로 치면 선율적 기대가 존재하는 세상에서 환영받는 복잡성의 지지자이다. 이론가들은 선율적 기대라는 것이 있다는 것을, 그러니까 전 세계에 걸쳐 어떤 문화권이든 사람들은 장화음은 행복하게 느끼고 단화음은 슬프게 느낀다거나, 혹은 어떤 언어를 사용하든지 누구나 불협화음과 협화음을 구분할 수 있다는 것을 보여주려고 애쓴다. 그러나 제키는 그런 일치 가능성에는 흥미가 없다. 그런 일치 자체는 흔할 뿐더러 예술적이지도 않기 때문이다. 예술은 모호성을 인지 가능하도록 무대 위로 끌어 올릴 때 발견된다. 그는 바그너를 존경하는데, 이 작곡가가 해결되지 않은 화음을 오페라 무대 위로 끌어 올려 해결되지 않은 상태로 울려 퍼뜨리기 때문이다. 그렇게 해서 그 유명한 E, G#, D, A#으로 이루어진 트리스탄 화음은 자욱한 음향적 갈망을 자아내며 계속 지속된다. 바그너가 작곡한 거대한 오페라의 세상에서 서사적 장면들 사이의 간주곡들은 누군가의 표현에 따르면 영화가 만들어지기 훨씬 이전에 만들어낸 일종의 영화음악 같다는 평을 받는다. 그의 음악이 심각한 감정들이 지닌 거친 복잡성을 강조하기 위해서 화성적 불확실성을 유지 활용하기 때문이다.

잔향이 계속 남는 오르간 소리처럼 계속되는 이 화음은 화성에 관한 한 가장 이례적인 것들에도 충분히 익숙해진 나 같은 사람에게도 여전히 매혹적이면서도 불확실하게 느껴진다. 이 화음을 들을 때마다 모호한 뭔가가 내 뇌 안으로 침잠해 들어온다. 참으로 깊다. 그러나 이 화음을 들을 때 내 뇌 속의 신경세포 중 정확히 어디가 반응을 보였는지 제키에게 물어 알고 싶은지, 그리고 내가 그 반응의 의미를 정확히 알고 싶은 것인지에 대해서는 사실 확신이 없다. 그러나 다시 한번 언급하지만, 사실 제키도 잘 모른다. 다만 그는 신경과학이 언젠가는 알아낼 수 있으리라고 생각할 따름이다. 뇌 내부에 대한 지도가 더 정밀하고 분명해짐에 따라서 미래에는 뇌의 활동을 스캔하는 것이 GPS 화면을 보는 것처럼 될 수도 있다. 그리고 그렇게 되면 모호성이나 추상에 대해 말할 때, 그것이 시각적인 것이든 청각적인 것이든 촉각적인 것이든 간에 가장 위대한 예술의 경험 내부에 힘차게 살아 있는 불확실성이라 불리는 것들의 의미를 마침내 정확히 알게 될 수 있을지도 모른다. 과학은 불분명한 것들을 정확하게 밝히고 싶어 하지만, 언제나 그래왔듯이 지금도 우리에게는 바로 그런 것들을 기념하기 위해 예술이 존재한다.

어쨌거나 확실하지 않은 것들을 알기 위한 우리의 고군분투는 최첨단 과학의 정수이자 가장 대범한 예술적 도약의 형태로 나타난다. 바그너는 가장 극적인 사건들 아래로 화성적으로 거의 말이 되지 않을 정도로 화음을 확장하면서도 여전히 조성의 영역 안에 남았다. 그의 음악은 그처럼 정확히 가늠할 수 없는 음향들이 극적인 이야기 속에서 가장 긴장된 순간들에 완벽하게 어울린다는 것을 깨닫게 만든다. 비슷하게, 뇌가 어떤 아름다운 것을 경험할 때 빛이 들어오는 패턴은 분명히 강렬하게 사색할 만한 가치가 있는 작품들에 끌리는 순간, 정신이 기울인 주의의 흔적이다. 우리는 세상의 아름다운 것들 앞에서 당황하고 또 발길을 멈춘다. 그것이 자연의 산물이든 아니면 인간이 만들어낸 것이든, 아름다운 것들은 도저히 설명할 수 없는 지점에서 우리를 강력히 유혹한다. 왜 그런 것들이 우리를 그토록 끌어당기는지를 결정적으로 파악하려는 모든 시도는 한심스러울 만큼 소득이 없는 상태이다. 우리는 이 화음이 진행되어 어디로 갈지 모른다. 천재성을 규정하는 성질들은 열거 대상이 아닌 것이다.

우리는 왜 고대의 예술가들이 어둠에 싸인 동굴 속에 그림 그리는 걸 선호했는지 알지 못한다. 봉쇄된 곳에서의 전시라는 그 공간의 위대함이야말로 그 그림들의 대담함을 더욱 뚜렷하게 하지만 말이다. 단순함에서 복잡함으로, 머뭇거림에서 확신으로, 더 못한 것에서 더 나은 것으로 예술에 어떤 종류이든지 간에 진보가 있어왔다고 믿는다면 어리석은 일일 것이다. 우리에게는 아름다움을 경험할 수 있는 기회가 항상 열려 있었지만, 이제 와서야 전 세계에 걸쳐져 있는 다수의 비디오 게임 플레이어들의 협동을 통해서만 구조를 알 수 있는 복잡한 단백질처럼, 오랜 세월에 걸쳐 얻은 끝없이 소용돌이치는 이미지들이 우리의 뇌에 차곡차곡 포개어지고 있다. 우리가 오늘날 알고 있는 그 어떤 것에도 알아보기 쉬운 지도 같은 것은 존재하지 않는다. 그리고 여전히 가장 흥미로운 경험들은 가능한 최첨단의 지식 속에서 발견되고 있다. 그러니 예술과 과학의 최첨단에서 자연으로부터 긁어모은 아이디어들을 그들만의 어법으로 변형시키는 예술가들을 다 함께 찬양하자.

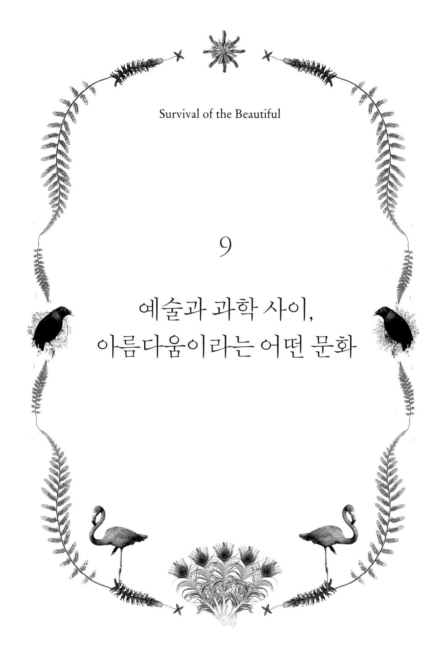

Survival of the Beautiful

9

예술과 과학 사이,
아름다움이라는 어떤 문화

"생명의 다양성이라는 그 어마어마한 아름다움을 낳은 방식을 찬양하라. … 나는 여전히 아름다운
것들에 끌린다. 우리가 너무나도 많은 것을 배우고 또 파괴해온 이 세상에는 여전히 춤추고 그림
그리고 노래 부르며 재미나게 놀고 또 사랑할 수 있는 가능성이 남아 있다."

예술은 과학보다 수명이 긴 것처럼 보인다. 선사 시대 동굴 벽화 이미지
가 오늘날에도 여전히 신비로움을 잃지 않는 것을 보면 말이다. 이처럼 고
대 예술은 대충 설명해버리거나 다른 것으로 대체할 수 없는 데 반해, 자연
의 실용적 측면에 대한 고대 지식들은 종종 과학적인 의미에서 유통기한
이 지난 것처럼 보인다. 과학이 앞으로 걸어 나간다면 예술은 제자리를 지
킨다. 그사이 뇌의 작동에 관한 최근 연구 동향은 예술가들에게서 영감을
받아왔다. 예술가들이야말로 실재하는 것도 실재하지 않는 것도 아닌 어
정쩡하고 이상한 이미지들을 보여주고자 최초로 실험을 감행한 자들이다.
예술가들의 실험은 우리에게 다음과 같은 질문을 던진다. 당신에게는 이
것들이 아름답게 보입니까? 나는 이미 예술이 일견 그래 보이는 것보다 더
많은 방법으로 과학을 도울 수 있다는 생각을 밝혀왔다. 알다시피, 예술은
사방에서 영감을 얻는다. 오늘날 예술은 진화 자체의 작동으로부터도 미
적 가능성이라는 배움을 얻는다. 그리고 그런 미적 가능성들은 일찍이 헤
켈이 우리에게 그림으로 묘사해 보였던 생명의 경이 속에서, 또한 생명이
실제로 얼마나 복잡하게 작동하는지를 디지털 이미지로 보여주는 최신 유
전 조작 기술의 미래 안에서 볼 수 있다. 제키의 말대로 예술은 실험적이라
는 점에서 도발적일 수 있다. 그러니 이제 이 책의 중추라고 할 수 있는 아
름다움과 그 활용이라는 주제를 예술가들은 어떻게 탐구하는지 우리도 같

이 탐구해보자.

이런 논의를 하면서 어떤 예술을 포함시키거나 배제하는 것과 관련해 내 나름의 어떤 입장이 있지 않겠느냐는 질문이 들어올 수도 있겠다. 물론 그렇다. 나도 다른 사람들처럼 나만의 미적 취향이라는 것이 있으니 말이다. 그런데 취향의 결과로서의 내 선택이 이 논의에서 중요한가? 진화가 만들어낸 결과는 실용적일 뿐 아니라 아름답기도 하다는 내 주장을 믿는다면 그럴 것이다. 아름다운 것의 생존, 흥미로운 것의 생존을 재간 있는 것의 생존, 유용한 것의 생존처럼 믿는다면 말이다. 자연선택만이 아니라 미적 선택도 믿는다면 말이다. 나는 이것이 생물학과 문화 양 분야에서 진화 이론이 각광받기 시작한 이래로 지난 2세기가 넘는 시간 동안 자연에 일어난 변화, 그리고 다양한 형태의 예술이 우리가 자연에 관해 뭔가를 이해하는 데에 준 도움의 중요한 일부라고 주장해왔다. 그런데 요즘 예술의 방향은 어떤가? 그저 충격을 던지며 당혹하고 분노하게 만드는 중인가? 꼭 그런 것만은 아니다. 예술은 여전히 아름답기를 원한다. 예술이라면 던지고 싶은 질문을 하기에 앞서 일단 우리를 미적으로 사로잡을 수 있어야 한다. 예술에 연루된다는 것은 근본적으로 아름다움과 연루되는 것이다. 설령 그것이 이상하거나 익숙하지 않은 종류의 아름다움이라 하더라도 말이다.

그래서 나는 여기 몇몇 예술가들을 소개하려고 한다. 그들의 작품은 내가 이 책에서 지지해온 접근법들과 관계 있는 흥미로운 질문들을 던진다. 내게는 여전히 예술에서 아름다움은 중요하기 때문에 아름다움에 대한 욕망을 자극할 수 있는 프로젝트만을 언급할 것이다. 누군가는 이런 관점이 구식이라고 느낄 수도 있겠지만, 그래도 나는 예술이란 창의성과 혁신성 속에 있어야만 한다고 생각한다. 나를 이 모든 이야기로 끌어들인 것은 생명의 경이였고, 이 모든 연구의 끝에도 그 경이의 감각만큼은 그대로 남아 있어야 하는 것이다.

이 책의 주요 주제 중 하나는 생명의 다양성이라는 그 어마어마한 아름다움을 낳은 방식을 찬양하는 것이다. 생명의 다양성은 그 배후에 어떤 계획적인 디자인 없이, 단지 매우 단순한 규칙들이 긴 시간과 무수한 가능성 위에 차차 펼쳐짐에 따라 나타난다. 이것이 이른바 "발생적 질서$^{emergent\ order}$"라고 부르는 체계의 의미로서, 이것은 어떤 지도 방향도 없이 온갖 종류로 복잡하게 진화한 패턴, 시스템, 행태들의 아름다움을 설명하기 위해 애용되고 있다.

발생적 질서 원칙에 똑같이 영감을 받은 많은 예술가 중에 컴퓨터 프로그램을 활용해서 이것을 시뮬레이션한 결과로 일련의 아름답고 마음을 흔들어놓는 작품들을 만든 C. E. B. 리스, 혹은 케이시 리스$^{Casey\ Reas}$라고 부르는 예술가가 있다. 그는 자신이 그런 소프트웨어를 활용하는 이유가 그것 덕분에 자신의 작품에 마치 살아 있는 생명체 같은 어떤 유기적인 특질이 생겨나기 때문이라고 강조한다. 일례로 2004년에 제작한 〈티^{TI}〉 같은 작품의 경우, 관찰자가 작품을 받아들일수록 작품이 마치 자라는 것처럼 보인다는 것이다.

그림 56은 화랑 바닥에 놓인 일련의 하얀 대형 원반들을 보여준다. 대형 원반 위에 보이는 이미지들은 발생적 질서 소프트웨어의 알고리즘을 이용해 위쪽에서 투사해서 만들어진 것이다. 관찰자의 눈에는 박테리아나 살아 있는 식물이 자라고 있는 것만 같은 영상이 계속 나타나는 원반 하나하나는 일종의 대형 디지털 페트리 접시처럼 보인다. 이 세상이 어떻게 지금과 같은 모습이 되었는지에 대한 진실한 존재론적 설명으로 들리기도 하는 리스 본인의 말에 따르면, 그가 만든 이 작품들은 형태가 모든 것을 이

그림 56 케이시 리스, 〈과정 10, 설치작품 1〉 (2004)

끌고 과정 자체가 모든 일이 벌어지게 만드는 우주에 관한 다시 웬트워스 톰프슨의 한 관점을 묘사한 것이라고 한다.

하나의 원소는 한 개의 형태와 한 가지 이상의 행태로 구성된 단순한 기계라고 할 수 있다. 하나의 과정은 원소들을 둘러싸고 있는 환경을 정의하고 원소 사이의 관계를 어떻게 시각화할 것인지 결정한다. 예를 들어 원소 1은 원의 형태를 취하고 있고 그것의 행태 중 하나는 등속으로 직선을 따라 움직이는 것이라고 하자. 과정 4는 원소 1로 표면을 채우고 원소가 겹칠 때마다 그 사이에 선을 긋는 것이라고 하자. 각 과정은 다양한 해석의 모색이 가능한 한 공간을 정의하는 짧막한 지시문이라고 할 수 있다. 소프트웨어에서 과정의 해석은 시작은 있지만 정해진 끝은 없는 동적인 그림을 그리는 기계이다. 과정은 한 번에 한 단계만 진전하는데, 개별 단계마다 모든 원소는 자신의 행태에 따라서 스스로를 조정한다. 그리고 그런 원소의 변화에 맞춰 상응하는 시각적 변화가 일어난다. 그렇게 조정된 결과는 이전에 이미 그려진 모양에 덧붙여진다. 지난 7년의 시간 동안, 나는 계속해서 형태, 행태, 원소, 과정으로 이루어진 체계를 가다듬어왔다. 발생이라는 현상은 탐구의 핵심으로서, 모든 예술작품은 이전에 존재한 작품을 기반으로 제작되고 또 다음에 존재하게 될 작품들로 안내해준다. 그 체계는 고유한 자기만의 법칙이 있는가 하면 사이비 과학의 냄새를 풍기기도 하지만 수학의 역사에서부터 개발되어온 인공 생명체의 세대를 아우르는 참고문헌들로 채워져 있다.

자신의 작품을 가리켜 "사이비 과학"의 냄새가 풍긴다고 말하는 예술가의 정직성은 중요한 의미가 있다. 일련의 문제의 작품들은 어떤 과학적 영상처럼 보이는 것들로, 단순한 수학적 규칙이 서서히 펼쳐짐으로써 생동하는 진화라는 과정이 창조해낸 형태들을 닮았기 때문이다. 하지만 사실 그의 작품은 과학적 영상도, 진화라는 과정이 창조해낸 형태를 취하지도 않았다. 그럼에도 그의 작품들은 어떻게 자연이 실제로 작동하는지에 대한 기본적인 아이디어들을 보다 분명하게 비틀어 보여준다. 어떻게 간단한 규칙들로부터 아름다움이 나타나게 되는지를 보여주기 위해 그런 자연의 작동을 창의적인 맥락에 넣어보는 것이다.

이것은 이미 20세기 예술이 활발하게 개척해온 아이디어이지만, 컴퓨터 소프트웨어의 출현 이전에는 그 탐구 과정이 지금보다 훨씬 더 노동 집약

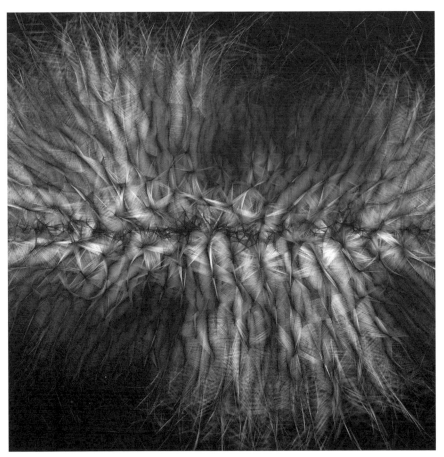

그림 57 케이시 리스, 〈과정 13〉 (2010)

적이었다. 리스는 자신이 어떻게 이 과정에 관여하게 되었는지를 이렇게 기술한다. "2003년, 나는 솔 르윗^{Sol LeWitt}의 작품들에 매료되었는데, 내 최근 소프트웨어에는 그의 작품을 연구한 영향이 분명히 남아 있다." 르윗은 화랑이나 미술관의 벽에 어떻게 드로잉을 할 것인지를 정확하게 명시한 일련의 지시문을 쓴다. 그러면 그의 조수들이 그가 쓴 지시문을 정확히 따라서 작품이 보이게 될 장소인 화랑 등의 벽면에 연필로 우아하고 정밀한 선이나 원을 그린다. 이렇게 만들어진 작품은 페인트로 덧칠하거나 지워지기 전까지 존재하게 된다. 리스는 단순한 질문으로 시작했다. "개념예술의 역사는 예술로서의 소프트웨어라는 아이디어와 관련이 있는가?" 그는 르윗의 드로잉 작품 세 개를 소프트웨어를 통해서 구현하고 또 수정해봄으로써 이 질문의 답을 찾고자 씨름했다.

르윗의 계획에 따라 작업한 후, 나는 전에 없던 세 개의 독창적인 소프트웨어 구조를 만들어냈다. 이 소프트웨어들은 요소들 사이의 동적인 관계를 개략적으로 문자로 설명하는 구조이다. 이것들은 이미지의 모호한 영역 안에서 발전하여 어떤 특정한 기계적 구현에 대한 고려가 이루어지기에 앞서 보다 잘 정의된 자연적 언어의 구조 안에서 성숙하게 된다. 이런 구조로부터 파생되어 나온 26개의 소프트웨어는 해석, 재료, 과정을 포함한 소프트웨어 구조의 각기 다른 구성 요소들을 따로 떼어내서 살펴보기 위해 쓰였다.

자신이 개발한 소프트웨어가 그려내고 창조한 결과물을 본 후에야 그는 자신이 자연으로부터 영향을 받고 싶어 하는 예술가에게는 최고의 찬사가 될, 살아 있는 것처럼 보이는 뭔가를 만들어냈다는 것을 깨달았다. 이미 살펴봤듯이, 과학은 아름다움을 드러내 보일 수 있지만, 종종 그 사실을 불편해한다. 예술은 과학적인 기법을 받아들일 수 있고 그것을 활용해서 아름다운 것을 창조할 수도 있으며, 우리를 경탄하고 당혹스럽게 만드는 결과물들을 내놓음으로써 아름다움의 의미를 탐구할 수 있고 심지어 더 확장할 수도 있다. 예술의 결과물은 그 무엇을 설명하거나 어떤 실재하는 것을 드러내 보일 필요가 전혀 없다.

헤켈의 이미지가 과학적 기록으로서 제시된 경우와 자연으로부터 유래한 예술 형태로서 제시된 경우에 보이는 경미한 차이를 상기해보라. 헤켈은 규조류들을 목록화하면서 명료하고 알아보기 쉽게 표현하고자 했다. 동시에 하나의 기록된 사실로서 규조류의 아름다움도 함께 표현했다. 그리고 그 아름다움이야말로 그가 매력적인 삽화를 통해 세상에 알리고 싶어했던, 우리가 몰랐던 자연의 새롭고 놀라운 면모였다. 후에 헤켈은 이 자료들을 예술로 승화시키면서 책장 위에 가능한 한 매력적인 방법으로 디자인들을 섞고 짜 맞추고 조합해서 해면과 해양 식물 사이에서 스리슬쩍 나오는 해파리들의 촉수를 보여주었다. 같은 방식으로 그는 책장 전체를 장관을 이루는 생명체들의 다면적인 진화 양상으로 장식하고, 또 개별적인 정확성이나 유형 위에 존재하는 형식과 패턴을 강조해 보였다. 이런 예술작품도 사이비 과학일까? 헤켈은 이것들을 과학이 아니라 예술로서 제시했다. 반면, 과학자로서 생물의 형태를 묘사할 때에는 그 이미지들을 예술이 아닌 과학으로 제시했다. 그는 그 차이를 알고 있었고, 우리도 그 차이를 알아야 한다.

예술가로 행동하기, 과학자로 행동하기. 각각은 사람들이 세상을 알고 표현하기 위해 노력할 수 있는 서로 다른 길이다. 우리는 그 차이를 알아야 한다. 그러면 두 측면을 이해하는 것이 어떻게 서로를 보완할 수 있고, 우리가 알아내고 자연의 신비로써 즐길 수 있는 것에 관한 더 큰 그림을 제시하는 데 필요한지를 알게 될 것이다.

리스는 진화로부터 영감을 받은 최신 예술의 발생적인 측면, 그러니까 톰프슨이 형태와 변형이라고 표현한 것을 우리에게 제시한다. 헤켈의 영향력에 근접한 것으로는 조너선 매케이브Jonathan McCabe의 애니메이션을 생각해볼 수 있다. 매케이브는 헤켈이 형식과 대칭성은 본질적으로 동적이며 고정적인 것이 아니라고 봤던 사실을 애니메이션에 활용하고 있다. 만약 헤켈이 어떻게 생명체가 발달하고 진화하는지 영상으로 쉽게 만들 수 있는 시대에 살았다면, 분명 그도 애니메이션을 활용했을 것이다. 오늘날에는 그런 식의 표현이 보다 넓은 층의 예술가들에게 접근 가능해졌다.

매케이브는 단순한 수학 방정식을 활용해서 무수하게 많은 패턴화된 아름다운 결과물을 만들 수 있음을 내가 아는 그 어떤 예술가보다 가장 아름답게 보여준다. 어떻게 표범에 점무늬가 생기거나 공룡에 깃털이 나는지를 설명하는 알고리즘과 똑같은 알고리즘이 너무도 예술적인 것을 산출하는 데에 거의 기계적으로 활용될 수 있다.

이런 시도들은 1950년대 초반에 앨런 튜링이 발표한 생물학에서의 패턴 형성 이론에 관한 저작에서 영향을 받은 것이다. 요즘은 이를 가리켜 튜링 패턴 혹은 반응-확산 패턴으로 언급하는 것이 보통이다. … 하나의 예는 동물의 거죽에 나타나는 점무늬나 줄무늬의 형성이다. … 활성제는 세포가 색깔을 띠도록 유도하고 억제제는 그 반대로 작용한다. 활성제는 서서히 퍼지거나 혹은 서서히 퍼지면서 빨리 파괴되기 때문에 활성제의 영향이 미치는 범위는 좁다. 반면에 억제제는 빨리 퍼지거나 훨씬 더 안정적인 상태를 유지하기 때문에 영향을 미치는 시간적 범위가 더 길다. 일단 물든 점 부위는 그 주변부도 물이 들도록 물든 세포가 독려하는 한편, 둘러싼 다른 부분들은 색깔이 없는 채로 있게 하는 한 안정적이다.

이것이 헤켈이 그렇게도 열심히 표현하고자 했던 이미지 너머에 존재하는 보편성이다. 그리고 그것은 또한 필립 볼이 자연에 존재하는 패턴의 근본적인 물리 법칙으로 그렇게도 명료하게 설명한 것이기도 하다. 그것들이 아름답다고 말하는 우리는 대체 누구인가? 우리가 그렇게 말하는 것은 바로 우리도 같은 물리적 법칙이 지배하는 세상에서 진화해왔기 때문일까? 매케이브 역시 그것들이 어떻게 보이는지를 궁금해하고, 특정한 유사점들을 제시하기도 한다. 그것들은 현미경으로 본 전자$^{電子/electron}$의 이미지를 닮았다. 또한 그것들은 규조류와 방사충들을 닮기도 했다. 그것들이 활성-억제 시스템의 작동하에 저마다 다른 층으로 불균질한 모습으로 작동하기 시작하면 대칭적인 지점들이 드러내는 도해 같은 이미지는 한결 덜해지고 보다 더 예술적인 모습을 띠게 된다. "이것은 튜링 불안정성이 각각 다른 튜링 불안정성과 양립불가능해지는 특정 길이의 척도에서 패턴을 형성하려고 '애쓸' 때 나타나는 '좌초된 시스템'의 한 예가 될 수도 있을 것이다. 그 과정을 애니메이션화한 것을 보면 시스템이 단순한 튜링 패턴과는 달리 안정적인 상태로 자리 잡지 않고 계속해서 높은 엔트로피 상태 사이에서 움직이는 것을 알 수 있다." 오래전 생명체라는 놀이거리를 프로그래밍한 고대의 프로그래머들처럼, 그 결과는 흥미롭게도 살아 있는 것처럼 보이기 때문에 예견하기 힘들며 또한 우리를 매혹시키기도 하는 것이다.

프럼 식으로 표현하자면, 매케이브에게는 이 모든 것이 순수하게 미적인 즐거움을 위해서 방정식에 서로 다른 기준들을 대입하여 얻어낸, 하나의 모델에 적용된 수학적 이론의 결과이다. 매케이브는 미학적인 창조를 위해서 소프트웨어 모델링을 활용했을 때 거기서부터 어떤 종류의 이미지들을 얻을 수 있는지가 알고 싶을 뿐이다. 그는 자신의 웹사이트에 활성-억제 시스템의 모델을 변주해서 만들어낸 수백, 수천에 이르는 시각적 실험의 결과물들을 올린다. 그리고 이들 결과물은 어떻게 단순한 수학이 온갖 종류의 새로운 복잡성을 낳을 수 있는지, 그리고 보다 흥미롭게는 새로운 아름다움을 낳을 수 있는지를 설득력 있게 보여준다.

어떤 이미지가 보존될 만한 가치가 있는지를 결정하는 것은 여전히 사

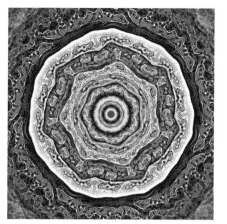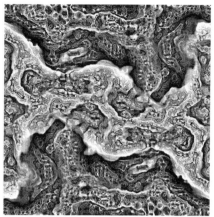

그림 58 조너선 매케이브, 〈다중 축척의 방사상 대칭의 튜링 패턴〉 (2009)

람들의 몫이다. 나는 이 문맥에 삽입할 한두 개의 자료 이미지를 고르기 위해 이 중구난방인 이미지들을 훑어보면서 대체 내가 어떤 선정 기준으로 이미지를 고르고 있는지 스스로 궁금해졌다. 사실은 별로 생각할 것도 없었다. 나는 독자들이 "우와!" 하고 탄성을 지르게 만들 만한 이미지를 찾고 있었다. 내가 그 이미지를 보면서 그랬듯이 말이다. 즉각적인 미적 충격의 선사가 내 목표였다.

그러고 나서 나는 내가 고른 이미지들을 찬찬히 살펴보기 시작했다. 그러자 나를 가장 사로잡아서 내가 선별한 이미지들은 정확히 대칭을 이루는 것들이 아니라 매케이브가 자신의 예술작품으로 모사해보려고 했던 헤켈의 방사충 모습과는 대칭이라는 측면에서 좀 벗어나 있는 것들임을 발견했다. 생명체에 매케이브의 모델이 실현된 셈이지만, 그 모델이 장식이라기보다는 예술에 가까운 뭔가를 창출하기 위해서는 조금은 비틀어서 적용해야만 하는 것이다. 이는 장식으로서뿐만 아니라 예술을 창조한다는 것과 헤켈 사이의 연관성에 대한 완전히 새로운 질문을 이끌어낸다. 우리가 실제로 사용하는 실용적인 것들에 쓰인다는 점에서 장식이야말로 가장 실용적인 예술의 한 종류가 아닐까? 아니다. 예술은 그보다는 상위의 것, 더 순수한 것, 그리고 어쩌면 기술보다 더 모호한 것이어야 한다. 예술은 뇌가 어떻게 작동하는지, 그 핵심에 해당하는 것으로 단순한 대칭이나 패턴, 디자인이 아닌 것이다. 자연에서 유래한 예술은 그럴 수가 없다. 자, 당신을 가장 사로잡는 매케이브의 이미지는 어떤 것인가?

내 생각에 여기 실은 두 개의 이미지(그림 58) 모두 정말 자세히 보면 여전히 대칭성이 존재한다. 그러나 왜 내게는 현미경으로 본 생명체와 더 많이 닮은 것처럼 보이는 왼편의 대칭적인 이미지가 '덜' 예술적으로 보이는지 정말 그 이유가 궁금하다. 분명히 모세혈관이나 광맥, 뻗어나가는 나뭇가지같이 뭔가가 새 나오는 흐름 같은 모양새의 오른편 이미지보다 왼편의 이미지가 더 우주적인 질서와 닮아 있고 더 환상적이며 편두통의 영향으로 그려진 추상적인 고대 이미지들과 더 유사한데 말이다. 매케이브의 작품 중 〈뼈로 된 음악Bone Music〉 연작(그림 59)은 마치 예전에 선원들이 조개껍질이나 상어 뼈를 조각해 만든 세공품의 신기술 버전을 상상해서 에칭 기법으로 묘사한 것처럼 보이는데, 한층 더 불균일한 특징을 보인다.

그 불균일함 때문에 내게는 〈뼈로 된 음악〉이 조금이나마 더 과학적인 삽화보다는 예술에 가깝게 보인다. 단지 내가 추상적인 것을 더 선호해서인가? 이런 이미지들은 노골적으로 규칙에 따른 도해처럼 보이지 않을 때, 그러니까 규칙의 결과가 뭔가 놀랍고 불균일하며 이해하기 힘들 때, 더 예술처럼 보인다. 그 이미지들이 보다 인간적으로 보일 때, 그러니까 덜 기계적인 창조물로 보일 때, 설령 실제로 기계가 만들어낸 것이라고 해도 더 예술처럼 보이는 것이다. 인간은 온갖 술책을 꿰뚫어 보며 무엇이 뛰어나고 또 기억되어 마땅한지를 분별하는 것임에 틀림없다. 우리는 무엇을 좋아하는지에 대한 변덕에 기초해 기술적 결과물의 무리로부터 우리가 좋아하

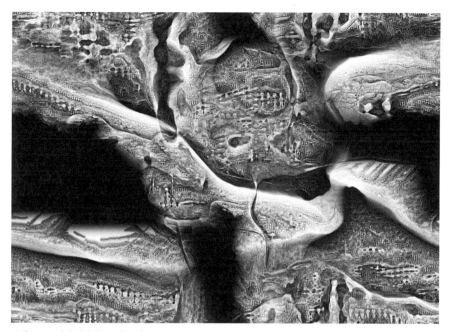

그림 59 조너선 매케이브, 〈뼈로 된 음악 3〉 (2010)

는 것을 골라낸다. 나는 내가 사물을 이해했다고 생각하는 순간의 놀라움을 좋아한다. 그러나 어디까지나 내 선호가 그렇다는 것이다. 모두가 다 같지는 않을 테니 말이다.

그런데 정말 모두가 다 같지 않을까? 미학적 성명들은 어떤 예술이 좋은 것이고 또 나쁜 것인지에 대한 입장을 취하는 것처럼 지극히 중요한 순간에조차 확실성이 없기로 악명이 높다. 그러니 충분히 확신할 수 있을 만큼 뭔가를 알지 못한다고 생각할 때도 절대 판단하기를 두려워해서는 안 된다. 역사상 그 누구도 이 문제의 답을 확신한 적이 없지만, 우리는 여전히 선택을 해야만 하고 그런 선택들은 다수의 인도 못지않게 개성의 인도도 받아왔기 때문이다. 생명의 세계에서도 그래왔다. 분명히 종의 단계에서부터 우리는 적응으로 만들어진 일반적인 형태들에 맞서 싸운 예상치 못한 아름다움과 다양성을 보게 된다. 공작 같은 종의 생물은 많지 않겠지만, 그럼에도 불구하고 분명히 있기는 있을 것이다. 일단 공작이 존재하고 또 소수의 극락조와 정자새가 존재한다. 세상에 존재하는 고래의 다수는 회색빛이지만 위장도색한 전함처럼 과격하게 희고 검은 것도 하나는 존재한다. 자연은 아름다움을 노리며 많은 가능성을 제공하지만 그중에서 오직 소수만이 선택을 받는다. 수백만 년 전으로 시간을 돌려 선택을 바꾸면 다른 생명체들이 출현하게 될 것이다. 그리고 다른 하늘 아래 다른 나무들을 보게 된다면 다른 예술을 만들게 될 것이다.

어째서 때로는 소수가 선택을 받기도 하는 것일까? 신경과학자 V. S. 라마찬드란^{Ramachandran}은 이에 대해 한 가지 가능한 답을 제시한다. 그는 다수가 동의하는 미학적 척도들, 그러니까 균형이라든가 균일성에 대한 감각 또는 황금분할 같은 특정한 비율처럼 자연과 인간의 미학이 선호하는 것들에 대한 감각과 더불어 '정점 변경^{peak shift}'이라는 또 하나의 원칙이 존재한다고 지적한다. 우리가 좋아하는 것들에 대해서는 극단적인 형태도 선호하게 된다는 것이다. 공작의 꼬리와 극락조를 뒤덮고 있는 깃털은 예술과 장식이라는 점에서 그 화려함과 현란함의 극단을 이룬다. 새끼 갈매기는 한쪽 끝에 빨간 줄무늬 세 개가 있는 긴 막대를 실제 어미의 부리보다 좋아한다. 제 어미의 부리를 보다 이상적인 형태의 불완전한 버전처럼 보는 것이다. 홍관조도 동족이 부른 진짜 노래보다 그 노래를 합성해서 정제한 버전을 선호한다. 말하자면 실재하는 불완전한 것보다 순수한 이상적 형태에 대한 갈망, 극단적이면서 동시에 이상적인 아름다움의 가능성들에 대한 갈망이 있는 것이다. 라마찬드란은 이 원칙을 많은 예술적 원칙의 하나일 뿐이라고 여긴다. 라마찬드란도 더턴, 제키처럼 예술적 원칙을 종합해 자기만의 목록을 만들었는데, 그의 목록 역시 그 어떤 답도 미학적 질문에 관한 충분한 답이 될 수 없음을 보여준다. (때로 그의 목록은 여덟 개의 예술 법칙으로 이루어져 있다가 때로는 아홉, 또 때로는 열 개가 되기도 하는데, 우리 대부분이 그렇듯이 그 역시 좀처럼 이 문제에 관해 확단하기 힘든 까닭이다.)

컴퓨터가 만들어낸 이미지를 정량화가 가능한 방법을 통해 그 가치를 매겨본다면 어떤 결과가 나올까? 스콧 드레이브스$^{Scott\ Draves}$가 이끈 유명한 전자 양 프로젝트$^{Electric\ Sheep\ project}$는 진행 과정을 분할해 맡은 수천 대의 컴퓨터가 협동하여 화면 보호 프로그램으로 프랙털에 기초한 이미지들을 만들어낸다. 그러고는 화면 보호 프로그램의 사용자들에게 온라인으로 마음에 드는 이미지에 투표하게 한다. 이런 종류의 실험이 엄정하게 잘 진행된 경우, 언제나 프랙털 차원이 1.5에 가까운 특정한 값을 띤 이미지들이 가장 인기 있는 것으로 나온다. 이는 물감을 흩뿌려 그린 잭슨 폴록의 그림이 다른 사람들이 그린 유사한 그림보다 왜 더 좋아 보이는지를 규명하기 위한 리처드 테일러의 수학적 분석 결과와 유사하다. 그렇다면 모든 것은 하나의 숫자, 복잡함과 단순함 혹은 대칭과 비대칭 사이에서 정확하게 균형을 이루는 지점으로 줄여지는 것일까? 우리가 예술에서 원하는 것은 한 가지 종류의 아름다움으로, 일부는 자연에서부터 유래한 것이고 그 외의 것은 성선택과 생명체의 다양성의 동력이 되는 우리의 짝에서부터 유래한 것일까? 분명히 예술의 진화와 종의 진화는 똑같지 않다.

숫자는 숫자다. 정말 그저 하나의 숫자일 뿐이다. 숫자가 미적 경험을 대체할 수는 없다. 그러나 숫자가 분명 우리에게 시사하는 바는 있다. 자연적 형태의 단순한 발생 방정식의 결과로 생긴 것 중 우리가 아름답다고 느낀 것은 가장 대칭적인 것이 아니다. 순수미술보다 장식예술에 더 영감을 주었던, 헤켈의 미학적 아이디어의 원천이었던, 규칙적 형태들이 아니었다. 리스, 매케이브, 드레이브스가 보여주듯이 오늘날의 예술가들은 대칭적인 개별 생명체들의 화려한 모양에 대한 헤켈의 열정과 묘사 기술보다 더 나은 도구를 갖고 있다. 그들은 그 도구를 통해 자연에 존재하는 형식적인 아름다움을 탐구해서 예술로 내놓는다. 헤켈의 작품이 다수의 샹들리에와 건물 상단부 장식에 영감을 주기는 했지만, 오늘날 우리는 희미하게 빛나는 팔을 소용돌이치듯 움직이며 절대 같은 모습을 반복하지 않는 것처럼 보이는 인공 생명체를 만들 수 있는 판국이다. 이런 오늘날의 시점에서 보면 미학에 대한 헤켈의 영향이 조금은 제한되고 있다고 볼 수 있을까?

데이비드 브로디David Brody는 잡지 《캐비닛Cabinet》에 헤켈과 현대 예술가들의 관련성에 대한 흥미로운 평가를 기고한 적이 있다. '미생물풍 바로크microbial baroque'는 다시 새롭게 인기를 끌고 있는가? 브로디는 1세기 전의 예술가들만큼이나 작금의 많은 예술가들도 헤켈의 작품집이 보여주는 아름다움에 끌리는 것을 발견했다. "그러나 많은 예술가들이 그 아름다움에 빠져든 뒤에도 낭만적으로 전체주의적인 세계관을 드러내는 『자연의 예술적 형태』와 해파리를 유영하는 샹들리에로, 바늘두더지를 허공을 맴도는 우주선으로 묘사하는 식으로 모든 것을 구조화시키는 그의 손기술에 매혹되는 동시에 반감을 느끼는 양면적인 태도를 취한다." 브로디와 이야기를 나누었던 예술가들 중 대부분은 헤켈의 인종 차별 성향이나 그가 훗날 나치에 미친 중요한 영향에 대해서는 전혀 알지 못했다. 그러나 그들 대부분이 생명의 아름다움에 대한 그의 웅장한 비전 아래 그와 같은 것이 존재했다는 사실을 알고도 별로 놀라지 않았다. "통일성에 대한 헤켈의 열망은 지나치게 모든 것이 결정되어 있는 예술로 (그것이 아무리 매력적이라고 해도), 그리고 또 나쁜 과학으로 (그것이 아무리 흥미진진하다고 해도) 이어진다. 그리고 그런 그의 열망을 실제로 의심스럽게 보기 시작하면, 예술가를 헤켈의 이미지로 끌어들이는 바로 그 특징들, 모든 것이 통합되어 조화를 이루

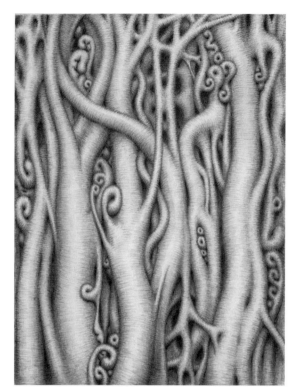

그림 60 알렉산더 로스, 〈무제〉 (2009) 뉴욕 소재 화랑 데이비드 놀란 제공

고 있는 '일원론'적인 디자인이 그 이미지의 가장 위험하고 또한 부정직한 특징으로 나타나게 된다."

화가 알렉산더 로스Alexander Ross의 수채화와 드로잉 작품들은 헤켈의 영향을 강하게 암시하는데, 브로디는 그와도 이야기를 나누었다. 로스는 『자연의 예술적 형태』가 그에게는 "하나의 계시로서 … 사고를 싹 틔우게 만든 원동력이었다."고 말한다. 그는 헤켈이 집필한 생물학 백과사전이 "강력한 꿈의 세계"였고, "'자연이 현실의 디자이너라면 당신도 같은 일을 할 수 있다.'라고 외치는 것 같았다."고 이야기한다. 그런 의미에서 로스의 작품을 보는 것은 흥미로운 일이다. 그리고 그가 생명체에서 영감을 받아 손으로 직접 그린 형태들이 기발한 감각 아래 부풀려져 집요하게 추상적인 느낌을 띠며, 그의 작품들은 명백히 디자인이 아니라 예술로 보인다는 것 역시 흥미로운 일이다.

어떤 면에서 그의 작품은 증명과 설명에는 덜 애써야 한다. 그보다는 자연이 빚어냈지만 자연이 빚어낸 것과 꼭 같지는 않은, 관이나 나무 몸통같이 보이는 것을 교묘하게 비튼 형태를 통해 간접적으로 우리를 사로잡으려고 해야 한다. 미적인 것은 실재하는 것과 꼭 같을 수는 없다. 최소한 고전적인 의미에서의 추상적인 작품에서는 그럴 수 없다. 그러나 헤켈은 유기생명체의 대칭성이 지닌 순전한 중요성에 대한 자신의 비전 때문에 계속해서 우리에게 질문을 던지며 우리를 끌어들인다. 브로디가 묘사한 것처럼 "자연이 곧 예술이며 디자인이고 또 과학이라는, 자신의 프로젝트에 대한 그의 전체주의적 신념은 우리를 끌어당긴다. 비록 그 아래에 특이성이라든가 우연 혹은 자유 같은 인간 본성적 가치들에 대한 부정이 내포되어 있다고 해도 말이다."

자연과 유사한 정확함을 추구하는 작품을 창조하는 예술가들 역시 헤켈의 이런 면모에 대해서 의구심을 품을 수 있다. 토머스 노즈카우스키^{Thomas Nozkowski}의 작품은 덩굴손이나 결정의 형태를 기초로 하고 있지는 않지만, 그는 스스로를 반^反헤켈주의자라고 칭한다.

자세히 보면 볼수록 나는 그에게 더 화가 치민다. 그의 정리 과정은 너무 19세기적이고, 너무 게르만적이고, 내 생각에 그 과정은 거짓말을 하고 있다. … 그는 자신이 찾기를 기대하는 것을 찾아낸다. 그의 모든 작품들이 지닌 외면적인 아름다움은 실제로 시대물처럼 보이고 본질적으로 향수를 자극하는 성격을 띤다. 나는 그가 이 일에 임하는 방식의 진지함에 대해 의구심을 품으려는

그림 61 토머스 노즈카우스키, 〈무제 7-61〉 뉴욕 소재 화랑 페이드 월덴스타인 제공

것은 아니다. 나는 단지 그가 지적으로 봤을 때 실패했다고 생각한다. … 그런 접근은 악으로 이어지게 마련이다. 먼저 미적으로 악이 되고, 어쩌면 실제 세계에서도 악으로 나타날 수 있다.

노즈카우스키의 이 작품은 순수하고 아름다우며 진화된 생명체 형태가 가진 무수한 가능성을 있는 그대로 묘사하려고 애쓰지 않았는데도 내가 자연을 보는 방식을 바꿀 수도 있는 힘을 가지고 있다. 나는 이 작품을 보면서 생명이란 것은 대칭성의 다채로운 목록 이상의 것이어야 한다는 노즈카우스키의 우려를 읽어낼 수 있었다. 자연은 또한 중첩되고 움직이는 단순한 형태들의 원천이기도 하며, 우리의 미적 경험들의 뿌리에는 그런 형태들 역시 존재한다. 내가 앞서 지적한 바 있듯이, 그런 형태들 역시 추상적인 소용돌이, 모서리, 원 모양과 여러 패턴들에 자신만의 자리를 늘 갖고 있다. 내가 올리버 색스의 의견에 동조하는지는 확언할 수 없지만, 일단 이렇게 단순히 말할 수 있겠다. 이런 이해는 인류가 항상 편두통이 유발시키는 환상들에 예민하게 반응해왔다는 사실로부터 온 것이지만, 또 한편으로는 우리에서 일어나는 그 어떤 것도 미적 선택에 영감을 줄 수 있기도 하다고. 나는 기꺼이 이런 환상들이 형태나 모서리, 형태에 대한 기본적인 감각들을 건드리는 편두통에 의해서 생겨난 것이라고 말할 수 있다. 그리고 그 감각들은 자연과 우리 자신이 형성된 방식의 뿌리에 있는 것이기도 하다. 그것들에 주목하기를 요구하는 것은 우리가 세상을 바라보는 방식을 계속 바꾸게 될 것이다.

유기체를 질서 정연하게 묘사하는 헤켈 식의 감각이 사고와 작품에 스며들어 있는 예술가들은 많다. 캐런 마골리스^{Karen Margolis}는 선禪 사상의 영향을 받은 서예에서 원형들의 '불완전한 완전함'에 영감을 받은 예술가로서 색칠한 종이를 오려내어 뚜렷하게 헤켈식 형태를 닮은 작품을 만든다. 그녀가 헤켈의 영향을 받았는지 묻자 그녀는 다른 사람도 헤켈에 관심이 있다는 사실에 놀라워했다. "나만의 예술을 위해 상상의 원천으로 현미경 이미지를 활용해왔는데, 영감을 얻기 위해 종종 헤켈의 『해양의 예술적 형태』를 찾아보곤 합니다. 사실 내가 영향을 받는 부분은 그의 결연한 열정이에요. 그는 구조를 공들여 만드는 데 대단히 열정을 갖고 있었고, 자신의 창작물이 진짜인지 아닌지는 별로 신경 쓰지 않았지요. 사실에 집착하지 않으려 한 그의 생각이 나는 오히려 마음에 들지만, 예술적 자유라는 측면에서만 활용하지요. 물론 나는 과학자가 아니라 예술가니까요." 한 장의 종이를 손으로 오려내서 만든 그녀의 작품 〈너무 가까운^{Too Close To}〉은 생동하

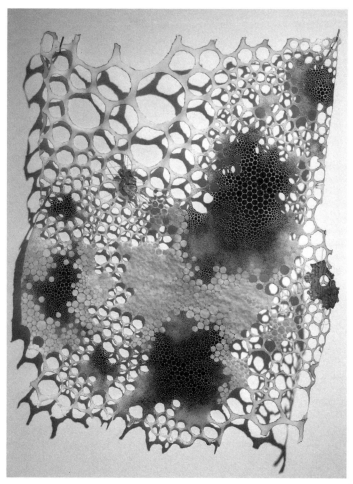

그림 62 캐런 마골리스, 〈너무 가까운〉 (2009)

는 불확실성 속 질서에의 회구를 표현하고 있다.

브로디는 헤켈이 예술가의 재능이라는 축복을 함께 누렸던 과학자로서, 드물지만 중요한 결합을 이룬 존재였다는 점을 상기시킴으로써 헤켈에 종종 가해지는 공격들을 끊어내려고 한다. 그는 레오나르도 다빈치[Leonardo da Vinci]의 주 수입원이 교묘하고 잔인한 전쟁 도구를 디자인하는 것이었음에도 우리가 그것 때문에 그의 경력을 흠집 내려고 하지는 않으며 여전히 그의 천재성을 찬양한다는 사실을 상기시킨다.

헤켈의 석판화들은 숙련된 손을 거쳐 일부 특징이 섬세하게 강조됨으로써 난잡한 현실로부터 가지런히 뽑아낸 초현실적인 형식적 명료성을 띠고 있다. 그 석판화들은 과학 분야의 제도공의 경우와 비견할 수 있는 즐거움, 단순한 시각적 객관성보다 더 상위에 있는 진실에 대한 신념을 피력해 보인다. 헤켈과 다빈치 모두 뾰족한 것으로 무장한 생명체들에 소년처럼 매혹당해 있었는데, 그것들이 품위 있게 환상적이면서 상궤에서 벗어나 보이기 때문이다. 물론, 한 명은 과학자로서 더 위대하고 또 다른 이는 예술가로서 더 위대하기는 하다. 그러나 헤켈의 환상의 가장자리를 물들이고 있는 과대망상적인 결정론은 어쩌면 시들어가는 다빈치적 이상, 즉 호기심과 장인 정신, 시와 산업, 과학과 예술의 통합에 대한 마지막 몸부림을 의미한다고 볼 수 있다.

오늘날 우리는 더 이상 우주와 창조성이 계속 진보하고 있다는 안락한 환상, 그 어떤 완전한 이론을 꿈꾸기에는 덜 순진한 것일까? 우리의 이해 수준이 설명 가능한 어떤 위대한 목표를 향해서 분명히 전진 중이라고 믿을 수 없게 되었나? 생명은 진화하지만 거기에는 방향성이 없다고 한다. 모든 생명체의 통합과 이해라는 길잡이로서의 목표를 향해 인류를 이끌어가는, 앙리 베르그송과 테야르 드샤르댕Teilhard de Chardin의 '창조적 진화 L'evolution créatrice' 같은 개념과는 거리가 먼 것이다. 헤켈이 원했던 것도 이와 유사했다. 그는 예술과 융합된 과학이 자신의 이상에 다가갈 수 있도록 도와줄 것이라고 믿었다. 그 같은 생각은 20세기의 끔찍한 참상이 우리를 공포와 의구심으로 채우기까지 헤켈 자신을 포함해 많은 사회가 잘못된 이상을 밀고 나가게 만들었다. 이제 우리는 더 이상 이 위대한 인류가 그 이상에 근접해야 한다고 믿지 않는다.

오늘날 지식은 단속적이기는 하지만 어쨌든 증가일로에 있는 것처럼 보인다. 유전체의 시퀀싱^{sequencing} 같은 엄청난 문제들이 해결되었고 이제 우리는 그 결과들이 더 거대한 의미, 목적 그리고 삶의 고통들에 대한 해법을 찾는 우리의 끊임없는 노력들에 어떤 영향을 미치게 될지 궁금해하고 있다. 자연과 과학으로부터 나온 예술, 그리고 자연과 과학으로의 회귀는 우리의 창조성을 그만의 길로 밝히는 불꽃으로 작용한다. 오늘날 사물을 보는 방법들은 고유한 자기만의 방식을 갖고 있으며 이미지와 우연으로 가득 차 있지만, 여전히 희망을 원하며 경이에 찬 미소를 노린다.

이와 같은 생각들은 상업예술과 디자인 분야에도 자리가 잡혀 있다. 2007년, '바버리안 그룹$^{Barbarian\ Group}$'이라는 이름의 그래픽 디자인 회사는 시애틀 소재의 매클라우드 레지던스 화랑에서 '생체모방 나비들$^{Biomimetic\ Butterflies}$'이라는 이름으로 협동 예술 프로젝트를 진행했다. 이 전시회에 나온 작품들은 수백만 년의 진화를 거치며 실제 나비 날개의 점무늬와 여러 패턴을 생기게 한 반응-확산 패턴에 기초하여 만들어졌다. 그들은 개략적인 나비 날개 모양 위에 그들이 고안한 단순한 방정식을 대입한 후 그 결과를 레이저 커터를 이용해서 종이에 오려냈다.

레이저로 커팅을 하고 다시 이그잭토 나이프로 약간 다듬은 후, 단순하지만 섬세한 이음새 부분을 만들기 위해서 그 날개들을 작은 면 조각에 풀로 붙인다. 가벼운 천 소재를 사용함으로써 전체적인 모양새를 깔끔하게 유지하고 보다 일반적인 기계적 이음새를 이용했을 때보다 훨씬 더 적은 저항력을 갖는 이음새를 만들 수 있다. 각각의 날개는 종이로 만든 그 날개 사이마다 두 쌍의 네

그림 63 바버리안 그룹, 〈보로노이 나비들〉 (2007)

오디뮴 소재의 자석을 넣어서 고정시키는데, 그렇게 해서 사용된 모든 자석의 극성이 일관되게 유지되게끔 한다.

그들은 이 나비 모양의 메커니즘을 제자리에 잘 고정시키기 위해서 실제로 진짜 나비들을 올려놓을 때 사용하는 핀으로 배경이 되는 판에 찔러 놓는다. 그러고는 보이지 않는 모터로 이렇게 잘 꾸며놓은 패턴이 있는 날개들이 계속 움직여서 화랑 벽 위에서 천천히 펄럭이게 만든다.

"그 결과는 조금은 소름 끼치는 것이더군요." 어떤 화랑 방문객의 감상은 이러했다.

딱 봐도 그것들은 진짜 나비가 아니었어요. 그런 몸통이며 머리며 다리는 어디에서도 본 적이 없는 것이었으니까요. 질감상 소재가 종이라는 것까지 보였고요. 그래도 뭔가 이상한 감정이 생겨나더군요. 이 종이로 만들어진 나비들이 자유로워지고 싶어 하고 그들을 제자리에 붙들어두고 있는 까만 금속 핀에 맞서 버둥거리고 있는 것같이 생각되더라고요. 어떤 기계적인 소음도 들리지 않았는데, 그렇게 이 메커니즘이 고요하게 작동했기 때문에 이런 환상을 부추기는 것 같았어요.

최초의 나비과 동물들의 무늬는 어떻게 자연의 공간이 등거리 모양들에

그림 64 바버리안 그룹, 〈물결의 나비들〉(2007)

의해서 분할되는지를 설명하기 위해 흔히 쓰이는 방정식인 보로노이 타일링^Voronoi tiling^ 알고리즘에 기초하고 있다. (그림 63 참고)

이 알고리즘은 실제 세상에서 나뭇잎과 나비의 날개 패턴이 형성되는 방식과 매우 유사하다. 바버리안 그룹은 다른 접근법을 통해서 보다 기발한 알고리즘을 사용하기도 했는데, 이를테면 물결의 기하학에 기초한 디자인 같은 것이 그 예이다. (그림 64 참고)

이런 곡선 무늬는 결코 실제 나비에서는 발견할 수 없다. 그러나 이 무늬들은 실제로 이 세상에 존재하는 물결의 흐름과 떠밀려 다니는 모래의 움직임에 적용할 수 있는 수학적 모델에 기초하고 있다. 이 무늬를 이용해 종이로 나비를 만들어보면, 매우 매혹적으로 보일 뿐 아니라 어떤 상상 속의 세상, 그러나 분명히 어딘가에 있을 법한 어떤 세상에 실제로 존재할 것만 같다. 이제 그 종이 나비를 오려내서 움직이게 만들어보라. 감상객의 눈을 사로잡아 말문을 잃게 만들 뭔가가 나오게 될 것이다.

즉, 오늘날 많은 예술가들은 어떻게 자연 상태의 아름다움이 자연 안에서 그 자체로 진화해왔는지를 보다 직접적으로 연구하기 시작하며 얻어진 과학적 성과에 깊은 인상을 받고 있다. 한 예술가가 과학적 통찰력을 통해 단 한 번의 '우와' 하는 순간에서 파생된 매혹적인 이미지 연작이나 설치 작품을 내놓기까지는 소수의 단순한 수학 규칙들 혹은 복합적인 진화-발생의 발견이라는 단 하나의 사실이 필요할 뿐이다. 예술가가 그 길을 계속 가기 위해서는 아름다운 이미지나 웅대한 아이디어를 제공하는 단 하나의 과학적 결과 그 이상은 필요하지도 않은 것이다.

그러나 예술과 과학의 통합에는 다른 방향, 어쩌면 더 심원한 방향도 존재하며, 그 다른 방향이 점점 더 빈번히 모습을 드러내는 중이다. 영감을 주는 과학에 보다 깊숙이 발을 들인 예술가들이 바로 그 다른 방향이다. 이런 예술가들 중 일부는 예술 학위에 이어 과학에서도 학위를 따고, 두 가지를 동시에 공부하는 경우도 있다. 그들 중 최고 수준에 이른 사람들은 예술과 과학의 혼재라는 것이 쉽게 얻어질 수 있는 합성물이 아님을 깨닫지만, 동시에 둘 중 어느 하나도 그냥 무시하기에는 서로 너무도 중요하다는 것을 알고 있기도 하다.

애나 린드먼^{Anna Lindemann}은 얼마 전 렌슬러 폴리테크 연구소에서 음악과 미디어 아트로 석사 학위를 받았는데, 그 연구소로 자리를 옮기기 전까지는 예일 대학교에서 리처드 프럼의 지도하에 생물학을 공부했다.

린드먼의 작품 〈날개 달린 것^{Winged One}〉은 과학 지식의 강연과 예술 공연이 직접적으로 뒤섞인 잡종물이라 할 수 있다. 작품은 린드먼이 마법의 칠판 앞에 강연자로 나서는 것으로 시작된다. 이 칠판의 표면은 곧 일련의 스톱모션 영상으로 변하는데, 새의 배아, 유전자 도해 같은 것이 화면을 뒤덮고 분필로 그린 발레리나 모양이 초인간적 부속물이 달린 그 무엇으로 진화하는 모습이 담겨 있다. 린드먼은 이 작품 속에 과학적 지식의 세부 내용을 정확하게 묘사함에 거리낌이 없다.

실, 구슬, 레이스를 활용해서 만든 스톱모션 애니메이션이라는 기발한 강의 형식의 이 작품에는 DNA 표식과 단백질의 접힘 구조가 번갈아 화면에 나타난

그림 65 애나 린드먼, 〈비행 이론〉 중 정지화면 (2011)

다. 이어서 종이처럼 얇은 그림자 애니메이션과 그 춤추는 듯한 움직임이 유전적으로 변이를 일으켜 인간이 날개가 생기고 또 비행할 수 있는 가능성을 일깨워낸다. … 첫 부분에서는 먼저 선택 유전자가 먼저 소개되고 그중에서 각 곤충의 날개의 특성을 결정하는 데 중요한 유전자인 울트라이중흉부유전자 Ultrabithorax, Ubx에 관심을 집중시킨다. 분필의 움직임으로 애니메이션을 만든 강의 부분은 추상적으로 표현된 현미경으로 본 조류의 유전자 Tbx5의 미시 세계와 병치된다. … 이 하위로 작용하는 조류의 표적 유전자로부터 날개가 생겨나는데, 애니메이션에서 이 유전자는 추상화된 거시 세계에서 날고 있는 새의 이미지로 합쳐진다. 마지막 부분에서는 인간의 Tbx5 유전자가 미시적·추상적으로 묘사된 세계가 날개가 생기게 하는 인간의 하위 추적 유전자와 합쳐져 인간의 모습이 그림자로만 표현된 추상화된 거시 세계의 이미지로 합쳐진다. 〈날개 달린 것〉의 마지막 부분에서는 미시 세상의 유전자 접합이 그 그림자로 표현된 인간에게 날개를 달아주며 '날개 달린 것'이 생겨난다.

그림 66 애나 린드먼, 〈새의 뇌〉 중 정지화면 (2010)

어떻게 인류에게는 팔이 생기고 새에게는 날개가 생기는가? 우리의 유전자를 조금 비틀어봄으로써, 인간에게도 날개가 자랄 수 있지는 않을까? 상상력은 여기에서부터 날개를 펴기 시작했다. "이것이 과학 강연일까 아니면 예술일까? 이것은 청취자가 무엇을 이해할 수 있는지 혹은 이해할 수 없는지에 관한 것이다." 린드먼은 이렇게 말한다. 분필의 움직임을 애니메이션으로 표현한 이 강연은 실을 잣고 구슬을 꿰며 실타래를 풀기도 하며 현대 음악극을 모색하기도 한다. 이렇게 괴이한 과학 발표가 구식 아방가르드 예술과 섞인 것이다.

그녀의 초기작인 〈새의 뇌Bird Brain〉 역시 스톱액션 애니메이션으로 그녀의 주방에서 만들어졌다. 이 애니메이션이 서술하는 한 편의 이야기 전체는 그녀가 리처드 프럼의 수업에서 들은 정자새의 구애담으로, 그것을 있는 그대로 묘사하고 있지는 않지만 거기에서 영감을 받아 만들어졌다. 쌀과 파스타로 구현되는 이 애니메이션에서 마분지와 찢은 신문지로 만든 새는 손으로 만든 것이 분명히 드러나 보이는 반면, 배경 음악은 매우 꼼꼼하게 공들여 작곡해 넣었다. 두 가지를 인지적으로 분리시키고 싶었거나 혹은 가내 수공예 같은 느낌으로 주목을 끌려 한 것이다. 쌀로 표현된 숲 속에서 한 마리의 수컷 정자새는 나비로 꾸민 인상적인 정자를 지어 짝짓기 상대를 꾀려고 한다. 한편 암컷 정자새는 둥지를 주방 난로 위에 놓으려고 하는 경향을 보인다. 우리는 애니메이션 속에서 나비의 날개가 펼쳐지고 파스타가 체세포분열을 일으키며 알의 부화가 일어나는 과정을 표현한 것을 통해 이 생명체의 생물학을 엿보게 된다. 애니메이션, 스톱모션, 라이브 액션은 이 새들의 이야기를 들려주고, 전자 음악이 단순한 멜로디와 각진 정글풍의 리듬을 하나로 합친다.

린드먼의 작품은 내가 책의 이 대목에까지 이르는 동안 다룬 모든 종류의 아이디어를 다 심사숙고하고 있다. 그리고 내가 지금 여기 선보인 것은 손으로 만든, 낮은 재생도의, 소박한 성질의 것들이 결합된 것이다. 그것들은 따뜻하고 환영하는 분위기이며, 소외시키거나 무시무시하거나 겁에 질리게 하지 않는다. 어쩐지 무질서한 귀여움이 있고 사티Satie의 음악처럼 즉흥적인 면이 있다.

나는 린드먼에게 어째서 그녀의 음악은 정교하게 작곡되어 전문가 수준으로 연주되는데, 시각적인 요소는 손으로 만들어 수공예 느낌이 나면서 구식이자 귀여운 느낌이고, 이런 것들로 자연에서의 아름다움의 역할에 대한 최신 과학에 기초한 예술 작품을 만드는지 그 이유를 물어봤다. "수공예 느낌의 시각적 미적 특질은 제가 원래 손으로 뭔가를 만드는 것을 즐기고, 색을 칠하고 소묘를 하고 애니메이션을 만드는 문제에 관한 제 본연의 소박한 취향에서 비롯된 것이에요. 저는 친숙하고 흔한 물건들(마분지, 단추, 쌀, 레이스 같은 것들)이 생명을 얻고 뭔가 다른 것이 될 때, 뭔가 마법적인 면이 있다고 생각해요. 이렇게 해서 분자 수준의 과정에 대한 생물학적 주제를 조금은 친근하고 이해하기 쉽게 만드는 거죠."

린드먼은 자신의 작품의 장르를 '진화-발생 예술$^{Evo\ Devo\ Art}$'이라고 부르면서 진화와 발생을 결합시킨 과학 분파인 진화발생학을 언급한다. 진화발생학은 어떻게 나비에게 점무늬가 생기고 공룡에게 깃털이 났는지에 대한 설명을 제공한다. 이 떠오르는 생물학 분야는 원칙에 기초하여 새롭게 생겨나는 형태들과 아름다움을 결합시키며, 헤켈과 톰프슨의 견해를 바탕으로 삼고, 여기에 19세기의 예술가 겸 과학자들은 접할 수 없었던 오늘날의 정교한 유전학을 접목시킨다. 그녀를 가르쳤던 리처드 프럼의 아름다움에 대한 사랑과 미학의 영향을 받아 린드먼은 어떻게 예술이, 아름다운 것과 즐거운 것이 진화-발생이라는 이야기에서 필수적인 부분임을 강조할 수 있는 한 가지 방법이 되는지를 보여준다.

어떻게 나비에게 눈점무늬가 생기는지, 동물에게는 어떻게 해서 다리가 달리는 것인지, 깃털은 처음에 어떻게 생기게 되었는지, 과학적 강연의 요소가 포함된 작품을 만들면서 린드먼이 머릿속에 그린 것은 진화-발생에 관한 『그런 거란다 이야기집』 같은 것이었다. 이런 진화발생학 분야에서 파고드는 질문들은 일찍이 러디어드 키플링이 던졌던 이런 질문들과 유사하다. 어떻게 낙타에게는 혹이 생겼을까, 표범은 어떻게 그런 반점을 갖게 되었을까. 그러나 진화-발생이 준 답 속에는 지니에게 저장한 물을 주고 일을 하지 않으려 했던 낙타에게 지니가 멈추지 않고 계속 일만 하게끔 벌을 준다는 옛날이야기 내용보다 더 놀라운 내용이 담겨 있다. 진화-발생은 특정한 종류의 세포가 언제 어디에서 발생하는지를 결정하는 유전적 네트워크와 세포가 보내는 신호 사이의 놀라운 상호작용에 대한 내용을 포함하고 있는 것이다.

2009년, 린드먼은 이 작품의 첫 전시회에 앞서 정자새의 구조물과 경쟁적인 구애 행위의 실제, 그리고 성선택에서 기생충이 하는 역할에 관한 강연이 들어간 공연을 진행하기 위해 리처드 프럼을 초대했다.

그분께서 새가 짝짓기를 하고 알을 낳는 체계를 생생하게 묘사한 강연을 해주셨는데, 많은 관객이 〈새의 뇌〉의 일부 영감이 된 조류의 배경에 대해 입문 조의 설명을 듣게 되어 얼마나 좋았는지에 대해서 언급했습니다. 그 강연 덕분에 수컷이 만든 나비 장식의 정자와 구애를 위한 춤동작뿐만 아니라 〈새의 뇌〉에서는 인간 손의 형태를 취해 표현되었던 보다 추상적인 기생충 유충 같은 것들의 의미를 알 수 있었다고요. 생물학 강연이 〈새의 뇌〉라는 한 작품에 필요불가결한 부분은 아니지만, 그래도 이 작품의 첫 발표에 중요한 부분인 것은 사실입니다. 돌이켜보면 이것이 생물학적 주제에 관한 강연을 제 작품에 포함시키는 선례가 되기도 했고요.

나는 애나에게 그녀도 리처드 프럼처럼 『그런 거란다 이야기집』에 실린 이야기들은 진화가 자의적인 목표를 좇는다거나 진화가 패턴이나 형태를 빚어내는 기본적인 물리학·화학 법칙을 따른다고 인정하는 내용이라기보다는, 하나의 우화로서 모든 진화된 아름다움을 적응의 한 형태로 설명하려는 현대 생물학의 시도와 유사한 것이라고 생각하는지 물었다. 그녀는 내 질문에 이렇게 답했다. "제게는 그것들이 서로 양립 불가능해 보이지 않는데요. 한 편의 진화생물학적 '그런 거란다' 식의 이야기는 성선택, 발생적 제약, 그리고 일정 수준의 자의성(어쩌면 폭주하는 성선택의 경우처럼요.), 심지어는 어떤 것이 어떻게 그렇게 나타나게 되었는지에 관한 설명의 일부를 이루는 발생학적 메커니즘의 자의성까지도 구체화하는 환경적 힘의 요인들을 갖고 있을 수 있거든요. 현대판 '그런 거란다' 이야기에서는 자의성과 불확실성, 개연적인 설명들이 중요한 부분처럼 보입니다."

이렇게 해서 올망졸망 모은 반짝이는 것들, 귀한 것들과 함께 정자새가 다시 우리 화제로 돌아온다. 정자새는 세상을 장식해서 특별하게 만들어야만 한다. 짝짓기 상대 암컷에게 깊은 인상을 주고 기쁨을 느끼게 하기 위해서 그렇게 해야만 한다. 이 성선택에 관한 이야기를 살펴보며 결국은 짝짓기가 목표이자 궁극의 보상이라고 생각할 수도 있겠지만, 아마도 그런 생각은 이 이야기가 벌어지는 상황을 이해하는 가장 따분한 길일 것이다. 짝짓기는 비일상적인 것이 아니다. 어쨌거나 종국에는 충분한 짝짓기가 이뤄진다. 생물학자들은 자연에서는 모두가 암컷 파트너를 얻지 '못하며' 가장 강하고 최선이라 할 수 있는 수컷이 가장 짝짓기에 유리하다고 말하고 싶겠지만, 나는 그 증거라는 것들이 그것이 일반적으로 사실이라고 확증해주는지는 잘 모르겠다. 정자새가 짝짓기를 한다는 사실 자체는 별로 흥미로울 것이 못 된다. 진실로 깜짝 놀랄 만한 사실은 그들이 아름답고 멋지며 끝내주는 예술행위를 하게끔 진화했다는 것이다. 이 행위는 번식과 생존 경쟁, 생과 사로 이루어진 수백만 년의 시간을 견디고 살아남았다. 이 정자새라는 종의 생물은 정자 짓기라는 예술행위 없이는 결코 살아남지 못했을 것이다. 웅장하며 인상적인 것을 만들 수 있는 새만이 살아남아서 다음 세대에게 자신의 유전자를 물려줄 수 있으니 말이다. 아름다움을 만들어내는 능력이 곧 생존의 특질인 것이다. 미자생존美者生存/survival of the beautiful 은 진화로부터 배울 수 있는 한 가지 중요한 가르침으로써, 적자생존適者生存/survival of the fittest만으로 자연에 존재하는 모든 것들을 충분히 설명할 수 있었던 적은 결코 없었다.

어쩌면 정자새 역시 조금씩 추상화를 향해 나아가고 있는지도 모른다. 그림 67은 숲 속의 어떤 난장판이 아니라 점박이정자새가 몇 달에 걸쳐 암

그림 67 정자새의 예술작품인가 아니면 숲속의 쓰레기인가? 당신이 결정하시라.

컷 평론가의 진지한 승인을 바라며 조심스럽게 만든 창작품을 보여주고 있다. 이런 난장판은 자연의 본질에 존재하는 어떤 성상으로 필수적인 것일까, 아니면 진화에 수반된 임의적이고 유치한 변덕인 것일까? 발생하여 진화한 모든 아름다운 것에서 '그런 거란다'라고 말할 수 있는 이유에만 목을 매며 진화에서 적응과 관계된 목적만 찾으려고 하는 생물학적 탐색을 경계하는 필립 볼의 목소리를 기억하자. 그에 따르면 생물학은 진화에는 항상 약간은 변덕과 장난이 있어왔다는 것을, 자의적인 변이가 특정 패턴이나 과정을 형성하려는 경향이 있는 자연의 기본적 형식 법칙을 파고들어왔다는 것을 간단히 인정하려고 하지 않는다. 우리 역시 진화라는 거대한 행진의 동참자로서 그런 패턴과 과정을 형성하면서 아름다움을 추구하는 경향이 있는데 말이다.

내가 이 장에서 언급한 모든 예술작품들은(물론, 내가 고른 것들은 오늘날 예술가들이 생존한 아름다운 것들로부터 영감을 받아 시도한 많은 놀랍고 창조적인 것들의 지극히 작은 일부일 뿐이다.) 진화-발생 예술이라고 여겨질 수 있을 것이다. 왜냐하면 이 작품들 모두가 그 어떤 개별 예술가가 도맡아 진행한 것이 아닌, 진화라는 과정을 통해 자연이 창조한 멋진 형태들에 대한 고유의 참고자료이기 때문이다. 자연이라는 놀라운 사실에 할 말을 잃은 인간 예술가들은 어떻게 단순한 과정이 복잡하며 형식적이면서도 계획된 디자인이 없는 자연의 아름다움으로 이어질 수 있는지를 찬양하며 자신만의 상황 해석을 밀어붙여 작품을 만든다.

내가 여기에 든 모든 예에는 한 가지 공통점이 있다. 모두 하나같이 아름다움을 찬양하는 데 주저함이 없다는 것이다. 아름다움을 너무 많이 손쉽게 접할 수 있는 까닭에 무덤덤해진 시대에도 말이다. 다른 작가라면 생체 발광을 이용한 반짝이는 토끼를 제작한다든가 기후 변화를 바로잡는 지구 보호 활동을 펼치며 유전학을 직접적으로 가볍게 비틀어 활용한 훌륭한 예술작품에 집중했을 수도 있을 것이다. 그러나 나는 여전히 개념들을 구체화하거나 문제를 해결하는 것보다는 아름다운 것들에 더 끌린다. 내게는 자연에서 발견한 새로운 것들에 영감을 받아서 사람들이 뭔가를 하며 느끼는 미적 즐거움이 더 마음에 와 닿는다. 나는 자연의 진화 동인과 법칙, 그리고 과학이 세상을 파고들고 재구성하는 방식을 바꿀 수 있는 인간 예술의 잠재력 모두에 아름다움이 얼마나 중요한지를 보여주고자 노력했다. 나는 이 책을 여기까지 읽은 독자라면 우리가 너무나도 많은 것을 배우고 또 파괴해온 이 세상에는 여전히 춤추고 그림 그리고 노래 부르며 재미나게 놀고 또 사랑할 수 있는 가능성이 남아 있음을 가슴 깊이 새기리라고 희망한다.

책의 막바지에 다다른 지금, 내가 이제는 무엇이 좋은 예술이고 또 나쁜 예술인지 말해줄 거라고 생각하는가? 오늘날 예술계에서 이것은 매우 인기 없는 질문이다. 예술학교에 다니는 학생들은 세상에 충격을 던지는, 기존의 것을 피하는, 감상자를 격분하게 하되 공세는 피하며, 그 누구도 그들이 만든 것을 다른 것들과 비교해 낫거나 못하다고 말할 수 없는 것을 만들라고 배운다. 이 모두가 단지 우리를 생각하게 만들기 위함일까? 그런 방면에서는 철학만으로도 이미 충분히 골치가 아프다. 철학이야말로 답을 주기보다는 질문을 던지는 데에 훨씬 능하기 때문이다.

그러나 예술은 철학과는 다르다. 예술은 매우 즉각적이고 직접적이며 명백하게 드러내는 것이다. 예술은 놀라움을 불러일으키고, 우리를 한숨 짓고 눈물 흘리며 미소 띠게 만들어야 한다. 우리가 그것을 사랑하거나 혹은 혐오하게 만들어야만 하는 것이다. 우리를 끌어들일 것인지 아니면 등을 돌려버리게 할 것인지가 정말로 중요하다. 예술이 그 어떤 강한 반응도 이끌어내지 못한다면, 그것은 아무짝에도 쓸모가 없다. 예술은 아름다워야만 하며 다른 어떤 방식에 앞서 우리를 먼저 미적으로 끌어들일 수 있어야 한다.

그러므로 예술은 수백만 년에 걸쳐 아름다움을 찬양해온 생명체의 한 측면과 그 진화에 대한 연구로부터 많은 것을 배울 수도 있다. 나는 다윈이 '성선택$^{sexual\ selection}$'이라고 부른 것을 '미적 선택$^{aesthetic\ selection}$', 혹은 어쩌면 '예술적 선택$^{artistic\ selection}$'이나 '아름다움의 선택$^{beauty\ selection}$'이라고 부르고 싶다. 성$^{性/sex}$이 중요하지 않다고 생각해서가 아니라 '성선택'이라는 표현이 그것이 산출한 아름다운 결과물로부터 우리의 주의를 돌려 욕구라는 필요의 문제로 돌아가게 만든다고 생각해서이다. 아마도 욕구가 중요한 것은 그것이 아름다움, 그러니까 다른 그 어떤 필요보다 더 오래 살아남는 그 무엇을 낳기 때문인데 말이다.

어쩌면 과학계의 입장에서는 미적 선택에 대한 연구가 자연이 진화시켜온 실재하는 실용적인 적응의 예를 명료하게 밝히는 것만큼 중요해 보이지 않을 수도 있다. 왜 감동적인 것, 수수께끼 같은 것을 설명하려고 하는가? 존 키츠John Keats를 그렇게 화나게 했던, 은유적인 천사의 날개 뽑기 같은 게 아닌가? 그러나 생명이라는 수수께끼는 알면 알수록 더 우리를 감동시킨다. 생명이라는 수수께끼와 마법의 매력은 결코 사라지지 않는다.

물론, 예술에 대해 아무것도 모르면서 예술을 사랑할 수도 있다. 또 더 많이 알게 됨으로써 한때 사랑했던 것들에 흥미를 잃게 되는 경우도 있다. 어떤 사람들은 명백하게 가장 대중적으로 인기 있는 것이 곧 최선의 것이라고 주장할 수 있다고 믿는다. 반면 어떤 예술이든지 간에 예술에 더 깊은 주의를 갖고 관찰한 사람들이 보기엔 대중성이라는 것은 단지 무엇이 중요한지를 설명해주는 것이 고작이다. 사실 대중성은 무엇이 좋은지를 결정하는 가장 원시적인 방법이다. 자연에서는 깃털, 노랫소리, 모양에서 볼 수 있듯이 극단적으로 아름다운 경우는 일반적이지 않다. 그러나 특정 종의 생물들은 그런 극단적인 아름다움이라는 결실을 맺는 길을 전략으로 택하고, 그 결과 나머지 생명체들은 가능하기는 하지만 매우 드물게만 나타나는 그런 아름다움을 보는 혜택을 누리게 된다. 제비가 공작의 꼬리를 좋아할까? 제비도 그들만의 제비다운 방법으로 그 아름다움을 칭송하는지도 모른다. 물론 전혀 관심이 없을 수도 있겠지만.

그러나 우리는 생명과 그 문화에 존재하는 전략 모두에, 문제를 해결하기 위한 적응적인 방법에서부터 무모하고 대범한 방법에 이르기까지 분명 그 모두에 관심이 있다. 인간 역시 인간 고유의 독특한 진화 경로를 따라 모든 것에 흥미를 갖는 단 하나의 잡식 종이 되었다. 우리는 자연으로부터 가능한 한 많은 것을 배우려고 노력하는 운명을 타고났고, 앞으로도 계속 질문에 대한 답보다 오히려 더 끌리는 곤란한 질문들을 스스로에게 던질 것이다.

그러나 질문은 여전히 남는다. 무엇이 아름답다고 이야기할 수 있는가? 진화가 이렇게 아름다운 형태들이 살아 있게끔 유지해온 것은 그것이 가능했기 때문이고 또 실제로 존재하는 데까지 이르렀기 때문이지, 반드시 그렇게 해야만 했기 때문이 아니다. 그 아름다운 형태들은 우리가 시간을 수백만 년 전으로 돌려 처음부터 다시 시작한다고 하면 다시 반복되지 않을 가능성이 높은 무작위성과 우연의 조합을 통해 나타나게 된 것이다. 그러니 살아남아 존재하는 것들에 대해 믿음을 가져라. 우리가 갖게 된 생존 전략이나 그 결과에는 특별히 좋은 뭔가가 있지 않을까? 그것들은 존재한다는 바로 그 이유로 중요하다. 그리고 그렇게 살아남아 존재하는 것에는 우리 인간도 있다.

인간의 문화는 진화하지만 자연이 진화한 것처럼 그렇게 단순한 방식으로 진화하지는 않는다. 우리는 우리를 둘러싸고 있는 모든 것이 제공하는 것들을 받아들여 배울 수 있고, 결정을 내리며 무엇을 유행시키고 어떤 기회를 잡을 것인지 선택한다. 아니, 어쩌면 우리는 우리가 생각하는 것만큼 많이 배울 수는 없을지도 모른다. 아마도 사람들이 무엇을 좋아하는지는 미적 진화의 경우에서와 마찬가지로 임의적으로 인기를 얻는 여러 가능성에 대한 변덕에 기대어 결정되는지도 모른다.

이것은 항상 나를 성가시게 괴롭혀온 미학의 중대한 문젯거리에 대해 생각하게 만든다. 나는 내 취향에 따라 특정한 종류의 음악, 미술, 문학, 영화를 좋아하게 된다. 내가 이런 것들에 대해서 더 많은 것을 배움에 따라 어떤 것이 가능하고 또 어떤 더 깊은 의미와 표현이 더 숙달된 기술과 복잡성으로부터 나올 수 있는지를 알게 되면 내가 좋아하는 것도 바뀔 것이다. 하지만 딱 거기까지이다. 나는 수십 년 동안 나를 살찌워준 예술에 대한 내 사랑을 파괴할 만큼 많은 것을 알고 싶지는 않다. 하지만 고속도로 위를 몇 시간씩 달리면서 오랫동안 나를 감동시켰던 똑같은 노래들을 반복해 듣고 있노라면, 종종 내가 정말로 좋아하는 그 노래들의 상당 부분이 얼마나 형편없는지를 생각하게 된다. 대단한 것이라고는 없고 너무나 단순하다. 그렇다고 너무 복잡하면 그것 또한 그렇게 마음에 들지 않는다. 나 역시 작곡가이자 음악가로서, 세상에는 더 좋은 음악이 있다는 것, 그리고 그 음악은 내가 듣고 연주할 수 있으며 어쩌면 직접 작곡할 수도 있을 음악이라는 것을 알고 있지만, 때때로 나는 그렇게 하기가 그냥 두려워진다. 그렇게 했다가는 내 취향에 대한 감각이 파괴될 것이고 내가 미학에 대해서 믿고 있는 모든 것들, 그러니까 아름다움은 우리의 마음을 첫 순간부터 사로잡아야 하고 예술작품이 정말로 좋은 것이라면 영원히 우리 마음에 머물게 될 것이라는 기존의 믿음에 의문을 품게 될 것이기 때문이다.

우리가 만든 아름다운 것들은 시간이 아름다움의 진화를 통해 존재하게 만든 자연의 법칙이나 생명체의 형태들만큼 필연적이기를 원한다. 그리고 아름다움의 진화는 생명의 복잡한 발생에서 매우 중요한 부분을 차지한다. 우리는 그 어떤 다른 종의 미학에 대해서 잘 알지 못하는 것처럼 우리 자신의 미학에 대해서도 결코 이거다, 하고 확신할 수 없을 것이다. 그러나 공작은 곰곰이 생각해보거나 궁금해할 필요도 없이 꼬리가 없이는 자신이 아무것도 아니라는 것을 알고 있다. 생명은 그것이 살아 있고 버텨내고 있기 때문에 아름답다. 다른 길을 갈 수도 있지 않았을까 하고 의문을 품을 필요가 없는 것이다.

　오직 인류만이 그런 의문에 빠져들고, 오직 우리 인류만이 아름다움을 진지하게 받아들일 것인지 말 것인지 선택한다. 나를 탐미주의자라고 비난하며 내가 옳은 것과 그른 것, 아니 최소한 더 나은 것과 더 못한 것에 대한 욕구 때문에 스스로를 죽이고 있다고 말하라. 나는 진심으로 당신에게 어떻게 행동해야 한다고 말하고 싶지는 않다. 다만 나는 당신에게 어떻게 보고 들어야 하는지, 어떻게 아름다움을 향한 당신의 타고난 흥미를 눌러 버리지 않고 좇아야 하는지에 대해 말해주고 싶다. 여기에 우리가 사랑하는 모든 것을 실용적이고 합리적인 용어로 설명해버리는 생물학이 들어설 자리는 없다. 자연은 그런 식으로 작동하지 않는다. 그렇다고 장엄한 진화가 만들어낸 것들 앞에서 자연스러운 경이로움에 휩싸여 움츠러들어서도 안 된다. 자연이란 전부 존 케이지 식의 '우연의 작동'이 만들어낸 거대한 예술작품으로 볼 수도 있겠지만, 사실 정말로 자의적인 것만은 아니다. 리처드 프럼의 표현대로라면, 어떤 절대적인 감각 속에서 보면 세상은 결코 무작위적이지 않다. 자연에는 수학에서부터 물리학, 화학을 거쳐 생명 그 자체와 사상에 이르기까지 질서와 형식에 관해 상응하는 유사점들이 존재한다. 내가 진짜 하고 싶은 것은 당신에게 그 유사점들 사이의 패턴에 대해 쭉 설명을 늘어놓기보다는 그것들을 큰 소리로 찬양하는 것인지도 모른다. 결국 나는 설명하는 사람으로서는 형편없고, 이야기꾼으로서도 그저 그렇지만, 진실을 폭로하는 사람으로서는 열정적이다. 그러니 주의를 기울여 경외감 속에서 입을 떡 벌리고 아름다움이 당신의 마음을 두드리도록, 아니 어쩌면 그 아름다움이 당신을 집어삼킬 수도 있겠지만, 그렇게 하도록 두어라.

　오래전, 내가 아직 십대였을 때 맨 처음 시에라 클럽 그림책에서 이 유명한 나바호 족의 가사를 읽은 뒤로 나는 줄곧 이 노래를 잊지 못했다.

> 내 앞의 아름다움, 나는 그곳을 거니네
>
> 내 뒤의 아름다움, 나는 그곳을 거니네
>
> 내 위의 아름다움, 나는 그곳을 거니네
>
> 내 밑의 아름다움, 나는 그곳을 거니네
>
> 아름다움의 자취를 좇아, 나는 그곳을 거니네
>
> 아름다움과 함께 영원히, 온통 나는 둘러싸이네.

> 내가 나이가 들어도, 나는 그곳을 거니네
>
> 여전히 움직이면서, 나는 그곳을 거니네
>
> 나는 여전히 아름다움의 자취 위를 맴돌리니
>
> 그리고 다시 살리라, 나는 그곳을 거니네
>
> 나의 노랫말은 여전히 아름다움을 향하네.

이 노래는 항상 내 마음속에 자리 잡은 채 전투를 위한 무기가 아닌 최선의 삶의 방식을 향한 부름으로 작용해왔다. 우리가 살고 있는 이 세상은 너무도 아름다워서 눈물을 흘리게 만든다. 우리는 그 아름다움을 두려워해서도 안 되고 그냥 태평하게 그것을 찬양하는 데에만 만족해서도 안 된다. 왜 그래서는 안 되는지에 대한 예는 전에도 들었지만, 나는 안내문 역할을 하는 이 말들로부터 더 멀리 벗어날 수는 없다. 우리는 아름다움에 대해 조사하고 더 깊이 파고들어야만 한다. 아름다움이 죽어버리고 마는 방식으로 골라내서 분리시켜서는 안 되는 것이다. 우리는 그 축복을 누리고 그것에 대해 연구하는 순간 모두에, 그것이 선사하는 경이로움에 머물며 그것이 곧 우리가 사는 세상임을 인지하고 또 사랑해야 한다. 아름다움은 과학의 근간이며 예술의 목표이고, 인류가 이해하기를 꿈꾸는 최고의 가능성이기 때문이다.

감·
사·
의·
말·

많은 사람들이 내가 평소에 다루어온 음향과 환경 분야를 벗어나서 시각 예술과 생물학 이론의 세계로 발을 디디는 데 도움을 주었고, 이번 프로젝트의 연구를 도와주신 그 모든 분들께 깊이 감사드린다. 로알드 호프만, 패트릭 도허티, 애나 린드먼, 타일러 볼크[Tyler Volk], 소냐 로보[Sonja Lobo], 마크 챈기지[Mark Changizi], 티노 세갈, 크리스틴 드리니에르[Christine de Lignieres]를 비롯한 많은 과학자와 예술가들이 귀중한 시간과 아이디어를 선뜻 나누어주셨다. 특히 대학 시절 흐릿하게만 기억하고 있던 리처드 프럼은 많은 도움을 주었다. 또한 CUNY에서 복잡한 새의 노래를 연구하고 있는 우리 그룹, 오퍼 체르니춥스키, 크리스티나 뢰스케[Christina Roeske], 이선 제닛[Eathan Jannet], 개리 마커스[Gary Marcus]에게도 특별한 감사의 인사를 전하고 싶다. 그리고 시끄러운 장소에서 이뤄졌던 몇몇 길고 해독하기 힘들었던 인터뷰 내용을 문서화해준 연구 조교 타니아 메릴[Tanya Merrill]에게도 감사의 인사를 전한다.

또한 내 전문 분야와는 많이 먼 연구 주제를 파고들 수 있도록 나를 격려해준 뉴저지 공과대학의 롭 프리드먼[Rob Friedman], 버트 킴멜먼[Burt Kimmelman], 페이디 딕^{Fadi Deek}, 돈 서배스천^{Don Sebastian}에게도 감사드린다.

그 외에 여러 가지로 도움이 되는 제안들을 해준 독자들과 동료들도 있었다. 데이비드 로스^{David Ross}, 존 호건^{John Horgan}, 릴리 잰드^{Lily Zand}, 올리버 섀퍼^{Oliver Schaper}, 라라 바프냐르^{Lara Vapnyar}, 바버라 로텐버그^{Barbara Rothenberg}, 대니얼 로텐버그^{Daniel Rothenberg}, 야니카 피어나^{Jaanika Peerna}, 움루 로텐버그^{Umru Rothenberg}, 로런스 웨슐러^{Lawrence Weschler}, 아멜리아 아몬^{Amelia Amon}, 하이에 트라이어^{Heie Treier}, 리처드 크롤링^{Richard Kroehling}, 필립 볼, 피터 켑키^{Peter Koepke}, 요하네스 괴벨^{Johannes Goebel}, 에이미 립턴^{Amy Lipton}, 퍼트리샤 와츠^{Patricia Watts}, 라파엘레 셜리^{Raphaele Shirley}, 찰스 린지^{Charles Lindsay}, 캐서린 찰머스^{Catherine Chalmers}, 스콧 딜^{Scott Diel}, 톰 비셀^{Tom Bissell}, 앨리슨 데밍^{Alison Deming}, 시몬스 번틴^{Simmons Buntin}, 데이비드 애브럼^{David Abram}, 에바 바케슬렛^{Eva Bakkeslett}, 대니얼 오피츠^{Daniel Opitz}가 그들이다.

2004년, 퀸즐랜드의 우림에서 발견한 파란색 플라스틱 물품으로 장식된 정자를 밟지 말라고 말해준 시드 커티스에게도 따뜻한 감사의 말을 전한다. 내게 오스트레일리아 스프링우드에 있는 자택 바깥의 정자새들을 소개해주었던 홀리스 테일러^{Hollis Taylor}와 존 로즈^{Jon Rose}에게도 감사한 마음을 전한다. 태즈메이니아의 잡지 《섬^{Island}》에 이 책의 정자새 장이 나오는 계기를 제공해준 기사를 내게 해준, 그리고 《포물선^{Parabola}》에 '미^{beauty}'에 관한 기사를 실을 수 있게 해준 시드니 중등학교의 존 휴즈^{John Hughes}와 존 밸런스^{John Vallance}에게도 고마움을 전한다.

또한 이 책이 세상에 나올 수 있게 애써준 내 대리인 미셸 루빈^{Michele Rubin}, 편집자 피터 지나^{Peter Ginna} 그리고 블룸즈버리의 비서 피트 비티^{Pete Beatty}에게도 감사드린다. 집안 곳곳 공간이 있는 곳마다 쌓아놓은 퀴퀴한 책 더미를 참아준 가족들에게도 다시 한번 감사의 말을 전한다. 내 아들 움루가 끝없이 쏟아놓은 창조적인 생각들과 아내 야니카가 세상을 바라보는 아름다운 방식에 대해서도 고마움을 전해야 할 것이다.

나는 이 책을 내 어머니 바버라 로텐버그에게 바친다. 어머니는 훌륭한 예술가이자 선생님이시고 내게 왜 현대 예술이 중요한지를 제일 처음 가르쳐준 분이셨다. 미안해요, 어머니. 나는 마지못해 응하며 곧잘 짜증을 내는 학생이었지요. 하지만 이 책이 내가 어머니로부터 배운 것을 뭔가는 기억하고 있다는 증거가 되지 않을까요.

이 책을 쓰면서 나는 예술과 과학의 모든 측면에서 매우 다른 종류의 문서들을 조사해야 했다. 다윈의 편지를 포함한 모든 글은 온라인에서 찾을 수 있었고, 사람들이 오직 종교 문헌을 참고할 때만 하던 방식인 즉각적인 색인을 통해서 그 글들을 조사할 수 있다. 아마도 다윈은 이제 생명을 연구하는 모든 학생들의 가장 종교적인 자원이 되었을지도 모른다. darwin-online-org.uk에 들어가보라. 『인간의 유래』말고도 헬레나 크로닌 Helena Cronin 의 『개미와 공작: 다윈의 시대부터 현재까지의 이타주의와 성선택 The Ant and the Peacock: Altruism and Sexual Selection from Darwin to today 』(Cambridge: Cambridge University Press, 1993)과 같은 성선택의 역사에 관한 몇 권의 훌륭한 책들을 볼 수 있을 것이다. 또 하나의 훌륭한 입문서로는 매트 리들리 Matt ridley 의 『붉은 여왕 The Red queen: Sex and the Evolution of Human Nature 』(New York: Macmillan, 1994)을 들 수 있다. 좀 더 최근작으로는 마를린 주크 Marlene Zuk 의 『성선택: 동물의 성으로부터 우리가 배울 수 있는 것과 배울 수 없는 것 Sexual Selections: What We Can and Cannot Learn About Sex from Animals 』(Berkeley: University of

California Press, 2003)과 조안 러프가든^{Joan Roughgarden}의 좀 더 극단적인 『상냥한 유전자: 다윈식 이기주의의 해부^{The Genial Gene: Deconstructing Darwinian Selfishness}』(Berkeley: University of California Press, 2010), 그리고 물론 올리비아 저드슨^{Olivia Judson}의 『모든 생물은 섹스를 한다^{Dr. Tatiana's Sex Advice to All Creation}』(New York: Holt, 2003)도 있다.

그러나 타티아나 박사조차도 성선택을 감미롭고 매혹적인 것으로 만드는 데는 빌헬름 뵐셰와 비교가 되지 않는다. 두 권으로 구성된 그의 『자연의 애정 생활^{Love-LIfe in Nature}』(New York: Albert and Charles Boni, 1926, 그 외에 다른 여러 판본도 있다)을 보라. 절대 실망하지 않을 것이다. 그러나 그가 말하는 모든 것, 특히 마지막 100 페이지를 믿지는 마라.

다윈과 예술에 관해서는 아주 멋진 도서 목록이 있다. 『무한한 형태들: 찰스 다윈, 자연과학 그리고 시각예술^{Endless forms: Charles Darwin, Natural Science, and the Visual Arts}』(New Haven: Yale Center for British Art, 2009)과 학술 서적으로 바버라 라슨^{Barbara larson}이 편집한 『진화의 예술: 다윈, 다윈주의 그리고 시각문화^{The Art of Evolution: Darwin, Darwinisms, and Visual Culture}』(Hanover: Dartmouth University Press, 2009)가 있다. 에른스트 헤켈의 『자연의 예술적 형태^{Art Forms in Nature}』(New York: Prestel, 1998)는 여러 판본이 있고, 그의 업적에 대한 아름다운 개론서인 『자연의 시각: 에른스트 헤켈의 예술과 과학^{Visions of Nature: The Art and Science of Ernst Haeckel}』(New York: Prestel, 2006)이 예나에 있는 헤켈 박물관의 올라프 브라이트바흐^{Olaf Breidbach}의 편집으로 최근 출판되었다. 로버트 리처드슨^{Robert Richardson}의 새로운 헤켈 전기인 『생명의 비극적 감각: 에른스트 헤켈과 진화적 사상에 대한 투쟁^{The Tragic Sense of Life: Ernst Haeckel and the Struggle over Evolutionary Thought}』(Chicago, University of Chicago Press, 2008)은 정말 멋지다. 이 책의 모든 내용은 헤켈의 첫사랑의 뜻밖의 죽음으로 귀결된다.

진화가 어떻게 예술을 바꿨는가에 대해서도 몇 권의 책이 있다. 가장 흥미로운 것은 후안 로메로[Juan Romero]와 페누잘 마차도[Penousal Machado]가 편집한 『인공적 진화의 예술: 진화의 미술과 음악에 관한 안내서[The Art of Artificial Evolution: A Handbook of Evolutionary Art and music]』(Berlin: Springer, 2009)가 있다. 예술과 과학의 수렴에 대한 일반적인 내용으로는 스티븐 윌슨[Stephen Wilson]의 『오늘의 예술+과학[Art+Science Now]』(New York: Thames & Hudson, 2010)이라는 훌륭한 개론서가 있다. 또 비슷한 책으로는 1960년대에 쓰여졌지만 여전히 유효한 위대한 생물학자인 C. H. 워딩턴[Waddington]의 『보이는 것 너머: 현 세기의 미술과 자연과학의 관계에 대한 연구[Behind Appearance: A Study of the relations Between Painting and the Natural Sciecnes in This Century]』(Cambridge, MA: MIT Press, 1970)가 있다. 로레인 대스턴[Lorraine Daston]과 피터 갤리슨[Peter Galison]의 과학에서의 창조적 이미지에 대한 걸작 연구서인 『객관성[Objectivity]』(New York: Zone Books, 2007)도 읽어볼 만하다.

온라인 화학 저널인 《물질[Hyle]》에 실린 로알드 호프만[Roald Hoffmann]의 미학에 관한 특별호도 있다.(http://www.hyle.org/journal/issues/9-1) E. O. 윌슨[Wilson]의 열렬한 책 『통섭[Consilience: The Unity of Knowledge]』(New York: Knopf, 1998)은 에른스트 헤켈의 『우주의 수수께끼[Riddle of the Universe]』(New York: Harper and Bros., 1899)의 20세기의 해답으로 볼 수 있다. 이 두 권은 모두 대담하고 논쟁적이다. 두 개의 문화를 융합할 수 있다는 또 다른 시도로는 데이비드 에드워즈[David Edwards]의 『예술과학: 구글 이후 세대의 창조성[Artscience: creativity in the Post-Google Generation]』(Cambridge, MA: Harvard University Press, 2008)을 들 수 있다. 예술을 이해해보려는 신경과학자로는 『내면의 시각: 예술과 뇌에 관한 탐구[Inner Vision: An Exploration of Art and the Brain]』(new York: Oxford University Press, 2000)를 쓴 세미르 제키[Semir Zeki]와 『숨길 수 없는 뇌: 무엇이 우리를 인간으

로 만드는가에 대한 신경과학자의 탐구*The Tell-Tale Brain: A Neuroscientist's Quest for What Makes Us Human*』(New York: Norton, 2011)를 쓴 V. S. 라마찬드란*Ramachandran*을 들 수 있다. 마거릿 리빙스턴*Margaret Livingstone*의 『시각과 예술: 본다는 것의 생물학*Vision and Art: The Biology of Seeing*』(New York: Abrams, 2008)은 시각적으로 아름답게 묘사되어 있다.

진화의 임의성과 형태의 자연법칙에 대한 중요한 문제에 대해서 필립 볼*Philip Ball*보다 더 훌륭한 과학 저술가는 없다. 이 주제에 관한 그의 첫 번째 책은 『스스로 만들어진 태피스트리: 자연에서의 패턴 형성*The Self-Made Tapestry: Pattern Formation in Nature*』(New York: Oxford University Press, 2009)인데 최근에 『모양*Shapes*』, 『흐름*Flow*』, 『가지*Branches*』(New York: Oxford University Press, 2009)라는 조금 더 짧은 3부작 세트로 다시 나왔다. 역사적으로 의미 있을 뿐만 아니라 영감을 주기 때문에 이 모두는 소장할 가치가 있다. 또한 타일러 볼크*Tyler Volk*의 방대한 책 『메타패턴: 공간, 시간 그리고 정신을 가로질러*Metapatterns: Across Space, Time, and Mind*』(New York: Columbia University Press, 1995)도 읽어볼 만하다.

진화에서의 예술에 대해서는 데니스 더턴*Denis Duttons*의 『예술 본능*The Art Instict: Beauty, Pleasure, and Evolution*』(New York: Bloomsbury Press, 2008)이 적응론자들의 관점을 가장 깔끔하게 보여준다. 나는 더턴 교수가 살아서 나와 좋은 논쟁을 펼치지 못한 것이 못내 아쉽다. 브라이언 보이드*Brian Boyds*의 『이야기의 기원에 관하여: 진화, 인지 그리고 허구*On the Origin of Stories: Evolution, Cognition, and Fiction*』(Cambridge, MA: Harvard University Press, 2009)는 문헌 연구에 진화적인 방법으로 접근한다. 경쟁이 치열한 고가 예술품 시장에 대한 진화론적인 접근 방법에 대해서는 돈 톰프슨*Don Thompson*의 『1200만 불짜리 상어: 현대 미술의 기이한 경제학*The $12 Million Stuffed Shark: The Curious Economics of Contemporary Art*』(New

York: Palgrave, 2008)을 참조하라.

시장에 대해서는 잊어라. 현대와 동시대 예술의 내용은 어떠한가? 아서 단토의 『아름다움의 남용*The Abuse of Beauty*』(Berkeley: University of California Press; Chicago: Open Court, 2003)과 데이브 히키*Dave Hickey*의 읽기 쉬운 『기타 연주 흉내: 예술과 민주주의에 대한 에세이*Air Guitar: Essays on Art and Democracy*』(Seattle: Art Issues Press, 1997) 그리고 『보이지 않는 용: 아름다움에 관한 에세이*The Invisible Dragon: Essays on Beauty*』(Chicago: University of Chicago Press, 2009)와 같은 예술 비평에 대한 최근 몇몇 작품은 아름다움을 다시 논쟁 위로 올리려고 노력한다. 예술 비평계에서 이보다 더 도발적일 수 없는 비평가이자 역사학자인 제임스 엘킨스*James Elkins*의 『예술 비평에 무슨 일이 벌어졌는가*What happened to Art Criticism*』(Chicago: Prickly Paradigm Press, 2003)와 기막히게 멋진 『재현의 끝자락으로부터 온 여섯 가지 이야기: 회화, 사진, 천문학, 현미경, 소립자 물리학 그리고 양자역학에서의 이미지*Six Stories from the End of Representation: Images in Painting, Photography, Astronomy, Microscopy, Particle Physics, and Quantum Mechanics, 1980-2000*』(palo Alto, CA: Stanford University Press, 2008)도 읽어볼 만하다.

20세기 예술가들에 의해 쓰여진 수많은 좋은 책들 가운데 가장 훌륭한 것은 파울 클레가 바우하우스에서 가르친 강의록을 묶은 두 권짜리 책 『조형적 사고*The Thinking Eye*』와 『무한한 자연사*The Nature of Nature*』(New York: Overlook Press, 1992)이다. 피터르 몬드리안의 잘 알려지지 않은 『자연적 현실과 인공적 현실: 3인 대화 형식의 에세이*Natural Reality and Artificial Reality: An Essay in Trialogue Form(New York: Braziller, 1995)*』도 내가 좋아하는 작품 중 하나이다. 아메데 오장팡의 『현대 예술의 성립*Foundations of Modern Art*』(New York: Dover, 1952)은 매우 득의양양하며 넓은 범위를 다룬다.

추상 표현주의가 그 전에 있던 예술운동을 어떻게 이끌었는가에 대해서는 헨리 애덤스^{Henry Adams}의 『톰과 잭: 하트 벤튼과 잭슨 폴록의 엮인 삶^{Tom and}

^{Jack: The Intertwined Lives of Thomas Hart Benton and Jackson Pollock}』(New York: Bloomsbury Press,

2009)보다 좋은 책은 없다. 만약 예술가들이 위장으로부터 어떻게 배웠

는가에 대해서 알고 싶다면, 당신은 오래된 자료로 돌아가서 제럴드 세이

어^{Gerald Thayer}의 『동물 왕국의 색채 숨기기^{Concealing-Coloration in the Animal Kingdom}』(New

York: Macmillan, 1909)를 읽어야 할 것이다. 이 책은 구글북스에서 다운받

을 수 있다. 이 미친 듯하며 강박적인 책에서 큰 한 걸음을 나아간 책은 휴

콧^{Hugh Cott}의 『동물의 적응색^{Adaptive Coloration in Animals}』(London: Methuen, 1940)

인데 무려 2차 세계대전 중에 병사들이 가방 속에 넣어가지고 다녔다. 만

약 이 책을 구할 수 있다면, 당신은 이 책이 왜 이렇게 유명한지 알게 될

것이다. 위장의 역사에 대한 가장 최근의 책은 피터 포브스^{Peter Forbes}의 『속

고 현혹되다: 모방과 위장^{Dazzled and Deceived: Mimicry and Camouflage}』(New Haven: Yale

University Press, 2009)을 들 수 있다.

실제 예술가들과 가장 가까운 이 굉장한 생물체들에 대해서는 어떠한

책이 있을까? 정자새에 대해서는 클리포드 프리스^{Clifford Frith}와 그의 동료들

이 작성한 방대한 분량의 『정자새^{The Bowerbirds}』(New York: Oxford University

Press, 2004)와 A. J. 마셜^{Marshall}의 고전 『정자새에 관한 예비 보고서^{Bower-Birds:}

^{A Preliminary Statement}』(Oxford: Clarendon Press, 1954)가 있다. 갑오징어와 오

징어에 대해서는 마틴 모이니핸^{Martin Moynihan}의 『두족류의 통신과 비통신

^{Communication and Noncommunication by Cephalopods}』(Bloominton: Indiana University Press,

1985)과 로저 핸런^{Roger Hanlon}과 존 메신저^{John Messenger}의 『두족류의 행태^{Cephalopod}

^{Behaviour}』(Cambridge: Cambridge University Press, 1998), 이 두 권의 책이 있

다. 만약 당신이 루치아나 보렐리^{Luciana Borrelli}와 그의 동료들이 손수 그린

『두족류의 신체 패턴에 대한 카탈로그^{Catalogue of Body Patterns of Cephalodopa}』(Firenze:

Firenza University Press, 2006)를 볼 기회가 있다면 오징어를 연구하는 과학을 하기 위해서는 예술이 반드시 필요하다는 것을 알게 될 것이다. 코끼리의 예술에 관한 책으로는 데이비드 구콰와 제임스 에만의 『누구든 관심 있는 분께: 코끼리 미술에 대한 탐구$^{To\ Whom\ It\ May\ Concern:\ An\ Investigation\ of\ the\ Art\ of}$ ^{Elephants}』(New York: Norton, 1985)가 매우 아름답고, 러시아의 예술 선동가인 코마르와 멜라미드의 장난스러운 책 『언제 코끼리가 색칠을 하게?^{When} $^{Elephants\ Paint}$』(New York: Harper Perennial, 2000)보다 훨씬 경건하다.

인간 예술의 진화에 관해서는 인류 최초의 창조성까지 찾아 내려가는 몇 권의 훌륭한 책들이 있다. 그중 엘렌 디서내예이크의 『호모 에스테티쿠스: 예술은 어디서 왜 왔는가$^{Homo\ Aestheticus:\ Where\ Art\ Comes\ from\ and\ Why}$』(New York: Free Press, 1992)가 가장 사려 깊은 책이다. 낸시 에이킨의 『예술의 생물학적 기원$^{The\ Biological\ Origins\ of\ Art}$』(New York: Praeger, 1998)은 모든 것을 문맥에 맞게 나열하려고 시도했다. 동굴 벽화에 대해서는 데이비드 루이스-윌리엄스의 책 『동굴 속의 정신: 자각과 예술의 기원$^{The\ Mind\ in\ the\ Cave:\ Consciousness}$ $^{and\ the\ Origins\ of\ Art}$』(London: Thames and Hudson, 2004)이 가장 철학적이며, 데일 거스리의 백과사전 격 책인 『구석기 시대 예술의 본질$^{The\ Nature\ of\ Paleolithic\ Art}$』(Chicago: University of Chicago Press, 2006)은 흥미로운 이론들과 이미지들로 가득하다.

지금은 우리가 항상 접하고 있는 인터넷의 방대한 자료를 통해서 그 어느 때보다도 일반인들이 특화된 과학 논문들을 접하거나 특이한 예술운동에 대해서 조사하기가 쉬워졌다. 그러나 그만큼 길을 잃기도 쉽다. 나는 여러분에게 앞으로 나아가 어떤 형태이든지 가장 예상치 못한 장소에서 미를 찾기를 권한다. 왜냐하면 한때 매우 깊었던 과학과 자연 그리고 예술의 간극이 이제는 구름다리나 길처럼 쉽게 건널 수 있는 것이 되었기 때문이다. 모든 가능성을 즐겨라. 더 깊이 파고들고 더 많은, 더 훌륭한 질문들을 계속 던져서 더 이상 분류하기 힘들 정도로 좋은 작품들을 만들어라.

이번에『자연의 예술가들』이라는 제목으로 한국에 소개하게 된 이 책은 최초 출판지인 미국에서는 원래『미자생존*Survival of the Beautiful*』이라는 제목으로 세상에 나왔습니다. 아마도 저자 데이비드 로텐버그는 익숙한 '적자생존*survival of the fittest*'이라는 문구를 살짝 비튼 이 제목이 자신이 하고자 하는 이야기를 독자들에게 간결하면서도 강력하게 전달할 수 있으리라 기대했을 것입니다. 그러나 이 원제를 한글로 '미자생존'이라고 옮기면, 저자가 원했을 그 간결하면서도 강력한 느낌은 전달할 수 있겠지만 원제가 담고 있는 중요한 메시지가 왜곡되어 전달될 가능성이 생깁니다. 이 책의 제목은 '가장 적합한 자*the fittest*'에 맞서 '가장 아름다운 자*the most beautiful*'가 살아남는다고 말하지 않습니다. 단지 '아름다운 자*the beautiful*'의 생존을 언급할 뿐입니다.

로텐버그가 본문에서 거듭 주장하듯이, 인류 역사상 가장 혁명적인 이론이라고 할 수 있을 다윈의 진화론을 '적자생존'이라는 단어 하나로 뭉뚱그려 버리는 것은 본래 다윈의 의도를 정확히 반영하지 못합니다. 비록 다윈의 경우와는 달리 '미자생존'이라는 단어를 생각해내고 그것을 이 책의 제목으로까지 채택한 것은 로텐버그 자신이지만, '미자생존'이라는 단호한 단어 역시 이 책 속의 수많은 아이디어를 모두 담아내기에는 턱없이 부족합니다. 실제로 본문에서 그 아이디어라는 것들은 단호하기보다는 당혹스러운 형태로 제시됩니다. 저자는 현대미술, 음악, 미학, 생물학, 화학, 심리학 등 다양한 분야를 넘나들며 본인의 주장과 맞는, 때로는 상반되는 해당 분야의 연구 결과들을 심지어 어떨 때는 "그 자신도 완전히 이해하지는 못했다"고 고백하면서 독자 앞에 들이밉니다. 그가 펼치는 논리는 종종 스스로 인정하듯이 "철학에서의 순환 논리 비슷"해지며 "이대로는 방을 뛰쳐나가 내 박사 학위를 부끄러워하게 될" 만큼 정연하지 못할 때도 있습니다. 저자는 이렇게 자신의 부족함을 겸허하게 인정하면서도, 다윈이 그랬던 것처럼 공작 꼬리의 아름다움 앞에 할 말을 잃고 마는 사람들, 세상의 아름다움 앞에 창백해질 뿐인 현 과학계의 설명에 만족할 수 없는 사람들, 바로 저자 자신과 같은 사람들에게 "설명하는 사람으로서는 형편없고, 이야기꾼으로서도 그저 그렇지만, 진실을 폭로하는 사람으로서는 열정적인" 자신의 이야기를 들어줄 것을 호소합니다.

각각 생물학과 인문학을 공부하고 있는 우리 역자들에게 그런 저자의 이야기는 수많은 생산적인 토론의 시발점이 되어주었고 또한 새로운 아이디어의 원천이 되어주었습니다. 난해한 문장과 그보다 더 난해한 주장들로 가득 찬 이 책을 번역해야겠다고 결심한 것도 무엇보다 우리 역자들이 이 책을 읽으며 많은 지적 즐거움을 경험했기 때문일 것입니다. '걸작'이라기에는 흠이 있지만 '괴작'이라 할 만한 매력으로는 넘치는 이 책을 함께 번역한 시간은 그 시간 중에 겪어야만 했던 큰 개인적 슬픔 속에서도 우리 둘 모두에게 큰 기쁨이었습니다.

최종 번역 원고를 출판사 궁리에 넘기기 몇 개월 전, 오랜 투병생활 끝에 역자 정해원의 어머니이시자 역자 이혜원의 시어머니이신 고 이명화 여사님께서 세상을 떠나셨습니다. 이제 완성된 이 책은 어머니의 무덤 앞에 바칠 수밖에 없게 되었지만, 힘든 투병생활 중에도 젊은 부부의 협동 작업을 늘 미소로 응원해주셨던 어머니께 꼭 감사의 말씀을 올리고 싶습니다. 아울러 한없이 늘어졌던 번역 일정을 끝없는 이해심으로 믿고 지켜봐주신 궁리출판 여러분께도 깊은 감사의 마음을 전합니다.

옮긴이 정해원, 이혜원

• 굵게 표시한 글자는 해당 쪽수의 본문을 가리킨다.

• doi(디지털 콘텐츠 식별자) 번호가 표시된 자료는 다음 사이트를 참고하라. http://dx.doi.org

1장. 이리 와서 제 정자 좀 보세요

19쪽 **"공작 꼬리 깃털을 볼 때마다"** 찰스 다윈이 아사 그레이에게 보낸 편지, April 3, 1860, 다윈 서신 프로젝트, no. 2743, http://www.darwinproject.ac.uk/entry-2743

29쪽 **"이 감각은 인간 특유의 것이라고"** Charles Darwin, *The Descent of Man, and Selection in Relation to Sex*, 2nd ed. (London: John Murray, 1874), 92.

31쪽 **"그러나 동물에게도"** Ibid., 413-14.

32쪽 **"지금 내 대형 새장에는"** Charles Darwin, "Notes," in G. J. Romanes, *Animal Intelligence* (London: Kegan Paul, 1882), 279.

34쪽 **"암컷이 짝짓기 시기 선택의"** Gerald Borgia, "Sexual Selection in Bowerbirds," *Scientific American* 254 (June 1986): 98.

36쪽 **매든은 짝짓기 성공률이** Joah Madden, "Bower Decorations Attract Females but Provoke Spotted Bowerbirds," *Proceedings of the Royal Society* B 269 (2002): 1347-52.

36쪽 **반면에 보르자는 매든이 연구한 곳으로부터** Gerald Borgia and U. Mueller, "Bower Destruction, Decoration Stealing and Female Choice in the Spotted Bowerbird *Chlamydera maculata*," *Emu* 92 (1992): 11-18.

38쪽 **보르자의 제자인 게일 파트리첼리가 진행한** Gail Patricelli, Seth Coleman, and Gerald Borgia, "Male Satin Bowerbirds, *Ptilonorhynchus violaceus*, Adjust Their Display Intensity in Response to Female Startling: An Experiment with Robotic Females," *Animal Behaviour* 71 (2006): 49-59. 인조 정자새의 모습은 다음 동영상을 참고하라: http://www.youtube.com/watch?v=dV2P3CqfMo4.

40쪽 **"정자를 짓는 현대의 정자새"** Gerald Borgia, "Comparative Behavioral and Biochemical Studies of Bowerbirds and the Evolution of Bower-Building," in *Biodiversity II*, ed. Marjorie L Reaka-Kudla, Don E. Wilson, and Edward O. Wilson (Washington, D.C.: Joseph Henry Press, 1997), 273-74.

46쪽 **"저는 새가 아니거니와"** 골즈워디가 〈하늘을 나는 카사노바Flying Casanovas〉라는 프로그램에서 애튼버러와 나눈 대화에서 발췌 "Flying Casanovas," Nova, PBS, December 25, 2001, http://www.pbs.org/wgbh/nova/transcripts/2818bowerbirds.html.

47쪽 **"저는 이런 나뭇가지들이"** 패트릭 도허티에게서 받은 이메일, February 3, 2010.

49쪽 **"저는 종종 아름다움에 관해서"** Ibid.

51쪽 **"예술의 무의미함은"** Iris Murdoch, *The Sovereignty of Good* (New York: Routledge, 2001), 84.

2장. 가장 매혹적인 자만이 살아남는다

58쪽 **디트마르 토트와 그의 학생들이 연구를** Silke Kipper, Roger Mundry, Henrike Hultsche, and Dietmar Todt, "Long-Term Persistence of Song Performance Rules in Nightingales," *Behaviour* 141 (2004): 371-90.

62쪽 **수컷 일각고래의 엄니는** Martin Nweeia et al., "Hydrodynamic Sensor Capabilities and Structural Resilience of the Male Narwhal Tusk," 2005, http://narwhal.org/news2.html.

66쪽 **"신新다윈주의자들에게 무작위성은"** Philip Ball, *Shapes* (London: Oxford University Press, 2009), 284.

67쪽 **"기린의 반점, 얼룩말의 줄무늬"** Ibid., 151.

70쪽 **"꽃은 그 자신을 위해서"** John Ruskin, *Proserpina: Studies of Wayside Flowers* (Sunnyside, Kent: George Allen, 1879), 73-74.

71쪽 **"나는 현대 과학의 연구조사를"** Ibid., 93-94.

71쪽 **"색깔을 잘 볼 줄도 몰랐고"** Ibid., 94-95.

72쪽 **"다윈과 이곳 옥스퍼드에서"** Ibid., 94.

73쪽 **"수컷 청란의 멋진 깃털은"** Charles Darwin, *The Descent of Man, and Selection in Relation to Sex*, 2nd ed. (London: John Murray, 1871), 616.

74쪽 **"진화의 대원칙을 인정하는 사람이라"** Ibid., 616-17.

76쪽 **"이것들은 제가 지금껏 본"** Robert Richards, *The Tragic Sense of Life: Ernst Haeckel and the Struggle over Evolutionary Thought* (Chicago: University of Chicago Press, 2008), 1-2.

78쪽 **"자연이나 예술의 형식에서"** Ernst Haeckel, *The Wonders of Life* (New York: Harper, 1905), 184-85.

83쪽 **"우리가 사랑에 관해 말하고자 한다면,"** Wilhelm Bolsche, *Love-Life in Nature*, trans. Cyril Brown (New York: Albert and Charles Boni, 1926 [1902]), 1:7.

84쪽 **"우리의 성생활에서 섬세하게"** Ibid., 2:55.

84쪽 **"이제 이 성욕에 사로잡힌 수컷 개구리의"** Ibid., 2:247.

86쪽 **"일상의 실용성과는 절대적으로"** Ibid., 2:285.

86쪽 **"우리의 뇌는 파란 극락조가"** Ibid., 2:286.

87쪽 **"교미기 동안 동물은 마치"** Ibid., 2: 300.

88쪽 **"예술적인 편곡을 거쳐"** Ibid., 2: 314.

89쪽 **"유전, 신진대사, 고등 생물의"** Ibid., 2: 315.

93쪽 **"파스칼에게는 생명체를 하나의 기계 장치처럼"** D'Arcy Thompson, *On Growth and Form* (Cambridge: Cambridge University Press, 1992 [1917]), 2-3.

94쪽 **"방사충의 물리적 · 수학적 특징을"** Ibid., 166.

95쪽 **"세상의 화합은 형식과 수를"** Ibid., 326-27.

104쪽 **"나는 기회가 있을 때마다 예술을 대하며"** Dave Hickey, "Revision No. 5: Quality," *Art in America*, February 2009, 33.

3장. 그 무엇일 수도 있다

107쪽 리처드 프럼과 오퍼 체르니촙스키와의 대화는 2009년 5월에 예일 대학교에서 이루어졌다.

116쪽 **이스라엘 출신의 생물학자 아모츠 자하비** Amotz Zahavi et al., *The Handicap Principle: A Missing Piece of Darwin's Puzzle* (New York: Oxford University Press, 1999).

117쪽 **빅토리아 시대에 이런 생각은 위협이 되었다** Joan Roughgarden, *The Genial Gene: Deconstructing Darwinian Selfishness* (Berkeley: University of California Press, 2009), and Marlene Zuk, *Sexual Selections: What We Can and Can't Learn About Sex from Animals* (Berkeley: University of California Press, 2003).

119쪽 **유럽산 늪명금을 보자** David Rothenberg, *Why Birds Sing* (New York: Basic Books, 2005), 96.

120쪽 **R. A. 피셔의 연구의 앞머리** R. A. Fisher, *The Genetical Theory of Natural Selection* (Oxford: Clarendon Press, 1930), and M. Kirkpatrick, "Sexual Selection by Female Choice in Polygynous Animals," *Annual Review of Ecological Systems* 18 (1987): 43-70.

122쪽 **선명한 빨간색의 멕시코양지니 수컷을** G. E. Hill, "Female Mate Choice for Ornamental Coloration," in *Bird Coloration: Function and Evolution*, ed. Geoffrey E. Hill and Kevin J. McGraw (Cambridge: Harvard University Press, 1006), 2: 137-200.

124쪽 **"사람들은 어떤 동물의 이해할 수 없는"** 2006년 12월에 마틴 느위이아와 전화로 나눈 대화 중에서.

124쪽 **"나에게는 무[피셔 가설]에서부터"** Richard Prum, "The Lande-Kirpatrick Mechanism Is the Null Model of Evolution by Intersexual Selection: Implications for Meaning, Honesty, and Design in Intersexual Signals," *Evolution* 64 (2010): 3085-100, doi:10.1111/j.1558-5646.2010.01054.x.

128쪽 **"워홀은 왜 굳이 이런 것들을 '만들'"** Arthur Danto, "The Artworld," *Journal of Aesthetics and Art Criticism*, 1964, 580-81.

129쪽 **"예나 지금이나 예술계를"** Ibid., 584.

131쪽 **프럼은 단토의 최근 저서** Arthur Danto, *The Abuse of Beauty* (Chicago: Open Court, 2003).

133쪽 **뒤샹의 〈샘〉 같은 것들은 더턴을 곤란하게** Denis Dutton, *The Art Instinct* (New York: Bloomsbury Press, 2009), 193-202.

134쪽 **"부디 내가 그것으로 어떤 예술작품을"** Ibid., 200-201. 더턴은 존 브러John Brough가 뒤샹의 말을 기록해둔 것을 인용했다.

135쪽 **"에릭 자르비스의 연구"** 다음을 참고하라. Erich Jarvis, "Learned Birdsong and the Neurobiology of Human Language," *Annals of the New York Academy of Sciences* 1016 (2004): 749-77; Aya Sasaki, Tatyana D. Sotnikova, Raul R. Gainetdinov, and Erich D. Jarvis, "Social Context-Dependent Singing-Regulated Dopamine," *Journal of Neuroscience* 26 (2006): 9010-14.

139쪽 **"진짜 사실입니까? 그렇다면 수컷들의 꼬리가"** Mariko Takahashi et al., "Peahens Do Not Prefer Peacocks with More Elaborate Trains," *Animal Behaviour* 75 (2008): 1209-19, doi:10.1016/j.anbehav.2007.10.004.

143쪽 **새의 노래를 연구하는 신경과학자 중에서 체르니촙스키는** Ofer Tchernichovski et al., "Studying the Song Development Process: Rationale and Methods," *Annals of the New York Academy of Sciences* 1016 (2004): 348-63. See also Ofer Tchernichovski, Partha Mitra, et al., "Dynamics of the Vocal Imitation Process: How a Zebra Finch Learns Its Song," Science 291 (2001): 2564-69.

152쪽 **"이투리 숲의 피그미들에게 … 〈클레먼타인〉을"** David Rothenberg and Marta Ulvaeus, eds., *The Book of Music and Nature* (Middletown, CT: Wesleyan University Press, 2001), 240.

154쪽 **데이미언 허스트는 커다란 수조에 포름알데히드를** Don Thompson, The $12 Million Stuffed Shark: *The Curious Economics of Contemporary Art* (New York: Palgrave, 2008).

160쪽 **튜링은 이것을 '반응-확산 시스템'이라고** Alan Turing, "The Chemical Basis of Morphogenesis," *Philosophical Transactions of the Royal Society B*, 237 (1952): 37. 다음도 참고하라. Hans Meinhardt, *Models of Biological Pattern Formation* (London: Academic Press, 1982).

160쪽 **프럼과 윌리엄슨은 일련의 6개 변수에** Richard Prum and Scott Williamson, "Reaction-Diffusion Models of Within-Feather Pigmentation Patterning," *Proceedings of the Royal Society of London* B 269 (2002): 781-92, doi: 10.1098/rspb.2001.1896.

163쪽 **"일반인은 물론 과학자들조차도"** 2011년 3월에 있었던 개리 마커스와의 대화 중에서.

165쪽 **깃털이 먼저였나, 아니면 새가 먼저였나** Quanguo Li, Richard Prum, et al., "Plumage Color Patterns of an Extinct Dinosaur," *Science* 327 (2010): 1369.

168쪽 **"물새들의 세계에서 음경의 기능적"** Patricia Brennan, Christopher Clark, and Richard Prum, "Explosive Eversion and Functional Morphology of the Duck Penis Supports Sexual Conflict in Waterfowl Genitalia," *Proceedings of the Royal Society* B, December 2, 2009, doi:10.1098/rspb.2009.2139.

4장. 숲 속의 폴록

175쪽 **"여기 소변기가 있습니다"** Philip Hensher, "The Loo That Shook the World," *The Independent*, February 20, 2008, http://www.independent.co.uk/arts-entertainment/art/features/the-loo-that-shook-the-world-duchamp-man-ray-picabi-784384.html.

180쪽 **"예술가는 자신의 창의성을 위해서"** Willard Huntington Wright, *The Creative Will* (New York: John Lane, 1916), 12.

180쪽 **"위대한 화가들의 작품 중"** Ibid., 15.

180쪽 **"자료의 단순한 축적만으로는"** Ibid., 85-87.

181쪽 **"대칭에 대한 원시적 요구"** Ibid., 110-11.

181쪽 **"그것은 동시적인 관점에서"** Ibid., 121.

184쪽 **생물학자 제프리 밀러는 심지어** Geoffrey Miller, *The Mating Mind* (New York: Random House, 2000), 272.

187쪽 **"꽃의 기능과 더불어 번식을"** Paul Klee, *Notebooks, Volume 1: The Thinking Eye* (New York: Overlook Press, 1992 [1961]), 351-54.

188쪽 **"1922년 3월 13일 월요일"** Ibid., 367.

188쪽 **브라이언 이노의 〈우회 전략들〉** Brian Eno, *Oblique Strategies*, http://www.rtqe.net/ObliqueStrategies.

190쪽 **"자연은 완벽하다"** Piet Mondrian, *Natural Reality and Abstract Reality*, trans. Martin James (New York: George Braziller, 1995 [1919]), 39.

191쪽 **"자연에서 기하학적으로 나타나는"** Ibid., 38.

192쪽 **"새로운 인간은 유연하게"** Ibid., 110.

193쪽 **"벌은 자기 집을 명확한 기하학적"** Amedee Ozenfant, *Foundations of Modern Art*, trans. John Rodker (New York: Dover, 1952 [1931]), 284.

194쪽 **순수예술은 "수단의 최적화로부터"** Ibid., 300.

196쪽 **"인간의 영혼에서부터 기대되어 마땅한 날카로움"** Max Bill, "Concrete Art," reprinted in *Max Bill* (Buffalo: Albright-Knox Art Gallery, 1974), 47.

197쪽 **"이처럼 경계선상에 놓인"** Max Bill, "The Mathematical Approach in Contemporary Art," *Werk* 3 (1949), reprinted in *Max Bill*, (1974), 94. 다음도 참고하라. http://www.math. neu.edu/~eigen/1220DIR/MaxBillArticle.html.

198쪽 **"끝없이 변화하는 관계, 추상적인"** Ibid., 96.

200쪽 **"모든 개별적인 양식 표현을"** Max Bill, "Structure as Art? Art as Structure?" reprinted in *Max Bill* (New York: Rizzoli, 1978 [1947]), 155.

201쪽 **"청각적·시각적 중추에 영향을"** George Birkhoff, *Aesthetic Measure* (Cambridge: Harvard University Press, 1933), 6.

202쪽 **음악심리학자들과 기대 선율 이론가들은** David Huron, *Sweet Anticipation: Music and the Psychology of Expectation* (Cambridge, MA: MIT Press, 2008).

203쪽 **"예술작품의 복잡성을"** Birkhoff, *Aesthetic Mea sure*, 212.

205쪽 **"동적 균형은 비대칭적이다"** Thomas Hart Benton, "Mechanics of Form Organization in Painting," part 1, *Arts* 10, no. 5 (1926): 286.

208쪽 **"다른 분야에서는 금지된"** Thomas Hart Benton, "Mechanics of Form Organization in Painting," part 3, *Arts* 11, no. 1 (1927): 44.

208쪽 **"우리는 전체적 관점의 아래에"** Thomas Hart Benton, "Mechanics of Form Organization in Painting," part 5, *Arts* 11, no. 3 (1927): 146.

208쪽 **"내가 잭에게 가르친 게 저거야"** Henry Adams, *Tom and Jack: The Intertwined Lives of Thomas Hart Benton and Jackson Pollock* (New York: Bloomsbury Press, 2009), 308.

208쪽 **"잭은 절대 아름답지 않은 그림을"** Ibid., 362.

209쪽 **"저건 그림이라고 할 수도"** Ibid., 263.

209쪽 **"나는 어떤 시대에서 보면"** Ibid., 313.

210쪽 **러시아 심리학자인 A. I. 야르부스** Alfred Yarbus, *Eye Movements and Vision*, trans. Basil Haigh (New York: Plenum Press, 1967), 178. 다음도 참고하라. Margaret Livingstone, *Vision and Art: The Biology of Seeing* (New York: Harry Abrams, 2008).

211쪽 **"한 그림의 구체성은"** 다음 자료에서 재인용 *Adams, Tom and Jack*, 325.

213쪽 **"르네상스 시대의 낡은 형식이나"** 다음 자료에서 재인용 Richard Taylor et al., "Fractal Analysis of Pollock's Drip Painting," *Nature* 399 (1999): 422.

214쪽 **테일러와 그의 동료들은** Ibid. 다음도 참고하라. Richard Taylor, "Personal Reflections on Jackson Pollock's Fractal Paintings," *História, Ciências, Saúde—Manguinhos* 13, supplement (October 2006): 108-23. 이것과 기타 다른 논문은 다음 주소에서 내려 받을 수 있다. http://pages.uoregon.edu/msiuo/taylor/art/info.html.

216쪽 **"수학의 양적이고 정확한"** Henrik Jeldtoft Jensen, "Mathematics and Painting," *Interdisciplinary Science Reviews* 27, no. 1 (2002): 49.

218쪽 **사람들이 가장 선호하는 프랙털에** Scott Draves, Rulph Abraham, et al. "The Aesthetics and Fractal Dimension of Electric Sheep," *International Journal of Bifurcation and Chaos* 18, no. 4 (2008): 1743-48.

5장. 창의성 숨기기 혹은 오징어처럼 생각하기

225쪽 **"보는 각도에 따라 변하는"** Gerald Thayer, *Concealing-Coloration in the Animal Kingdom* (New York: Macmillan, 1909), 66-70.

227쪽 **"세상에는 빛과 그림자로"** Ibid., 128.

230쪽 **"여기에는 예술가의 눈이"** Ibid., 239-40.

231쪽 **"지중해에 접한 아프리카"** Peter Forbes, *Dazzled and Deceived: Mimicry and Camouflage* (New Haven: Yale University Press, 2009), 80.

233쪽 **프랑스 출신 화가 뤼시앵 기랑 드 스케볼라** Ibid., 104.

233쪽 **"저걸 만든 건 바로 우리라고!"** "Camouflage at IWM," *Sunday Times* (London), March 21, 2007.

235쪽 **존 그레이엄 커** Forbes, *Dazzled and Deceived*, 86.

237쪽 **영국 출신 예술가 노먼 윌킨슨** Ibid., 93.

241쪽 **"문명화된 사회의 전쟁터에서는"** Hugh Cott, *Adaptive Coloration in Animals* (London: Methuen, 1940), 2.

244쪽 **이런 아름다운 패턴들** Philip Ball, *Shapes* (New York: Oxford University Press, 2009) 필립 볼의 이 책을 참고하라. 이 책은 자연이 진화시킨 이미지들의 이면에 깔려 있는 자연의 패턴법칙의 역할을 다룬 최고의 최신 저서이다.

245쪽 **"서로 다른 기관이나 몸의 부분을"** Cott, *Adaptive Coloration*, 430.

245쪽 **"자연에서는 시각적 은폐와"** Ibid., 438.

246쪽 **삼림 패턴** Forbes, *Dazzled and Deceived*, 253.

247쪽 **하이퍼스텔스사** www.hyperstealth.com

248쪽 **"무無의 과학"** http://www.optifade.com/hunting-gear/content/how-science-of-nothing.html.

251쪽 **"또한 이 동물들은 자신의 색깔을"** Charles Darwin, *Voyage of the Beagle* (London: John Murray, 1845), 7.

256쪽 **"모래 위에서 보면 갑오징어는"** Wilhelm Bolsche, *Love-Life in Nature*, trans. Cyril Brown (New York: Albert and Charles Boni, 1926), 1:206.

256쪽 **우리는 핸런이 찍은 인상적인 영상에서** 로저 핸런이 만든, 수컷 갑오징어가 암컷으로 가장하는 영상은 다음 주소를 참고하라. http://www.youtube.com/watch?v=OEqsgwyvt

qc&feature=related.

257쪽 **오징어와 문어만 가지고 있는 색소 세포** Roger Hanlon and John Messenger, *Cephalopod Behaviour* (Cambridge: Cambridge University Press, 1998), 127.

258쪽 **일부 과학자들은 이런 오징어들의** Roger Hanlon et al., "Cephalopod Dynamic Camouflage," *Philosophical Transactions of the Royal Society* B 364 (2009): 429-37.

258쪽 **러니어는** Jaron Lanier, *You Are Not a Gadget* (New York: Knopf, 2010), 189.

259쪽 **마틴 스티븐스는** Martin Stevens, "Predator Perception and the Interrelation Between Different Forms of Protective Coloration," *Proceedings of the Royal Society* B 364 (2007): 1457-64, doi:10.1098/rspb.2007.0220.

259쪽 **"두족류와 어류에 관한 우리의 연구를"** Hanlon et al., "Cephalopod Dynamic Camouflage."

263쪽 **"몸을 가상현실에서 변형시키려고"** Lanier, *You Are Not a Gadget*, 190.

267쪽 **루스 번** 루스 번이 만든, 갑오징어 시각화 모델은 다음 주소를 참고하라. http://www.byrne.at/squidmodel/index.html.

269쪽 **"많은 패턴들이 반드시 전부는"** Martin Moynihan, *Communication and Noncommunication by Cephalopods* (Bloomington: Indiana University Press, 1985), 108.

269쪽 **"가장 빛나거나 불투명한 표면의 너머"** Ibid., 94.

271쪽 **다이애나 엥이 만든 이른바 '샛별 드레스'** 다이애나 엥이 만든 샛별 드레스와 그 외의 발광기술을 접목시킨 의류는 MIT의 미디어 실험실에서 개발한 기술에 기초한 것으로 다음 주소에서 볼 수 있다. www.fairytalefashion.org.

272쪽 **조애나 버조스카의 '은밀한 기억의 드레스'** Stephen Wilson, *Art + Science: How Scientific Research and Technological Innovation Are Becoming Key to 21st Century Aesthetics* (New York: Thames and Hudson, 2010), 155.

272쪽 **색깔이 변하는 위장 의류** http://www.hyperstealth.com/Brussels/index.html. 다음도 참고하라. http://kitup.military.com/2011/01/chameleon-camo-is-here-maybe.html?wh=whlead.

6장. 창의적 실험

277쪽 **1770년, 조슈아 레이놀즈 경** Joshua Reynolds, *Seven Discourses on Art* (London: Cassell 1901 [1790]), http://www.gutenberg.org/ebooks/2176.

278쪽 **로레인 대스턴과 피터 갤리슨** Lorraine Daston and Peter Galison, *Objectivity* (New York: Zone Books, 2007).

281쪽 **그러나 대스턴과 갤리슨은 여기에** Ibid., 247.

287쪽　**조각가 케네스 스빌슨** http://www.grunch.net/snelson/index.html.

289쪽　**"분자들의 건축적인 기본 구성을"** Roald Hoffmann, "Thoughts on Aesthetics and Visualization in Chemistry," *Hyle* 9, no. 1 (2003): 7, http://www.hyle.org/journal/issues/9-1/hoffmann.htm.

292쪽　**"실험실의 화학자들은 자연을"** Roald Hoffmann, "Abstract Science?" *American Scientist* 97, (2009): 450.

294쪽　**"이 과정에는 진실로 추상적인"** Ibid., 451.

294쪽　**존 케이지** 다음을 참고하라. John Cage, *Silence* (Middletown, CT: Wesleyan University Press, 1962).

295쪽　**"이런 접근법을 활용한 아이디어가"** Hoffmann, "Abstract Science," 451.

296쪽　**"추상예술은 냉정하다"** Ibid., 452.

297쪽　**"이런 둔한 언어와 엄격한 형식이"** Ibid.

298쪽　**"오, 아름다움이 돌아오니"** Ibid., 453.

298쪽　**"단순성에 대한 타고난 사랑은"** Hoffmann, "Thoughts on Aesthetics and Visualization in Chemistry."

299쪽　**제인 리처드슨** 제인 리처드슨의 실험실 홈페이지 주소는 다음과 같다. http://kinemage.biochem.duke.edu.

300쪽　**'폴딧'이라는 이름의 온라인 게임** www.fold.it; Eric Hand, "Citizen Science: People Power," *Nature* 466 (2010): 685-87.

301쪽　**에테르나EteRNA** http://www.eternagame.org/web/.

305쪽　**"효용성이나 연구 윤리적"** Hoffmann, "Thoughts on Aesthetics and Visualization in Chemistry."

307쪽　**"끝없이 상상력이 샘솟는"** 다음 자료에서 재인용 Robert Root-Bernstein et al., "Arts Foster Scientific Success," *Journal of Psychology of Science and Technology* 1, no. 2 (2008): 57.

307쪽　**"선들은 우아해야 하고"** Ibid., 58.

308쪽　**"하나의 예술 프로젝트는"** C. H. Waddington, *Biology and the History of the Future* (Edinburgh: Edinburgh University Press, 1972), 37.

308쪽　**"나는 결정체들을 사랑한다"** Bernstein et. al., "Arts Foster Scientific Success," 59.

311쪽　**"당신의 정신이 이 체계를"** E. O. Wilson, *Consilience* (New York: Knopf, 1998), 54.

311쪽　**"인간의 뇌는 끊임없이 의미를"** Ibid., 163.

313쪽　**"우리는 우리가 말할 수 있는"** Wendell Berry, *Life Is a Miracle* (Washington: Counterpoint, 2193), 45.

315쪽　**"모방하라, 기하학적으로 만들라"** Wilson, *Consilience*, 220.

316쪽　**심리학자 게르다 스메츠** Gerda Smets, *Aesthetic Judgment and Arousal* (Leuven: Leuven University Press, 1973).

317쪽 **비탈리 코마르와 알렉산드르 멜라미드** *Painting by Numbers: Komar and Melamid's Scientific Guide to Art ed.* JoAnn Wypijewski (Berkeley: University of California Press, 1998).

318쪽 **"내 가슴속의 시인은"** Wilson, *Consilience*, 237.

318쪽 **"만약 역사와 과학이 우리에게 뭔가를 가르쳐준다면"** Ibid., 262.

320쪽 **"묘한 철학적 사고가 물리학"** Evelina Domnitch and Dmitry Gelfand, "Artist Statement," http://portablepalace.com/ed.html.

321쪽 **"한 방향으로 분사되는 발광하는"** Evelina Domnitch and Dmitry Gelfand, "Camera Lucida: A Three-Dimensional Sonochemical Observatory," *Leonardo* 37, no. 5 (2004): 393.

322쪽 **알렉산더 라우터바서가 개량한 한스 예니의 클라드니 도형** Alexander Lauterwasser, *Water Sound Images: The Creative Music of the Universe* (Newmarket, NH: Macromedia, 2007).

324쪽 **"이 가성 혼합물"** http://portablepalace.com/lucida/index.html.

7장. 인간, 코끼리 그리고 관계로부터의 예술

331쪽 **"예술은 조우하는 것이다"** Nicolas Bourriaud, *Relational Aesthetics* (Paris: Les Presses du Reel, 1998), 18.

332쪽 **"삶에 새로운 가능성을"** Ibid., 20.

333쪽 **"이 작품이 나를 대화에 빠져들게 하고 있나?"** Ibid., 109.

342쪽 **"상황이란 통일된 분위기와"** Tom McDonough, ed., *Guy Debord and the Situationist International* (Cambridge, MA: MIT Press, 2004).

349쪽 **"인류 사회에서 지난 이삼백 년의 시간"** Arthur Lubow, "Making Art Out of an Encounter," *New York Times Magazine*, January 17, 2010.

351쪽 **"나는 어떤 괴이한, 존재하지 않는 공간에"** Jerry Saltz, "How I Made an Artwork Cry," *New York*, February 10, 2010.

351쪽 **"블루밍데일 백화점으로 나들이를"** Howard Halle, "Tino Sehgal's Work Proves That Talk Is Cheap," *Time Out New York*, Feb. 8-17, 2010, http://newyork. timeout.com/arts-culture/art/63345/tino-sehgal.

352쪽 **"잭슨 폴록의 그림 앞에 서서 뭔가를"** Dahl, "Art: Tino Sehgal's 'This Progress' at the Guggenheim," February 20, 2010, http://dahlhaus.blogspot.com/2010/02/art-tino-sehgals-this-progress-at.html.

358쪽 **구콰가 저널리스트 제임스 에만과 함께 저술한 책** David Gucwa and James Ehmann, *To Whom It May Concern: An Investigation of the Art of Elephants* (New York: W. W. Norton, 1985).

361쪽 **"외곽의 부촌에 있는 어느 부잣집"** Ibid., 54.

367쪽 **"당연히 장난이지요!"** Komar and Melamid, *When Elephants Paint* (New York: Harper Perennial, 2000), 47.

367쪽 **"우리가 말씀드리지요. 우리는 뉴욕에서 온 유명한 예술가"** Ibid., 74.

369쪽 **"그 그림들에 대한 우리의 매혹은"** Thierry Lenain, *Monkey Painting*, trans. Caroline Beamish (London: Reaktion Books 1997 [1990]), 185.

369쪽 **"분명히 제 아이큐는 코끼리보다 높겠지요"** Komar and Melamid, *Why Elephants Paint*, 94.

369쪽 **『언제 코끼리가 색칠을 하게?』** Heather Busch and Burton Silver, *Why Cats Paint: A Theory of Feline Aesthetics* (Berkeley: Ten Speed Press, 1994).

370쪽 **"99퍼센트의 예술은"** A conversation with Roger Shattuck, circa 1995.

371쪽 **"일이 이런 식으로 될 거라고는 꿈에도"** Komar and Melamid, *Why Elephants Paint*, 99.

372쪽 **"이 프로젝트는 코끼리가 거리에서 구걸을"** David Ferris, http://www.elephantart.com/catalog/plight.php.

373쪽 **"코끼리 예술을 전시하고 있는 다른 웹사이트들에"** Henry Quick and Issaraporn Kaewee, http://www.elephantartgallery.com/learn/authentic/are-elephant-paintings-art.php.

8장. 동굴 속의 뇌

387쪽 **데이비드 루이스-윌리엄스** David Lewis-Williams, The Mind in the Cave: *Consciousness and the Origins of Art* (London: Thames and Hudson, 2004), 127. 다음도 참고하라. James Kent, *Psychedelic Information Theory: Shamanism in the Age of Reason* (Seattle: CreateSpace, 2010), http://psychedelic-information-theory.com/ebook/index.htm, 그리고 Philip Nicholson and Paul Firnhaber, "Autohypnotic Induction of Sleep Rhythms Generates Visions of Light with Form-Constant Patterns," 56-83 in *Shamanism in the Interdisciplinary Context*, ed. Art Leete and Paul Firnhaber (Boca Raton: Brown Walker Press, 2004).

388쪽 **올리버 색스** Oliver Sacks, *The Man Who Mistook His Wife for a Hat* (New York: Summit Books, 1985), 161.

390쪽 **"정말로 눈부시고 아름다운 거대한 별이"** Ibid.

390쪽 **"그녀는 연속적인 허성암점의 경로에서"** Ibid.

391쪽 **"한번은 내가 불안감에 시달리고"** Ellen Dissanayake, *Homo Aestheticus: Where Art Comes From and Why* (New York: Free Press, 1992), 84.

391쪽 **낸시 에이킨** Nancy Aiken, *The Biological Origins of Art* (New York: Praeger, 1998), 158.

393쪽 **하지만 그런 그녀도 어째서 자연에는** Dissanayake, Homo Aestheticus, 81.

395쪽 **데일 거스리** Dale Guthrie, *The Nature of Paleolithic Art* (Chicago: University of Chicago

Press, 2006).

396쪽 **그는 이 그림들이 동굴 내부에서 가장 공명이** Iegor Reznikoff, "The Evidence of the Use of Sound Resonance from Paleolithic to Medieval Times," in *Archaeoacoustics*, ed. Graeme Lawson and Chris Scarpe (Cambridge: Cambridge University Press, 2006), 77-84.

400쪽 **"실제로 뇌에 대해 연구하는 신경학자들"** Semir Zeki, *Inner Vision: An Exploration of Art and the Brain* (New York: Oxford University Press, 1999), 113.

402쪽 **"예술 또한 뇌의 시각적 법칙에 복종하며"** Semir Zeki, "Artistic Creativity and the Brain," *Science* 293 (July 6, 2001): 51.

402쪽 **"나는 추상이라는 개념은"** Zeki, "Artistic Creativity," 52.

402쪽 **"나는 뇌의 모든 시스템이"** Semir Zeki, "Neural Concept Formation & Art: Dante, Michelangelo, Wagner," *Journal of Consciousness Studies* 9, no. 3 (2002): 56.

402쪽 **"모든 개개의 형태나 지역적 관습"** 존 컨스터블John Constable의 말을 다음 자료에서 재인용 Zeki, "Artistic Creativity," 51.

405쪽 **"모호성은 불확실성이 아니다"** Semir Zeki, "The Neurology of Ambiguity," *Consciousness and Cognition* 13 (2004): 175.

405쪽 **"위대한 예술은 가능한 한"** Zeki, "Neural Concept Formation & Art," 67.

407쪽 **"운동 피질의 활성화는 특별한 흥미를"** Hideaki Kawabata and Semir Zeki, "Neural Correlates of Beauty," *Journal of Neurophysiology* 91 (2004):1704.

408쪽 **"뇌의 기능을 복기하는"** Zeki, "Neural Concept Formation and Art."

9장. 아름다움, 예술과 과학 사이

418쪽 **"하나의 원소는 한 개의 형태와"** Casey Reas, "Process Compendium," 본래 해당글은 다음 자료의 '프로그래밍 문화Programming Cultures' 호를 위해 쓴 글이다. *Architectural Design* (2007), http://reas.com/texts/processcompendium.html.

420쪽 **"2003년, 나는 솔 르윗의 작품들에"** Casey Reas, "Process/Drawing," 본래 해당글은 다음 자료의 '프로그래밍 문화Programming Cultures' 호를 위해 쓴 글이다. *Architectural Design* (2007), http://reas.com/texts/processdrawing-ad.html.

423쪽 **"이런 시도들은 1950년대 초반에"** Jonathan McCabe, "Multi-Scale Radially Symmetric Turing Patterns" (2009), http://vagueterrain.net/journal14/jonathan-mccabe/01.

428쪽 **V. S. 라마찬드란** 라마찬드란의 가장 최신 저서인 다음 책에서 그는 예술의 9가지 법칙을 정립하려는 시도를 했다. V. S. Ramachandran, *The Tell-Tale Brain: A Neuroscientist's Quest for What Makes Us Human* (New York: Norton, 2011), 200.

429쪽 **스콧 드레이브스** http://electricsheep.org; 다음도 참고하라. http://scottdraves.com/

sheep.html.

430쪽 **"그러나 많은 예술가들이 그 아름다움에 빠져든"** David Brody, "Ernst Haeckel and the Microbial Baroque," *Cabinet* 7 (2002), http://www.cabinetmagazine.org/issues/7/ernst-haeckel.php.

431쪽 **"하나의 계시로서 … 사고를"** Ibid.

432쪽 **"자세히 보면 볼수록 나는 그에게"** Ibid.

436쪽 **"헤켈의 석판화들은"** Ibid.

436쪽 **앙리 베르그송과 테야르 드샤르댕의 '창조적 진화'** Henri Bergson, Creative Evolution (1910), http://www.archive.org/details/creativeevolutio00berguoft

437쪽 **"레이저로 커팅을 하고"** Barbarian Group, "Biomimetic Butterflies" (2007), http://mcleodbutterflies.com/installation.

440쪽 **"실, 구슬, 레이스를 활용해서 만든 스톱모션"** Anna Lindemann, 애나 린드먼과 나눈 개인적 대화 중에서.

443쪽 **"수공예 느낌의 시각적 미적 특질은 제가 원래 손으로"** Ibid.

445쪽 **"제게는 그것들이 서로 양립 불가능해 보이지 않는데요"** Ibid.

그림 1, 그림 3 Gerald Borgia 제공 · 그림 2, 그림 4, 그림 67; Alexis Wright 제공

그림 5, 그림 6 Gail Patricelli 제공 · 그림 7, 그림 8; plate 3 courtesy of Patrick Dougherty.

그림 9, 그림 12 저자 제공 · 그림 13~15, 그림 17 Richard Prum 제공

그림 16 Michael di Giorgio 제공 · 그림 19 Overlook Press 제공 · 그림 21 Springer Verlag 제공

그림 30 HyperStealth, Inc 제공 · 그림 31, 그림 32 W. L. Gore, Inc 제공

그림 33~36; Roger Hanlon 제공 · 그림 37, 그림 38 Ruth Byrne 제공

그림 41 Kenneth Snelson 제공 · 그림 42 Richardson Lab 제공 · 그림 43 David Baker 제공

그림 44 Brad Paley 제공 · 그림 45 Smithsonian Museum of American Art 제공

그림 46 Evelina Domnitch와 Dmitry Gelfand 제공 · 그림 47, 그림 48 코끼리 Siri 제공

그림 49 Komar와 Melamid 제공 · 그림 50 R. Dale Guthrie 제공 · 그림 52 Philip Nicholson 제공

그림 53 Oliver Sacks 제공 · 그림 54 Nancy Aiken 제공 · 그림 55 Semir Zeki 제공

그림 56, 그림 57 Casey Reas 제공 · 그림 58, 그림 59 Jonathan McCabe 제공

그림 60 David Nolan Gallery, New York 제공 · 그림 61 Pace Wildenstein Gallery, New York 제공

그림 62 Karen Margolis 제공 · 그림 63, 그림 64 Barbarian Group 제공

그림 65, 그림 66 Anna Lindemann 제공

* *이탤릭체*로 표시한 숫자는 해당 사진이 나온 쪽수를 가리킨다.

자연의 예술가들

1판 1쇄 찍음 2015년 11월 25일
1판 1쇄 펴냄 2015년 12월 5일

지은이 데이비드 로텐버그
옮긴이 정해원 · 이혜원

주간 김현숙
편집 변효현, 김주희
디자인 이현정, 전미혜
영업 백국현, 도진호
관리 김옥연

펴낸곳 궁리출판
펴낸이 이갑수

등록 1999. 3. 29. 제300-2004-162호
주소 10881 경기도 파주시 회동길 325-12
전화 031-955-9818(28, 38)
팩스 031-955-9848
E-mail kungree@kungree.com
홈페이지 www.kungree.com
트위터 @kungreepress

ⓒ 궁리, 2015. Printed in Seoul, Korea.

ISBN 978-89-5820-333-9   93400

값 25,000원